森林对 $PM_{2.5}$ 等颗粒物的调控功能与技术

余新晓　张志强　夏新莉　等　著
王彦辉　王小平　伦小秀

U0228125

科学出版社

北京

内 容 简 介

本书介绍了森林对 $PM_{2.5}$ 等颗粒物的调控功能监测，探索树木阻滞吸收 $PM_{2.5}$ 等颗粒物生理生态机理，比较典型树种阻滞吸收 $PM_{2.5}$ 等颗粒物的功能差异，分析与评价森林调控 $PM_{2.5}$ 等颗粒物的功能，提出了增强森林滞留 $PM_{2.5}$ 等颗粒物的能力调控技术，集成了森林对 $PM_{2.5}$ 等颗粒物的调控技术模式并开展示范。上述研究成果为系统认识森林防霾治污功能和城市森林营建提供了重要的理论和技术依据，对于更好地发挥森林这一人类"绿色穹顶"的作用具有重要意义。

本书可供环境科学、生态学、林业生态工程等领域的科研人员、研究生、实验技术人员及生态环境建设工作者参考。

图书在版编目（CIP）数据

森林对 $PM_{2.5}$ 等颗粒物的调控功能与技术/余新晓等著. —北京：科学出版社，2017.11
ISBN 978-7-03-055042-2

I. ①森… II. ①余… III. ①森林–影响–可吸入颗粒物–调控措施–研究 IV. ①S718.5 ②X513

中国版本图书馆 CIP 数据核字(2017)第 264312 号

责任编辑：朱 丽 杨新改 / 责任校对：韩 杨
责任印制：张 伟 / 封面设计：铭轩堂

科 学 出 版 社 出版
北京东黄城根北街 16 号
邮政编码：100717
http://www.sciencep.com
北京建宏印刷有限公司 印刷
科学出版社发行 各地新华书店经销
*
2017 年 11 月第 一 版 开本：B5 (720×1000)
2018 年 1 月第二次印刷 印张：21 3/4
字数：430 000
定价：**128.00 元**
(如有印装质量问题，我社负责调换)

《森林对 PM$_{2.5}$ 等颗粒物的调控功能与技术》

主要参编人员（以姓氏汉语拼音为序）：

宝 乐　陈俊刚　樊登星　甘先华　贾国栋

伦小秀　史 宇　王 成　王小平　王效科

王彦辉　王玉杰　夏新莉　徐晓梧　尹伟伦

余新晓　张振明　张志强

序

　　近年来我国大部分地区都遭遇了严重的灰霾天气，这些污染事件对公众的正常生产生活造成了严重的影响。灰霾天气主要表现为以大气颗粒物为主的复合型污染特征。目前，对于灰霾污染中国科研人员在大气颗粒物排放源、大气颗粒物污染形成机制、大气颗粒物形成的气候、健康及生态效应和防控技术方面都取得了诸多突破性的进展，这为大气颗粒物防治措施的制定和完善提供了一定的科学依据。

　　生态措施对于大气颗粒物污染的防治是近年来中国科学家关注的焦点，森林作为地球生态系统的重要组成部分，在防治大气颗粒物污染方面发挥了重要作用，是人类可以依赖的绿色穹顶。近年来众多科研院所对森林植被调控大气颗粒物的机制进行了多方面的研究，目前可以肯定的是森林植被能够发挥一定的调控大气颗粒物的作用。北京林业大学余新晓教授团队揭示了森林植被对 $PM_{2.5}$ 等颗粒物的四种调控机制，这为后续开展相关研究奠定了良好的基础。

　　该系列著作汇集了国内众多相关领域研究团队的研究成果，内容和数据翔实，科学严谨地阐明了森林调控大气颗粒物的方法、技术和应用，这为认识森林与大气污染之间的关系又提供了一个全新视角。本书着力于统筹不同城市群、城区与郊区，依托监测点和生态站数据，系统全面分析了森林对 $PM_{2.5}$ 等颗粒物的生态调控机制，提出不同代表区域有效治理 $PM_{2.5}$ 等颗粒物的适宜树种，在生态系统尺度上定量分析和评价森林阻滞吸收 $PM_{2.5}$ 等颗粒物的功能，确定森林影响下 $PM_{2.5}$ 等颗粒物的时空分布特征，最终完成森林对 $PM_{2.5}$ 等颗粒物的理论调控技术集成模式研究，并基于上述研究理论进行了示范区建设。

　　2016 年 11 月国务院制定印发了《"十三五"生态环境保护规划》，进一步明确了生态环境保护工作的发展方向。随着目前森林应对大气污染研究的深入，可喜的是相关研究成果已在各类国际高质量期刊上发表，这对于促进相关领域的科学研究交流和增强人们对于森林在防霾治污方面的认识具有重要影响。在绿色发展规划的指导下，新形势下林业建设要充分发挥林业资源在国民经济建设中的作用。该系列著作的出版对于我国生态环境保护、城市森林建设、景观规划等生态建设领域都会发挥一定的积极指导作用。为此，特向环境科学、生态学、林业生态工程等领域的科研人员、研究生、实验技术人员及生态环境建设工作者推荐这套目前国内系统阐述森林与大气颗粒物污染的专业参考书。

中国工程院院士 李文华

2017 年 5 月

前　　言

近年来中国频繁遭遇大范围的雾霾天气，2013 年以来，全国 338 个地级以上城市中，有 265 个城市环境空气质量超标，占 78.4%。其中，京津冀地区 13 个地级以上城市达标天数比例在 32.9%～82.3%之间，平均只有 52.4%。$PM_{2.5}$ 等颗粒物已经成为全社会和人民群众关注的焦点，有效调控和消除 $PM_{2.5}$ 等颗粒物是急需解决的重大环境问题。

2016 年，北京市 $PM_{2.5}$ 平均浓度较 2013 年下降 18.4%。森林作为生态系统的主体，在防霾治污方面有其独特不可替代的作用，为了厘清森林对 $PM_{2.5}$ 等颗粒物的调控作用，国家林业局于 2013 年 1 月适时应急启动了国家林业公益性行业科研专项经费项目"森林对 $PM_{2.5}$ 等颗粒物的调控功能与技术研究"。该项目由北京林业大学负责，联合中国林业科学研究院、中国科学院生态环境研究中心、中国环境监测总站、北京市农林科学院、北京市园林绿化局、广东省林业科学研究院等单位的 100 余名研究人员协同开展项目研究工作。

历时 4 年多的艰苦攻关，研究团队取得了一系列原创性的成果，并整理编撰成本著作。本书构建了首都圈森林大气环境监测网络，揭示和评价了森林调控 $PM_{2.5}$ 等颗粒物的机理和功能，筛选了具有防霾治污功能的适宜树种，提出了针对城市典型区域高效滞尘的森林优化配置技术，集成了城市森林调控 $PM_{2.5}$ 等颗粒物的技术体系并开展示范。上述研究成果为系统认识森林防霾治污功能和城市森林营建提供了重要的理论和技术依据，对于更好地发挥森林这一人类"绿色穹顶"的作用具有重要意义。

目前，北京的各类公园、自然保护区、百万亩平原造林工程、京津风沙源治理工程和"三北"防护林工程所形成的林带，都对北京市的雾霾防护起到一定的作用。因此，植树造林，营造树种多样、结构多样的大中型森林，能更有效地对北京市的整个生态环境和雾霾起到调控作用。同时在首都副中心和雄安新区林业建设中要考虑城市绿地对空气颗粒物的防污作用，合理规划，体现生态优先，打造优美生态环境，促进大气与土壤、水污染协同治理，为打造绿色、森林、智慧、水城一体的新区和京津冀生态环境支撑区提供有力保障。

本书内容由六个部分组成：第 1 章介绍森林对 $PM_{2.5}$ 等颗粒物的调控功能监测；第 2 章介绍树木阻滞吸收 $PM_{2.5}$ 等颗粒物的机理及生理生态调控；第 3 章介

森林对 PM$_{2.5}$ 等颗粒物的调控功能与技术

绍典型树种阻滞吸收 PM$_{2.5}$ 等颗粒物的功能差异研究；第 4 章介绍森林调控 PM$_{2.5}$ 等颗粒物的功能分析与评价；第 5 章介绍增强森林滞留 PM$_{2.5}$ 等颗粒物的能力调控技术研究；第 6 章介绍森林对 PM$_{2.5}$ 等颗粒物的调控技术集成模式研究。

本书第 1 章由北京林业大学、中国科学院生态环境研究中心组织编写；第 2 和 3 章由北京林业大学组织编写；第 4 章由北京林业大学、中国科学院生态环境研究中心、中国环境监测总站组织编写；第 5 章由中国林业科学研究院森林生态环境与保护研究所、中国林业科学研究院林业研究所、北京林业大学组织编写；第 6 章由北京市园林绿化局、广东省林业科学研究院组织编写。全书由北京林业大学余新晓教授、伦小秀副教授负责统稿，宝乐博士、陈俊刚博士、徐晓梧博士也参与部分统稿工作。

本书由林业公益性行业科研专项（201304301）资助出版。同时本书获得了国家林业局科学技术司和北京林业大学的大力支持，得到了李文华院士和尹伟伦院士的指导。特此感谢！

余新晓
2017 年 4 月

全书所涉彩图及内容信息请扫描右侧二维码扩展阅读。

目　　录

第 1 章　森林对 $PM_{2.5}$ 等颗粒物的
调控功能监测

1.1　森林对 $PM_{2.5}$ 等颗粒物的调控功能监测方法

1.1.1　森林环境空气颗粒物浓度监测点布设方法

1.1.1.1　点状型森林空气颗粒物浓度监测点布设

（1）点状型森林空气颗粒物浓度监测点水平布设

对于点状型森林覆盖区域，监测点位置选择要能够反映整个森林区域的空气颗粒物浓度的总体变化趋势，能够体现出森林内颗粒物浓度与空旷区域的变化差异性。森林覆盖区域内，在水平尺度上布设监测仪器，监测同一高度水平(一般为 1.5m，正常人的呼吸高度)颗粒物浓度变化状况与规律。一般在森林覆盖区域的东、西、南、北、中五个方位各布设一个监测点（如图 1-1 所示），在此基础上可以根据试验、科研、调查目的不同，适当在各个方位之间进行加密布设监测点。对于点状型森林监测点，应在林内和林外至少设置两个监测点，以进行林内外环境空气颗粒物浓度的对比。对于林外布设的监测点，应选择在不受森林影响范围之外的区域，四周应是空旷的区域，尽量避免受到周围污染源以及人为活动的影响，还要保证大气污染物能够通畅地扩散。监测仪器布设高度一般为 1.5m，这是一般正常人的呼吸高度，监测此高度颗粒物浓度变化能够为人们身体健康提供理论指导。

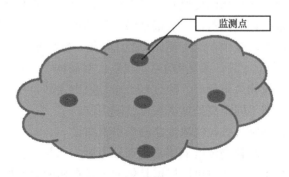

图 1-1　点状型森林空气颗粒物浓度监测点布设示意图

（2）点状型森林空气颗粒物浓度监测点垂直布设

点状型森林空气颗粒物浓度监测垂直布设是在森林内不同高度分层布设监测仪器，监测点要根据不同林龄树高，合理设定分层高度。一般在枝下高处、树冠中央处和树冠上方 2m 处布设监测点，在此基础之上也可以根据实际监测需求和研究任务进行加密高度分层布设，具体如图 1-2 所示。点状型森林空气颗粒物浓度垂直布设监测点一般布设在森林中央位置，如果要比较森林不同位置处颗粒物浓度不同高度变化差异，可以在不同位置布设垂直监测点。垂直监测点处，如果森林内已有观测塔，则可以选择在观测塔上布设监测仪器。如果没有观测塔，可以加工临时性的支架来达到监测要求，支架底座要牢固。

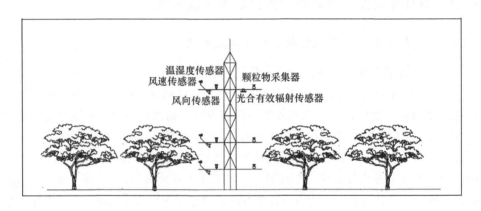

图 1-2　点状型森林空气颗粒物浓度监测垂直布设示意图

1.1.1.2　线状型森林空气颗粒物浓度监测点布设

（1）线状型森林空气颗粒物浓度监测点水平布设

线状型森林空气颗粒物浓度监测要结合污染源位置和森林所处的地理位置以及形状结构特点来布设监测点，一般根据污染源的远近和森林所处的地理条件、风向来布设监测点位，至少在沿主要风向的 1/4 处、1/2 处、3/4 处以及前后林缘2m 处各布设监测点位，具体参见图 1-3。在线状型森林中，若要反映林带多大宽度对于阻滞空气颗粒物效果最好，除过以上布设原则之外，还可根据具体的监测要求在线状森林内部不同距离处加密布设监测点位。

（2）线状型森林空气颗粒物浓度监测点垂直布设

线状型森林空气颗粒物浓度监测垂直布设原则如点状型森林空气颗粒物浓度监测垂直布设。线状型森林也可以根据具体的带状森林的宽度按照水平布设的原

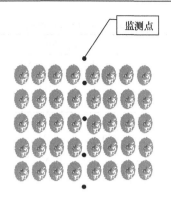

图 1-3　线状型森林空气颗粒物浓度监测点水平布设示意图

则进行垂直点位布设观测。线状型森林中，要反映整片林带不同高度对于空气颗粒物浓度的影响，应选择在林带长和宽中央交点处；若要反映林带不同宽度对于阻滞空气颗粒物效果，可以在林带内按照水平布设的原则布设监测点，也可以根据监测要求进行加密观测。

1.1.1.3　面状型森林空气颗粒物浓度监测点布设

通过调查面状型森林覆盖的形状和面积来确定布点的位置和数量。对于面状型森林监测点，应在森林周围东、西、南、北和中心五个方位布设五处监测点，或者采用森林覆盖区加密网格点实测或模式计算的方法，估计所在森林覆盖区污染物浓度的总体平均值。全部森林监测点的污染物浓度的算术平均值应代表所在环境空气颗粒物质量森林监测点的总体平均值。在面状森林空气颗粒物浓度监测中，需要进行加密监测，可以将森林覆盖区均匀划分为若干加密网格点，单个网格的大小要根据森林面积决定，一般为森林面积的 3%～5%，在每个网格中心或网格交叉点上设置监测点，以了解森林所在区域的污染物浓度水平和分布规律，有效监测天数为每月不少于 6 天。面状型森林空气颗粒物监测点应该根据森林所处区域的大气环流特征，反映区域林内外大气污染物浓度差别，并反映林内外由于森林内部复杂空间结构导致的大气湍流变化而造成的污染物输送扩散的变化。

1.1.2　森林空气颗粒物浓度监测方法

1.1.2.1　森林空气颗粒物监测内容与原理

监测内容见表 1-1。

表 1-1   颗粒物监测内容

指标类别	监测指标	单位
	总悬浮颗粒物（TSP）	μg/m^3
颗粒物	PM$_{10}$	μg/m^3
	PM$_{2.5}$	μg/m^3

采用带有切割头的采样器进行采样，以恒定采样流量抽取定量体积的空气，使空气中的一定粒径的颗粒物留在已知质量的滤膜上。根据采样前后的滤膜的重量差和累计采样体积，计算颗粒物浓度。

1.1.2.2   监测指标

监测指标如表 1-2 所示。

表 1-2   森林颗粒物监测指标

指标类别	监测指标	单位	观测频度
	TSP	μg/m^3	对于月平均浓度，每月连续观测不少于 6 日；对于日平均浓度，每日采样时间不少于 20h
颗粒物	PM$_{10}$	μg/m^3	对于月平均浓度，每月连续观测不少于 6 日；对于日平均浓度，每日采样时间不少于 20h
	PM$_{2.5}$	μg/m^3	对于月平均浓度，每月连续观测不少于 6 日；对于日平均浓度，每日采样时间不少于 20h

1.1.2.3   监测仪器与设备

1）TSP 切割器、采样系统：切割粒径 D_p=(100±0.5)μm；捕集效率的几何标准差为 σ_g=(2.0±0.1)μm。手工监测 TSP 使用的采样器应取得环境保护部环境监测仪器质量监督检验中心出具的产品适用性检测报告。

2）PM$_{10}$ 切割器、采样系统：切割粒径 D_p=(10±0.5)μm；捕集效率的几何标准差为 σ_g=(1.5±0.1)μm。其他采样性能和技术指标应符合 HJ/T 93—2003 的规定。

3）PM$_{2.5}$ 切割器、采样系统：切割粒径 D_p=(2.5±0.5)μm；捕集效率的几何标准差为 σ_g=(1.2±0.1)μm。其他采样性能和技术指标应符合 HJ/T 93—2003 的规定。

4）流量校准器。采样器孔口流量计或其他符合本标准技术指标要求的流量计，用于对不同流量的采样器进行流量校准。

大流量流量校准器：在 0.8～1.4m^3/min 范围内，误差≤2%。

中流量流量校准器：在 60～130L/min 范围内，误差≤2%。

小流量流量校准器：小于 30L/min 范围内，误差≤2%。

5）温度计。用于测量森林内部环境温度，校准采样器温度的测量部件：测量范围为–25～50℃，精度：±0.5℃。

6）湿度计。用于测量环境相对湿度（RH），测量范围为 10%～100%，精度：±5%RH。

7）气压计。用于测量森林周围环境大气压，校准采样器大气压测量部件：测量范围为 50～110kPa，精度：±0.1kPa。

8）滤膜。采样器可根据监测目的和要求的不同，选用石英滤膜、玻璃纤维滤膜等无机滤膜或聚四氟乙烯、聚氯乙烯、聚丙烯、混合纤维素等有机滤膜。滤膜对 0.3μm 标准粒子的截留效率不低于 99.7%，滤膜的其他指标要求参见 HJ 618—2011《环境空气　PM$_{10}$ 和 PM$_{2.5}$ 的测定　重量法》。

9）分析天平。绝对精度分度值达到 0.1mg。

10）恒温恒湿箱。为保持滤膜称量准确，箱体内温度和相对湿度都是可调节的。温度可调节范围：15～30℃，控温精度±1℃。相对湿度可调节范围：50%±5%。恒温恒湿箱可连续正常工作。

1.1.2.4　采样前准备

采样前须对切割器进行清洗，一般在累计采样 124h 后清洁一次，遇到特殊天气如扬尘、沙尘等应该及时清理。清洗时应该用毛刷对切割器进行清洗，不能用硬物进行清洗以免划伤切割器，影响气密性。环境温度、大气压检查和校准按照 GB/T 15432—1995《环境空气　总悬浮颗粒物的测定　重量法》进行。采样前首先对空白滤膜进行称量，按 1.1.2.6 小节将滤膜进行平衡处理至恒重，称量，记录滤膜质量并保存到滤膜盒中。

1.1.2.5　采样

1）采样时，水平采样一般在 1.5m 高度采样；垂直采样一般在枝下高处、树冠中央处以及树冠上 2m 处布设采样器。采样不宜在风速超过 8m/s 的天气采样，雨天也不宜采样。

2）采样时滤膜在切割器内的放置：总悬浮颗粒物（TSP）按照 GB/T 15432—1995《环境空气　总悬浮颗粒物的测定　重量法》、PM$_{10}$ 和 PM$_{2.5}$ 按照 HJ 618—2011《环境空气　PM$_{10}$ 和 PM$_{2.5}$ 的测定　重量法》进行。

3）采样后不能立即称量分析的滤膜，应在 4℃条件下冷藏保存。

1.1.2.6　滤膜称量

将滤膜放在恒温恒湿箱中平衡 24h，使滤膜质量达到稳定，期间保持恒温恒湿箱温度在 15～30℃之间，相对湿度控制在 45%～55%范围内，并记录测量时的温度和湿度。在满足上述条件下，在恒温恒湿箱中用精度为 0.1mg 的天平进行称量滤膜，并记录滤膜质量。称量完后再在恒温恒湿箱中保持相同条件下静置 1h 后再称量第二次，两次称量的误差小于 0.04～0.4mg 即为满足要求。其他要求按照 HJ 618—2011《环境空气　PM$_{10}$和 PM$_{2.5}$的测定　重量法》进行。

1.1.2.7　颗粒物浓度计算

按照 HJ 618—2011《环境空气　PM$_{10}$和 PM$_{2.5}$的测定　重量法》进行浓度计算。

1.1.2.8　质量保证与质量控制

监测仪器管理与检查按照 HJ 656—2013《环境空气颗粒物（PM$_{2.5}$）手工监测方法（重量法）技术规范》、HJ 618—2011《环境空气　PM$_{10}$和 PM$_{2.5}$的测定　重量法》进行。采样过程质量控制、称量过程质量控制按照 HJ 618—2011《环境空气　PM$_{10}$和 PM$_{2.5}$的测定　重量法》进行。

1.1.3　森林空气气象监测

1.1.3.1　监测目的

在森林颗粒物监测点同步布设气象监测点，通过对风、温度、湿度、气压等常规气象因子进行监测，可了解气象因素与颗粒物的相关性以及气象要素对于颗粒物浓度变化规律的影响，揭示影响森林颗粒物浓度变化的主要气象影响因子，为森林阻滞、吸附和沉降颗粒物研究提供基础数据。

1.1.3.2　森林空气气象监测指标

气象监测指标见表 1-3。

表 1-3　监测指标

指标类别	监测指标	单位	观测频度
	最低温度	℃	每日 24h 连续观测并与颗粒物观测频度一致
空气温度	最高温度	℃	每日 24h 连续观测并与颗粒物观测频度一致
	定时温度	℃	每日 24h 连续观测并与颗粒物观测频度一致
空气湿度	相对湿度	%	每日 24h 连续观测并与颗粒物观测频度一致
风	森林内外的风速	m/s	每日 24h 连续观测并与颗粒物观测频度一致
	风向	°	每日 24h 连续观测并与颗粒物观测频度一致

1.1.3.3　监测仪器与设备

自动气象站的结构和原理参照 QX/T 61—2007。

（1）气象站水平布设原则

点状森林气象站布设应布置在点状森林的内部和外部，并与颗粒物监测器设置在同一位置处。线状森林气象站布设应沿着顺风方向和林带内不同距离处，并保持与颗粒物监测仪器位置一致。面状森林气象站布设要最大程度反映森林覆盖区域的小气候条件，一般选择在森林的东、西、南、北、中方位布设相应的气象站。

（2）气象站垂直布设原则

垂直布设要和颗粒物监测设备高度一致，一般在枝下高处、林冠中央处以及冠层上方 2m 处布设。

1.1.3.4　数据处理

数据处理参见 LY/T 1952—2011《森林生态系统长期定位观测方法》。

1.1.4　森林植被结构监测

1.1.4.1　监测目的

森林植被结构对于森林中空气颗粒物浓度变化具有一定影响，通过实地监测森林植被结构，可以分析植被阻滞颗粒物的最佳阻滞结构，进而为合理提出防控颗粒物最佳森林植被结构提供理论基础。

1.1.4.2　森林植被结构监测指标

森林植被结构监测指标见表 1-4。

表 1-4　森林植被结构监测指标

指标类别	监测指标	单位	观测频度
森林结构指数	森林覆盖率	%	每月 1 次
	郁闭度	%	每月 1 次
	疏透度	%	每月 1 次
	林冠结构	%	每月 1 次
	叶面积指数（LAI）		每月 1 次

1.1.4.3　监测方法

森林覆盖率、郁闭度、疏透度、林冠结构、叶面积指数监测方法参见 LY/T 2249—

2014《森林群落结构监测规范》。

1.1.5　数据管理

1.1.5.1　数据采集、传输、接收

对于颗粒物滤膜质量数据、气象数据以及森林结构等常规监测数据，将分析数据分类记录，记录一般要设计成记录本格式，页码、内容齐全，用碳素墨水笔填写翔实，字迹要清楚，需要更正时，应在错误数据上划一横线并标注，在其上方写上正确内容，并在所划横线上加盖修改者名章或者签字以示负责。

对于颗粒物质量数据，根据万分之一天平的精度要精确到小数点后五位数，以保证数据的精度。

记录测量数据，只保留一位可疑数字，有效数字的位数应根据计量器具的精度及分析仪器的示值确定，不得随意增添或删除。

1.1.5.2　数据储存、分析

气象数据的监测一般存储在小型气象站内存中，监测完后要及时刻录并保存到电脑或移动硬盘中，并分类建立各个清晰文件夹，同时，将分类数据打印并备份，也可将数据按年时间尺度进行刻录以备份。

数据初步分析后，剔除失误造成的离群数据，保证数据的准确性并能够应用森林空气颗粒物浓度计算与分析。

1.1.5.3　数据质量

对于森林空气颗粒物浓度数据、森林内气象数据、森林植被结构监测数据，要保证数据质量的完整性，要完全按照监测指标以及监测频次进行，并无离群数据。所有数据能够成系列，能用于森林空气颗粒物浓度的计算与分析过程，并满足森林空气颗粒物浓度评价中对数据的质量需求，准确地衡量森林对于空气颗粒物的防护效益。

1.1.5.4　数据共享、服务

不同森林区域和不同监测点位监测的空气颗粒物数据要实现共享，通过服务器、网络相关设施建立网络共享中心，建立数据库，并和中国环境监测总站公布的数据进行数据共享和比对。相关用户可以通过实名或凭有效证件号码注册账号，并应当并如实提交包括所索取资料的用途、类别、范围、数量，以及是否涉外使用等内容的证明文件，才可下载数据库的数据。

1.2　城市森林环境空气质量监测网络

沿着北京市的主导风向，从北京市西北远郊到东南远郊，横跨城区，共建立了 4 个监测试验基地。这 4 个监测试验基地所处的区域不同，环境空气质量亦有差别。其中，蟒山森林公园代表西北部山区；生态中心代表城乡结合部；北京教学植物园代表核心城区；大兴采育监测站代表东南部农村（图 1-4）。

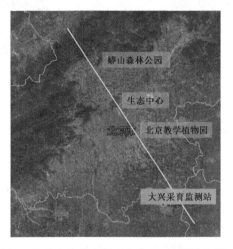

图 1-4　北京城市森林环境空气质量监测网络

在以上 4 个监测试验基地均采用 Thermofisher 的空气质量测定系统，同步连续测定北京季节主风向 4 个不同区域的 PM$_{2.5}$ 以及其主要前体物（NO$_x$、SO$_2$、CO、O$_3$）的浓度变化，分析 PM$_{2.5}$ 的化学组成特征，同步监测气象因子（空气温度、空气湿度、全辐射、紫外辐射、降雨量）的变化。主要测定仪器为：Thermo 42i 测定 NO、NO$_2$、NO$_x$；Thermo 43i 测定 SO$_2$；Thermo 48i 测定 CO 浓度；Thermo 49i 测定 O$_3$；1400、1405 系列微振荡天平测定 PM$_{2.5}$ 颗粒物浓度。测定频率为：NO、NO$_2$、NO$_x$、SO$_2$、CO、O$_3$、PM$_{2.5}$ 浓度 5min/次；气象因子 10min/次。

1.2.1　蟒山森林公园监测试验基地

蟒山森林公园监测试验基地(图 1-5)位于北京市昌平区蟒山国家森林公园(东经 116.2786667°，北纬 40.27658889°)，北京西北约 40km，海拔约 588m。蟒山森林公园监测试验基地周围植被主要是人工种植的油松和自然更新的蒙古栎和辽东栎以及广泛分布的山杏等，是成片的次生森林，代表北京西北森林生态系统。监测试验基地面积约 3km^2。

图 1-5　蟒山森林公园监测试验基地

1.2.2　生态中心监测试验基地

生态中心监测试验基地（图 1-6）位于北京市海淀区双清路 18 号中国科学院生态环境研究中心（东经 116.337458°，北纬 40.0073°），介于四环、五环之间，海拔 45m，代表城乡结合部。植被主要分布在中国科学院生态环境研究中心、北京林业大学、八家郊野公园。主要树种为油松、国槐、白蜡、槭树、银杏、白杨、栾树、法桐等，林分类型主要是道旁树和片状林。监测试验基地面积约 3km^2。

图 1-6　生态中心监测试验基地

1.2.3　教学植物园监测试验基地

教学植物园监测试验基地（图 1-7）位于北京市东城区左安门内大街 3 号北京

教学植物园（东经 116.4276°，北纬 39.8729°），毗邻二环路和龙潭湖公园，代表核心城区，植被主要分布在北京教学植物园、龙潭湖公园、天坛公园，以及二环路的滨河公园。主要树种为油松、国槐、栾树、刺柏、侧柏、刺槐等。林分类型为城市公园和片状人工林。监测试验基地面积约 3km^2。

图 1-7   教学植物园监测试验基地

1.2.4   大兴采育监测试验基地

大兴采育监测试验基地（图 1-8）位于北京市大兴区采育镇后甫村（东经 116.6949°，北纬 39.6540°），代表北京东南部农村地区，毗邻京沪、京津高速，周围已经进行了平原造林工程，林型主要为成片人工林。树种主要有油松、白蜡、国槐、碧桃、银杏等。监测试验基地面积约 3km^2。

图 1-8   大兴采育监测试验基地

1.3 树木吸附阻滞颗粒物分析方法

树木在吸附阻滞空气颗粒物、改善空气质量方面起着非常重要的作用。对树木吸附阻滞颗粒物的研究，既有对颗粒物的量化分析，也有对颗粒物的形态和组成的研究。

对树木吸附阻滞颗粒物的量化测定方法主要有三种：洗脱测试法、颗粒物再悬浮方法和饱和等温剩磁法（saturation isothermal remnant magnetization，SIRM）（Hofman et al.，2014）。洗脱测试法是指将叶表颗粒物用水或有机溶剂洗脱后，测定其在水中的含量，测定方法有过滤称重。颗粒物再悬浮的方法是指依据风蚀原理，使叶片表面吸附的颗粒物在强风的作用下重新悬浮，通过检测周围空气浓度的变化来获取叶片滞纳颗粒物的质量。饱和等温剩磁法是利用环境磁学的方法来测定植物叶表颗粒物，此方法无法直接量化颗粒物的质量，需要借助其他的颗粒物测定方法，通过建立饱和等温剩磁和颗粒物质量之间的关系来获得颗粒物质量（Hofman et al.，2014）。

对树木吸附阻滞颗粒物的形态研究主要是单颗粒物分析。单颗粒物分析是一种常见的微观分析方法，利用显微镜将颗粒物单体放大，进行形貌观察，同时获得单颗粒物的化学组分，两者结合可进行颗粒物源解析。通过单颗粒物分析方法可以得到颗粒物大量的理化信息，在研究颗粒物来源、形成和环境影响方面发挥重要的作用。通过对大量的颗粒物单体进行分析，可以得到颗粒物的粒径分布，这是颗粒物健康影响和环境影响的重要参数。单颗粒物的化学组成也是进行颗粒物源解析以及健康影响评价的重要依据。目前，单颗粒物的分析技术主要包括，微探针技术（主要用于微区化学组成分析）、电子显微镜技术（主要用于颗粒物形貌特征观察）和飞行时间质谱仪等。其中微探针技术包括质子微探针（PM）、扫描质子微探针分析（SPM）、核子微探针（NM）、扫描核子微探针（SNM）等。电子显微镜技术包括扫描电子显微镜（SEM）、原子力显微镜（AFM）和透射电子显微镜（TEM）等。飞行时间质谱主要包括飞行时间质谱仪（TOF-MS）和飞行时间二次离子质谱仪（TOF-SIMS）。目前对单颗粒物分析最重要的也是使用最广泛的技术是扫描电镜和能谱仪（SEM-EDX），该方法可以同时获得颗粒物单体的形貌特征和化学组分，成为最为简便快捷的单颗粒表征技术，对空气颗粒物的来源、成分、形状、粒径分布和排放量相对大小的估计更加准确。但是不能测定颗粒物的重量，只能是一个半定量的分析方法。

对树木吸附阻滞颗粒物的成分研究主要是化学分析，通过分析空气颗粒物的化学组成成分，来确定颗粒物的来源。目前应用最广的是化学质量平衡法（CMB）

模型。该模型是美国国家环境保护局（USEPA）推荐的用于研究 PM$_{10}$，PM$_{2.5}$ 和 VOCs 等污染物的来源及其贡献的一种重要方法。该方法定量地给出各类排放源对受体颗粒物的贡献率（郭琳等，2006），成为了实际研究工作中研究最多，应用最广的受体模型（李先国等，2006；金蕾和华蕾，2007）。由于城市环境中颗粒物来源极为复杂，CMB 模型没有从根本上解决共线性排放源对受体交叉贡献的问题，因此经常会遇到一组数据多种结果的现象，在实际的工作中需要进一步阐释。除 CMB 模型之外还有其他模型，例如正定矩阵分解法（PMF）、富集因子（EF）法、相关分析法、因子分析法（FA）、UNMIX 分析等。

1.3.1　树木吸附阻滞颗粒物测定方法

1.3.1.1　实验材料的采集

以在 4 个监测试验基地进行的实验为例，用于测定树木吸附阻滞颗粒物的样品采自监测试验基地周围，距监测试验基地 1km 范围内。采样时间为 2013 年的 6 月、9 月和 11 月，2014 年 5 月、8 月和 10 月。研究的树种包括白皮松（*Pinus bungeana*）、刺柏（*Juniperus formosana*）、侧柏（*Platycladus orientalis*）和油松（*Pinus tabulaeformis*）四种针叶树以及国槐（*Sophora japonica*）、银杏（*Ginkgo biloba*）、栾树（*Koelreuteria paniculata*）、大叶黄杨（*Euonymus japonicus*）和悬铃木（*Platanus acerifolia*）五种阔叶树种。采样时每种选择生长状况良好，没有病虫害的 4 棵树，采样高度为 1.5m，分别在每棵树的 4 个方向，用剪刀植物叶片剪下，每棵树采集样品 10～20g，将叶片用牛皮纸袋封装，贴好标签，在实验室常温情况下风干备用。

1.3.1.2　叶表颗粒物质量测定方法（冲洗-抽滤法）

首先将滤膜放在空气相对湿度 30%～40%（±5%）和温度 20～23℃（±2℃）的环境下，静置 24h，用电子天平（Saturious，BT25S）称量滤膜重量。

将每个植物样品放入 1000mL 烧杯中，加入 500mL 蒸馏水，用超声波清洗器，清洗 4min，用镊子将叶片夹出，并用 250mL 蒸馏水冲洗，将冲洗干净的叶片烘干至恒重，称重并记录。将浸洗液过 150 目金属筛（孔径 106μm），滤掉直径较大的颗粒物。用过滤器连接真空泵，对浸洗液过滤，首先，通过孔径 10μm 的滤膜（PTFE，Millipore），过滤后的滤液通过孔径 2.5μm 的滤膜（PTFE，Millipore），最后通过孔径 0.2μm 的滤膜（PTFE，Millipore）。通过以上过滤可以将叶面上的颗粒物按粒径分离，三种滤膜上的颗粒物分别是大颗粒物：10～100μm，粗颗粒物：2.5～10μm；细颗粒物：0.2～2.5μm。

滤膜在 80℃下，烘干 12h。在空气相对湿度 30%～40%（±5%）和温度 20～

23℃（±2℃）的环境下，静置 24h，用天平称重，两次差值即为颗粒物的质量。

1.3.1.3　树脂内颗粒物的质量测定

树脂内颗粒物质量的测定与叶表颗粒物质量测定方法相同，仍然采用冲洗-抽滤法测定。叶片经过蒸馏水冲洗后，再用氯仿冲洗一次，氯仿可将叶片表面的树脂溶解，将固定在树脂内的颗粒物析出。用上述冲洗-抽滤方法，将树脂内的颗粒物按照径级分别测定，过滤完成后，待烧杯中氯仿蒸干，用称重法计算树脂质量。

1.3.1.4　叶面积计算与叶面积指数测定

对于针叶叶面积的计算采取以下步骤，选择一部分针叶（10g 左右），用根系表面积分析仪扫描（浙江托普仪器有限公司，GXY-A），并计算出叶片的表面积 Δs，对于阔叶树，可直接利用扫描结果，得出叶面积 Δs，不必用软件分析表面积，将叶片烘干至恒重，用天平精确称重计为 Δm，用公式（1-1）求算出单位质量的叶面积 A（cm^2/g），假设每一样品的质量为 M，则每一样品的总叶面积 S 可由公式（1-2）计算得出。用不同植物样品上不同粒径范围的颗粒物的质量除以样品的总面积，即可得出不同植物单位叶面积上不同粒径的颗粒物质量。

$$A = \frac{\Delta m}{\Delta s} \qquad (1\text{-}1)$$

$$S = A \times M \qquad (1\text{-}2)$$

植物的叶面积指数用 LAI-2000（Li-cor，USA）叶面积指数仪测定。

1.3.1.5　叶片粗糙度测定

叶片粗糙度对树木吸附阻滞颗粒物有重要的影响，叶片表面下凹处、褶皱区和气孔周围均是颗粒物聚积的理想位置。表面粗糙度这一概念起源于机械加工，是指加工表面具有的较小间距和微小峰谷不平度。在本研究中借用粗糙度这一概念表征叶片表面的起伏程度，植物叶片的粗糙度通过原子力显微镜（AFM）（Bruker，德国）测定。

1.3.1.6　叶片绒毛观测

通过显微镜观察叶片表面的绒毛状况并拍照，根据绒毛的多少和聚集程度，分为 1～5 五个等级，1 表示极少，5 表示很多。

1.3.2　叶表颗粒物形貌特征分析方法

应用扫描电镜原位观测叶表颗粒物并进行粒径统计的方法在当前相关领域的

研究中尚不多见。以往对大气颗粒物的粒径研究多采用分级采样器、激光粒度仪等。分级采样器可对不同粒径的颗粒物分段采集，经收集装置对每一区段颗粒物浓缩后进行分析。激光粒度仪的测试范围过大，用于测试叶面尘的粒径分布精度不足。原位观测能够真实直观地得到尘颗粒的微观形貌及其在叶片表面的附着密度等信息。扫描电镜在以往的文献中多作为单颗粒分析的工具，较少进行大量颗粒的粒径统计及来源分析。本研究中借助扫描电镜拍摄叶片吸附阻滞颗粒物的微观图像，原位分析颗粒物的粒径分布及附着情况，直观地反映叶表吸附阻滞颗粒物情况。此外，通过 X 射线能谱仪的辅助分析单颗粒的化学元素成分，可定性分析单颗粒的来源。

1.3.2.1　实验材料的采集

观测叶表颗粒物形貌特征所需的叶片应采自距离不远的树木，通常采样地相对距离不足 100m 时，可以认为环境中 PM$_{2.5}$ 浓度、空气温度、相对湿度、降雨以及风对植物吸附阻滞颗粒物的作用是一致的。此外，应避免其他环境污染源的干扰。以在生态中心监测试验基地进行的实验为例，在生态中心的西面和南面各有一条机动车道，附近没有重污染企业和厂区。在 2013 年生态中心 PM$_{2.5}$ 的年平均浓度为 75μg/m^3（北京城市生态系统监测站，BUERS）。样品采于 2013 年 5 月 20 日，根据北京城市生态系统研究站的数据，采样前 30 日内没有降水，可认为叶片表面聚积的颗粒物已经达到最大值。研究的树种包括白皮松（*Pinus bungeana*）、刺柏（*Juniperus formosana*）、侧柏（*Platycladus orientalis*）、大叶黄杨（*Euonymus japonicus*）和油松（*Pinus tabulaeformis*）五种典型的常绿树种，每种选择生长状况良好，没有病虫害的 6 棵树，采样高度为 1.5m，分别在每棵树的 4 个方向，用剪刀植物叶片剪下，每棵树采集样品 10～20g，将叶片用牛皮纸袋封装，贴好标签，在实验室常温情况下风干备用。

1.3.2.2　叶表颗粒物形貌特征观测

叶表颗粒的微观形貌使用日本日立公司的 S4800 冷场发射扫描电子显微镜（SEM）观察。对于白皮松和油松，每个树种选择 4 个针叶，分别在针叶的 1/2 处剪下 1cm 长的针叶，共计 24 个样品，刺柏和侧柏每个树种选择 4 个叶片，共 24 个样品，大叶黄杨每棵树选择一个叶片，在叶片中心位置剪下 1cm^2，共 6 个样品，用导电双面胶将样品粘贴在扫描电镜的金属桩上，真空喷金后用 SEM 观察拍照。实验高压为 15kV，观察颗粒形貌时放大倍数为 1500~4000 倍，粒径测试时放大倍数为 1000 倍，每张照片的面积为 126×88μm^2。白皮松、油松、侧柏和刺柏每个样品拍摄 1 个 SEM 照片，大叶黄杨分别在四个方向各拍摄一个照片，按照上述步骤，每个树种都得到 24 张 SEM 照片。扫描电镜连接 EDX 进行颗粒物元素分析。

1.3.2.3　叶表颗粒物数量密度计算

叶表颗粒物粒径统计使用 Image J 软件完成,此软件基于 SEM 照片背景和颗粒的亮度不同,可以根据设定的阈值自动识别颗粒,得到的结果与原图对比差异较大,则通过手动调节阈值。由于照片像素和分辨率的限制,在研究中只分析 0.2μm 以上的颗粒物,在 0.2~2.5μm 范围内,以 0.2μm 作为统计单元,2.5~10μm 范围内以 2.5μm 作为统计单元,10~100μm 范围由于数量较少,直接进行统计。

1.3.3　颗粒物化学成分测定方法

无机元素和水溶性离子都是空气细颗粒物 PM$_{2.5}$ 的重要组成成分。颗粒物的化学成分分析主要是对颗粒物无机元素含量和颗粒物水溶性离子浓度的测定。颗粒物无机元素含量主要通过空气颗粒物采样法采集,使用 X 射线荧光光谱法(XRF)测定。水溶性离子主要包括硫酸盐、硝酸盐、铵盐、氯化钠等。目前,颗粒物中水溶性离子的研究,既有对空气颗粒物进行的研究,也有对叶表颗粒物进行的研究。

1.3.3.1　颗粒物无机元素含量测定

空气细颗粒物采样使用的仪器有 TEOM1400 旁路采样器(北京市教学植物园、大兴采育)、TEOM2025 双通道采样器(蟒山监测站)和 MiniVolTAS 大气颗粒物采样器(生态中心)。采样时间为 2013 年 8 月至 2014 年 7 月,每月的 20~26 日,共 7 天,每天 0 点开始,采样时间为 24h。采样滤膜为 Whatman 公司生产的 PTFE PM$_{2.5}$ 专用滤膜。

滤膜在使用前在空气相对湿度 30%~40%(±5%)和温度 20~23℃(±2℃)的环境中静置 24h,用百万分之一天平(梅特勒-托利多)称量滤膜重量。采样结束后在同样的条件下静置 24h 后,用同样的天平称重。两次称重的差值即为采样期间收集到的 PM$_{2.5}$ 质量。通过采样期间,采样器的采样流量,计算出空气颗粒物 PM$_{2.5}$ 的含量。

PM$_{2.5}$ 元素含量分析是通过 X 射线荧光光谱法(XRF)测定。X 射线荧光光谱仪分辨率高,对轻、重元素测定的适应性广,对高低含量的元素测定灵敏度均能满足要求。本研究主要测定 Ti、V、Ba、Si、Al、Pb、Zn、Cu、Fe、Mn、Cr、Ni 等元素。

1.3.3.2　颗粒物水溶性离子浓度测定

测定空气颗粒物水溶性离子时,将空气采样器采集到的带有颗粒物的滤膜(详见 1.3.3.1 节），放入三角瓶中，加入 40mL 去离子水，用微波振荡 1h，用孔径为 0.02μm 的滤膜过滤，用离子色谱仪分别测定 4 种阴离子（F$^-$、Cl$^-$、NO$_3^-$、SO$_4^{2-}$）和 5 种阳离子（Na$^+$、NH$_4^+$、K$^+$、Mg^{2+}、Ca^{2+}）。

测定叶表颗粒物水溶性离子时，将采集的叶片放入定容的去离子水中振荡，具体步骤见 1.3.1.2 节，将溶液用 0.2μm 孔径滤膜过滤后放入干净的塑料储存瓶中待测。用离子色谱仪测定叶表颗粒物水洗溶液中的 4 种阴离子（F$^-$、Cl$^-$、NO$_3^-$、SO$_4^{2-}$）和 5 种阳离子（Na$^+$、NH$_4^+$、K$^+$、Mg^{2+}、Ca^{2+}）。

本实验采用美国 Dionex 公司型号为 DX-120 的离子色谱仪测定叶表面吸附颗粒物的水溶性无机离子；阴离子分离柱 lonPac-ASll（4×250mm），阴离子保护柱 lonPac-AGll（4×50mm），ASRS-ULTRA 阴离子自动再生抑制器，ED50 电导检测器；阳离子分离柱 IonPac-CS12A（4×250mm），阳离子保护柱 IonPac-CS12A（4×50mm），CSRS-ULTRA 阳离子自动再生抑制器，ED50 电导检测器。本研究中，对各种无机离子分析的线性范围为 0.01~1000g/m^3。

1.4　树木吸附阻滞颗粒物分析方法的验证与应用

1.4.1　叶表颗粒物形貌特征与数量密度分析

城市森林在吸附空气颗粒物、改善空气质量方面发挥着重要的作用，但是城市森林吸附阻滞颗粒物研究较少，对于叶片表面颗粒物的数量密度、粒径分布以及化学组成尚不明晰。在本研究中通过电子扫描电镜和能谱仪（SEM-EDX）得到叶片表面颗粒物的分布位置、形貌特征、化学组分和粒径分布，同时比较了研究中物种常绿树种吸附阻滞颗粒物能力的差异。

1.4.1.1　颗粒物在叶片表面的位置

通过电子扫描电镜下的图像，发现叶片表面的气孔周围、叶片表面褶皱区以及叶片绒毛周围等都是颗粒物容易聚积的位置（图 1-9）。大量研究表明粗糙叶片比光滑叶片表面吸附阻滞颗粒物量高，我们从微观角度验证了这一结论。另外，我们发现粒径在 2μm 的颗粒物同样可以进入气孔，或者堵塞在气孔入口。已有研究表明叶片气孔可以吸附颗粒物，也有研究表明颗粒物粒径在小于 0.1μm 的颗粒物才能通过气孔，但是我们发现粒径范围远远大于 0.1μm，颗粒物 PM$_{2.5}$ 完全可以进入气孔或者堵塞在气孔入口位置。我们这一发现与 Lehndorff 等（2006）的结论一致。

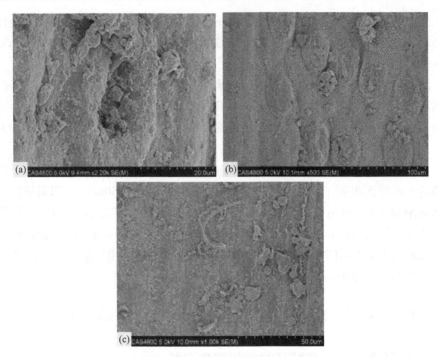

图 1-9　颗粒物在叶片表面的位置
（a）叶片气孔周围和气孔内的颗粒物；（b）褶皱区域的颗粒物；（c）叶片绒毛周围的颗粒物

1.4.1.2　叶片表面颗粒物的形貌特征

通过扫描电镜，在微观视角下我们得到叶片表面 PM$_{2.5}$ 的形貌照片。根据颗粒物不同的形貌特征可以判断颗粒物的来源。来自建筑源的颗粒物多呈不规则形状 [图 1-10（a）]；土壤源颗粒物粒径较大，又可细分为长石、石英和黏土颗粒，长石和石英表面较平坦致密，黏土颗粒表面较粗糙 [图 1-10（b），（c）]；燃煤飞灰由于在炉膛内高温作用部分熔融，多呈规则的球形，非常容易识别 [图 1-10（d）]；烟尘集合体是由细小颗粒组成的絮状聚合体，结构较松散 [图 1-10（e）]；另外还有一些植物残体，例如孢子、花粉等，这些颗粒物结构特殊，粒径一般较大（20～50μm），容易识别 [图 1-10（f）]。

1.4.1.3　叶片表面颗粒物的化学组分分析

能谱分析结果表明叶片表面颗粒物的主要元素为 O > C > Si > Fe > Ca > S > Mg > Pb > Al > Br > K > Na > Cl（图 1-11）。C、O、Si、Fe、Ca、Na 和 Mg 为地壳元素，叶片表面颗粒物此类元素含量较高，说明叶片表面颗粒物可能来自土壤灰尘或者是建筑材料。在部分颗粒物中 Fe 的含量比较高（P6），可能为金属颗粒物

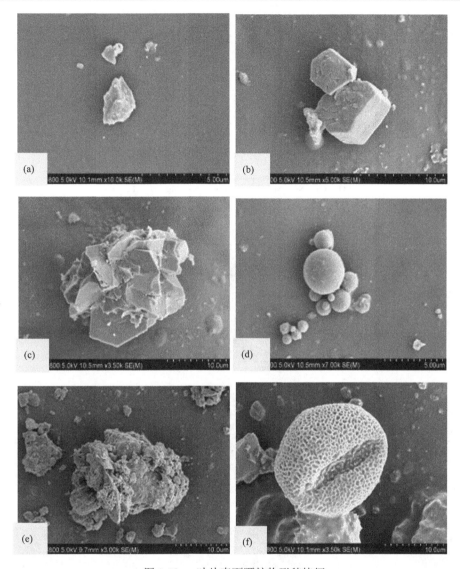

图 1-10　叶片表面颗粒物形貌特征

或其氧化物颗粒。Br、Pb 和 Cl 主要是人为活动产生，有研究表明 Br 和 Pb 来自汽车尾气，Cl 可能来自于燃煤。戴斯迪（2013）对北京国槐叶片表面颗粒物的化学成分分析也同样发现，C、O、Si、Ca 和 Al 是叶片表面颗粒物的主要组成元素，该结论与本研究结果相似。图 1-12 中 P1、P3 和 P5 颗粒物形状不规则，并且含 C、O、Si 和 Al，说明此类颗粒物可能来自于土壤颗粒。颗粒物 P2、P7 和 P9 中 C、O 和 Ca 的含量比较高，结合其形貌特征（图 1-12），可判断其来自于建筑源。颗

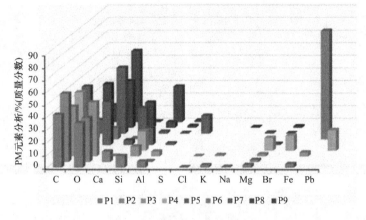

图 1-11　颗粒物元素成分分析

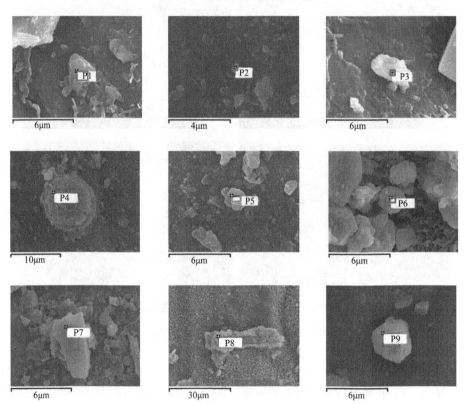

图 1-12　叶片表面颗粒物形貌特征

粒物 P4 中 Pb 和 Br 的含量较高，Br 和 Pb 是汽车燃料中常见的添加剂，P4 的形状为圆形，比较规则（图 1-12），粒径在 10μm 左右，可以判断此类颗粒物来自于汽车尾气。颗粒物 P6 中 Fe 的含量较高，接近 70%，可能为金属颗粒物或铁氧化物。Maher 等（2013）对行道树叶片表面颗粒物进行分析时，也发现颗粒物 Fe 含量比较高。颗粒物 P8 粒径较大，长度接近 30μm，结构疏松（图 1-12），可能是碳聚体。

1.4.1.4　叶片表面颗粒物数量密度

叶片表面颗粒物的数量密度是指单位叶面积上颗粒物的数量，由于像素的限制，颗粒物粒径最小为 0.2μm，结果表明，刺柏的吸附阻滞颗粒物效果最高，在各个径级上，数量密度均显著高于其他树种。单位面积叶片表面颗粒物粒径越小，其数量越多，在 0.2～2.0μm 范围内集中了 90% 的颗粒物，大于 10μm 的颗粒物数量很少。其中在 0.2～0.8μm 和 2.5～5μm 两个粒径范围内有两个峰值（图 1-13）。

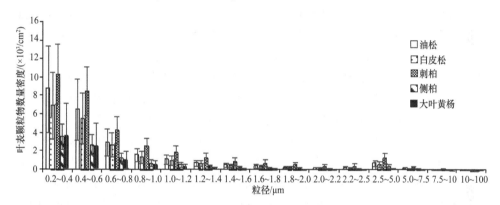

图 1-13　叶片表面颗粒物数量密度

将叶片表面的颗粒物按粒径分为细颗粒物（0.2～2.5μm）、粗颗粒物（2.5～10μm）和大颗粒物（10～100μm）三个粒径范围，并将这三个范围内的颗粒物数量密度进行合并，得到不同粒径颗粒物的数量（表 1-5）。颗粒物主要集中在 0.2～2.5μm 范围内，约占总数量的 96%，粗颗粒物占总颗粒物数量的 3.7%，而大颗粒物仅占总数量的 0.14%。在 0.2～2.5μm 和 2.5～10μm 范围内，各个径级上单位面积上颗粒物的数量均有刺柏>油松>白皮松>侧柏>大叶黄杨。经过差异性分析，在 0.2～2.5μm 和 2.5～10μm 范围内，刺柏叶片表面的颗粒物均显著高于其他物种。粒径在 10～100μm 范围内的颗粒物极少，树种间显著性不明显。

已有研究（Fowler，2002；Ottelé et al.，2010）发现粒径小于 0.1μm 的颗粒物才能够进入叶片气孔，但是在本研究中，从扫描电镜的照片上我们发现粒径为 2μm 的颗粒物可以进入到叶片气孔，进入气孔空穴或者堵塞气孔入口。Lehndorff 和 Schwark（2006）在研究中同样也发现直径大于 2μm 的颗粒物可以进入到气孔。

表 1-5　叶片表面颗粒物数量密度及各组分数量百分比（平均值±标准差）

树种	叶表颗粒物数量密度/（×10^3/cm^2）			百分比/%		
	细颗粒物（0.2～2.5μm）	粗颗粒物（2.5～10μm）	大颗粒物（10～100μm）	细颗粒物（0.2～2.5μm）	粗颗粒物（2.5～10μm）	大颗粒物（10～100μm）
刺柏	31.87 a±10.96	1.61 a±0.75	0.132 a±0.016	95.17	4.80	0.04
大叶黄杨	8.74 c±8.10	0.15 d±0.12	0.033 a±0.024	97.90	1.73	0.37
白皮松	19.65 c±9.81	0.78 c±0.44	0.021 bc±0.02	96.08	3.82	0.10
侧柏	10.04 c±4.24	0.49 d±0.26	0.009 c±0.01	95.28	4.64	0.09
油松	23.19 b±11.82	0.87 b±0.48	0.024 b±0.019	96.27	3.63	0.10
平均值	18.7	0.78	0.02	96.14	3.72	0.14

现在有不少研究（Hwang et al.，2011；Mitchell and Maher，2010）强调叶片表面粗糙的叶片吸附阻滞颗粒物能力较大，但是直接的证据较少。在本研究中，我们使用扫描电镜的方法，原位观察颗粒物存在的位置，发现在叶片褶皱区颗粒物容易聚积，从另一个角度证明了这一观点。颗粒物在叶片表面聚积，可能会影响光合有效辐射，影响气孔的开闭和气体的交换，必然会对植物的生长造成影响，特别是抗性较差的树种，受伤害更严重。因此叶片表面颗粒物对植物生理生态的影响，筛选对 PM$_{2.5}$ 抗性较高的树种也是将来重要的研究方向。

从叶片表面的颗粒物化学元素分析结果，我们发现在叶片表面的颗粒物 C、O、Si、Ca、Na、和 Mg 元素含量比较高，这些元素多为地壳元素，因此这些叶片表面的颗粒物大多来自于自然源或建筑扬尘。我们在叶片表面部分颗粒物中还发现了 Pb、Br、Fe、和 Cl 等元素，这些元素主要是人类活动产生（Ottelé et al.，2010）。因此，我们判断叶片表面颗粒物主要来自土壤源和建筑扬尘，部分来自人为活动。戴斯迪等（2013）在研究中发现，北京市国槐叶片表面颗粒物主要成分有 C、O、Si、Ca 和 Al，这一结果与我们研究结果类似。王姣等（2012）在位于生态中心的城市生态系统监测站对空气 PM$_{2.5}$ 的采样中同样发现 PM$_{2.5}$ 主要来源于土壤源和建筑灰尘。

从数量密度角度分析，叶片表面颗粒物主要以小粒径颗粒物为主，颗粒物主要集中在 0.2～2.5μm 范围内，约占总数量的 96%，粗颗粒物占总颗粒物数量的 3.7%，而大颗粒物仅占总数量的 0.14%。赵松婷等（2014）利用扫描电镜对北京九种园林植物的吸附阻滞颗粒物特点研究发现，植物叶片表面大部分为粒径小于 10μm 的颗粒物，其数量百分比在 98% 以上，其中细颗粒物（粒径小于 2.5μm）数量百分比在 90% 以上，大粒径的颗粒物数量对总体数量的贡献非常小，均在 2% 以下。这一研究结果与本研究一致。

1.4.2 细颗粒物中水溶性离子浓度分析

水溶性离子是大气颗粒物的重要组成部分，主要包括硫酸盐、硝酸盐、铵盐、氯化钠等。本研究中水溶性离子含量为 61%，水溶性离子含量最大值出现在 2014 年 2 月，是 PM$_{2.5}$ 浓度的 85%，最低月出现在 2014 年 6 月，为 45%（图 1-14）。

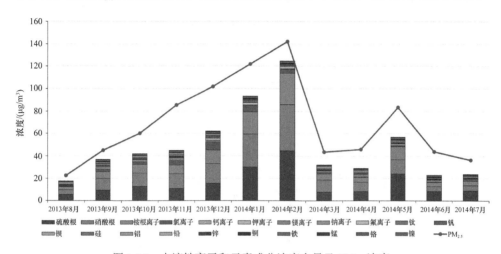

图 1-14　水溶性离子和元素成分浓度含量及 PM$_{2.5}$ 浓度

水溶性离子中硫酸根离子、硝酸根离子和铵根离子（合称为 SNA），由空气中 SO$_2$、NO$_x$ 和 NH$_3$ 在空气中二次转化形成，所以称之为二次离子。这些离子在空气中的质量浓度与前体物质 SO$_2$、NO$_x$ 和 NH$_3$ 的浓度有关，同时还会受到温湿度等气象因素和催化物质的影响。在本次研究中三者离子浓度和占总离子质量浓度的 87%。无机元素中，Cu 和 Zn 是汽车润滑油的添加物，Zn、Mn 和 Ba 是汽车刹车片和轮胎的添加物，在汽车的磨损过程中会释放到大气中。汽车尾气中含有大量的 Pb。Mg、Al、Si、Ti、Ca 和 Fe 是土壤源的标志性元素。Cl 是大多被认为是海洋污染源的标志物，同时也是燃煤一个重要排放元素，有研究表明在热电厂周围 Ni、Pb、Se 和 As 的含量也比较高。F⁻主要来源于工业排放的烟气，K⁺是生物质燃烧的标志物，Na⁺是土壤风沙的标志物，Ca^{2+} 和 Mg^{2+} 是土壤源和建筑源的标志物。Pb、Cl 和 Ni 是交通污染的标志性元素，建筑类污染元素是 Ca、Mg、V，煤炭污染的标志性元素是 Al、Mn、Cr、Cu、Zn 等。

1.4.2.1 不同离子浓度差异分析

2013 年 8 月至 2014 年 7 月观测期间，四个监测站点水溶性离子质量浓度平

均为 44.51μg/m³，浓度从高到低依次为：硫酸根离子>硝酸根离子>铵根离子> Cl>
K⁺> Ca²⁺> Na⁺> F⁻> Mg²⁺。

硫酸根离子、硝酸根离子、铵根离子和 Cl⁻是质量浓度最高的四种离子，也
是变化最为剧烈的四类离子（图 1-15），冬季四种离子含量明显大于其他季节。
PM$_{2.5}$ 中的硫酸根离子大部分是通过 SO$_2$ 气体氧化而形成的，通常在 PM$_{2.5}$ 中以
(NH$_4$)$_2$SO$_4$、NH$_4$HSO$_4$ 和 H$_2$SO$_4$ 等硫酸盐的形式存在。PM$_{2.5}$ 中的硝酸根离子的前
体物是 NO$_x$，在大气中氧化后形成硝酸，再与大气中的氨气反应生成硝酸铵，或
与其他离子反应，形成硝酸盐。铵根离子的前体物是 NH$_3$，氨气主要来自农业活动。
大量研究表明氯离子与燃煤有关系。Cl 是燃煤排放的重要标志元素。硝酸根离子与
硫酸根离子的质量浓度比可以用来判断流动源和固定源的相对重要程度。

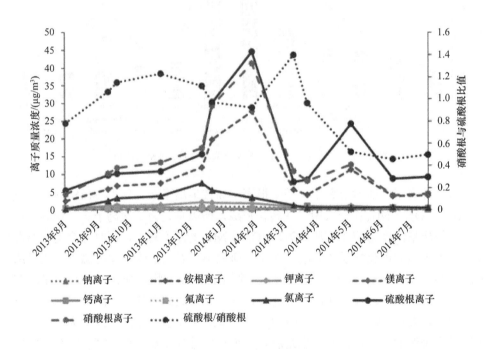

图 1-15　水溶性离子质量浓度变化

一般认为，硝酸根离子/硫酸根离子比值较高，反映流动源的作用较大；硝酸
根离子/硫酸根离子比值较低，表示固定源的贡献超过流动源。在本研究中，硝酸
根离子/硫酸根离子的比值年均值为 0.92，明显高于 2007～2010 年的水平（0.46～
0.7），说明近几年北京随着机动车保有量的上升，流动源对 PM$_{2.5}$ 的贡献在上升。
2013 年的 9～12 月以及 2014 年的 3 月，硝酸根离子/硫酸根离子的比值均高于 1，

说明在这几个月中硝酸根离子在 $PM_{2.5}$ 中的累积效应突出，这可能与大气温度和空气相对湿度以及大气压强有关。其中空气温度是对大气中硝酸根的热力学平衡影响最大的气象因子：当大气温度在 15℃ 以下时，硝酸根离子主要以固体颗粒的形态存在；当大气温度在 30℃ 以上时，硝酸根离子主要以 HNO_3 的气态形态存在。所以，虽然夏季气温较高，有利于进行光化学反应，将 NO_2 转化为硝酸根离子，但是较高的空气温度会促使硝酸根离子形成气态的 HNO_3，而不利于以固体颗粒的形态存在于颗粒物中。所以在冬季，气温较低时，颗粒物中的硝酸根离子含量会增高。

从离子浓度含量的季节分布上看，冬季可溶性离子浓度最高（67.12μg/m³），秋天（35.45μg/m³）次之，夏季最低（17.99μg/m³），而 SNA 占水溶性离子浓度的比例在四个季节中均在 80%～90% 之间（图 1-16）。

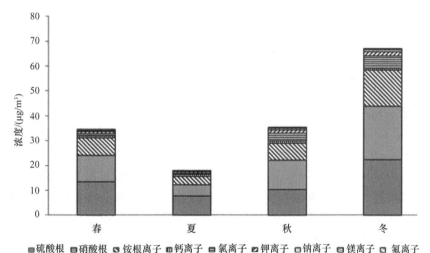

图 1-16　观测期间北京市水溶性离子季节分布图

1.4.2.2　不同站点水溶性离子浓度的差异

在本研究中，不同监测站点，水溶性离子浓度也不同，其中最高的为生态中心站（41.58μg/m³），最低的为蟒山站（22.24μg/m³）（图 1-17），水溶性离子浓度所占比例在市区的教学植物园和城乡结合部的生态中心，二次离子所占比例均在 60% 左右，蟒山站二次离子所占比例为 48%，但在大兴采育站点虽然 $PM_{2.5}$ 浓度较低，但是二次离子质量浓度较高，达到 40μg/m³，二次离子所占比例接近 80%。结合 $PM_{2.5}$ 浓度分析，可以看出，在大兴采育站二次离子是 $PM_{2.5}$ 的重要来源。SNA 在各个生态站与空气 $PM_{2.5}$ 的百分比与水溶性离子所占比例规律一致。

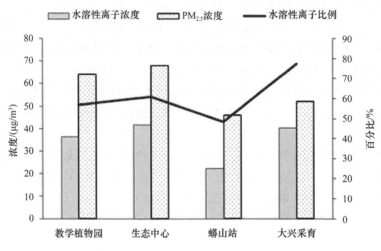

图 1-17　采样期间四个生态站 PM$_{2.5}$ 浓度及水溶性离子浓度

1.4.2.3　不同污染等级水溶性离子浓度的差异

按照 PM$_{2.5}$ 不同浓度范围，将空气颗粒物浓度划分为六个污染级别，优（<35μg/m^3）、良（35～75μg/m^3）、轻度污染（75～115μg/m^3）、中度污染（115～150μg/m^3）、重度污染（150～250μg/m^3）。对不同污染级别，五种主要的可溶性离子浓度分析发现，随着 PM$_{2.5}$ 污染程度的加重，钾离子和氯离子质量浓度变化不大，而硫酸根、硝酸根和铵根离子浓度急剧增加。三者在 PM$_{2.5}$ 中的比例也在逐渐增加，其中硫酸根离子由 19% 增加到 24%，硝酸根离子由 22% 增加到 29%，铵根离子由 13% 增加到 18%（图 1-18）。

1.4.3　细颗粒物中无机元素含量分析

1.4.3.1　细颗粒物中无机元素时间变化

在本研究中 PM$_{2.5}$ 主要含有元素有 Ti、V、Ba、Si、Al、Pb、Zn、Cu、Fe、Mn、Cr 和 Ni，四个监测站点无机元素平均质量浓度平均为 4.07μg/m^3，是 PM$_{2.5}$ 成分的 7%。浓度从高到低依次为：Al > Si > Fe > Zn > Pb > Mn > Ti > Cu > Ba > Cr > Ni > V（图 1-19）。无机元素含量在采样期间季节变化规律不明显，但是秋季最高。Si、Al 和 Fe 是含量较高的三种元素，这三种元素也是地壳元素含量较高的元素，可以得出结论，在采样期间 PM$_{2.5}$ 无机元素主要以土壤源为主。

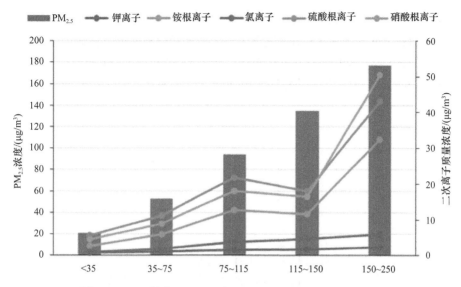

图 1-18 细颗粒物 PM$_{2.5}$ 污染级别及二次离子质量浓度变化

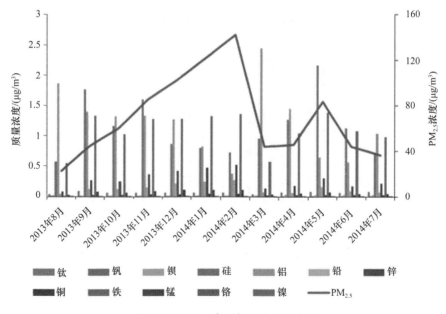

图 1-19 PM$_{2.5}$ 中无机元素含量变化

1.4.3.2 不同站点无机元素含量的差异

在本研究中，不同监测站点，无机元素含量不同，其中最高的为生态中心站（4.62μg/m^3），最低的为蟒山站（2.82μg/m^3）（图 1-20）。不同元素在不同地点含量也有所差异，可以看出蟒山站，所有无机元素含量均较低，但铝元素除外，Fe、Pb、Zn、Ti、Mn、Cu 和 Cr 均表现出生态中心和教学植物园含量相似，但均低于大兴采育的结果，这可能因为大兴采样点周围为农田，沙尘较大。大兴采育地处北京西南方向，受河北和天津地区影响比较大，外源输入也会影响 PM$_{2.5}$ 无机元素成分含量。

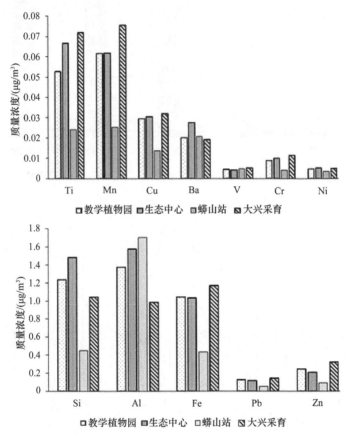

图 1-20　不同监测站点无机元素含量分析

第 2 章　树木阻滞吸收 PM~2.5~ 等颗粒物的机理及生理生态调控

大气颗粒物对植物的影响表现为植物叶片等部位的损伤和生理生态的变化，这些影响除了根源于叶片积尘对光照的遮挡之外，更多来自于大气颗粒物尤其是粒径较小颗粒物中无机盐、重金属和有机污染物的化学污染。同时，基于植物自身的抗逆能力，植物对大气颗粒物表现出一定的耐受、防御和修复能力。

2.1　树木叶片颗粒物特征

2.1.1　研究方法

2.1.1.1　植物物种选择

北京市绿化造林主要树种有 133 种，其中普遍使用的树种不足 40 种，乔木 20 余种，灌木 10 余种，藤本 4 种，草坪植物 7 种等。目前推荐的治理 PM~2.5~ 的绿化造林树种以杨树、国槐、梧桐等阔叶树为主（张凯等，2007）。

可以根据叶面特征将备选树种分为三类：①叶片能分泌黏液的常绿植物种，包括白皮松、油松、侧柏和球桧；②叶片有绒毛的阔叶植物种，包括悬铃木；③叶片较光滑的阔叶植物种，包括小叶白蜡、小叶黄杨、暴马丁香、国槐、银杏、多花蔷薇、月季、锦带花、紫荆和金银木。

采样点分别位于朝阳区奥林匹克森林公园（以下简称"奥森公园"）内和西城区西直门北大街立交桥绿地。森林公园内机动车较少，而西直门北大街毗邻西直门交通枢纽，是北京市 5 个交通污染控制点之一。

选择的采样对象为毛白杨（*Populus tomentosa* Carr.）叶片。毛白杨是北京市主要园林绿化植物之一，是常见的行道树种，在城区广为种植。在两采样点所选择的毛白杨均为行道树，生长于主要道路边，行道树间距为 5m（邓利群等，2011）。两地各选择生长状况良好，树龄接近的毛白杨一棵，森林公园内毛白杨 A 胸径为 126.2cm，西直门毛白杨 B 胸径为 129.8cm。分别在 5 月和 10 月采集叶片，为避免雨水对叶表面沉积颗粒物的冲洗所造成的差异，采样时间统一为降雨后一周。选择树冠中部迎风面的成熟叶片均匀采样。

2.1.1.2　植物样品的采集

分别在所选取的两个试验地采集植物叶片、枝条等材料（选择当年生成熟叶片）。两地各选择三个叶片作为重复，叶片样品放入信封中自然干燥 2～3 天后，在样品的相同位置（叶片中部中脉两侧）取 50mm×50mm 的小块，分为上下表面分别制样。样品采用电子显微镜实验室的场发射环境扫描电镜（ESEM）观察分析，同时使用 X 射线能谱仪（EDS）对叶表面 PM$_{2.5}$颗粒物进行能谱分析。

叶片气孔各项指标的测量和计算方法来自参见文献 Baccio（2010）。

（1）夏季植物 PM$_{2.5}$污染样品采集

时间：2013 年 5 月 6 日

环境监测数据：当日北京市奥森公园测试点空气质量指数 267，为五级重度污染；西直门北大街测试点空气质量指数 319，为六级严重污染。

采样时 PM$_{2.5}$实时浓度数据：

奥森公园：毛白杨（A1），50.82 μg/m^3；

油松（B1），57.92 μg/m^3。

西直门：毛白杨（A2），156.05 μg/m^3；

油松（B2），165.85 μg/m^3。

6 月 4 日，进行第二次重复取样，当日北京市奥森公园、西直门测试点空气质量指数分别为 157 和 175，为四级中度污染。

采样时 PM$_{2.5}$实时浓度数据：

奥森公园（10:00）：毛白杨（A1），158.36 μg/m^3；

西直门（10:00）：毛白杨（A2），173.94 μg/m^3。

（2）秋季植物 PM$_{2.5}$污染样品采集

时间：10 月 12 日，当日北京市奥森公园测试点空气质量指数 267，质量级别为二级良；西直门北大街测试点空气质量指数 319，为六级严重污染。

采样时 PM$_{2.5}$实时浓度数据：

奥森公园（10:00）：毛白杨（A1），35.98 μg/m^3；

西直门（10:00）：毛白杨（A2），63.74 μg/m^3。

（3）植物对 PM$_{2.5}$组织器官上的适应性变化研究

采用显微镜、透射电子显微镜和扫描电子显微镜等仪器设备在显微及亚显微水平上观察植物在不同 PM$_{2.5}$等颗粒物污染条件下，叶片等器官的形态特征变化，如气孔的大小、开度、栅栏组织等同化器官的发育等。

采用扫描电镜能谱（SEM-EDX）技术对叶片样品表面及气孔所吸附、吸收的PM$_{2.5}$等颗粒物的形态特征及化学组成进行分析并以此进行来源解析。

2.1.2　夏季植物叶片吸附 PM$_{2.5}$ 特征分析

2.1.2.1　夏季植物叶片吸附 PM$_{2.5}$ 特征扫描电镜分析

（1）颗粒物数量对比

表 2-1 为夏季奥森公园和西直门 2 个样点的毛白杨叶片表面 PM$_{2.5}$ 颗粒物的数量，由表可知，西直门叶片表面吸附 PM$_{2.5}$ 颗粒物数量均大于奥森公园的叶片样品。

表 2-1　在 5000× 视野内毛白杨叶片表面 PM$_{2.5}$ 颗粒物计数（个）

叶片	奥森公园		叶片	西直门	
	上表面	下表面		上表面	下表面
1 号	34	4	1 号	18	24
2 号	18	12	2 号	86	46
3 号	25	11	3 号	64	19
平均值	25.7	9.0	平均值	56.0	29.7

（2）颗粒物对植物结构（气孔）的影响

毛白杨气孔周围角质层的条纹、纹饰粗细、排列等是不随环境而变化的，但角质层厚薄是随环境而变化的，是不稳定的。不同类型的毛白杨从气孔的密度、皱折（纹饰）的有无、粗细、数目的多少和气孔的形状等方面来比较都有很大差别。根据围绕保卫细胞的副卫细胞上角质层的条纹，毛白杨的气孔可以分为皱折气孔和非皱折气孔两大类。前者又可根据其皱折的形状和粗细分为 4 种：双环皱折气孔、螺旋皱折气孔、辐射粗皱折气孔、辐射细皱折气孔。由图 2-1 和图 2-2 可以判断，我们选择的毛白杨气孔类型均为辐射粗皱折气孔。

气孔各项指标的对比显示（表 2-2，表 2-3），西直门叶片样品的气孔密度和大小均小于奥森公园的叶片样品，且西直门叶片样品气孔周围副卫细胞上面角质层的皱折更粗且不规则。从图 2-2 中可以直接观察到有 PM$_{2.5}$ 颗粒进入了处于张开状态的气孔，可以作为植物气孔吸收 PM$_{2.5}$ 颗粒的佐证。

叶片结构多毛，多脊、沟有助于颗粒物的停着和吸附，可以观察到气孔周围副卫细胞上面角质层的皱折处均吸附着较多颗粒物。

2.1.2.2　夏季植物叶片吸附 PM$_{2.5}$ 颗粒物能谱分析

利用扫描能谱对毛白杨叶片表面的 PM$_{2.5}$ 进行成分分析（图 2-3，图 2-4），得出：奥森公园毛白杨叶片所含元素除 C、O 外，其他元素由多到少依次为 Si、Al、

Ti、Fe、K、Na、Ca、Mg，其中 Si、Al 最多，分别占 15.1%、9.82%。PM$_{2.5}$ 的成分主要为硅铝酸盐，来源解析鉴定为矿物颗粒或燃煤飞灰，结合形貌分析，则为矿物颗粒，主要来自土壤扬尘。其次重金属 Pd、Ti 含量也较高（图 2-5）。

(a) 奥森公园样品　　　　　　　　　　　　　　(b) 西直门样品

图 2-1　两地样品气孔形貌对比（3000×）

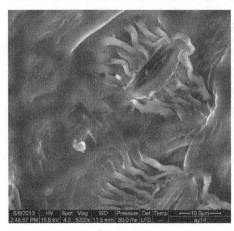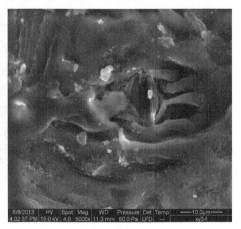

(a) 奥森公园样品　　　　　　　　　　　　　　(b) 西直门样品

图 2-2　两地样品气孔形貌对比（5000×）

表 2-2　在 1000×下比较两地叶片样品视野范围内气孔密度（视野面积 6.56×10^4 μm^2）

叶片	数量/个	叶片	数量/个
ay1	23	xy1	7
ay2	19	xy2	20
ay3	24	xy3	17
平均值	22	平均值	15

注：ay 为奥森公园叶片，xy 为西直门叶片，下同

表 2-3　1000 × 下在两地叶片样品上随机选择 5 个气孔对其长、宽度和面积进行比较

叶片	平均长度/μm	平均宽度/μm	平均面积/μm^2	叶片	平均长度/μm	平均宽度/μm	平均面积/μm^2
ay1	17.28	7.07	122.24	xy1	10.28	5.63	57.87
ay2	17.33	7.14	123.73	xy2	15.11	7.86	118.76
ay3	17.98	8.58	154.26	xy3	17.07	8.87	151.41
平均值	17.53	7.59	133.41	平均值	14.15	7.45	109.34

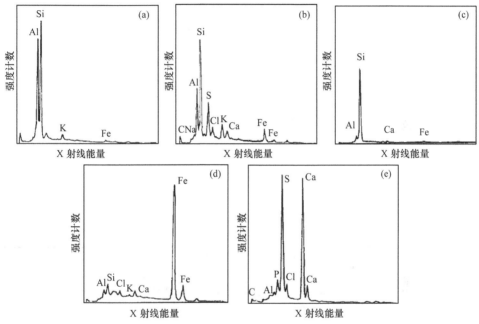

图 2-3　几种典型颗粒物的能谱分析图

（a）、（b）两种硅铝酸盐颗粒；（c）石英颗粒；（d）铁氧化物；（e）硫酸钙颗粒

　　西直门毛白杨叶片所含元素除 C、O 外，其他元素由多到少依次为 Fe、Si、Al、S、Mg，Fe 为地壳常见元素，含量异常高。PM$_{2.5}$ 的成分含有硅铝酸盐，可能为矿物颗粒，主要来自土壤扬尘，也可能是燃煤飞灰，来源于工厂排放、城市供暖等。此外还含有 S，来源可能是燃煤或汽车尾气（图 2-6）。

2.1.2.3　讨论

　　土壤扬尘和燃煤飞灰化学成分相似，但形貌不同。前者为不规则形状，后者为球形。结合形貌可以判断，两地主要的 PM$_{2.5}$ 颗粒物均为硅铝酸盐颗粒和石英颗粒（表 2-4），主要来源为天然源：如土壤扬尘，矿物颗粒等。叶片上表面和下表面的颗粒物性质基本没有差异（袁金展等，2012）。

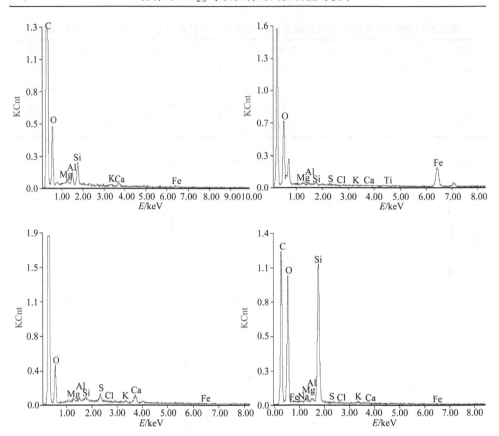

图 2-4　能谱分析得到的部分能谱图

左为奥森公园样品，右为西直门样品

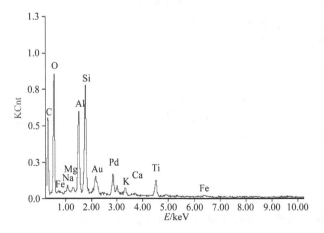

元素	wt %	at %
CK	32.00	46.08
OK	30.89	33.40
NaK	00.77	00.58
MgK	00.48	00.34
AlK	09.82	06.30
SiK	15.10	09.30
KK	01.49	00.66
CaK	00.70	00.30
TiK	06.64	02.40
FeK	02.11	00.65

图 2-5　奥林公园毛白杨叶片表面 PM$_{2.5}$ 成分图

wt%，质量百分比；at%，原子数百分含量

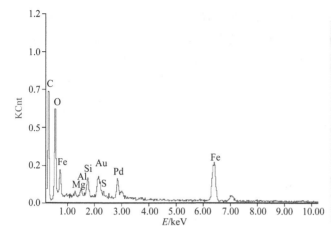

元素	wt %	at %
CK	30.26	56.26
OK	16.76	23.40
MgK	00.58	00.53
AlK	00.89	00.73
SiK	02.52	02.00
AuK	09.50	01.08
SK	00.68	00.48
FeK	38.81	15.52

图 2-6　西直门毛白杨叶片表面 PM$_{2.5}$成分图

wt%，质量百分比；at%，原子数百分含量

表 2-4　通过比对所得到的本次分析的颗粒物性质

奥森公园叶片	西直门叶片
11 个硅铝酸盐颗粒	10 个硅铝酸盐颗粒
3 个石英颗粒	2 个石英颗粒
1 个高钛颗粒	1 个高锰颗粒
	1 个氧化铁颗粒
	1 个硫酸钙颗粒

其他研究者结果显示，在城市地区采集的样品中，在 10μm 以上和 2.5～10μm 粒径类型范围，硅铝酸盐都是非常重要的排放源类型；在 2.5μm 以下粒径类型范围，硅铝酸盐对大气颗粒物质量浓度的贡献下降，但在凝聚、成核、转化等大气过程中，仍然有重要作用。

根据王海林的研究，北京市 PM$_{2.5}$中二次颗粒物占 28%，是主要来源之一。而在笔者的研究中，来自路面扬尘的硅铝酸盐颗粒所占比例较高，这是因为采样地点为森林公园和城市中心街道，距工厂区、农业区较远，主要污染物即路面扬尘和汽车尾气。

西直门处样品上的颗粒物成分更为复杂。出现了高锰颗粒、氧化铁颗粒和硫酸钙颗粒。前两者来自于人为源如工业排放、燃油排放，硫酸钙颗粒则来自于自然生成的二次粒子。

许多研究表明，大气中的 SO$_2$ 气体通过均相或多相反应氧化成硫酸盐，SEM-EDX 检出的 CaSO$_4$ 很可能是水泥和建材工业排放的一次颗粒物和 SO$_2$ 气体或酸性气溶胶颗粒反应产生的颗粒物。

在本次所分析的 30 个颗粒物中，86%的颗粒物含有 S，其中 50%的含硫颗粒的硫质量浓度百分比超过了 1%。这种硫的富集，不仅在硅铝酸盐颗粒的表面发生，而且在其他颗粒，如石英颗粒的表面也发生。可见硫的存在是很普遍的现象，并不局限于 CaSO$_4$ 这一种颗粒。硫元素主要来自于燃煤飞灰。与大气中 SO$_2$ 转化过程有关。

由于 SEM-EDX 的检测能力的限制，不能检出痕量元素，而且一些轻元素也不能检测。所以不能排除其他类型的污染源的存在，如以 Pb 为特征元素的汽车尾气排放。

2.1.3　秋季植物叶片吸附 PM$_{2.5}$ 特征分析

2.1.3.1　秋季植物叶片吸附 PM$_{2.5}$ 特征扫描电镜分析

（1）颗粒物数量对比

表 2-5 为秋季奥森公园和西直门 2 个样点的毛白杨叶片表面 PM$_{2.5}$ 颗粒物的数量。由表可知，与夏季结果相似，西直门叶片表面吸附 PM$_{2.5}$ 颗粒物数量均大于奥森公园的叶片样品。

表 2-5　在 5000× 视野内毛白杨叶片表面 PM$_{2.5}$ 颗粒物计数（个）

叶片	奥森公园		叶片	西直门	
	上表面	下表面		上表面	下表面
1 号	46	12	1 号	84	30
2 号	10	25	2 号	41	48
3 号			3 号	68	49
平均值	28.0	18.5	平均值	64.3	42.3

（2）颗粒物对植物结构（气孔）的影响

气孔各项指标的对比显示（表 2-6，表 2-7）与夏季结果一致，西直门叶片样品的气孔密度和大小均小于奥森公园的叶片样品，且西直门叶片样品气孔周围副卫细胞上面角质层的皱折更粗且不规则。这可能是受到更严重的空气污染的影响所致。从图 2-7 和图 2-8 中可以直接观察到有 PM$_{2.5}$ 颗粒进入了处于张开状态的气孔。

表 2-6　在 1000× 下视野范围内气孔密度（视野面积 6.56× 10^4 μm^2）

叶片	数量/个	叶片	数量/个
ay1	29	xy1	19
ay2	19	xy2	9
ay3		xy3	15
平均值	24	平均值	15

表 2-7　1000×下随机选择 5 个气孔对比其长度、宽度、面积

叶片	平均长度/μm	平均宽度/μm	平均面积/μm²	叶片	平均长度/μm	平均宽度/μm	平均面积/μm²
ay1	17.50	8.28	129.14	xy1	15.10	6.44	87
ay2	17.26	7.49	101.2	xy2	13.95	5.21	64.7
ay3				xy3	14.99	6.98	66.18
平均值	17.38	7.88	115.17	平均值	14.4	6.21	72.63

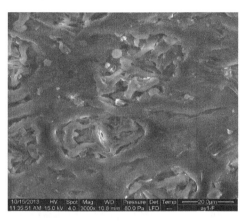

图 2-7　气孔形貌对比（3000×）

左为奥森公园样品，右为西直门样品

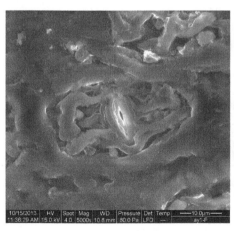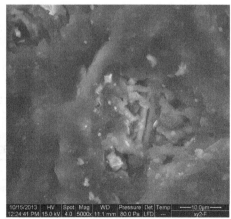

图 2-8　气孔形貌对比（5000×）

左为奥森公园样品，右为西直门样品

2.1.3.2　秋季植物叶片吸附 PM_{2.5}颗粒物能谱分析

秋季结果显示（图 2-9 和表 2-8），来自奥森公园的叶片上颗粒物成分仍然单

一，与夏季结果较为类似，主要由硅铝酸盐和铁氧化物颗粒组成，其来源仍然主要是土壤扬尘和矿物颗粒等天然源。而来自西直门交通枢纽的叶片上颗粒物的成分则更为复杂多样，硅铝酸盐和铁氧化物颗粒约占 60%，其中半数以上的颗粒物 EDX 图谱中检测出了明显的铜、钾、氯、钠等元素的谱峰，表明这些颗粒是来自天然源的矿质颗粒与来自燃煤飞灰、有机质燃烧等人为源的物质的混合颗粒。

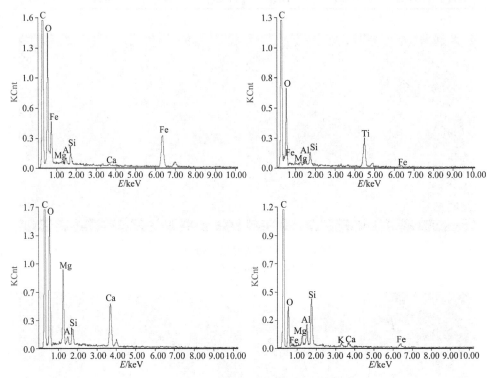

图 2-9　秋季电镜分析得到的部分典型颗粒能谱图

左为奥森公园样品，右为西直门样品

表 2-8　通过比对得到的本次分析的颗粒物性质

奥森公园叶片	西直门叶片
7 个硅铝酸盐颗粒	8 个硅铝酸盐颗粒（其中 5 个同时含有大量的钾或铜、氯、钠等元素）
5 个铁氧化物颗粒	4 个硫酸钙颗粒
	3 个高钛颗粒
	3 个铁氧化物颗粒

相对于夏季颗粒物含硫量的分析（含硫颗粒占 86%，其中 50%的含硫颗粒硫元素的质量浓度百分比在 1%以上），秋季颗粒物含硫量明显减少，含硫颗粒占

47%，其中 36%的颗粒硫质量浓度百分比超过了 1%。而且污染程度不同的两地有明显差异，奥森公园样品颗粒含硫率为 25%，其质量浓度百分比均小于 1%，而西直门样品颗粒含硫率为 61%，其中 45%的颗粒硫质量浓度百分比超过 1%。

　　硫元素主要来自于燃烧排放和二次粒子。北京夏季多雷雨，空气湿度也较高，秋季则干燥多风。因此，造成以上差异的主要为环境因素，其次是来自西直门交通枢纽的人为排放。

2.1.4　夏秋两树木叶片吸附颗粒物对比分析

2.1.4.1　不同季节、地点毛白杨叶片气孔微形态观测

　　气孔各项指标的对比显示（表 2-9），夏秋两季西直门叶片样品的气孔密度、气孔长度、宽度和面积均小于奥森公园的叶片样品，且西直门叶片样品气孔周围副卫细胞的角质层皱折更粗且不规则（图 2-10）。这可能是受到更严重的空气污染的影响所致。

表 2-9　不同季节两地毛白杨叶片下表面气孔密度和大小对比

地点	季节	气孔密度/（个/mm^2）	气孔长度/μm	气孔宽度/μm	气孔面积/μm^2
奥森公园	夏季	335.37	17.53	7.59	133.41
	秋季	365.85	17.38	7.88	115.17
西直门	夏季	228.66	14.15	7.45	109.34
	秋季	228.66	14.4	6.21	72.63

　　从图 2-10 中可以直接观察到有 PM$_{2.5}$ 颗粒进入了处于张开状态的气孔，可以作为植物气孔吸收 PM$_{2.5}$ 颗粒的佐证。叶片结构多毛，多脊、沟有助于颗粒物的停着和吸附，可以观察到气孔周围副卫细胞上面角质层的皱折处是颗粒物密集的区域。

2.1.4.2　颗粒物数量与形貌、成分对比

　　直接观察和统计结果均表明西直门样品上下表面的 PM$_{2.5}$ 数量均高于奥森公园样品（表 2-10）。而两地叶片上表面的 PM$_{2.5}$ 颗粒物数量明显高于下表面，表明叶片上表面是吸附 PM$_{2.5}$ 颗粒的主要区域。秋季样品的 PM$_{2.5}$ 数量高于夏季，这主要是因为秋季颗粒物沉积时间较长，并与北京夏季多雨的气象特点有关。

　　根据以上方法，对两地两季毛白杨叶片上下表面的 PM$_{2.5}$ 颗粒能谱分析结果进行统计（表 2-11）。

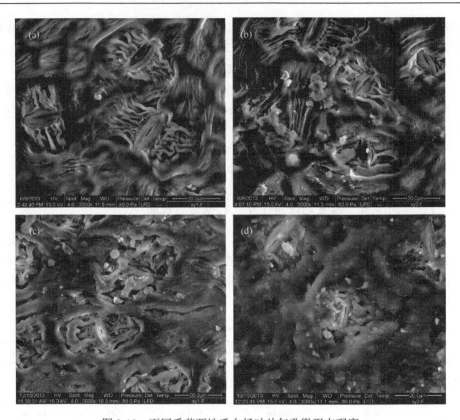

图 2-10　不同季节两地毛白杨叶片气孔微形态观察

（a）夏季奥森公园样品；（b）夏季西直门样品；（c）秋季奥森公园样品；（d）秋季西直门样品；均为叶片下表面 3000×

表 2-10　不同季节两地毛白杨叶片吸附 PM$_{2.5}$ 颗粒物数量

地点	季节	上表面颗粒物数量/（×10^3 个/mm^2）	下表面颗粒物数量/（×10^3 个/mm^2）
奥森公园	夏季	8.63	3.03
	秋季	9.44	6.24
西直门	夏季	18.87	10
	秋季	21.68	14.27

结合形貌可以判断，两地主要的 PM$_{2.5}$ 颗粒物均为硅铝酸盐颗粒和石英颗粒，主要来源为天然源：如土壤扬尘，矿物颗粒等。叶片上表面和下表面的颗粒物性质基本没有显著差异。

奥森公园样品中 PM$_{2.5}$ 颗粒成分比较单一，而西直门样品 PM$_{2.5}$ 颗粒物的成分更为复杂。其中高锰颗粒和硫酸钙颗粒仅出现在西直门样品上。高锰颗粒来自于人为源如工业排放、燃油排放，而硫酸钙颗粒则来自于自然生成的二次粒子。

表 2-11　不同季节奥森公园、西直门叶表面颗粒物性质

	奥森公园				西直门			
	夏季		秋季		夏季		秋季	
	上表面	下表面	上表面	下表面	上表面	下表面	上表面	下表面
硅铝酸盐颗粒	6	5	3	4	6	4	2	6
石英颗粒	2	1			1			
铁氧化物颗粒			3	2	1	1	2	1
硫酸钙颗粒					1	2	2	2
高钛颗粒	1						1	
高锰颗粒						1		

大气中的 SO$_2$ 气体通过均相或多相反应氧化成硫酸盐，ESEM-EDX 检出的 CaSO$_4$ 很可能是水泥和建材工业排放的一次颗粒物和 SO$_2$ 气体或酸性气溶胶颗粒反应产生的颗粒物。

从元素含量来看，西直门样品中 50%以上的硅铝酸盐颗粒中检测出了明显的铜、钾、氯、钠等元素的谱峰，表明这些颗粒是来自天然源的矿质颗粒与来自燃煤飞灰、有机质燃烧等人为源的物质的混合颗粒。

相对于夏季颗粒物含硫量的分析（含硫颗粒占 86%，其中 50%的含硫颗粒硫元素的质量浓度百分比在 1%以上），秋季颗粒物含硫量明显减少，含硫颗粒占 47%，其中 36%的颗粒硫质量浓度百分比超过了 1%。不同于夏季两地颗粒物含硫量较平均，秋季污染程度不同的两地有明显差异，奥森公园样品颗粒含硫率为 25%，其质量浓度百分比均小于 1%，而西直门样品颗粒含硫率为 61%，其中 45%的颗粒硫质量浓度百分比超过 1%。

2.1.4.3　讨论

（1）PM$_{2.5}$ 颗粒物污染与植物叶片表面结构

叶面积尘的遮挡会影响植物的光合作用，污染物被植物吸收也会影响植物的表面形态和生理参数。环境大气颗粒物浓度高会导致植物叶片光合速率减小、气孔数减少、气孔导度降低和角质层损伤。其中细颗粒物在阻碍植物生长方面起主要作用。本书的研究表明，在 PM$_{2.5}$ 污染程度更高的西直门采样点，毛白杨叶片气孔密度、气孔长度、宽度和面积均小于奥森公园的叶片样品。叶片是植物阻滞大气颗粒物的主要器官，叶面多皱、多毛、具分泌物的植物滞尘能力较强。毛白杨作为北京市主要的园林绿化植物之一，对大气颗粒物尤其是 PM$_{2.5}$ 有阻滞和吸收的能力。

（2）利用 ESEM-EDS 对叶面颗粒物进行来源解析

通过 ESEM 和 EDS 对颗粒物形貌、成分和含量的分析结果，可对叶面滞留的 PM$_{2.5}$ 进行来源解析，从而反映当地污染状况。在本书的研究中，来自路面扬尘的硅铝酸盐颗粒所占比例较高，这是因为采样地点为森林公园和城市中心街道，距工厂区、农业区较远，主要污染物即路面扬尘和汽车尾气。

北京市春季沙尘天气期间，大气颗粒物的主要种类是矿物尘，如硅铝酸盐和石英颗粒。而非沙尘期间，颗粒物主要种类有矿物尘和含硫颗粒物两大类。夏季随着污染程度的加重，含硫颗粒物的百分数呈增长趋势。减少 SO$_2$ 排放，减少含硫颗粒物，对于控制北京市的大气颗粒物浓度水平具有重要意义。

2.1.4.4　实验方法的研究

至此，我们总共利用了场发射扫描电镜、环境扫描电镜（高真空非镀膜）、环境扫描电镜（低真空非镀膜）+背散射电子像。三种方法对叶表面进行观察。表 2-12 为这三种扫描电镜观察方法的对比。

表 2-12　三种扫描电镜观察方法的对比

	扫描电镜	环境扫描电镜（高真空非镀膜）	环境扫描电镜（低真空非镀膜）+背散射
图片清晰度	高	低	中
前处理对颗粒物的损伤	高	无	无
前处理对叶片结构的损伤	低	低	较高（杨树叶片干燥皱缩）
对气孔形貌的反映	清晰真实,但是气孔几乎完全关闭		经过干燥,气孔与真实情况有所差异,但是能找到许多开的气孔
对颗粒物形貌的反映	可以拍摄经处理残留的颗粒物,形貌清晰	清晰度较低,不能反映颗粒物形貌	可以反映颗粒物的形貌
对颗粒物成分的分析	可以做能谱分析,精确度较高	不能进行能谱分析	可以做能谱分析,且背散射分析图片相当于将该区域原子序数较高的颗粒高亮显示,有助于对重金属的研究

背散射电子主要反映样品表面的成分特征，即样品平均原子序数 Z 大的部位产生较强的背散射电子信号，在荧光屏上形成较亮的区域；而平均原子序数较低的部位则产生较少的背散射电子，在荧光屏上形成较暗的区域，这样就形成原子序数衬度（成分衬度）。与二次电子像相比，背散射像的分辨率要低，主要应用于样品表面不同成分分布情况的观察，比如有机无机混合物、合金等。背散射分析特别适用于分析轻基体中的重杂质元素，对体杂质，分析灵敏度（对质量的分辨率）可达到 0.1%；对表面单原子层沾污重杂质元素，分析灵敏度可达到 1/100～

1/10。

在目前的三种方法中，高真空环境扫描的图像清晰度和元素分析均不能达到实验要求。而普通扫描电镜和低真空环境扫描+背散射分析则各有利弊。前者可以得到清晰的颗粒物形貌图，对植物叶片结构损伤也较小，后者则保留了颗粒物的原始状态，且部分气孔张开，对于气孔吸收颗粒物的研究来说很有意义。由于我们需要同时分析叶片和颗粒物，可以选择两种方法结合以进行分析，得到更系统的结论。背散射分析的图像使颗粒物的位置分布和成分都更清晰地表现在图像上，因此结合背散射的结果对我们来说更有意义。

2.2 林木吸收无机盐等离子的组织适应性及吸收代谢变化

2.2.1 应用 ^{15}N 示踪法进行叶片涂抹模拟实验研究毛白杨和欧美杨叶片对 $PM_{2.5}$ 中 NH_4^+ 的吸收

$PM_{2.5}$ 由微量元素、地壳元素、水溶性无机盐、有机物、元素碳等成分组成，其中水溶性无机盐和有机物是 $PM_{2.5}$ 的主要组分。张凯等和邓利群等的研究表明，北京市水溶性化学成分占 $PM_{2.5}$ 的 50%左右，SO_4^{2-}、NO_3^- 和 NH_4^+ 是 $PM_{2.5}$ 中最主要的三种水溶性无机离子，三者浓度之和占 $PM_{2.5}$ 中总水溶性无机离子浓度的 80%以上。植物因其叶片等部分能够阻滞吸收大气颗粒物而在改善空气质量方面起着主导作用，不同的植物叶片形态和表面结构影响着植物阻滞吸收颗粒物的能力，因此研究其吸收机制具有重要的生态意义。以往的研究主要集中于植物叶片和枝干对大气中固体颗粒物的黏附与滞留。而颗粒物中的水溶性组分可以通过溶解于降水或者叶表面液体而与植物体直接接触，植物对这部分颗粒物的吸收能力和机制则少有关注。毛白杨（*Populus tomentosa* Carr.）是北京市主要园林绿化植物之一，是常见的行道树种，在城区广为种植，且因叶背密生绒毛而具有较高的滞尘能力。欧美杨（*Populus nigra* Linn.）叶革质，与毛白杨叶片形态相似，但表面结构不同。本研究利用 ^{15}N 示踪技术，研究毛白杨与欧美杨苗木对 NH_4^+、NO_3^- 离子的吸收，以期为利用植物阻滞吸收大气颗粒物、净化空气提供理论依据。

^{15}N 示踪技术由于能够跟踪检查氮素去向，成为了研究氮素去向的一个重要手段，为氮素转化和吸收、分配、利用状况的研究提供了理论依据。

自然界的 N 元素有两种稳定性同位素，即 ^{14}N 和 ^{15}N，它们在 N 元素中存在的比例：^{14}N 占 99.63%，^{15}N 仅占 0.37%。该组成比例在地球和大气各处以及所有含 N 生物体中都基本相同。^{15}N 是指质子数为 7、中子数为 8 的氮元素，它是一种稳定性同位素，无放射性。由于比普通的氮元素多一个质量单位，而且其核自

旋 I=1/2，具有核磁共振信号，因此可利用它的同位素效应和质量效应，借助质谱等测试技术将其作为示踪原子。

^{15}N 浓度通常用丰度和原子百分超来表示。丰度是指在 N 原子总个数中 ^{15}N 原子所占的百分率，用"%"表示。自然界含 N 物质中 ^{15}N 丰度数值为 0.37%，这个数值在地球各处差别不大，在一般计算中可忽略不计，故在 ^{15}N 示踪应用中称 0.37% 为 ^{15}N 的自然本底值。原子百分超是指任意 ^{15}N 同位素丰度值与自然本底值 0.37% 之差。由此可知，自然界 N 素中 ^{15}N 的原子百分超为 0%。丰度和原子百分超概念是区别微量的自然 ^{15}N 与大量的人造 ^{15}N 的数量依据，也是 ^{15}N 示踪技术的基本依据。

2.2.1.1　材料与方法

试验于 2013 年 9 月 10～19 日，在北京林业大学苗圃内进行。设施为东西向日光塑料薄膜温室，东西长 50 m，跨度 8 m。温室顶部由 0.065 mm 聚乙烯无滴膜覆盖。

实验期间温室内最大的光照强度为 1000μmol/（m^2·s），白天最高温度为 32℃，夜间最低温度为 16℃，每天相对湿度范围为 35%～96%，自然通风良好。实验期内 PM$_{2.5}$ 平均浓度为 15.57 μg/m^3。

供试苗木为：一年生毛白杨（*Populus tomentosa* Carr.）、欧美杨（*Populus nigra* Linn.）插条，于 2013 年 4 月扦插于内径 25cm 花盆中。

2013 年 9 月实验选择生长状况基本一致，无病虫害的苗木作为材料（毛白杨平均株高 45cm，平均叶数 10；欧美杨平均株高 93cm，平均叶数 20）。

（1）^{15}N 同位素处理方法

用保鲜膜严密覆盖盆土，上部衬垫吸水纸，2 种杨树苗木均选择由植株上部至基部的第 7～9 片功能叶进行处理。先用硫酸纸做成漏斗型纸套套住待处理叶，上午 10:00 开始用毛笔将 2 g/L 的 ^{15}N 标记硫酸铵溶液均匀涂抹于叶片正反两面（同位素标记物购自上海化工研究院，丰度 10.12%）。每片叶子涂抹 1 mL 溶液，即每株施用 6 mg ^{15}N 标记硫酸铵。每 3 株作为一个重复。待叶面完全干燥后取下纸套。实验过程中严格避免同位素溶液接触到除处理叶之外的植株和土壤的任何部分。在距离处理组苗木 5 m 外设置对照组，以去离子水涂抹对应叶片。

采样分别在处理后 6 h、1 d、3 d、5 d、7 d 对植物叶片进行采集，7 d 后全株收获。采样前用 Li-6400 光合仪测定叶片净光合速率、气孔导度等生理指标。样品用去离子水—1% HCl—去离子水顺序多次清洗，保证去除材料表面黏附物质。样品解析为处理叶、幼叶、功能叶、茎、根、根际土等部分，立即在 105℃下杀青 15 min，于 65℃下烘干 48 h，称干重（DW），粉碎后过 0.25 mm 筛备用。

（2）测定项目与方法

样品全氮含量和 ^{15}N 丰度均由中国农业科学院农业环境与可持续发展研究所测定。所用仪器为 Isoprime100 型同位素比值质谱仪（Isoprime，英国）和 Elementar Vario PYRO cube 型元素分析仪（Elementar，德国）。

植株样品的原子百分超（atom%^{15}N excess）（褚贵新等，2004）和氮素分配率（nitrogen derived from fertilizer）（N_{dff}）（赵凤霞等，2008）计算公式如下：

原子百分超（%）=样品中 ^{15}N 丰度（%）–自然丰度（%）

氮素分配率（N_{dff}）=植物样品中 ^{15}N 原子百分超（%）/标记物中 ^{15}N 原子百分超（%）×100

2.2.1.2　结果与分析

（1）叶片对叶面 ^{15}N 标记 NH_4^+ 的吸收、运转与分配

1）叶片对 ^{15}N 标记物的吸收与运转

两种杨树叶片均能快速吸收叶面的 ^{15}N 标记物，最大吸收速率均发生在处理后 6 h，毛白杨为 0.085 mg/（g·h），欧美杨为 0.029 mg/（g·h），前者约为后者的 3 倍。之后吸收速率逐渐下降，到 7 d 后，毛白杨吸收速率降至 0.002 mg/（g·h），欧美杨降至 0.001 mg/（g·h）（图 2-11）。在叶面施用标记溶液之后的各个阶段，毛白杨叶片的 ^{15}N 含量均大于欧美杨叶片的 ^{15}N 含量。两者的 ^{15}N 吸收量在 24 h 时均达到最高值，毛白杨为 0.683 mg/g（DW，下同），欧美杨为 0.187 mg/g，前者约为后者的 3.7 倍。虽然在处理后的检测时间内毛白杨和欧美杨叶片的 ^{15}N 含量都呈现出先增后减的趋势，但在 24 h 达到峰值之后，欧美杨叶片的 ^{15}N 含量的下降幅度明显小于毛白杨（图 2-12）。上述结果说明，在施用标记溶液后两种叶片对 ^{15}N 的吸收与运转能够同时进行，吸收主要发生在 0～24h 内，运转主要发生在 24h 之后。24h 之内两种杨树叶片对 ^{15}N 的吸收均大于输出，但在处理 24h 后，欧美杨叶片对 ^{15}N 的输出略大于吸收，而毛白杨则输出明显大于吸收。

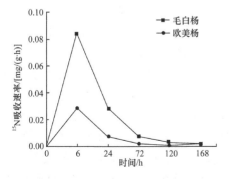 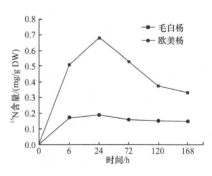

图 2-11　毛白杨和欧美杨叶片 ^{15}N 吸收速率的变化　图 2-12　毛白杨和欧美杨叶片 ^{15}N 含量的变化

叶片施用硫酸铵溶液还可以快速、显著地增加两种杨树苗木叶片全氮水平。由图 2-13 可以看出，未处理时毛白杨和欧美杨叶片全氮含量分别为 15.97 mg/g 和 15.55 mg/g。毛白杨叶片在处理后 24 h 时全氮含量几乎达到最高值，之后全氮含量维持在一个较为稳定的水平，在 120 h 时为最高（20.66 mg/g），是对照的 1.26 倍 [图 2-13 (a)]。欧美杨叶片的全氮含量则在处理期间逐渐缓慢增加，在 7d 后达到最高值 21.25 mg/g，为对照（15.75 mg/g）的 1.36 倍 [图 2-13 (b)]。

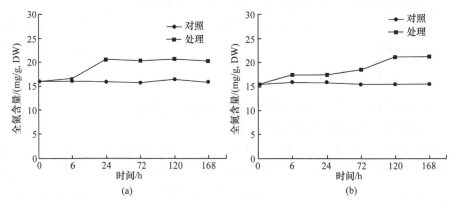

图 2-13 毛白杨（a）和欧美杨（b）叶片全氮含量的变化

2）叶面吸收 ^{15}N 标记物的分配

氮素分配率是指植物器官从标记溶液中吸收到的 ^{15}N 对该器官全氮量的贡献率，它反映了植株器官对标记溶液 ^{15}N 的吸收征调能力。由图 2-14 可知，处理后 7 d 时，毛白杨植株各器官的 N_{dff} 值依次为处理叶>茎>老叶>幼叶，而在根和根际土中均没有检测出 ^{15}N。而欧美杨各器官 N_{dff} 值依次为处理叶>根>幼叶>老叶>茎，根际土中同样没有检测到 ^{15}N。两种杨树幼叶和老叶中 ^{15}N 的 N_{dff} 值接近，说明用 ^{15}N 标记的硫酸铵溶液处理功能叶后，叶片吸收的氮素向植株上部和下部都有运输。

（2）叶片施用 ^{15}N 标记溶液对光合速率及气孔导度的影响

毛白杨和欧美杨对照组叶片的净光合速率和气孔导度在用去离子水处理后的 6 h 内均略有下降，随后逐渐恢复到正常水平（图 2-15、图 2-16）。与对照相比，两种杨树叶片施用 ^{15}N 标记溶液后的 6 h 内净光合速率和气孔导度均明显下降。毛白杨叶片的净光合速率在处理后 24 h 时即恢复到正常水平，之后逐渐升高 [图 2-15 (a)]，而欧美杨叶片的净光合速率在处理 7 d 时才恢复到略高于对照组的水平 [图 2-15 (b)]。毛白杨叶片的气孔导度 [图 2-16 (a)] 和欧美杨叶片的气孔导度 [图 2-16 (b)] 在处理 6 h 后逐渐恢复，7 d 后恢复到接近对照的水平。上述结果表明，叶片施用 ^{15}N 标记的硫酸铵溶液虽在短时间内会显著降低两种杨树叶

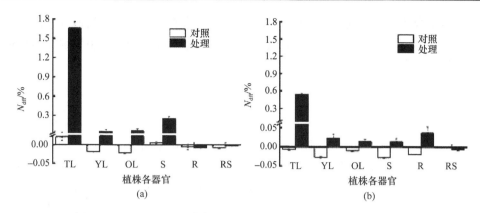

图 2-14　处理 7 d 后毛白杨（a）和欧美杨（b）植株各器官的 N_{dff}

TL: Treated leaf（标记叶）；YL: Young leaf（幼叶）；OL: Old leaf（老叶）；S: Stem（茎）；R: Root（根）；RS: Rhizosphere soil（根际土）

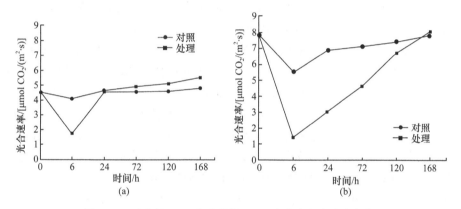

图 2-15　毛白杨（a）和欧美杨（b）叶片净光合速率变化

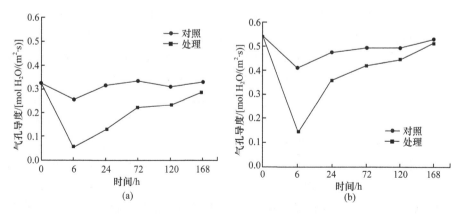

图 2-16　毛白杨（a）和欧美杨（b）叶片气孔导度变化

片的净光合速率和气孔导度，但从总的变化趋势来看，叶片标记溶液的施用对叶片的净光合速率和气孔导度不会产生负面影响，甚至在不同程度上增强了两种杨树叶片的净光合速率。

2.2.1.3　讨论

叶片对叶表面颗粒物中水溶性组分的黏附和吸收能力与叶表面结构密切相关。不同叶片的疏水性因蜡质层和角质层的厚度、化学组成与晶体结构等不同而有很大差异。而叶面的疏水性直接影响着水溶性组分进入叶肉细胞（Fernández and Brown，2013）。我们发现，两种杨树叶片对 ^{15}N 的吸收存在明显差异。毛白杨和欧美杨叶片用相同浓度等量标记溶液处理之后，毛白杨叶片的 ^{15}N 吸收速率和吸收量均明显高于欧美杨叶片（图 2-11、图 2-12），这些差异与叶片的表面结构有关。毛白杨苗木叶表面密布着灰色绒毛，表皮毛不仅对大气颗粒物有较强的吸附和黏滞作用（Mitchell et al.，2010），而且叶表皮毛与叶片交接处蜡质层和角质层分布不均匀，水溶性组分也较易由此进入叶片内部（李燕婷等，2009）。而欧美杨叶片具有较厚的蜡质层，这对溶质的吸收有明显的阻碍作用（Richardson et al.，2007），因而吸收量较小，吸收速度较慢。鉴于两种杨树对 PM$_{2.5}$ 中水溶性组分 NH$_4^+$ 吸收的差异，我们建议在城市园林绿化植物的选择中，把叶形态和表面特性作为重要的参考依据，在环境条件允许的情况下尽量选择叶被毛、易湿润的植物，并根据不同植物叶片的特性进行合理配植，从而充分发挥植物对大气污染的净化作用。

我们的研究还发现，在处理后 7 d 时，两种杨树苗木叶片全氮含量均有明显上升（图 2-13），这说明可溶性颗粒物中的 ^{15}NH$_4^+$ 由叶片吸收进入植物体后，能够在短期内即参与植物本身的氮素代谢（Sparks，2009）。Adriaenssens 等（2011）和袁金展等（2012）在对白桦、欧洲山毛榉和橡胶树等植物的研究中有类似的报道。然而，在对叶片吸收氮素的分配利用上，两种杨树苗木有明显的差异，毛白杨功能叶吸收的 ^{15}N 主要积累在茎部，而欧美杨则主要积累在根部，且毛白杨幼叶和老叶中的 ^{15}N 吸收量和 N_{diff} 值均高于欧美杨（图 2-14）。叶片吸收的 ^{15}N 在植株体内的运转和分配受生长中心的控制（Hacke et al.，2010）。以上结果表明，毛白杨苗木主要是通过茎将吸收的氮素输送到植株的各个器官从而进行利用。这部分氮素可以直接供应植物继续生长，缩短了氮素的循环周期，减少了植物对土壤养分吸收的依赖（刘波等，2010）。而欧美杨则主要将氮素运输到了根系，根系是除叶片外植物储藏氮素的主要器官，尤其是在秋季落叶前，叶片吸收的氮素可以回流，长距离运输到根系储藏（董雯怡等，2009）。这种差异可能是不同植物生长中心控制的结果，其内在机制有待进一步的研究，但可以说明毛白杨苗木在叶片吸收氮素的利用方面有更高的效率，这对于利用植物吸收 PM$_{2.5}$ 中的 NH$_4^+$ 和其他含氮组分具有重要意义。

在我们的实验中，两种杨树处理叶的净光合速率和气孔导度在处理后 6 h 时均有明显的下降（图 2-15 和图 2-16），说明溶液处理对叶片光合性能有即时的影响，这可能来自溶质和叶片水分状况对气孔控制的影响（Fernández and Eichert，2009）。但随着时间的推移，叶片净光合速率和气孔导度逐渐恢复，在处理结束时两种不同杨树叶片净光合速率甚至在不同程度上高于对照组，这可能是由于叶片吸收的氮素参与了植物的氮素循环，植物氮素水平的提高促进了植物的光合性能，最终达到"以氮促碳"的效应（刘洪展等，2007；Dail et al.，2009）。在处理 6 h 后，毛白杨和欧美杨处理叶与各自对照相比，毛白杨叶片的净光合速率比欧美杨的净光合速率恢复得快且高，说明了毛白杨叶片较欧美杨叶片在"以氮促碳"的效应上有更强的利用能力。

毛白杨因叶片被毛等特点在 ^{15}N 吸收量、吸收速度和利用效率上均优于欧美杨，这说明叶片表面结构和特性是决定植物吸收清除大气颗粒物的关键，根据叶特性选择吸收 PM$_{2.5}$ 能力强的绿化树种从而净化空气、缓解城市大气污染是行之有效的。然而，土壤状况等环境条件也是影响植物吸收叶表面氮素的重要因素（罗绪强等，2007），目前在我们的实验中根际土壤样品中没有检测到 ^{15}N，说明来自叶面吸收的氮素暂时并未与土壤进行交换。植物长期从大气沉降中吸收氮素后的响应仍有待进一步的研究。

2.2.1.4　结论

1）毛白杨与欧美杨的叶片同样可以快速吸收叶表面的 PM$_{2.5}$ 的主要成分 NH$_4^+$，吸收高峰出现在施用溶液后 24h。

2）叶片吸收的 NH$_4^+$ 向植株上部和下部均有运输，除叶片外，吸收的 NH$_4^+$，毛白杨主要积累到茎部，而欧美杨主要在根部积累。

3）毛白杨叶片的 NH$_4^+$ 吸收量和吸收速率均高于欧美杨叶片，这与两种杨树叶片的表面结构相关。毛白杨苗木叶表面密布灰色绒毛，不仅对固体颗粒物有一定的吸附作用，同时有利于对于 PM$_{2.5}$ 携带的溶液中溶质的吸收；而欧美杨叶片具有明显的蜡质层，阻碍作用强，因而吸收量小。

4）杨树叶表面 NH$_4^+$ 的吸收促进了光合速率的提高，达到了"以氮促碳"的效果。

2.2.2　欧美杨对 PM$_{2.5}$ 无机成分 NH$_4^+$ 和 NO$_3^-$ 的吸收与分配

研究显示，水溶性无机盐是 PM$_{2.5}$ 的主要组分，对 PM$_{2.5}$ 质量浓度的贡献率达

40%以上，其中 NH$_4^+$和 NO$_3^-$为水溶性无机盐的主要离子。研究表明，PM$_{2.5}$中亲水性较强的 NH$_4^+$和 NO$_3^-$对散射系数影响较大，是 PM$_{2.5}$中影响能见度的主要因子。PM$_{2.5}$中的 NH$_4^+$和 NO$_3^-$等水溶性无机离子浓度过高也会对人体健康如肺功能产生直接影响。因此，寻求高效合理的方法消除大气中的 PM$_{2.5}$，降低大气颗粒物浓度，对改善空气质量具有重要的意义。

植物作为改善环境的天然净化器，能有效阻滞、吸附空气中的 PM$_{2.5}$ 等颗粒物，在改善空气质量方面起着主导作用。植物的滞尘能力与其叶片形态及叶表特征密切相关，表面粗糙、有绒毛或能够分泌黏液的叶片更容易吸附大气中的 PM$_{2.5}$ 等颗粒物。但之前的研究大多集中于植物叶片和枝干对大气中颗粒物的黏附与滞留，对植物是否能够直接吸收大气中的 PM$_{2.5}$ 等颗粒物及其吸收及分配机制等还未见研究。本研究借助稳定同位素 ^{15}N 示踪技术，以常用行道绿化树种欧美杨为研究对象，研究了其对 PM$_{2.5}$ 无机成分 NH$_4^+$和 NO$_3^-$的吸收与分配规律，以期为利用植物吸收 PM$_{2.5}$ 等大气颗粒物、净化空气的理论提供科学依据。

2.2.2.1　PM$_{2.5}$发生装置简介

气溶胶发生系统可产生固态气溶胶，是校准大气颗粒物测定的有效工具。本研究利用气溶胶发生系统将实验溶液形成直径≤2.5 μm 的微粒，以模拟 PM$_{2.5}$ 颗粒。

将 ^{15}NH$_4$NO$_3$ 和 NH$_4$^{15}NO$_3$（购自上海化工研究院，丰度为 10%）分别配制成 2 g/L 的溶液，以稳定的流速加入气溶胶发生器（TSI3076，台湾章嘉企业有限公司）。当植物生长室（100 cm×50 cm×100 cm）的气溶胶颗粒浓度达到所需实验浓度后，将欧美杨放入植物生长室，并通过调节流量计流速来维持实验浓度，每天处理 2 h，处理完毕后将植物移出植物生长室，共处理 7 d。植物生长室内 PM$_{2.5}$ 浓度通过 Dustmate（DM1781，Turnkey Instruments Ltd Northwich England）测定获得。PM$_{2.5}$发生装置参照麦华俊等（2013）的方法加以改进，如图 2-17、图 2-18 所示。

2.2.2.2　实验材料与方法

（1）实验材料

供试材料为长势一致的欧美杨 107（*Populus euramericana* Neva.）扦插苗，平均株高 83 cm，平均基径 0.88 cm，每株叶片数目 20 片左右。2013 年 4 月中旬扦插，8 月中旬取材。供试材料共 5 组（4 个处理组，1 个对照组），每组 3 株。

（2）^{15}N 同位素处理方法与测定指标

当植物生长室内的 PM$_{2.5}$ 浓度达到实验要求后，将欧美杨植株放入植物生长室。放入前花盆上口用保鲜膜严密覆盖，以避免室内空气中 PM$_{2.5}$ 与土壤接触。

图 2-17　气溶胶发生测定实验装置图

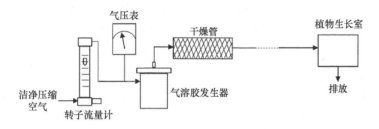

图 2-18　气溶胶发生系统装置示意图

实验分三组：

^{15}NH$_4$NO$_3$ 处理：设置轻度污染浓度（100 μg/m^3）和重度污染浓度（200 μg/m^3）两个浓度梯度，每个浓度梯度设 3 个重复。PM$_{2.5}$ 浓度梯度的设置根据《环境空气质量标准》（GB 3095—2012）。

NH$_4$^{15}NO$_3$ 处理：PM$_{2.5}$ 浓度设置同上，每个浓度梯度设 3 个重复。

对照组：与处理组同时进行，不做通气处理。目的是与 PM$_{2.5}$ 处理的植株进行对照分析。

处理于每天上午 10:00～12:00 进行，实验周期为 1 周。

在处理前及处理后的 1～6 天，每组样品于每日上午 10:00 分别从植株顶端向下第 7 片功能叶开始取样，每天取 1 片，共取 6 片。叶片按清水→洗涤剂→清水→1% 盐酸→3 次去离子水顺序冲洗后，于 105℃下杀青 30 min，随后在 80℃下烘干至恒重，电磨粉碎后过 60 目筛混匀。样品送至中国科学院植物研究所生态与环境科学稳定同位素实验室，采用同位素比率质谱仪（型号为 DELTA V Advantage，

Thermo Fisher Scientific，Inc.，USA）测定 ^{15}N 丰度和全氮含量（N%）。

处理 7 天后（第 7 天处理的次日，即第 8 天），上午 10:00 整株收获欧美杨植株。单株样品解析为叶片、叶柄、树皮、木质部（茎）、髓（茎）、粗根（≥2 mm）、细根（<2 mm）。按上述方法测定各组织器官 ^{15}N 丰度和全氮含量（N%）。

（3）计算公式

有关计算公式（张芳芳等，2009）为

N_{dff}（%）=［样品中的 ^{15}N 丰度（%）–自然丰度（0.365%）］/［标记物中的 ^{15}N 丰度（%）–自然丰度（0.365%）］×100；

^{15}N 吸收量（mg/g 干重）=全氮含量（mg/g 干重）×N_{dff}（%）；

^{15}N 分配率（%）=各组织器官从标记物中吸收的 ^{15}N 量（mg/g 干重）/植株总吸收 ^{15}N 量（mg/g 干重）×100。

2.2.2.3 结果与分析

（1）不同处理条件下欧美杨叶片 ^{15}N 吸收速率和 ^{15}N 含量的动态变化

在轻度和重度污染处理初期，欧美杨叶片均可快速吸收 PM$_{2.5}$ 中的 NH$_4^+$和 NO$_3^-$（图 2-19）。处理后第 1 天，不同处理条件下欧美杨叶片的 ^{15}N 吸收速率均达到峰值，但欧美杨叶片对 ^{15}NO$_3^-$的吸收速率均大于 ^{15}NH$_4^+$。轻度污染处理下，欧美杨叶片对 ^{15}N（NO$_3^-$）的最大吸收速率为 0.135 mg/(g·d)，对 ^{15}N（NH$_4^+$）的最大吸收速率为 0.114 mg/(g·d)，对 ^{15}N（NO$_3^-$）的最大吸收速率约为 ^{15}N（NH$_4^+$）的 1.2 倍；重度污染处理下，欧美杨叶片对 ^{15}N（NO$_3^-$）的最大吸收速率为 0.077 mg/(g·d)，对 ^{15}N（NH$_4^+$）的最大吸收速率为 0.058 mg/(g·d)，对 ^{15}N（NO$_3^-$）的最大吸收速率约为 ^{15}N（NH$_4^+$）的 1.3 倍。在处理 1 天内，两种轻度标记物处理的欧美杨叶片的 ^{15}N 吸收速率均大于两种重度处理，但处理 1 天后，两种轻度处理的欧美杨叶片的 ^{15}N 吸收速率迅速下降，至处理第 2 天时 ^{15}N 吸收速率已小于重度处理，之后继续缓慢下降。两种重度处理的欧美杨叶片的 ^{15}N 吸收速率在处理 1 天后逐渐下降，处理第 2 天至处理末期逐渐趋于稳定，且均大于轻度处理的 ^{15}N 吸收速率。在处理结束后，轻度污染条件下欧美杨叶片对 ^{15}NH$_4^+$和 ^{15}NO$_3^-$的吸收速率无显著差异，而重度污染条件下欧美杨叶片对 ^{15}NO$_3^-$的吸收速率仍大于 ^{15}NH$_4^+$。

在不同污染处理的第 1 天，欧美杨叶片的 ^{15}N 含量均显著升高（图 2-20），说明欧美杨叶片可快速吸收 PM$_{2.5}$ 中的 NH$_4^+$和 NO$_3^-$。轻度污染处理的欧美杨叶片的 ^{15}N 含量均在处理第 1 天时达到峰值，^{15}N（NH$_4^+$）的含量为 0.11 mg/g 干重，^{15}N（NO$_3^-$）的含量为 0.14 mg/g 干重。然后，随吸收速率的迅速下降，处理后 1~3 天 ^{15}N 含量显著降低，3~7 天先上升后又略有下降，至处理第 7 天时，欧美杨

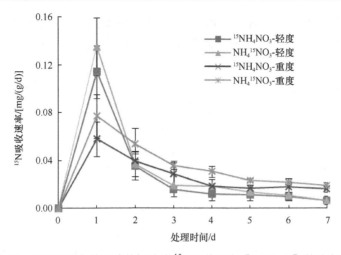

图 2-19　不同处理条件下欧美杨叶片 ^{15}N 吸收速率 [mg/(g·d)] 的动态变化

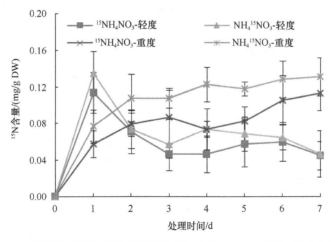

图 2-20　不同处理条件下欧美杨叶片 ^{15}N 含量（mg/g 干重）的动态变化

叶片的 ^{15}N 含量分别降至 0.045 mg/g 干重（^{15}NH$_4^+$处理）和 0.047 mg/g 干重（^{15}NO$_3^-$处理），与处理第 1 天相比，分别下降了 59.1%和 66.4%。重度污染处理的欧美杨叶片的 ^{15}N 含量在处理第 1 天显著增长，之后，随吸收速率的缓慢降低增长趋势变缓，略有波动。在处理后第 7 天，欧美杨叶片吸收的 ^{15}N 含量达到最高值，重度 ^{15}NH$_4^+$处理的为 0.11 mg/g 干重，重度 ^{15}NO$_3^-$处理的为 0.13 mg/g 干重。处理 2 天以后，重度处理的欧美杨叶片的 ^{15}N 含量均大于轻度处理，说明欧美杨叶片对 PM$_{2.5}$中 NH$_4^+$和 NO$_3^-$的吸收含量在一定浓度范围内随浓度升高而增大。轻度和重度污染条件下，^{15}NO$_3^-$处理的欧美杨叶片的 ^{15}N 含量均大于 ^{15}NH$_4^+$处理，这说明欧美杨叶片更易于吸收 PM$_{2.5}$中的 NO$_3^-$。

（2）欧美杨不同组织器官对 PM$_{2.5}$ 中 NH$_4^+$和 NO$_3^-$的吸收与分配

1）不同处理条件下欧美杨不同组织器官中的 ^{15}N 含量（mg/g 干重）

处理 7 天后，处理组欧美杨各组织器官的 ^{15}N 含量均显著大于对照，说明欧美杨各组织器官均能吸收或通过再分配获取 PM$_{2.5}$ 中的 NH$_4^+$和 NO$_3^-$（图 2-21）。轻度和重度污染下，欧美杨不同组织器官中 ^{15}N 含量均有不同程度的差异。轻度污染下，细根的 ^{15}N 含量最高，树皮、叶柄、叶片次之，髓最低。其中 ^{15}NH$_4^+$处理的细根与叶柄、髓差异显著，与树皮、叶片差异不显著；^{15}NO$_3^-$处理的细根、树皮、叶柄、叶片间差异不显著，细根、叶柄与髓均差异显著。而重度污染下，叶片的 ^{15}N 含量最高，细根、叶柄、树皮次之，髓最低。其中 ^{15}NH$_4^+$处理的叶片、细根、叶柄、树皮间无显著差异，四者与髓均有显著差异；^{15}NO$_3^-$处理的叶片、细根、叶柄间无显著差异，三者与髓均有显著差异。从图 2-21 还可得知，欧美杨各组织器官的 ^{15}N 含量均显示重度污染处理大于轻度污染处理，且轻度和重度污染下的欧美杨各组织器官对 NO$_3^-$的吸收量均大于 NH$_4^+$。这与欧美杨叶片对 ^{15}N 的吸收规律（图 2-20）一致。重度污染下，叶片对 ^{15}N（NO$_3^-$）的吸收量为 0.131 mg/g 干重，对 ^{15}N（NH$_4^+$）的吸收量为 0.113 mg/g 干重，对 ^{15}N（NO$_3^-$）的吸收量为对 ^{15}N（NH$_4^+$）吸收量的 1.2 倍；细根对 ^{15}N（NO$_3^-$）的吸收量为 0.126 mg/g 干重，对 ^{15}N（NH$_4^+$）的吸收量为 0.097 mg/g 干重，对 ^{15}N（NO$_3^-$）的吸收量为对 ^{15}N（NH$_4^+$）吸收量的 1.3 倍。

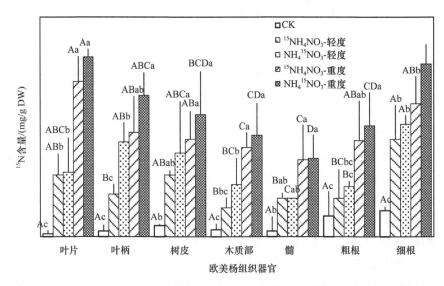

图 2-21　处理 7 天后不同处理条件下欧美杨组织器官中的 ^{15}N 含量（mg/g 干重）

误差线表示标准差，不同字母表示差异性显著（$P<0.05$），相同字母表示差异性不显著（$P \geqslant 0.05$），小写字母代表同一器官不同处理间的差异性，大写字母代表同一处理不同器官间的差异性，下同

2）不同处理条件下欧美杨不同组织器官的 N_{dff}（%）和 ^{15}N 分配率（%）

N_{dff} 指植株器官从标记物中吸收分配到的 ^{15}N 量对该器官全氮量的贡献率，它反映了植株器官对 ^{15}N 的吸收征调能力（顾曼如，1990）。从表 2-13 可见，轻度污染条件下，欧美杨不同组织器官对 NH$_4^+$ 和 NO$_3^-$ 的吸收征调能力无明显规律，但叶片对 NH$_4^+$ 和 NO$_3^-$ 的吸收征调能力最小。重度污染条件下，欧美杨各组织器官对 NH$_4^+$ 和 NO$_3^-$ 的吸收征调能力均为木质部最大，其次为髓，叶片最小，木质部的 N_{dff} 值约为叶片的 4 倍。轻度和重度污染下，除髓外，欧美杨各组织器官均表现为对 NO$_3^-$ 的吸收征调能力大于 NH$_4^+$。

植株组织器官中 ^{15}N 占全株 ^{15}N 总量的百分率反映了标记物在植株体内的分布及其在各组织器官迁移分配的规律（徐季娥等，1993）。从表 2-13 可以看出，轻度污染条件下欧美杨各组织器官的 ^{15}N 分配率亦无明显规律，但表现为细根的 ^{15}N 分配率最大。重度污染下，欧美杨各组织器官的 ^{15}N 分配率表现为叶片>细根>叶柄>树皮>粗根>木质部>髓。叶片中 ^{15}N（NH$_4^+$）和 ^{15}N（NO$_3^-$）的分配率分别为 21.07% 和 20.33%，分别为髓中 ^{15}N（NH$_4^+$）和 ^{15}N（NO$_3^-$）分配率的 2.09 倍和 2.42 倍。可见，叶片是欧美杨吸收 PM$_{2.5}$ 无机成分 NH$_4^+$ 和 NO$_3^-$ 的最主要器官，细根是除叶片之外吸收累积 ^{15}N（NH$_4^+$ 和 NO$_3^-$）最多的器官。

2.2.2.4　讨论

目前，虽有相关研究证实植物能够阻滞、吸附 PM$_{2.5}$ 等颗粒物（McDonald et al.，2007），但对植物是否可以吸收并分配 PM$_{2.5}$ 等颗粒物并无研究。通过气溶胶发生系统模拟 PM$_{2.5}$ 发生研究欧美杨对 PM$_{2.5}$ 中 NH$_4^+$ 和 NO$_3^-$ 的吸收与分配，发现与对照相比，处理植株体内的 NH$_4^+$ 和 NO$_3^-$ 含量均有显著增加，证实了植物能够吸收 PM$_{2.5}$ 颗粒物。虽然模拟 PM$_{2.5}$ 颗粒物处理植株检测到的 NH$_4^+$ 和 NO$_3^-$ 的含量与通过叶面喷洒或涂抹处理植株后的含量相比较低（Guak et al.，2007），但模拟 PM$_{2.5}$ 颗粒物能更真实地反映植物对大气中 PM$_{2.5}$ 的吸收能力，有利于揭示植物对大气中 PM$_{2.5}$ 颗粒物主要成分的吸收和分配机制。

本研究发现，不同污染程度下欧美杨叶片对 PM$_{2.5}$ 中 NH$_4^+$ 和 NO$_3^-$ 的吸收规律存在差异。轻度污染下的欧美杨叶片吸收的 NH$_4^+$ 和 NO$_3^-$ 含量在处理后第 1 天表现出迅速增加以后，随后减少，可能是随着 ^{15}N 吸收速率的显著下降，欧美杨叶片分配至其他各组织器官的 ^{15}N 含量大于从标记物中吸收的 ^{15}N 含量所致，处理 3 天以后，欧美杨叶片对 NH$_4^+$ 和 NO$_3^-$ 的吸收和外运趋于平衡。而重度污染下的欧美杨叶片对 NH$_4^+$ 和 NO$_3^-$ 的吸收量在处理后第 1 天迅速增加，之后呈缓慢增长趋势，可能是由于在此期间 ^{15}N 吸收速率下降得缓慢，叶片从标记物中吸收的 ^{15}N 含量大于向其他各组织器官的输出。还可能是由于轻度和重度污染下，植物

表 2-13　处理 7 天后不同处理条件下欧美杨组织器官的 N_{dff}（%）和 ^{15}N 分配率（%）

测定项目	处理	叶片	叶柄	树皮	木质部	髓	粗根	细根
N_{dff}	I	0.34±0.10Cb	1.00±0.30Bb	1.03±0.12Bb	0.74±0.17BCb	1.83±0.12Ab	1.10±0.32Bb	1.07±0.35Ba
	II	0.97±0.12Ca	2.15±0.45Aa	1.31±0.27BCab	1.33±0.28BCb	1.63±0.15ABb	1.24±0.40BCb	1.53±0.35BCa
	III	0.85±0.25Ea	1.93±0.35BCa	1.56±0.38CDab	3.35±0.14Aa	3.03±0.30Aa	2.18±0.50Ba	1.31±0.18DEa
	IV	0.86±0.14Fa	2.49±0.42BCa	1.80±0.36DEa	3.50±0.53Aa	2.98±0.23ABa	2.20±0.14CDa	1.41±0.17EFa
^{15}N 分配率	I	17.48±3.39BCab	11.78±3.99BCDb	16.85±1.55Ba	7.57±2.07Da	10.56±1.60CDa	10.00±0.45CDa	25.76±4.58Aa
	II	12.05±4.65CDb	19.49±2.27ABa	15.73±4.75BCa	9.95±3.47CDa	8.17±2.29Da	10.65±3.20CDa	23.96±4.02Aa
	III	21.07±1.90Aa	13.65±3.14BCb	12.84±2.23BCa	11.92±2.48BCa	10.08±4.56Ca	12.55±3.75BCa	17.89±4.70ABa
	IV	20.33±4.18Aa	15.65±0.49BCab	13.16±2.51CDa	11.06±1.68DEa	8.40±1.24Ea	12.10±1.62CDEa	19.30±2.39ABa

注：I 为 $^{15}NH_4NO_3$ 轻度；II 为 $NH_4^{15}NO_3$ 轻度；III 为 $^{15}NH_4NO_3$ 重度；IV 为 $NH_4^{15}NO_3$ 重度。

对 N 吸收具有不同的平衡点所致。关于轻度和重度污染处理后期欧美杨叶片对 NH$_4^+$和 NO$_3^-$的吸收速率均较低，可能是由于前期植物对 ^{15}N 产生的短期激发效应，也可能是随处理时间的延长，欧美杨叶片表面累积的 PM$_{2.5}$ 增多，影响了欧美杨对 PM$_{2.5}$ 的进一步吸收。可以推测，自然条件下，经过雨水冲洗，减小了 PM$_{2.5}$ 在叶片上的分布密度，因而 PM$_{2.5}$ 被叶片吸收的速率又会有所上升。有研究表明，植物对 NH$_4^+$和 NO$_3^-$的吸收具有明显的偏好性（Miller et al.，2008）。在本研究中，与 NH$_4^+$相比，欧美杨叶片（处理 2 天后）及其他组织器官对 PM$_{2.5}$ 成分中的 NO$_3^-$ 表现出更强的吸收和分配能力，这与田东梅等（2010）对欧美杨不同土施氮源吸收的研究结果相一致。NO$_3^-$被植物吸收后需先还原成 NH$_4^+$才能进入后续代谢过程，因此 NO$_3^-$易于在细胞液泡内累积，而 NH$_4^+$是与 H$^+$进行交换吸收的，不易在细胞液泡中累积（Zhao et al.，2013），这可能是本研究欧美杨各组织器官对 PM$_{2.5}$ 中 NO$_3^-$的吸收大于 NH$_4^+$的原因。

N_{dff} 和 ^{15}N 分配率能够反映植株组织器官对 ^{15}N 的吸收征调能力及 ^{15}N 标记物在植株体内的分布和迁移规律（顾曼如，1990；徐季娥等，1993）。本研究发现，在轻度污染条件下，欧美杨不同组织器官对 PM$_{2.5}$ 中 NH$_4^+$和 NO$_3^-$的吸收征调能力（N_{dff}）及 ^{15}N 分配率均无明显规律，这可能与轻度污染下 PM$_{2.5}$ 的浓度低有关。而重度污染条件下，欧美杨茎木质部对 PM$_{2.5}$ 中 NH$_4^+$和 NO$_3^-$的吸收征调能力最大，其次为髓，叶片最小。这与潘中耀（2010）对橡胶树幼苗土施氮肥的研究结果基本一致。树干木质部和髓作为水溶性无机离子的主要运转通道及储藏的"临时库"（Nagai et al.，2013），可能是欧美杨茎木质部和髓对 PM$_{2.5}$ 中 NH$_4^+$和 NO$_3^-$的吸收征调能力较强的原因。董雯怡等（2009）在对毛白杨土施氮肥后发现，毛白杨各器官的 ^{15}N 分配率为叶>根>茎。本研究发现，重度污染条件下的欧美杨各组织器官的 ^{15}N 分配率表现为叶片>细根>叶柄>树皮>粗根>木质部>髓，这与前者的研究结果基本一致。叶片是植物吸收大气中 PM$_{2.5}$ 的最主要器官，其吸收的 ^{15}N（NH$_4^+$和 NO$_3^-$）主要运输至根并在根中尤其是细根中以蛋白态形式储藏（管长志等，1992），这可能是本研究中叶片和细根的 ^{15}N 分配率较高的原因。

2.2.2.5　结论

1）不同 PM$_{2.5}$ 污染浓度下，欧美杨植株体内 NH$_4^+$和 NO$_3^-$含量均有增加，证实了植物能够吸收 PM$_{2.5}$ 颗粒物。

2）轻度和重度污染下的欧美杨叶片均可快速吸收 PM$_{2.5}$ 中的 NH$_4^+$和 NO$_3^-$，并均于处理后第 1 天达到峰值。然后，轻度污染下的欧美杨叶片对 NH$_4^+$和 NO$_3^-$的吸收速率迅速降低，之后趋于稳定，而重度污染下的欧美杨叶片对 NH$_4^+$和 NO$_3^-$的吸收速率缓慢下降至趋于稳定。处理 1 天内，欧美杨叶片对 NH$_4^+$和 NO$_3^-$的吸收速率均表现为轻度污染大于重度污染，处理第 2 天至结束，欧美杨叶片对 NH_4^+ 和 NO_3^- 的吸收速率均表现为重度污染大于轻度污染。整个处理期间，轻度和重度污染下的欧美杨叶片对 NO_3^- 的吸收速率均大于对 NH_4^+ 的吸收速率。

3）轻度污染下，欧美杨叶片中 NH_4^+ 和 NO_3^- 的含量于处理后第 1 天达到峰值，之后迅速下降，3 天以后虽略有波动但趋于稳定。而重度污染下，欧美杨叶片中 NH_4^+ 和 NO_3^- 的含量在处理后第 1 天迅速增长，之后缓慢增长，并于处理后第 7 天达到最高值。在处理 2 天后，重度污染下的欧美杨叶片的 NH_4^+ 和 NO_3^- 的含量均大于轻度污染下的含量，且轻度和重度污染下，欧美杨叶片对 NO_3^- 的吸收量均大于对 NH_4^+ 的吸收量。

4）轻度和重度污染下，欧美杨不同组织器官中 NH_4^+ 和 NO_3^- 的含量均有不同程度的差异。轻度污染下，细根对 NH_4^+ 和 NO_3^- 的吸收量最高，树皮、叶柄、叶片次之，髓最低。而重度污染下，叶片对 NH_4^+ 和 NO_3^- 的吸收量最高，细根、叶柄、树皮次之，髓最低。重度污染下，欧美杨各组织器官中 NH_4^+ 和 NO_3^- 的含量均大于轻度污染下的含量，且轻度和重度污染下，欧美杨各组织器官对 NO_3^- 的吸收量均大于对 NH_4^+ 的吸收量。这与欧美杨叶片对 NH_4^+ 和 NO_3^- 的吸收规律一致。

5）轻度污染下，欧美杨不同组织器官对 NH_4^+ 和 NO_3^- 的吸收征调能力（N_{dff}）及 ^{15}N 分配率均无明显规律。重度污染条件下，欧美杨茎木质部对 NH_4^+ 和 NO_3^- 的吸收征调能力最大，其次为髓，叶片最小。欧美杨各组织器官中 NH_4^+ 和 NO_3^- 的分配率表现为叶片>细根>叶柄>树皮>粗根>木质部>髓。

6）通过气溶胶发生系统模拟 $PM_{2.5}$ 颗粒的发生，借助 ^{15}N 示踪技术，研究结果显示了欧美杨对 $PM_{2.5}$ 无机成分 NH_4^+ 和 NO_3^- 的吸收与分配规律，为进一步揭示植物吸收 $PM_{2.5}$ 的机制及有效利用植物降低颗粒物污染、净化环境提供了重要的科学理论依据。

2.3 　林木吸收多环芳烃的组织适应性及吸收代谢变化

多环芳烃（polycyclic aromatic hydrocarbons，PAHs）是一类生物累积性强的持久性有机污染物，部分化合物具有致癌和致畸变效应。环境中的 PAHs 主要来源于石油、煤等化石燃料以及木材等含碳氢化合物物质的不完全燃烧或在还原条件下的热解反应。

大多数情况下，PAHs 最初的形态为随大气飘浮的气态，部分冷却后形成颗粒物或吸附在颗粒物上，随着颗粒物的飘动分散在环境各处，通过沉降和降水冲洗作用而污染地面水和土壤。而植物在生长过程中会从中吸收、转移并富集 PAHs，植物腐烂后，PAHs 又回到土壤中。同时，PAHs 也可以通过食物链在动物体内累积，严重危害人类健康。低分子量多环芳烃具有较高的亨利常数和蒸气压，主要以气态形式存在，颗粒物中较少；高分子量多环芳烃具有较低的亨利常数和蒸气压，主要存在于颗粒物中。

国内外的许多研究结果已证明，低环的 PAHs 在气相中的相对含量高于吸附于颗粒物上的相对含量，而环数高的 PAHs 则主要以吸附于颗粒物的形式存在。5 环及其以上的 PAHs 主要是吸附在颗粒物上，2~4 环的 PAHs 则在气相和固相中均有分布。大气中的 PAHs 主要集中于细粒子范围，而粗粒子中的 PAHs 的含量很少，大约有 70%~90%的 PAHs 吸附在小于 5μm 的可吸入大颗粒物上。不同环数多环芳烃的质量浓度为：5 环>4 环>6 环>3 环>2 环，其中 4 环和 5 环芳烃约占总质量浓度的 62%以上。

PM$_{2.5}$ 和 PM$_{10}$ 样品中，美国国家环境保护局（USEPA）推荐的 16 种优控多环芳烃均被检出，分别为：萘（2 环），苊、二氢苊、芴、菲、蒽（3 环），荧蒽、芘、䓛及苯并[a]蒽（四环），苯并[b]荧蒽、苯并[k]荧蒽、苯并[a] 芘、二苯并[a,h] 蒽（5 环），茚并[1,2,3-c,d]芘和苯并[g,h,i]芘（6 环）。

近些年来，国内外的学者从各个角度进行了细致的研究工作，主要集中于多环芳烃的来源、分布、危害，物理化学性质、分析方法、处理方法等。目前，环境中 PAHs 的积累已经越来越严重地威胁着人类的健康，对它的研究受到广泛关注，已被各国列为有机污染物研究的重点。与微生物和动物相比，关于 PAHs 对植物的影响研究较少。多环芳烃对植物的影响也越来越引起人们的关注，尤其是多环芳烃对植物生长的影响及植物对 PAHs 胁迫的生理响应。但植物对 PAHs 的响应机制目前还不清楚。

植物体由于可以富集大气中的 PAHs，近年来常被用作大气监测的被动采样器。许多学者在植物体（如地衣、苔藓等）对 PAHs 的富集机理方面做了大量工作，但是我国在此方面的研究还相对较少。随着城市化发展和交通排放的增加，北京市有机污染日趋受到关注，PAHs 成为 PM$_{2.5}$携带的主要有机污染物成分之一，占 PM$_{2.5}$ 有机污染物 50%~70%。但是研究载体多为大气、水、土壤或沉积物，对植被中 PAHs 的研究较少，对叶片中的含量特征未有探讨。

本研究通过对北京市交通和公园区常见绿化树种叶片 PAHs 含量测定，初步分析了不同树种叶片 PAHs 的含量特征，并分析探讨了影响种间差异的可能的环境因素。以期为确定可靠的植物大气监测器提供理论依据，为探讨森林植被间接地消减大气 PM$_{2.5}$ 的贡献提供数据支持，也为寻求对 PAHs 累积性较强的植物提供方法参考。

2.3.1　实验材料与方法

2.3.1.1　研究区概况

采样点设在北京市奥林匹克森林公园（森林公园）内，E116°38′，N40°02′和西直门北大街（西直门）行车道两侧，E116°21′，N39°57′。森林公园位于朝阳区北五环两侧，占地约 680hm^2，是亚洲最大的城市森林公园，园内绿地率达 70.3%，少有机动车辆行驶，而西直门北大街位于西城区北二环交通要道，附近道路机动车流量较大。在 2014 年 6 月，我们对两采样点的 PM$_{2.5}$浓度进行了监测，西直门环境空气 PM$_{2.5}$月平均值约为 126.5μg/m^3，森林公园环境空气 PM$_{2.5}$月平均值约为 87.6μg/m^3，前者约为后者的 1.4 倍，这与石婕等的监测结果基本一致。

2.3.1.2　样品采集

2014 年 6 月，在两个采样点分别采集了圆柏（*Sabina chinensis*）、油松（*Pinus tabuliformis*）、碧桃（*Amygdalus persica*）、毛白杨（*Populus tomentosa*）、榆树（*Ulmus pumila*）和紫叶李（*Prunus cerasifera*）等 6 种植物叶片，其中圆柏和油松为针叶树种，其他 4 种为阔叶树种。每样点每个树种至少选择保持一定间距的 3 棵树，按树冠的东、南、西、北方向采集同一高度的叶片。叶片采集后，立即装入聚乙烯密封袋中。带回实验室，用自来水和蒸馏水各冲洗 3 次，去除叶面尘。叶片装于信封袋后 65℃烘干至恒重，碾磨过 80 目筛，放入小自封袋内于 4℃保存。

2.3.1.3　PAHs 提取与测定

采用超声提取和硅胶柱净化法提取叶片中的 PAHs。取 5g 上述制备好的样品于 25mL 玻璃离心管中，用 30mL 有机萃取剂（1∶1 的丙酮和正己烷溶液）分 3 次萃取，每次 10mL 在超声水浴中萃取 30min；收集萃取液，加入少量无水硫酸钠，转移到 50mL 旋转蒸发瓶中，40℃恒温下浓缩至干，用正己烷定容到 4mL；过 10g 硅胶（100～200 目）柱净化。先用 15mL 正己烷预淋洗，再用 35mL 1∶1 的二氯甲烷和正己烷溶液洗脱，洗脱液收集至旋转蒸发瓶，40℃恒温下浓缩至干，用乙腈定容到 2mL，过 0.22μm 孔径滤膜，密封于样品瓶中待上机分析。

采用岛津 Shimadzu LC-20A 高效液相色谱-荧光检测器串联二极管阵列检测器（HPLC-FLD-DAD）技术测定叶片中 PAHs 的含量。

2.3.1.4　数据处理

实验数据采用 SPSS 20.0 软件进行方差分析、多重比较和主成分分析。相关数据处理和图表制作在 Microsoft Excel 2013 中进行。

2.3.2　结果与分析

2.3.2.1　森林公园和西直门不同树种叶片 PAHs 含量的比较分析

在 PM$_{2.5}$ 污染较轻的森林公园和 PM$_{2.5}$ 污染较重的西直门，不同树种叶片对 PAHs 吸收能力均为：圆柏>油松>碧桃>毛白杨>榆树>紫叶李。其中圆柏和油松针叶树种叶片中 PAHs 含量较高，而在阔叶树种中，碧桃叶片中 PAHs 含量最高，其次是毛白杨，榆树和紫叶李叶片中 PAHs 含量低（图 2-22）。

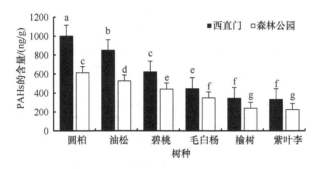

图 2-22　不同树种叶片在不同 PM$_{2.5}$ 污染区 PAHs 的含量特征
不同小写字母表示相互之间差异显著（$P<0.05$）

虽然两个采样点树种对 PAHs 的吸收能力的排列顺序一致，但相同树种叶片中 PAHs 含量均表现为污染较重的西直门高于污染较轻的森林公园（图 2-22）。这说明不同树种吸收 PAHs 能力有差异，而且叶片 PAHs 的含量随着污染的加重而增加，充分体现了植物在清除 PAHs 等大气污染物中所发挥的重要作用。

2.3.2.2　森林公园和西直门不同树种叶片对 PAHs 的吸收成分分析

不同树种叶片吸收的 PAHs 成分为含有 2～6 个苯环的有机化合物，其中 2 环化合物包括萘（Nap），3 环化合物包括苊烯（Acy）、苊（Ace）、芴（Fl）、菲（Phe）和蒽（Ant），4 环化合物包括荧蒽（Flu）、芘（Pyr）、苯并[a]蒽（BaA）和䓛（Chr），5 环化合物包括苯并[b]荧蒽（BbF）、苯并[k]荧蒽（BkF）、苯并[a]芘（BaP）和二苯并[a,h]蒽（DBA），6 环化合物包括苯并[g,h,i]芘（BghiP）和茚并[1,2,3-c,d]芘（InP）。

在森林公园和西直门，所测试的 6 种树种叶片中 PAHs 的主要成分为 3 环化合物，且吸收含量均为圆柏>油松>碧桃>毛白杨>榆树>紫叶李，其次是 2 环和 4

环化合物，5～6 环化合物在所有测试树种中含量较低（表 2-14，表 2-15），说明不同环数化合物在所测试树种叶片 PAHs 总含量中所占的比例是不同的。6 种树种叶片对不同环数化合物的吸收量也均表现为西直门高于森林公园（表 2-14，表 2-15），与树种叶片中 PAHs 总含量的规律一致（图 2-22）。

表 2-14 森林公园 6 种常见树种叶片 PAHs 各环化合物的含量（ng/g）

树种	2 环	3 环	4 环	5～6 环
圆柏 S. chinensis	91.09±8.22bβ	411.41±5.24aα	98.48±3.67bα	12.08±3.69cαβ
油松 P. tabuliformis	41.97±2.60cδ	401.87±2.81aβ	69.43±7.49bβ	11.07±2.33dαβ
碧桃 A. persica	128.18±1.10bα	240.74±7.00aγ	58.01±3.73cγ	13.48±1.58dα
毛白杨 P. tomentosa	60.84±3.54bγ	239.05±2.73aγ	39.97±5.20cδ	7.71±4.95dαβ
榆树 U. pumila	43.41±2.71bδ	147.34±5.69aδ	39.41±4.57bδ	9.34±4.39cαβ
紫叶李 P. cerasifera	53.93±2.05bγ	139.87±6.84aδ	25.40±4.13cε	5.54±4.42dβ

注：表中数据均为平均值±标准差，同行不同小写字母表示相同树种在不同环数化合物间差异显著（$P<0.05$），同列不同小写希腊字母表示相同环数化合物在不同树种间差异显著（$P<0.05$），下同

表 2-15 西直门 6 种常见树种叶片 PAHs 各环化合物的含量（ng/g）

树种	2 环	3 环	4 环	5～6 环
圆柏 S. chinensis	131.80±3.31cβ	684.58±2.88aα	161.77±9.18bα	22.29±5.22dαβ
油松 P. tabuliformis	77.51±7.00cγ	658.28±5.66aβ	95.71±2.50bβ	16.34±0.75dβγ
碧桃 A. persica	179.96±5.87bα	347.74±9.67aγ	70.23±5.79cγ	23.14±0.70dα
毛白杨 P. tomentosa	79.02±7.15bγ	290.43±8.12aδ	63.43±3.41cγ	13.45±7.24dγ
榆树 U. pumila	57.96±6.19bδ	211.53±3.25aε	59.85±8.82bγδ	15.72±1.36cβγ
紫叶李 P. cerasifera	65.91±1.33bδ	202.60±1.59aε	51.89±4.86cδ	11.23±2.12dγ

在森林公园，不同树种叶片均吸收了四种 3 环化合物的组分，分别为 Ace、Fl、Phe 和 Ant，而对于组分 Acy，在所测试的树种叶片中均未检测到（表 2-16）。不同树种叶片对 Ace、Fl、Phe 和 Ant 的吸收含量存在差异，如圆柏和油松对 Fl、Phe 有较高的吸收，而碧桃和榆树对 Ant 的吸收较高。在西直门，6 种树种叶片对 3 环化合物组分的吸收与森林公园相似（表 2-17）。但随着污染的加重，Ace、Fl、Phe 和 Ant 的含量均表现为西直门高于森林公园。圆柏、油松和碧桃叶片对 Acy 也有不同程度的吸收，但在毛白杨、榆树和紫叶李叶片中仍未检测到 Acy。这种现象说明 3 环化合物中 Acy 组分低，而且不同树种对它的吸收能力可能存在差异。

对于 2 环化合物，圆柏和碧桃对 Nap 吸收含量较高，并随污染的加重而升高。对于 4 环化合物，6 种树种叶片均吸收了 Flu、Pyr、BaA 和 Chr，其中圆柏和油松对 Flu 和 Pyr 有较高的吸收，吸收量均表现为西直门高于森林公园。对于 5～6 环化合物的组分，森林公园 6 种树种叶片中 DBA 均未检测出，而在西直门，有 2

种树种叶片对 DBA 有了少量吸收,而且对其他组分的吸收有了一定增加(表 2-16,表 2-17)。

表 2-16　森林公园 6 种树种叶片各 PAHs 组分含量（ng/g）

PAHs 组分		圆柏 S. chinensis	油松 P. tabuliformis	碧桃 A. persica	毛白杨 P. tomentosa	榆树 U. pumila	紫叶李 P. cerasifera
2 环	Nap	91.09±8.22b	41.97±2.60d	128.18±1.10a	60.84±3.54c	43.41±2.71d	53.93±2.05c
3 环	Acy	BDL	BDL	BDL	BDL	BDL	BDL
	Ace	76.99±1.70a	69.96±5.84b	52.51±2.08c	68.57±2.90b	67.20±3.70b	26.19±4.50d
	Fl	38.2±2.54a	36.83±3.17a	29.34±1.47b	9.61±1.26d	18.16±5.39c	16.35±3.63c
	Phe	294.02±3.95a	292.82±5.90a	155.19±9.31b	159.56±1.25b	57.48±6.71d	95.69±2.12c
	Ant	2.20±1.69b	2.27±0.51b	3.70±1.90a	1.30±0.52c	4.51±1.69a	1.64±1.26c
4 环	Flu	46.40±5.68a	25.77±3.20b	13.23±0.68c	4.93±2.89d	11.35±1.93c	2.75±0.52d
	Pyr	48.74±3.12a	38.36±6.09ab	36.08±9.03b	30.85±8.37bc	23.20±0.64c	18.74±7.55c
	BaA	0.50±0.14b	0.12±0.06b	1.82±1.43ab	3.55±0.61a	2.05±1.86ab	1.31±1.93ab
	Chr	2.83±1.69ab	5.18±1.04ab	6.89±4.07a	0.64±0.05b	2.81±4.21ab	2.60±3.32ab
5~6 环	BbF	3.48±2.73a	3.33±1.65a	2.99±1.16a	4.75±3.83a	4.38±0.12a	2.68±2.11a
	BkF	0.57±0.47a	0.93±0.34a	0.75±0.26a	0.29±0.12a	2.47±3.89a	0.34±0.29a
	BaP	0.24±0.13a	0.43±0.30a	0.27±0.15a	BDL	0.34±0.25a	0.23±0.16a
	DBA	BDL	BDL	BDL	BDL	BDL	BDL
	BghiP	7.22±1.22ab	5.81±0.31b	9.09±2.77a	2.46±1.06c	1.73±0.31c	1.76±2.09c
	InP	0.58±0.30a	0.57±0.22a	0.39±0.18a	0.20±0.07a	0.42±0.30a	0.53±0.06a

注: 表中数据均为平均值±标准差;BDL:未检测出;同行不同小写字母表示相同组分不同树种间差异显著(*P*<0.05),下同

表 2-17　西直门 6 种树种叶片各 PAHs 组分浓度（ng/g）

PAHs 组分		圆柏 S. chinensis	油松 P. tabuliformis	碧桃 A. persica	毛白杨 P. tomentosa	榆树 U. pumila	紫叶李 P. cerasifera
2 环	Nap	131.8±3.31b	77.51±7.00c	179.96±5.87a	79.02±7.15c	57.96±6.19c	65.91±1.33c
3 环	Acy	10.22±2.56c	26.79±1.43b	68.82±1.78a	BDL	BDL	BDL
	Ace	100.69±6.53a	81.17±3.38b	65.08±1.28d	78.39±8.40bc	68.68±7.90cd	62.25±5.24d
	Fl	63.82±5.21a	54.75±8.14b	32.71±2.34c	13.74±1.26e	22.62±2.12d	19.20±0.22ed
	Phe	500.58±8.50a	486.87±7.81a	168.38±9.53b	195.04±1.94b	104.76±7.81d	118.40±3.56d
	Ant	9.27±0.90b	8.69±0.53b	12.75±0.10a	3.26±1.02c	15.46±0.61a	2.76±0.60c
4 环	Flu	77.75±6.89a	42.7±4.89b	17.45±4.37c	13.67±3.17c	19.16±0.51c	12.39±0.55c
	Pyr	69.23±1.43a	43.61±4.48b	46.02±0.94b	42.99±3.29b	32.21±8.63b	33.05±5.40b
	BaA	3.58±1.10a	3.98±0.63a	3.60±0.36a	3.91±0.24a	2.44±0.42b	3.26±0.28ab
	Chr	11.21±5.01a	5.42±1.53ab	3.16±5.00b	2.86±2.07b	6.05±1.45ab	3.18±4.67b

续表

PAHs 组分		圆柏 S. chinensis	油松 P. tabuliformis	碧桃 A. persica	毛白杨 P. tomentosa	榆树 U. pumila	紫叶李 P. cerasifera
5～6 环	BbF	8.55±1.85ab	8.19±1.48ab	12.75±1.15a	8.05±5.40ab	4.13±0.45b	6.25±2.67b
	BkF	1.77±0.21ab	0.76±0.15ab	0.84±0.08ab	2.04±1.62a	1.34±0.88ab	0.49±0.06b
	BaP	1.12±0.26a	0.53±0.22ab	1.09±0.68a	0.35±0.20b	0.33±0.18b	0.21±0.06b
	DBA	0.09±0.02	BDL	BDL	0.20±0.11	BDL	BDL
	BghiP	8.84±5.71a	5.93±0.73abc	7.60±0.84ab	2.34±1.24c	9.32±0.84a	3.76±0.21bc
	InP	1.94±0.33a	0.94±0.27b	0.86±0.40b	0.48±0.40b	0.60±0.31b	0.52±0.22b

2.3.2.3 不同树种叶片对 PAHs 吸收含量的主成分分析

对不同树种叶片的 2 环化合物，3 环化合物，4 环化合物，5～6 环化合物和叶片中总 PAHs（∑PAHs）的含量进行了主成分分析。由森林公园不同树种叶片对 PAHs 吸收含量主成分分析（表 2-18）可知，主成分 1、2 的累计贡献率达到 94.626%。第 1 主成分在 3 环、4 环、5～6 环和∑PAHs 含量上有较大的载荷量，即第 1 主成分反映了 3 环、4 环、5～6 环和∑PAHs 含量的综合指标，第 2 个主成分反映了 2 环化合物的指标。

表 2-18　森林公园不同树种叶片对 PAHs 吸收含量的主成分分析

含量指标	第 1 主成分 PC1	第 2 主成分 PC2
2 环	0.549	0.806
3 环	0.890	−0.432
4 环	0.961	−0.176
5～6 环	0.869	0.329
∑PAHs	0.976	−0.179
特征值	3.725	1.007
贡献/%	74.509	20.133
累积贡献率/%	74.500	94.626

依据森林公园不同树种叶片对 PAHs 吸收含量主成分的分析结果，计算每个主成分和综合得分及排序（表 2-19）。依据综合得分，不同树种对 PAHs 的吸收能力为圆柏>碧桃>油松>毛白杨>榆树>紫叶李。

由西直门不同树种叶片对 PAHs 吸收含量主成分分析（表 2-20）可知，主成分 1、2 的累计贡献率达到 95.655%。第 1 主成分在 3 环、4 环、5～6 环和∑PAHs 含量上有较大的载荷量，即第 1 主成分反映了 3 环、4 环、5～6 环和∑PAHs 含量的综合指标，第 2 个主成分反映了 2 环化合物的指标。

表 2-19　森林公园不同树种叶片对 PAHs 吸收含量综合评价结果

树种	第 1 主成分 PC1	第 2 主成分 PC2	综合得分	排名
圆柏 *S. chinensis*	1.35	−0.32	0.94	1
油松 *P. tabuliformis*	0.60	−1.27	0.19	3
碧桃 *A. persica*	0.60	1.80	0.81	2
毛白杨 *P. tomentosa*	−0.49	−0.21	−0.41	4
榆树 *U. pumila*	−0.81	0.01	−0.60	5
紫叶李 *P. cerasifera*	−1.25	−0.02	−0.93	6

表 2-20　西直门不同树种叶片对 PAHs 吸收含量的主成分分析

含量指标	第 1 主成分 PC1	第 2 主成分 PC2
2 环	0.677	0.714
3 环	0.886	−0.422
4 环	0.901	−0.313
5～6 环	0.848	0.484
∑PAHs	0.962	−0.248
特征值	3.700	1.083
贡献率/%	74.001	21.655
累积贡献率/%	74.001	95.655

依据西直门不同树种叶片对 PAHs 吸收含量主成分的分析结果，计算每个主成分和综合得分及排序（表 2-21）。依据综合得分，不同树种对 PAHs 的吸收能力为圆柏>碧桃>油松>毛白杨>榆树>紫叶李。

表 2-21　西直门不同树种叶片对 PAHs 吸收含量综合评价结果

树种	第 1 主成分 PC1	第 2 主成分 PC2	综合得分	排名
圆柏 *S. chinensis*	1.53	−0.44	1.04	1
油松 *P. tabuliformis*	0.47	−1.11	0.11	3
碧桃 *A. persica*	0.49	1.87	0.77	2
毛白杨 *P. tomentosa*	−0.63	−0.14	−0.50	4
榆树 *U. pumila*	−0.81	0.03	−0.59	5
紫叶李 *P. cerasifera*	−1.06	−0.20	−0.83	6

2.3.3　讨论

多环芳烃（PAHs）大多吸附在空气中的细颗粒物（PM$_{2.5}$）上，是 PM$_{2.5}$污染物的主要组成成分之一。本研究发现，不管是 PM$_{2.5}$污染较轻的森林公园还是 PM$_{2.5}$污染较重的西直门，圆柏和油松叶片 PAHs 的含量均高于其他树种，这可能与树

种叶片对 $PM_{2.5}$ 等颗粒物的吸附能力有关。植物滞留 $PM_{2.5}$ 等颗粒物的能力与叶片的结构及叶片上的分泌物密切相关。研究表明，针叶树凭借小而密集的叶子和叶片表面的树脂，比阔叶树种能更有效地吸附大气中的 $PM_{2.5}$ 等颗粒物。$PM_{2.5}$ 中的 PAHs 主要通过亲脂性通道被叶片吸收，叶蜡、叶脂含量越高，叶片对 PAHs 吸收能力越强。圆柏的腺体和油松的树脂道均能分泌树脂于叶片表面，有利于叶片表面对 $PM_{2.5}$ 的滞留，可促进对 PAHs 的吸收，这可能是本研究中圆柏和油松叶片 PAHs 含量较其他树种高的原因。

所测试的相同树种叶片对 PAHs 及其成分的吸收含量均表现为西直门高于森林公园。有研究表明，机动车排放的 PAHs 是城市大气颗粒物，特别是 $PM_{2.5}$ 中 PAHs 的主要来源。森林公园内植被覆盖率高，少有机动车辆行驶，$PM_{2.5}$ 污染程度较轻，而西直门附近道路机动车流量大，$PM_{2.5}$ 污染程度较重。我们认为机动车排放污染可能是造成两试验点相同树种叶片对 PAHs 及其成分的吸收含量不同的原因。

在对不同树种吸收 PAHs 的成分分析中，我们发现所测试树种均以吸收 3 环化合物为主。这是因为叶片中的 PAHs 主要来源于环境大气中气态的 PAHs。通常 4 环以下低分子量的 PAHs，主要以气态的形式存在，而 4 环以上的 PAHs，主要以颗粒态的形式存在。叶片气孔及其具有的气体交换作用，为气态的 PAHs 进入叶片内提供了通道和方式。3 环化合物以及 2 环化合物易被叶片吸收，而以颗粒态存在的 5～6 环化合物不易被叶片吸收。有研究表明，不同树种对 PAHs 的不同组分的吸收具有差异。我们在研究中也发现了类似的现象，比如圆柏和油松对 Fl、Phe 的吸收较多，而碧桃和榆树对 Ant 的吸收较多。但这种差异是因为空气中各 PAHs 组分的含量本身存在差异还是因为植物对 PAHs 组分的吸收具有选择性，有待进一步研究。

筛选吸收 PAHs 能力强的树种对合理配置城市绿化树种、净化环境具有重要的意义。本实验中，6 种树种叶片对 3 环化合物的吸收显著高于其他环化合物，吸收含量为圆柏>油松>碧桃>毛白杨>榆树>紫叶李。考虑到通过单个指标来考量树种吸收 PAHs 能力可能不够全面。因此，我们进一步引进了主成分分析来考察不同树种的吸收 PAHs 能力。主成分分析法可消除原始数据数量级上的差别，克服片面追求个别指标而忽略全面效应的倾向和人为确定权数的缺陷，具有全面性、可比性和合理性。本研究中不同树种叶片对 PAHs 吸收含量的主成分分析指出，6 种树种吸收 PAHs 能力为圆柏>碧桃>油松>毛白杨>榆树>紫叶李。这种排序结果与仅通过 3 环化合物含量考量树种吸收 PAHs 能力的结果大致相同，但稍有调整，如油松和碧桃的排序发生了互换。依据叶片中 3 环化合物的含量考察树种吸收 PAHs 的能力是油松强于碧桃，而依据主成分的综合得分，碧桃对 PAHs 的吸收能力高于油松。出现这种结果的原因是主成分分析中不仅考虑了 3 环化合物（主成分 1）对树种吸收 PAHs 能力的贡献，也考虑了 2 环化合物（主成分 2）对树种吸收 PAHs 能力的贡献。虽然碧桃对 3 环化合物的吸收量略低于油松，但是碧桃对 2 环化合物的吸收量高于油松，因此主成分分析得出了碧桃对 PAHs 的吸收能力强于油松的结果。这说明仅依据单个指标考量不同树种对 PAHs 的吸收能力不够全面，应该对不同树种的吸收 PAHs 能力进行综合评价。

2.3.4　小结

1）植物叶片 PAHs 含量受树种、污染物浓度和地理位置的影响。

2）植物叶片吸附 PAHs 的能力存在着种间差异，表现为常绿树种叶片中 PAHs 含量要高于落叶树种，并且吸附低环 PAHs 的量大于高环 PAHs。

3）交通污染严重的地区（西直门）植物叶片中 PAHs 的含量高于污染较轻的地区（森林公园）。因此，采取交通控制措施可减少路边大气中的 PAHs。

4）植物叶片中 PAHs 是叶片-大气长期分配平衡和累积的结果，其浓度可以反映某地区一段时间内大气的污染状况；常绿植物（油松）叶片中 PAHs 的浓度还可以反映地区长时期内大气的污染情况。

5）城市绿化时树种可优选吸收 PAHs 能力强的树种（油松、榆树、国槐和圆柏），并增加植被的覆盖度，来吸收更多的 PAHs，降低其危害，尤其是增加常绿植物的数量。

2.4　林木吸收重金属的组织适应性及吸收代谢变化

2.4.1　研究背景

目前，工业化和城市化的快速发展造成了严重的空气污染问题，尤其是在中国，经济发展迅速，燃煤、金属冶炼、机动车尾气等大气污染源的排放总量不断升高，大气颗粒物污染问题日趋严重。大气颗粒物可以降低大气能见度，引起灰霾天气，影响区域和全球的气候（王敬等，2014；Huang et al.，2014）。有研究表明，在 2013 年的第一个季度我国有大约 100 万 km^2 的地区经受了严重的灰霾污染（Cao et al.，2012；Wang et al.，2014）。造成灰霾天气的大气颗粒物包括有机污染物和无机污染物，其中无机污染物中的重金属污染物由于具有蓄积性强、毒性大、不易降解的特点，引起了人们的广泛关注（Chaudhari et al.，2012；段国霞等，2012）。据统计，有 75%～90% 的重金属被吸附于可吸入颗粒物中，且颗粒越小含量越高，重金属在 PM$_{2.5}$ 中的吸附显著高于 PM$_{10}$（Kong et al.，2012；陈培飞等，2013；张霖琳等，2014）。富集在 PM$_{2.5}$ 上的重金属极易通过呼吸作用被人体吸收（Murillo et al.，2012），铅是重金属中毒性最强的元素之一，主要来源于汽车尾气的排放，对孕妇和儿童都有巨大的危害，成为研究的重点（方凤满等，2010）。

针对重金属污染问题，除了从源头上严格控制环境重金属的排放总量之外（邹圆，2013），植物修复技术近年来被认为是处理环境重金属污染的另一种有效手段（Annie et al.，2013）。植物可通过吸收和富集环境中的重金属污染物，以净化环境（屈冉等，2008；Shen et al.，2013）。例如，香根草（*Chrysopogon zizanioides* L.）的根系与真菌共生，可显著吸收土壤中的可溶态金属铅（*Punamiya* et al.，2010）。又如，在大气颗粒物污染较严重的地区，香樟（*Cinnamomum camphora*）和女贞（*Ligustrum lucidum*）对镉（Cd）、铬（Cr）、铜（Cu）等重金属有较强的累积能力（Speak et al.，2012；刘玲等，2013）。常绿树种雪松（*Cedrus deodara*）和圆柏（*Sabina chinensis*）的针形叶对飘尘和粉尘中的铅有较强的吸收能力（梁淑英等，2008）。从前人的研究结果可知，植物在清除环境中重金属污染物方面具有显著的生态学效益。

然而前人的研究多集中在植物对土壤重金属污染的修复，以及大气污染区不同树种之间累积重金属能力的比较上，植物是否能够吸附、吸收 PM$_{2.5}$ 中的重金属还未见报道。一些木本阔叶绿化树种由于速生、生物量大、抗逆性强等特点，在净化大气重金属污染方面有更大的优越性（Schleicher et al.，2011；曹福亮等，2012）。欧美杨是优质速生杨，具有抗旱、抗寒、抗病虫以及栽种易存活等优点（王枝梅，2004），是研究植物吸附、吸收大气重金属的适宜树种。欧美杨新品种研发成功后，在黄淮以北、辽河以南广泛种植，成活率达 90% 以上（张绮纹，1999）。鉴于铅是重金属中毒性最强的元素之一，因此本小节选取欧美杨为研究试材，通过气溶胶发生系统模拟 PM$_{2.5}$ 含铅颗粒物的发生，研究欧美杨叶片对 PM$_{2.5}$ 中铅的吸附、吸收特点以及欧美杨对铅污染的适应性变化。这可为植物对 PM$_{2.5}$ 中重金属污染物的阻滞、吸收机制提供理论依据，还可为筛选抗铅污染能力强的优良树种提供科学理论依据。

2.4.2　实验材料与方法

2.4.2.1　实验材料

供试材料是 1 年生的欧美杨 107（*Populus euramericana* Neva.）扦插苗。在 2013 年 4 月上旬选择健壮的枝条进行扦插，每盆 3 棵，种植在北京林业大学苗圃的大棚内，每隔 5～7 d 浇一次水。生长 3 个月后，选择株高在 80～100 cm 左右，基径为 0.7～0.9 cm 的盆栽扦插苗进行实验。供试材料共 6 组（4 组处理，2 组对照），每组 3 株。

2.4.2.2　铅污染处理方法

本实验使用气溶胶发生器（POM-100，台湾章嘉企业有限公司）（麦华俊等，2013；刘庆倩等，2015）将浓度为 4g/L 的 Pb(NO$_3$)$_2$ 溶液形成粒径小于 2.5 μm 的含 Pb^{2+}颗粒，通过干燥管从进气口通入到动态生长室（1 m×0.5 m×1 m）内，模拟 PM$_{2.5}$ 环境，生长室是使用国外进口的特氟龙膜制成，特氟龙膜具有透光、不吸附颗粒物和不易损坏的特点，实验采用自然光。用 PM$_{2.5}$ 检测设备 Dustmate（DM1781，Turnkey Instruments Ltd Northwich England）检测生长箱内的 PM$_{2.5}$ 浓度。通过间歇性的通气、停止通气来控制生长室内的 PM$_{2.5}$ 浓度，待生长室的浓度稳定在一定范围时，将扦插苗（盆口用保鲜膜密封，隔绝土壤与生长室内空气的接触）（石婕等，2014；张雯等，2014）放入生长室。实验设置对照（纯净空气）、轻度污染（75～115 μg/m^3）、重度污染（150～250 μg/m^3）［参照《环境空气质量标准》（GB 3095—2012）］三个浓度梯度。由于植物叶片在 9:00～13:00 有较大的光合速率，可以较多地利用太阳光进行吸收、同化作用（孙尚伟，2010），因此处理时间选择每天的 9:00～13:00，实验周期为 1 周。

2.4.2.3　测定方法

脯氨酸（Pro）含量测定采用酸性茚三酮法；丙二醛（MDA）含量测定采用硫代巴比妥酸法；透射电子显微镜（TEM）观察细胞中细胞器的变化和重金属在细胞中的分布特征；带能谱的扫描电子显微镜（SEM-EDS）观察叶片气孔形态变化和吸附的重金属；重金属含量测定采用电感耦合等离子体质谱（ICP-MS）测定。

2.4.2.4　数据处理

本实验所得数据用平均数±标准差表示，采用 SPSS 20.0 软件对颗粒物数量进行单因素方差分析（ANOVA），对欧美杨根、茎、叶中铅含量、气孔开度以及叶片各生理指标进行二因素方差分析，运用 Duncan 检验（$\alpha=0.05$）进行各处理间的多重比较，应用 SigmaPlot 12.5 软件进行作图。

2.4.3　实验结果

2.4.3.1　欧美杨叶片表面对铅的吸附

扫描电镜结合能谱分析（SEM-EDS）表明，不同铅污染浓度处理的欧美杨叶片表面均有铅吸附，吸附有铅的颗粒物直径通常在 1 μm 以下（图 2-23）。图 2-23（a）是未经过铅处理的欧美杨叶片，叶片表面没有铅颗粒吸附，因此所对应的能谱图［图 2-23（d）］没有铅元素的峰出现。图 2-23（b）、（c）分别是轻度和重度铅污染处理的欧美杨叶片，从其对应的能谱图［图 2-23（e）、（f）］可以看出有铅元素的峰值出现，说明空气中的铅被吸附在了欧美杨叶片的表面，并且随着污染浓度的增加，叶片表面对铅的吸附量越大。轻度污染时，吸附含铅的颗粒物最多为 4 个/mm^2；重度污染浓度处理时，最多约达 20 个/mm^2（表 2-22）。

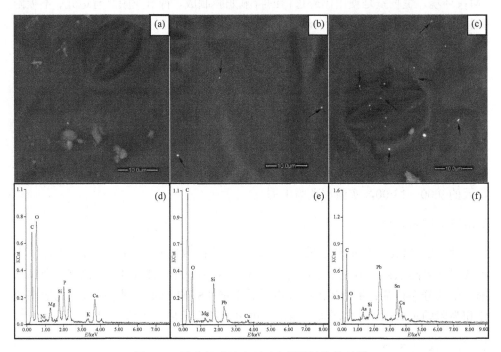

图 2-23　欧美杨叶片表面对含铅颗粒物的吸附

（a）～（c）为扫描电镜图；（d）～（f）为对应（a）～（c）的能谱图；（a）、（d）为未经铅处理（对照）；（b）、（e）为轻度铅污染；（c）、（f）为重度铅污染；图像拍摄倍数均是 5000；箭头所指为吸附有铅的颗粒

表 2-22　不同铅浓度处理后欧美杨叶片表面吸附的含铅颗粒物数量比较

处理	对照	轻度污染	重度污染
颗粒物数量	0.0±0.0 c	2.0±1.7 b	12.0±8.5 a

注：数值为×5000 下 5 个视野的平均值±SD

2.4.3.2　欧美杨叶片对铅的吸收及转运

不同铅污染浓度处理后，欧美杨叶片对铅均有不同程度的吸收（图 2-24）。在

处理的第 3 天，与对照相比，轻度铅污染的欧美杨叶片中铅含量增加不明显，差异不显著，重度铅污染的欧美杨叶片中铅含量有显著增加。到处理第 7 天时，轻度和重度铅污染的欧美杨叶片中铅含量均显著高于对照，分别是对照的 19.3 倍和 48.91 倍。

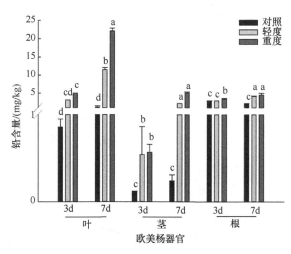

图 2-24　铅污染处理后欧美杨器官中的铅含量

小写字母代表同一器官不同处理间的多重比较，不同字母表示差异性显著（P<0.05）

处理 3 d 和 7 d 后，轻度和重度铅污染的欧美杨茎中铅含量均明显高于对照。无论是轻度铅污染还是重度铅污染，欧美杨茎中的铅含量均是在处理后 7 d 达到最大值，分别为 2.20 mg/kg、5.16 mg/kg，是对照的 10.2 倍、23.9 倍。

欧美杨根中铅含量的变化趋势与叶中铅含量变化相似。在处理的第 3 天，欧美杨根中的铅含量在轻度铅污染时与对照相比差异不显著，重度铅污染时有显著升高。到处理第 7 天，轻度和重度铅污染的欧美杨根中铅含量均显著高于对照，分别是对照的 1.9 倍、2.2 倍。

2.4.3.3　铅处理后欧美杨叶片细胞的超微结构观察

通过观察不同铅浓度污染下的欧美杨叶片细胞的超微结构发现，轻度铅污染和重度铅污染的欧美杨叶片的表皮细胞［图 2-25（b）、（c）］、栅栏细胞［图 2-25（e）、（f）］和海绵细胞［图 2-25（h）、（i）］有黑色颗粒物的出现，而未经铅处理的欧美杨（对照）叶片的表皮细胞、栅栏细胞和海绵细胞中未见明显类似黑色颗粒物的出现［图 2-25（a）、（d）、（g）］。在表皮细胞中黑色颗粒物仅见分布在细胞壁，而在栅栏和海绵细胞中黑色颗粒物主要分布在细胞壁和细胞质中，液泡中也有少量分布。随着污染程度的加重，欧美杨叶片细胞中的黑色颗粒物增多。无论在轻度铅污染处理下还是重度铅污染处理下，欧美杨叶片表皮细胞细胞壁中的黑色颗粒物均明显多于栅栏细胞和海绵细胞中的黑色颗粒物（图 2-25）。

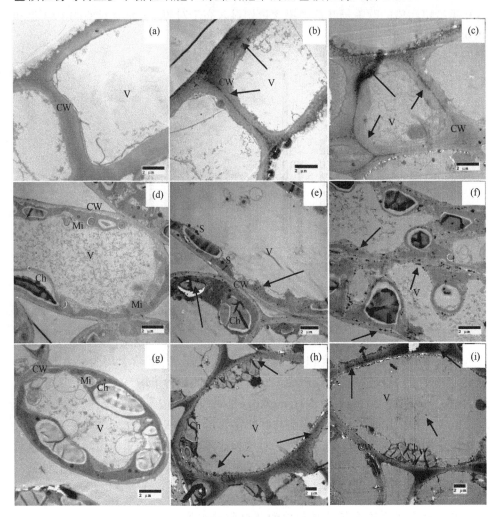

图 2-25　铅污染处理后欧美杨叶片的超微结构

（a）未经铅污染（对照）的叶片表皮细胞；（b）轻度铅污染的叶片表皮细胞；（c）重度铅污染的叶片表皮细胞；（d）对照叶片的栅栏细胞；（e）轻度铅污染的叶片栅栏细胞；（f）重度铅污染的叶片栅栏细胞；（g）对照叶片海绵细胞；（h）轻度铅污染的叶片海绵细胞；（i）重度铅污染的叶片海绵细胞。CW：细胞壁；Ch：叶绿体；Mi：线粒体；V：液泡；S：嗜饿滴；箭头指向的是黑色颗粒物；透射电镜图片拍摄倍数均是 10000

　　不同铅污染浓度处理对欧美杨叶片的超微结构有一定的影响。对照组的欧美杨叶片的表皮细胞和叶肉细胞结构清晰、完整。叶肉细胞中叶绿体、线粒体等细胞器丰富、结构正常，而铅污染处理后欧美杨叶肉细胞中的细胞器有所减少，叶绿体的形状由对照的椭圆形变成了近圆形或不规则形。

2.4.3.4　铅污染处理后欧美杨叶片气孔的观察分析

不同铅污染浓度处理后，欧美杨叶片气孔的开、闭有不同程度的变化（图 2-26）。在轻度铅污染处理下，欧美杨叶片的气孔开度在处理的第 3 天与对照相比无明显变化，在处理的第 7 天叶片气孔几乎全部关闭。在重度铅污染处理下，欧美杨叶片的气孔开度在处理的第 3 天与对照相比显著变小，在处理的第 7 天叶片气孔全部关闭。欧美杨叶片气孔开度的分析结果（表 2-23）与上述电镜观察气孔开闭的结果是一致的。

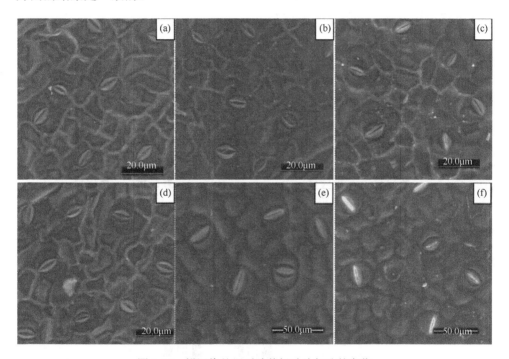

图 2-26　铅污染处理后欧美杨叶片气孔的变化
（a）未经污染处理（对照）3d；（b）轻度铅污染 3d；（c）重度铅污染 3d；（d）对照 7d；（e）轻度铅污染 7d；
（f）重度铅污染 7d；图像拍摄倍数为 1000

表 2-23　不同铅浓度处理后欧美杨气孔开度（宽/长）

处理时间	对照	轻度污染	重度污染
3d	0.29±0.06 a	0.26±0.04 a	0.15±0.04 b
7d	0.28±0.07 a	0.08±0.03 b	0.08±0.02 b

注：数值为×1000 倍下 5 个视野内测得的所有气孔的平均值±SD

2.4.3.5　铅污染处理后欧美杨叶片相关生理指标的分析

轻度铅污染程度下，欧美杨叶片中的丙二醛（MDA）含量在处理第 3 天与对照相比差异不显著，但在处理第 7 天，MDA 含量显著升高。在重度铅污染下，叶片中 MDA 含量随处理天数逐渐升高，与对照相比差异均显著［图 2-27（a）］。在轻度和重度铅污染处理下，超氧化物歧化酶（SOD）的活性随处理天数的延长逐渐增强，且重度污染下的 SOD 活性均高于轻度污染下的 SOD 活性［图 2-27（b）］。轻度铅污染处理的欧美杨叶片中的脯氨酸（Pro）含量在处理第 3 天与对照相比差异不显著，在处理第 7 天含量显著升高。在重度铅污染下，叶片中脯氨酸含量随污染天数延长逐渐升高［图 2-27（c）］。

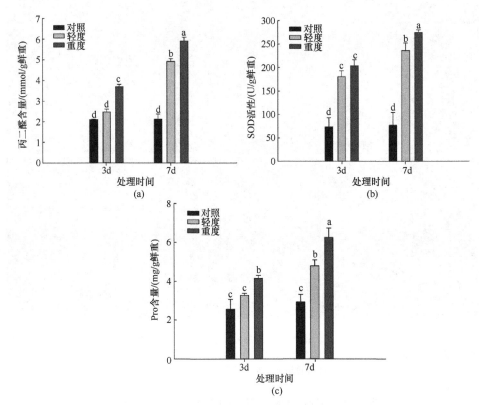

图 2-27　铅污染处理后欧美杨叶片相关生理指标的变化
小写字母代表不同处理间的多重比较，不同字母表示差异性显著（P<0.05）

2.4.4　讨论

近几年，随着大气颗粒物污染的日益加重，PM$_{2.5}$引起了人们的广泛关注。铅是 PM$_{2.5}$ 中重金属的主要成分之一（Zhou et al.，2014），植物是否可以吸附、吸收 PM$_{2.5}$ 中的铅还未见研究。本节通过气溶胶发生系统模拟 PM$_{2.5}$ 含铅颗粒物的发生，研究了欧美杨叶片在不同浓度铅污染下对铅的吸附、吸收。运用 SEM-EDX 技术，加入背散射分析改善了观察条件，清晰、准确地观察到欧美杨叶片表面吸附的含铅颗粒物。运用 ICP-MS 精确测定了欧美杨叶片中的铅含量。本研究结果不仅为植物能够阻滞吸收 PM$_{2.5}$ 中的重金属铅提供了有力的证据，还可为筛选抗铅污染能力强的优良树种提供科学理论依据。

本实验研究欧美杨叶片对 PM$_{2.5}$ 中铅的吸收和转运时发现：轻度铅污染处理下叶片吸收的铅在处理第 3 天时只运输至茎，在处理第 7 天时才运输至根部；在重度铅污染处理下，叶片吸收的铅在处理第 3 天时不仅运输至茎，也运输到了根部。前人在研究根系对铅的吸收时发现了类似现象，即当根中铅浓度越高时铅向茎和叶中运输的效率越高（Sharma et al.，2004；Arshad et al.，2008）。由此可以看出，重度铅污染下叶片吸收的铅能够更快地被运输至根部，这可能是在重度铅污染时叶片吸收、积累的铅含量高，植物为了减轻高浓度铅对叶片的伤害，加快了铅向其他器官的运输。由于欧美杨叶片具有较强的吸附、吸收 PM$_{2.5}$ 中的铅并运往其他组织器官的能力，对金属铅有较强的耐受性，可以降低其在重度铅污染环境中受到的伤害，这对于利用欧美杨来净化 PM$_{2.5}$ 中的重金属污染物有重要的生态学意义。

上述结果表明欧美杨叶片能够吸收含铅颗粒物，通过透射电子显微镜观察叶片的超微结构。结果发现，轻度和重度铅污染处理后的欧美杨叶表皮细胞及叶肉细胞中有较多黑色颗粒物出现，而对照叶表皮细胞及叶肉细胞中无明显类似黑色颗粒物的出现。有学者在研究根对土壤中的铅的吸收时，亦发现根细胞中会出现较多的黑色颗粒物（Jarvis et al.，2002；Meyers et al.，2008；李品武，2013），这与我们的研究结果是一致的。结合本实验运用 ICP-MS 对处理叶片中铅含量的检测结果，推测欧美杨叶片表皮细胞及叶肉细胞中的黑色颗粒物应该是含铅颗粒。另外，无论是在轻度还是重度铅污染下，叶表皮细胞的细胞壁中黑色颗粒物最多，叶肉细胞的细胞壁和细胞质中的黑色颗粒物较多，而液泡中较少。这说明铅在叶片中的运输主要是通过质外体，吸附在叶片表面的铅先进入表皮细胞的细胞壁，接着继续通过质外体向内运输至叶肉细胞的细胞壁，叶肉细胞壁内的部分铅可通过共质体逐步运输至细胞质和液泡。可以看出，细胞壁比细胞质和液泡积累了较多的铅，能够阻止过多的重金属向细胞原生质中转运。细胞中铅的这种区域化分布可以降低铅对植物的毒害，这可能是植物耐重金属污染的机制之一，也是筛选重金属超积累植物的重要标准。铅污染后欧美杨叶片细胞的细胞器数量有所减少，叶绿体有不同程度的变形，这与 Basile 等（2012）研究 3 种水生植物吸收铅后细胞器的变化结果基本一致。铅污染造成细胞器数量与形态改变的原因可能是铅破坏了核酸的稳定结构导致核酸失活，影响叶绿体、线粒体的复制，或可能使叶绿体、线粒体等细胞器的结构遭到破坏（谌金吾，2013）。

生理指标的变化程度是植物对重金属胁迫响应的直接反映（温瑀等，2013）。植物受到重金属胁迫时，体内产生的活性氧自由基会引起膜质过氧化，MDA 是膜质过氧化的主要产物，MDA 含量越高表明膜质过氧化程度越重，透性增大使得膜的稳定性降低，细胞内含物外渗，影响植物的正常代谢（张凤琴等，2006；潘昕，2014）。本研究表明，无论是在轻度铅污染还是重度铅污染下，随着处理时间的延长，MDA 含量逐渐增加，说明铅污染对膜系统造成一定程度的伤害，并且重度铅污染植株细胞膜系统受到的伤害更重。SOD 是一种重要的抗氧化酶，能够有效地清除细胞产生的活性氧自由基（邓家军等，2009）。在 2 种铅浓度污染处理后，SOD 活性均随处理时间的延长逐渐增强，且重度铅污染处理植株的 SOD 活性比轻度铅污染处理的植株高。这说明在铅污染胁迫下欧美杨可以通过增强 SOD 的活性来减轻活性氧自由基对植株细胞膜系统的伤害，且细胞膜受到的伤害越重，SOD 活性提高的程度相应增强。脯氨酸是植物体内最重要的渗透调节物质之一，同时具有清除活性氧的功能，其含量与植物抗胁迫能力成正比（曾路生等，2005；Verbruggen et al.，2008）。本研究发现，随着铅处理浓度的增加和处理时间的延长，脯氨酸的含量逐渐增加，说明其对重金属铅胁迫产生了缓冲保护作用。

欧美杨叶片可以吸附、吸收 PM$_{2.5}$ 等颗粒物中的重金属铅，并且还可以通过调节气孔的关闭、提高抗氧化酶活性、累积渗透调节物质等防御机制来降低铅污染对植株造成的伤害。

因此，欧美杨是一种净化大气重金属污染的优良绿化树种。然而，本研究的模拟实验周期较短，仅为一周，可能不能完全地反映植物在自然大气污染条件下的状态。在以后的相关实验中，可以适当延长实验周期，以便更好地研究植物对 PM$_{2.5}$ 中重金属的吸附、吸收以及植物对重金属污染的耐受性及抵抗机制。另外，今后可以在更多的阔叶树种或针叶树种中开展类似的研究工作，为净化大气筛选更多的抗重金属污染能力强的绿化树种。

第3章 典型树种阻滞吸收 PM_{2.5} 等颗粒物的功能差异研究

3.1 污染物浓度对典型树种吸附 PM_{2.5} 等颗粒物的影响研究

3.1.1 北京市区域植被对颗粒物的削减量

根据已知的植被生长期和非生长期的植被覆盖度遥感数据和两时段内去除气象因素的颗粒物浓度数据，可对单位植被面积上的颗粒物削减量进行估算。两时段虽然所处季节不同，但均处于非供暖期内，颗粒物产生来源无显著差异，因此默认两时段内颗粒物产生水平一致。由于根据气象数据对颗粒物浓度数据进行了一定的筛选，去除了大风、降雨等极端天气下的颗粒物浓度状况，因此气象因素对颗粒物的削减作用也得到了排除，并假设两时段内颗粒物浓度的差异均为植被覆盖造成。此外，研究表明近地边界层是大气污染影响最主要的表现场所。在近地面层高度下气压梯度力、柯氏力、分子黏性应力等均可忽略不计，湍流应力为主要作用力，且各种湍流通量传输随高度变化而数值几乎不变，颗粒污染物浓度分布基本均匀。不同城市的大气边界层在不同气象条件和下垫面影响下具有一定区别。Nowak 和 Crane（1998）认为，美国城市大气边界层的最低高度在白天和夜晚分别约为 150m 和 250m，可为模型估算提供参考。北京市内 PM_{2.5} 在水平面上分布较为均匀（Heet et al.，2001），而颗粒物在垂直方向上随高度的增加呈略微递减趋势（Wu et al.，2002）。北京秋季近地层 PM_{2.5} 浓度垂直分布显示，100m 处质量浓度的衰减率在 13%左右，之后随高度增加衰减率逐渐增大，衰减率在 320m 处达到 52%（杨龙等，2005）。

为了去除气象条件对颗粒物堆积或扩散的影响，在 2013 年 3 月和 9 月中筛选天气条件为云量小于天空面积的十分之一、无持续风向且最高风速低于 5.4m/s 的晴天，统计该种气象条件下 PM_{2.5} 的质量浓度数据。将这种去除气象影响的各区县监测点（共 35 个）PM_{2.5} 的浓度数据取均值并进行指示克里格插值（Indicator Kriging），得到了 2 张去除气象因子影响的北京市颗粒物浓度预测分布图，结果如图 3-1 所示。总体来说，由于去除了气象因子的影响，颗粒物浓度由北向南的梯度特征有明显的减弱。可见，用于去除气象因子而进行的数据筛选十分必要。颗粒物浓度较高的区域主要分布在中心城区与房山区范围内，该结果与先前研究基本相似（薛亦峰等，2014）。此外，非植被生长期高浓度颗粒物分布区域面积略大于植被生长期，而植被生长期高浓度颗粒物范围较为集中。以图 3-1（b）为例，高浓度颗粒物范围集中于东城、西城、丰台西部、石景山及房山南部等植被覆盖稀少的地区，而整个北京北部颗粒物浓度则普遍较低。且第 11 号监测点丰台云岗处的颗粒物浓度较周边地区以及图 3-1（a）相同地点处略低。这是由于该监测点周边具有云岗森林公园、北宫森林公园、鹰山森林公园等较多的公园林地，在植被生长期，植被有效地发挥了调控并降低大气颗粒物的作用，缓解了局部区域内的颗粒污染水平。

经过对多幅 Landsat-TM 数字图像的彩色合成、NDVI 的提取、植被覆盖度转换等步骤，得到北京地区非植被生长期和植被生长期的植被覆盖度。由图 3-2 和图 3-3 可以看出，以 3 月和 9 月为代表的植被生长期和非生长期的植被覆盖度差异较为显著。虽然植被覆盖度在 35% 以下的区域在两个时段内均主要分布于中心

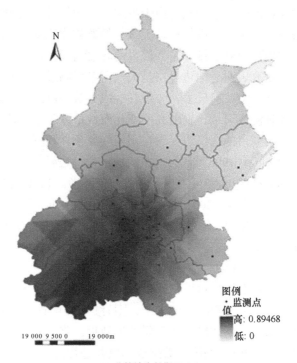

(a) 非植被生长期 PM$_{2.5}$

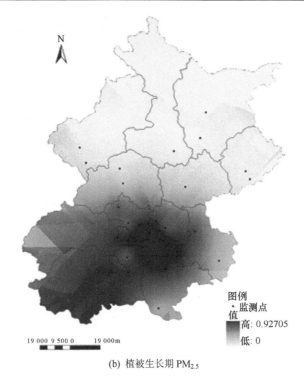

(b) 植被生长期 PM$_{2.5}$

图 3-1　除去气象因子影响的 PM$_{2.5}$ 分布

城区（城六区）范围内，但植被覆盖度在 75%以上的区域的差异在周边的远近
郊区却较为明显，并以平谷区北部、延庆中部、怀柔中部、门头沟中西部等地
区最为突出。此外，植被生长期内植被条件明显改善，中心城区虽然整体植被
覆盖条件较差，但部分地区在小面积内能达到 55%以上。将整个北京地区非植
被生长期与植被生长期的植被覆盖度按照行政区县划分，分别得到两时段内各
个区县的植被覆盖度。在时间差异上，相同区县内植被生长期的植被覆盖度均
高于非植被生长期，符合实际情况。在空间差异上，东城、西城植被覆盖度明
显低于其他城区，而门头沟、怀柔、密云、平谷植被覆盖相对较好。此外，可
结合北京市园林绿化局公布的北京市城市绿化资源情况和森林资源情况的相关
指标数据，验证各个城区植被差异情况。虽然各个指标在定义和实际调查时略
有差异，与采用遥感影像获得的植被覆盖度信息有一定出入，但均能体现各个
城区的植被优劣程度，具有一定的参考意义。由曲线图可以看出，从 2011 年至
2013 年北京各区县的城市绿化覆盖率、林木绿化率和森林覆盖率均有不同程度
的提高。其中，中心城区（城六区）的各项指标拟合相对较好，且与城市绿化

覆盖率的数据较为接近，而各个远近郊区县的各项指标间略有差异，这可能是因为该地区森林面积增加的缘故。

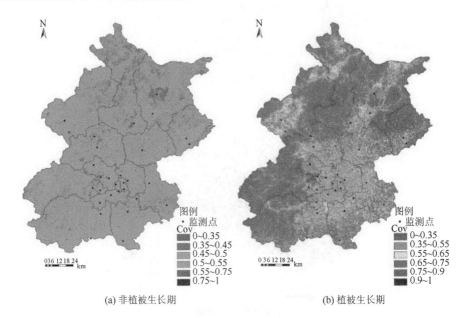

(a) 非植被生长期　　　　　　　　　　　　　(b) 植被生长期

图 3-2　生长期与非生长期植被盖度图

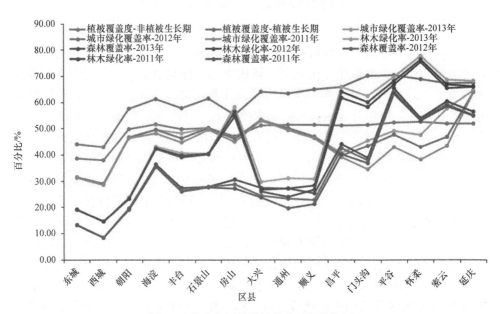

图 3-3　北京各区县植被盖度及相关指标

3.1.2　城市森林公园对交通干道两侧大气颗粒物影响的梯度特征

在 13 年野外勘察、采样选点的基础上，14 年根据样点情况，架设仪器进行野外监测试验。于 3 月份开始，选择北京当季典型天气连续监测奥森公园样点空气质量。根据仪器及人员条件，选择北五环两侧（南园和北园）各 5 个样区，每个样区选择距北五环 20m 及 40m 处放置仪器，连续进行监测 7 小时。同时增设一个空白样点，进行对照试验。试验结果见图 3-4。

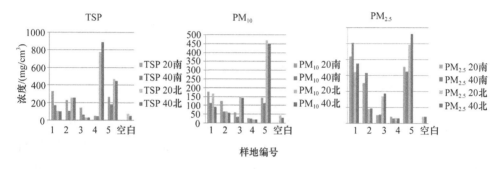

图 3-4　颗粒污染物沿污染源距离扩散

通过南北园各样地内监测值分析得出，在各样地内均反映出 TSP 及 PM$_{10}$ 在 20m、40m 处呈递减趋势，而 PM$_{2.5}$ 在 40m 处的测量数值较高。通过分析数据，由于林内气流流动紊乱，该种距离程度的防护林所能够消除的风能利于树种对 PM$_{10}$ 的阻滞作用及 PM$_{10}$ 的自然沉降；而 PM$_{2.5}$ 在林内总量增加了，说明 PM$_{2.5}$ 在林内有稳态积累过程。气流在林带传输过程中，由于削弱了风能、降低了风速，对 PM$_{10}$ 等颗粒物沉降起到了加速作用；PM$_{2.5}$ 沉降作用不明显，但是在林内出现稳态积累过程，说明林带对于 PM$_{2.5}$ 具有容纳作用。

对距污染源等距的不同树种吸附颗粒物量进行树种比较（图 3-5）。结果表明，在距污染源 20m 及 40m 的样带，不同等级颗粒污染物中，监测树种 PM$_{2.5}$～PM$_{10}$ 粒径之间的吸附量最小。20m 处颗粒物总量，油松吸附最多，黄栌、杨树比较接近，刺槐比黄栌杨树多些，但远不如油松。20m 处黄栌、杨树对 PM$_{10}$ 等颗粒物的吸附量较为接近，PM$_{10}$ 的吸附量也为油松最多，黄栌最少。黄栌、杨树、刺槐对 PM$_{2.5}$ 等颗粒物的吸附量较为接近，油松对颗粒污染物的吸附总量最大，杨树最少。40m 处整体规律和 20m 处一致，均为油松吸附量较大，整体树种吸附规律类似，除了 PM$_{2.5}$ 黄栌、杨树和 20m 处相反，不过这两种树整体接近，虽然相反但差异性不大。

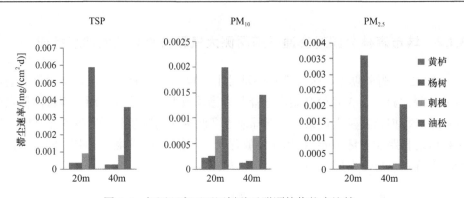

图 3-5　相同距离下不同树种吸附颗粒物能力比较

由分析可知，油松无论在总量还是在单项上均为吸附效果最好的树种，是试验中最有效的 PM$_{2.5}$ 颗粒物吸附树种。

在奥林匹克森林公园对距污染源不同距离不同树种进行对比研究（图 3-6）。对 20cm 处与 40m 处同一种树种的颗粒物滞留总量及分布进行对比，其中刺槐的 20m 处和 40m 处不同粒径吸附量差异性较低，油松、杨树、黄栌整体吸附量 40m 处明显小于 20m 处。其中杨树、黄栌、刺槐 PM$_{10}$ 的吸附量比 2.5 大，油松的 PM$_{2.5}$

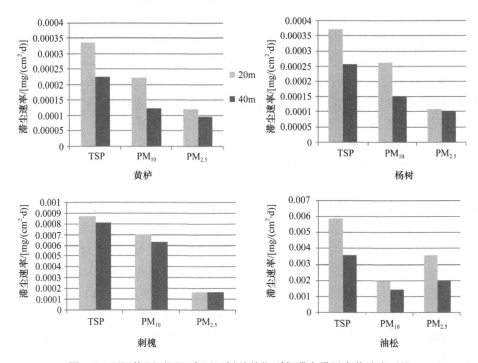

图 3-6　距污染源不同距离不同树种单位面积滞尘量日变化速率对比

吸附量大于 PM$_{10}$。黄栌、杨树、刺槐颗粒物总量和 PM$_{10}$ 比 PM$_{2.5}$ 在不同距离上差异性大，而油松在 PM$_{10}$ 处的差异性小于 PM$_{2.5}$ 和颗粒物总量。通过分析可知，20m 处总颗粒物滞留量及各粒径颗粒物滞留量比 40m 处颗粒物滞留量大。

3.2 气象条件对典型树种吸附 PM$_{2.5}$ 等颗粒物的影响研究

3.2.1 北京地区冬春季节 PM$_{2.5}$ 和 PM$_{10}$ 污染水平时空分布及其与气象条件的关系

冬季，混合层高度较低，且由于频繁的地面辐射逆温持续到早上以及中低纬度下沉逆温的影响，大气扩散受到限制。因此，北京受到持续的高污染影响，空气质量标准大大超过 PM$_{10}$ 和 PM$_{2.5}$ 质量密度。为降低空气中颗粒物浓度，需要深入地理解污染物来源和天气条件对颗粒污染物形成的影响。本研究的目的是对 PM$_{2.5}$ 质量和组成在长时间尺度下的变化特征进行定性定量分析，从而得到统计上具有显著性的数据集，并对不同人为和自然空气污染物进行识别和评估。

根据北京市环境保护监测中心网站选取能够覆盖北京市所有区县的 PM$_{2.5}$ 空气污染监测站点。各个监测点信息及位置分布情况见图 3-7。分别收集 PM$_{2.5}$ 的质量浓度的日均值，并收集各区县实时气象因子数据，如选取气温、相对湿度、风速、风级、降水量等气象因子，并记录 2012 年 12 月至 2013 年 3 月各个气象因子的小时平均值和日平均值。气象数据主要摘自中国天气网。数据的统计分析主要通过 SPSS 完成，数据表达通过 GIS 实现。

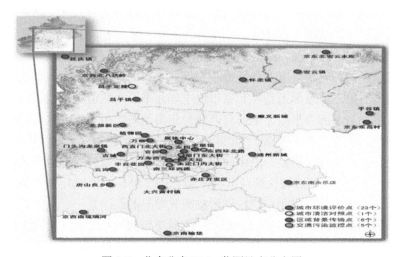

图 3-7 北京公布 PM$_{2.5}$ 监测站点分布图

（1）$PM_{2.5}$ 和 PM_{10} 颗粒物整体分布特征

利用北京冬季和春季各区县监测点（共 35 个）$PM_{2.5}$ 和 PM_{10} 污染物的浓度平均值，进行普通克里格插值分析，得到了 4 张北京市颗粒物浓度分布图（图 3-8）。

从整体来看，冬春季节的颗粒物浓度具有以下特征：

第一，冬春季节颗粒物浓度在标尺区间段存在一定差异。$PM_{2.5}$ 和 PM_{10} 质量浓度的最小值在两个季节下相差不大，但冬季最大值可达到春季最大值的 1.5 倍左右，因此冬季的标尺区间段数比春季较多，可以更好地体现区域内颗粒物分布的差异特征。

第二，冬季的颗粒物浓度整体水平显著高于春季，高浓度颗粒物覆盖区域所占面积更大，颗粒物更易富集。2012 年冬季和 2013 年春季，$PM_{2.5}$ 的平均浓度分别达到（122.86±2.22）$\mu g \cdot m^{-3}$ 和（86.88±1.17）$\mu g \cdot m^{-3}$，PM_{10} 的平均浓度分别达到（148.60±2.67）$\mu g \cdot m^{-3}$ 和（127.99±1.49）$\mu g \cdot m^{-3}$，均远高于我国将于 2016 年正式实施的国家标准 GB 3095—2012《环境空气质量标准》。

第三，颗粒物分布的浓度梯度特征明显。在全北京范围内，$PM_{2.5}$ 和 PM_{10} 浓度从北部山区到南部地区逐渐递增，以密云水库处最低，房山琉璃河处最高。中心城区处，西部城区略高于东部城区。

第四，颗粒物浓度在局部地区反映了一定的城乡差异。人口较为密集、污染源较多的城镇略高于植被覆盖条件较好、具有一定自净能力的乡村地区。由于冬季颗粒物浓度的区间段划分更细，因此差异体现得更为清晰，例如图 3-8（a）和（b）中的海淀北部新区和海淀北京植物园，以及平谷镇和平谷东高村。

（2）区域特征

结合各个区县的分布，可依次将整个北京地区划分为城六区、西南部、东南部、东北部和西北部这 5 个区域。冬春季节各个区域 $PM_{2.5}$ 和 PM_{10} 质量浓度由高到低的顺序均为：西南部＞东南部＞城六区＞东北部＞西北部。

北京地区的颗粒物浓度差异特征主要受北京市的地形特征、气候条件和水域环境等原因所限。从地形上看，北京市位于华北平原西北边缘，西部与北部为山地丘陵，中部与东部为平原，地势自西北向东南倾斜。山地丘陵自西、北和东北三面怀抱北京城所在的小平原。"北京湾"的特殊地形使得北京地区山谷风明显，特别是山丘区地势起伏明显，沿山间河谷等地区容易形成较周围地区风速明显偏大的风口，使得颗粒物能够快速疏散，有助于降低 $PM_{2.5}$ 及 PM_{10} 的平均浓度。因此，该种地形条件是造成北京颗粒物污染南北差异的原因之一。从气候来看，冬季北京地区气候寒冷，干燥少雨，每年从 11 月下旬到翌年 2 月几乎完全受来自西伯利亚的干冷气团控制，以北风、西北风为主。大量颗粒物随气流被夹带到了南部区县，加之平原地区风力有所减弱，因此在该地区得到了积累，造成了 $PM_{2.5}$

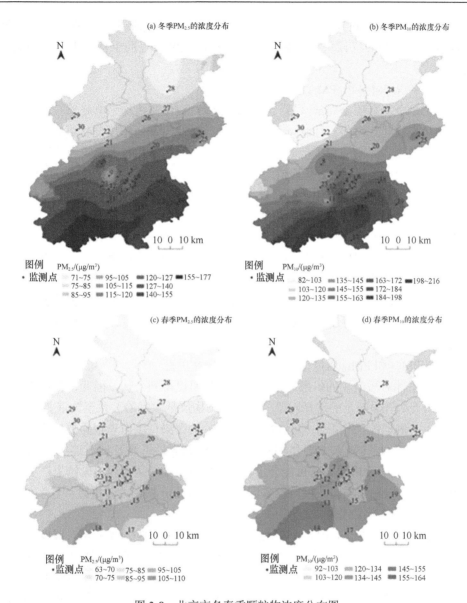

图 3-8　北京市冬春季颗粒物浓度分布图

及 PM$_{10}$ 的平均浓度居高不下。而春季多以西南风为主，对于南北浓度梯度有一定的减弱作用，这是造成北京颗粒物浓度分布冬春季节差异的主要原因之一。此外，北京西北部广泛分布着官厅水库（延庆与河北交界处）、白河堡水库（延庆境内）、密云水库（密云境内）、十三陵水库（昌平境内）和怀柔水库（怀柔境内）等水域环境，更有利于调节大气颗粒物等污染状况。由于水域环境的存在，该区域范围内有更温和的气候条件和更好的植被覆盖程度，有助于移除大气中的颗粒物。

（3）冬春 $PM_{2.5}$ 和 PM_{10} 时间分布特征

无论是全北京还是局部区域，颗粒物浓度月变化曲线均呈单峰单谷型，且总体趋势基本相同，均在 1 月最高，4 月最低，其中以 $PM_{2.5}$ 浓度变化更为明显。就各个区域来说，西南部和东南部趋势较为接近、西北部和东北部较为接近，而城六区位于市中心，接近南、北均值，基本可以代表整个北京的颗粒物月变化水平。该种月变化形式的产生原因主要有以下几点。第一，随着冬季供暖期的开始，燃煤等能源消耗显著增加，由此产生的人为颗粒物源也随之增加，造成颗粒物排放显著增加，在 1 月隆冬时节达到最高。此后，随着冬季结束天气转暖，颗粒物浓度逐渐降低，在 4 月时降到最低。由于雾霾天气在北京冬季更易形成，而随入春以来气候条件的改善，雾霾天气次数明显减少，降低了颗粒物滞留的可能性，从而使颗粒物浓度水平降低。第二，落叶植被的抽枝发芽，使得叶面积显著增加，湿润且具有一定粗糙度的叶片最有利于颗粒物的吸收和滞留，因此也有助于降低大气中的颗粒物。

（4） $PM_{2.5}$ 和 PM_{10} 质量浓度与气象因子的相关性

气象条件对污染物的扩散、稀释和积累作用已得到公认，因此，在污染物一定的条件下，气象因子的选择对研究其与污染物质量浓度的关系至关重要。气温、相对湿度、风速等气象条件对于 $PM_{2.5}$ 和 PM_{10} 的污染程度有着很重要的影响。而考虑到北京市大气降水主要集中在夏季，冬季降水并不多且不连续，在进行 Spearman 秩相关分析求秩时可能会出现很高的同分率，从而对检验结果产生不利影响。故在对颗粒物质量浓度与气象因素的 Spearman 秩相关分析时，不考虑降水因素，仅以相对湿度代替。

由表 3-1 可以看出，$PM_{2.5}$、PM_{10} 的实时浓度与对应的气温、相对湿度显著正相关，而与风速显著负相关。此外，北京市冬季相对湿度与风速呈显著负相关（Spearman 秩相关系数为 -0.583，$P<0.01$）。表明当风速较小时，相对湿度较大，该条件有利于大气近地面层保持稳定状态，逆温强度增大，从而不利于 $PM_{2.5}$、PM_{10} 等污染物在垂直和水平方向上的扩散，加重了颗粒物的积聚污染，使其质量浓度居高不下。而且当冬季气温和相对湿度均处于较高水平时，经常会伴有雾产生，北京市冬季大雾出现的频率占全年大雾日的 27.1%。在该种气象条件下，悬浮的雾滴不仅极易吸附气态污染物，也易捕获空气中的颗粒物污染物，并有利于二次粒子的转化形成。还可看出，PM_{10} 与气象因子的相关系数比 $PM_{2.5}$ 与气象因子的较大，说明冬季气象因子对较大颗粒污染物质量浓度的影响比对细颗粒显著。原

因是在冬季相对湿度增大，风速减小和逆温层加厚等不利气象条件时，粗、细粒子都会发生持续累积，质量浓度均升高。然而，当气象条件转好，利于颗粒物沉降或扩散时，粗粒子比细粒子更易去除，其输送、迁移和沉降的效果均好于细粒子，因此质量浓度降低趋势比细粒子的显著。因此，PM$_{10}$ 的质量浓度对相应温度、湿度的响应较好。

表 3-1　冬季颗粒物质量浓度与气象因素的 Spearman 秩相关系数

项目	气温	相对湿度	风速
PM$_{10}$	0.290**	0.672**	−0.423**
PM$_{2.5}$	0.269**	0.656**	−0.41**
PM$_{2.5}$/PM$_{10}$	0.174	0.583**	−0.391**

**在置信度（双侧）为 0.01 时，相关性是显著的

　　有研究表明，冬季近地层大气环境较稳定，PM$_{2.5}$ 和 PM$_{10}$ 的质量浓度与气象因子的相关性在四季中最高。较高的相对湿度利于大气颗粒物在水汽上附着，使得颗粒物质量浓度增加。湿度大的天气多存在逆温现象，使空气中的颗粒物不易扩散，容易形成雾罩，而雾罩会更加抑制颗粒物扩散。风是利于颗粒物扩散的良好条件，通过对数据的描述性统计分析，也能明显地发现，当风速持续低于 2 级时，颗粒物得不到良好的扩散与稀释，会持续积累攀升，直到出现大风或降水天气时才有所扭转。而风速达到 3～4 级以上，并持续几小时时，该天的颗粒物浓度便会显著降低。降水也能有效地降低空气中的颗粒物浓度，但过程较为缓慢。冬季降雪并不能迅速地降低空气中颗粒物的含量，相反由于大气湿度的增加，降雪中颗粒物浓度并无降低趋势。然而当降雪过程结束，天气回复晴朗后，颗粒物浓度才比降雪之前有显著的降低。因此，通常是降雪的次日，空气质量才有所提高，可见冬季降雪对于降低大气中颗粒物质量浓度具有一定的滞后性。

　　此外，气压、总辐射量、总云量、日照时数和能见度与 PM$_{2.5}$ 质量浓度之间也存在着一定的相关性。气压的高低与大气环流形势密切相关。当地面受低压控制时，四周高压气团流向中心，使中心形成上升气流，形成加大风力，利于污染物向上疏散，颗粒物浓度较低。相反，若地面受高压控制，中心部位出现下沉气流，抑制污染物向上扩散，在稳定高压的控制下，污染物积累，颗粒物浓度加剧。郭利等研究发现，颗粒物质量浓度和气压呈显著负相关，北京市 2007 年 1 月的 PM$_{10}$ 质量浓度与气压的 Spearman 相关系数为−0.416，$P<0.01$。邓利群等也有类似研究结果，PM$_{2.5}$、PM$_{10}$ 质量浓度与气压的相关系数分别为−0.25 和−0.31。李凯等发现，PM$_{2.5}$ 的质量浓度与总辐射量呈显著的负相关，与总云量呈较好的正相关，原因与温度、相对湿度类似。宋宇等发现，能见度和 PM$_{2.5}$ 质量浓度呈现较好的

负相关，而与 PM$_{10}$ 质量浓度的相关性较差一些，原因主要在于不同粒径的颗粒物化学组分不同，因此对于大气消光作用也存在很大差别。因此，细粒子质量浓度的高低是决定能见度好坏的主要因子。

3.2.2　城市干道防护林带内外大气颗粒物变化及其对气象因素的响应

　　森林绿地吸附和降低城市大气颗粒污染物，进而促进城市居民健康的功能受到国际社会越来越广泛的关注。由于大气颗粒污染物，特别是细颗粒污染物，受下垫面和气象条件的显著影响，因此，分析城市环境下林内外不同粒径大气颗粒物浓度变化的差异特征及其对气象因素的响应对于指导城市森林建设和景观绿化具有十分重要的意义。

　　研究区位于广州市云溪生态森林公园（E113°16′34.36″，N23°11′05.60″），占地面积 30hm^2。广州市地处南亚热带，属南亚热带典型季风海洋性气候，全年平均气温为 20～22℃，平均相对湿度为 77%，市区年降雨量在 1600mm 以上。广州市大气污染较为严重，大气固体悬浮物成为广州城区环境空气中的主要污染物。

　　以白云大道路边为林外对照点，沿测定季节主风方向乔灌草混交林样带每隔 15m 共布设四个监测点。该乔灌草混交林乔木树种主要包括高山榕（*Ficus altissima*）和桂花（*Osmamthus fragrans*），灌木树种有黄金榕（*Ficus microcarpa* cv. Golden Leaves）、鹅掌藤（*Schefflera arboricola*）、灰莉（*Fagraea ceilanica*）、朱樱花（*Calliandra haematocepha*）、红背桂（*Excoecaria cochinchinensis*）及双夹决明（*Cassia biscapsularis*）等。样带内树木长势良好，林内 1 点和 2 点均为密度和结构基本一致的乔灌草结构，林内 3 点为稀疏高龄乔木和低矮草本组成的乔草结构，密度和郁闭度较低（图 3-9，表 3-2）。

表 3-2　样地植被调查表

样地	位置	树种	结构
林外点	白云大道路边	—	—
林内 1 点	沿主风向距离林外点 15m	高山榕、桂花、黄金榕、鹅掌藤、灰莉、朱樱花、红背桂 双夹决明	密集的乔灌草
林内 2 点	沿主风向距离林外点 30m	高山榕、桂花、黄金榕、鹅掌藤、灰莉、朱樱花、红背桂 双夹决明	密集的乔灌草
林内 3 点	沿主风向距离林外点 45m	高山榕、双夹决明	稀疏的乔草

　　在四个监测点架设支架，于距地面 1.5m 高处安装 Dustmate 粉尘仪（Dustmate，英国 Tunkey 公司）和小型手持气象仪 Kestrel（NK4500，美国 Kestrel 公司）连续测定大气颗粒物浓度和小气候要素。SKC 测量一定时段内空气中 PM$_{2.5}$ 积累量；

Dustmate 测定 TSP、PM$_{10}$、PM$_{2.5}$、PM$_1$ 质量浓度，采样频度为 1min，监测日期为 2015 年 1 月 18～26 日，除去雨天，实际监测天数为 7 天，监测时刻为 07:00～19:00（由于仪器供电限制，林内 3 点每天仅测 07:00～11:00 及 14:00～17:00 时间段）。将 10min 内数据进行平均作为该 10min 的代表值，采样时间为 12h。林内不同粒径颗粒物削减率由林外该等级颗粒物浓度减去其对应的林内浓度，除以林外该等级颗粒物浓度的百分数表示。颗粒物质量浓度变化与气象要素的相关性采用 SPSS18.0 进行计算。

图 3-9　颗粒物监测仪器和气象仪器在林带内外布置示意图

3.2.2.1　林内外气象因子日变化

林内外气象要素日变化基本呈现一致的变化规律（图 3-10）。风速日变化在 8～12 点期间逐渐增大（除林外点波动减小外），12～15 点期间在一定范围内波动，并达到全天最高值，15 点之后开始降低 [图 3-10（a）]。气温日变化在 8～14 点期间逐渐增大，在 14 点左右达到全天最高值，并保持不变，17 点之后开始降低 [图 3-10（b）]。相对湿度日变化在 8～14 点期间逐渐减小，在 14 点达到全天最低值，并保持不变，17 点之后开始升高 [图 3-10（c）]。气压日变化在 9～16 点期间逐渐减小，在 16 点达到最低值，16 点之后开始升高 [图 3-10（d）]。

观察林内外气象因素空间变化规律，从图 3-10（a）可以看出，林外风速（平均风速为 0.47m·s^{-1}）全天大于林内各点风速（林内 1 点、2 点、3 点平均风速分别为 0.06m·s^{-1}、0.14m·s^{-1}、0.02m·s^{-1}），各时间段均是林外＞林内 2 点＞林内 1 点＞

林内 3 点,林外风速变化不稳定,但是林内三个点的风速变化趋势一致。从图 3-10
(b) 可以看出,8~11 点期间,林内外温度相差不大;从 11~16 点期间林外温度
明显高于林内各点温度,林外平均为 23℃,平均高于林内 2~3℃。从 16 点以后,
林内 1 点温度大于林内外各点温度,增幅达 8%。从图 3-10 (c) 可以看出,8~
10 点期间,林内 3 点湿度高于林外湿度和另外两点湿度,另外两点湿度较为接近;
11~15 点,林内外湿度都较为接近,平均湿度为 45.9%,15~17 点期间,林内 3
点湿度达到最大,平均湿度为 58.9%,增幅达 45%,远高于另外三点;17~19 点
林内 2 点>林外点>林内 1 点。从图 3-10 (d) 可以看出,林外气压高于林内三个
点气压,平均气压为 1017.8hPa,林内三各点的气压较为接近,平均气压为
1016.4hPa;其中在 8~11 点期间,林内 3 点(平均为 1019.3hPa)大于林内另外
两点(平均为 1018.3hPa)。

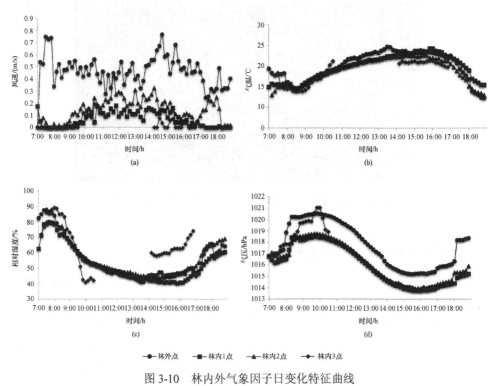

图 3-10　林内外气象因子日变化特征曲线

3.2.2.2　林内外各颗粒物质量浓度日变化

林内外各点不同粒径颗粒物浓度日变化规律基本一致,均在上午 8~9 点期间
达到全天浓度最高峰(林外最高值:TSP 为 739.4μg·m^{-3},PM$_{10}$ 为 516.3μg·m^{-3},
PM$_{2.5}$ 为 217.3μg·m^{-3},PM$_1$ 为 64.3μg·m^{-3}),在 12~13 点期间出现次峰值(林外次

峰值：TSP 为 552.7μg·m^{-3}，PM$_{10}$ 为 329.6μg·m^{-3}，PM$_{2.5}$ 为 118.6μg·m^{-3}，PM$_1$ 为 40.9μg·m^{-3}），之后除林外 TSP 浓度一直减少，而林内 TSP 及林内外的 PM$_{10}$、PM$_{2.5}$、PM$_1$ 则在 18 点有小幅度提升。总体看来，白天林内外各颗粒物浓度都呈递减趋势，PM$_{10}$、PM$_{2.5}$、PM$_1$ 直到 18 点以后出现回升。

　　在林内外颗粒物浓度空间变化上，全天各时间段内各颗粒物的浓度都是林外大于林内各点。但是，林内三点变化各不相同。从图 3-11（a）可以看出，各时段林内三点的 TSP 都较为接近，但是在 8～10 点时间段出现林内 3 点明显小于林内 1、2 点情况。从图 3-11（b）可以看出，PM$_{10}$ 从林外到林内有递减趋势，8～9 点期间，林外＞林内 3 点＞林内 1 点＞林内 2 点，但是在 14～17 点期间出现林外＞林内 3 点＞林内 2 点＞林内 1 点情况；从图 3-11（c）可以看出，PM$_{2.5}$ 从林外到林内有递减趋势，8～9 点期间，林内 2、3 点与林外点峰值较为接近，林内 1 点较小；9～14 点期间，林外＞林内 1 点＞林内 2 点；在 14～17 点期间，林内 3 点与林外点接近，高于林内另两点。从图 3-11（c）和（d）可以看出，PM$_1$ 的变化与 PM$_{2.5}$ 变化同步。

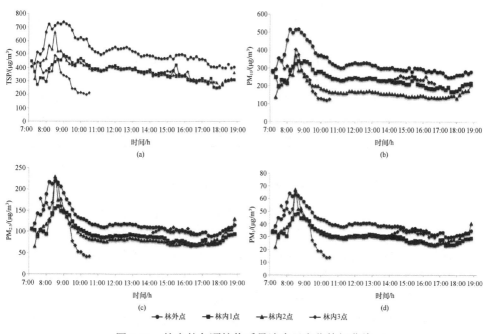

图 3-11　林内外各颗粒物质量浓度日变化特征曲线

　　如表 3-3 所示，可以看出林内外各点不同粒径颗粒物全天的最大值、最小值及日均值情况，通过计算，得出林内 1、2 点（密集的乔灌草结构）及林内 3 点（稀疏的乔草结构）对 TSP 和 PM$_{10}$ 的削减率均达到 20% 以上，其中，林内 3 点对 TSP 的削减率最大，达 36.52%；林内 2 点对 PM$_{10}$ 的削减率最大，达 46.75%。林内 1、2 点（密集的乔灌草结构）对 PM$_{2.5}$、PM$_1$ 的削减率均达 20% 以上，林内 3 点对 PM$_{2.5}$、PM$_1$ 的削减率较小，分别为 7.94% 和 10.01%。

表 3-3　林内外不同粒径颗粒物浓度变化及植被对颗粒物的日均削减率

颗粒物	监测点	日均最大值/（μg·m^{-3}）	日均最小值/（μg·m^{-3}）	日均均值/（μg·m^{-3}）	日均削减率/%
TSP	林外点	739.42±309.22	398.94±179.68	524.53±180.42	—
	林内 1 点	493.58±224.21	249.08±127.61	369.53±154.37	29.55
	林内 2 点	664.23±215.91	260.27±158.66	382.39±155.32	27.10
	林内 3 点	490.63±163.88	200.61±151.60	332.98±157.66	36.52
PM$_{10}$	林外点	518.15±240.00	247.51±129.15	329.31±127.94	
	林内 1 点	341.13±175.69	168.43±103.68	236.09±107.35	28.31
	林内 2 点	372.93±169.40	132.04±82.04	175.36±85.71	46.75
	林内 3 点	404.40±164.25	120.70±128.44	240.36±146.75	27.0
PM$_{2.5}$	林外点	219.55±112.31	88.68±53.24	123.05±57.01	
	林内 1 点	160.47±92.13	69.68±47.42	94.21±50.97	23.43
	林内 2 点	229.95±132.05	66.74±45.50	92.17±53.51	25.10
	林内 3 点	226.51±106.19	41.72±82.43	113.28±95.04	7.94
PM$_1$	林外点	64.25±29.88	29.52±17.07	40.34±17.85	
	林内 1 点	48.52±26.54	23.44±15.19	31.09±16.03	22.93
	林内 2 点	67.43±35.44	22.31±15.81	31.67±17.40	21.47
	林内 3 点	65.69±27.51	13.85±24.13	36.30±26.12	10.01

3.2.2.3　林内外颗粒物质量浓度与气象要素的相关性分析

如表 3-4 所示，从林外到林内各颗粒物与各气象因素之间的相关性并不全都一致，林内外颗粒物浓度与温度和相对湿度的相关性一致，都与气温呈负相关，即气温越高，颗粒物浓度越小；而与相对湿度呈正相关，即相对湿度越大，颗粒物浓度越大。林内外颗粒物浓度与风速气压的相关性不一致，林外点各颗粒物浓度与风速相关性不显著，其余各点颗粒物浓度与风速呈负相关；林内 3 点的 TSP 和 PM$_{10}$ 与气压呈负相关，其余各点颗粒物浓度与气压呈正相关。从林外到林内 3 点，影响各颗粒物浓度的关键气象因子不同：在林外点，对各颗粒物浓度变化起主要作用的气象因子是气压，其次是温度和相对湿度，林外颗粒物浓度与风速相关性不显著；在林内 1 点，对 PM$_{10}$、PM$_{2.5}$ 及 PM$_1$ 等细颗粒物浓度变化起主要作用的气象因素是气压、温度及相对湿度，对 TSP 起主要作用的是气压，风速对各等级颗粒物浓度的影响仍不显著；在林内 2 点，PM$_{10}$、PM$_{2.5}$、PM$_1$ 等细颗粒物与风速呈显著负相关，各气象因子对颗粒物浓度变化的作用较为均衡；在林内 3 点，对各颗粒物浓度变化起主要作用的气象因素是相对湿度和风速，颗粒物浓度与风速呈显著负相关，风速作用比林外及林内另外两点显著增强。

表 3-4　林外各颗粒物浓度与各气象要素的相关性

颗粒物等级	观测点	风速（WS）/ (m·s⁻¹)	温度（T）/ ℃	相对湿度（RH）/ %	气压（BP）/ hPa	样本量（n）/ h
TSP	林外点	0.132	−0.296*	0.283*	0.699**	71
	林内 1 点	−0.290*	−0.258*	0.131	0.731**	71
	林内 2 点	−0.267*	−0.353**	0.446**	0.707**	71
	林内 3 点	−0.614**	−0.261	0.756**	−0.375*	34
PM$_{10}$	林外点	0.153	−0.468**	0.495**	0.663**	71
	林内 1 点	−0.020	−0.552**	0.458**	0.786**	71
	林内 2 点	−0.450**	−0.598**	0.645**	0.624**	71
	林内 3 点	−0.644**	−0.487**	0.884**	−0.177	34
PM$_{2.5}$	林外点	0.143	−0.560**	0.598**	0.631**	71
	林内 1 点	−0.269*	−0.709**	0.639**	0.731**	71
	林内 2 点	−0.486**	−0.658**	0.658**	0.543**	71
	林内 3 点	−0.616**	−0.671**	0.915**	0.040	34
PM$_1$	林外点	0.193	−0.433**	0.498**	0.651**	71
	林内 1 点	−0.161	−0.640**	0.578**	0.749**	71
	林内 2 点	−0.402**	−0.587**	0.585**	0.597**	71
	林内 3 点	−0.638**	−0.673**	0.919**	0.034	34

*表示在置信度（双侧）是 0.05 时，相关性是显著的；**表示在置信度（双侧）是 0.01 时，相关性是显著的

从图 3-12 可以看出，林外各等级颗粒物浓度与风速相关性不显著，在风速 0.4～0.6m/s 时颗粒物浓度最高；林内 1、2、3 点各等级颗粒物浓度与风速在 0～0.4m/s 范围内呈负相关，其中 PM$_{10}$、PM$_{2.5}$ 及 PM$_1$ 等细颗粒物与风速相关性更加明显，林内各点的颗粒物浓度最大值都出现在风速为 0 时，最小值出现在 0.2～0.4m/s。

从图 3-13 可以看出，林内外各等级颗粒物浓度与气温都呈现负相关，林内外颗粒物浓度的最大值都出现在 14℃ 左右，最小值出现在 24℃ 左右。

从图 3-14 可以看出，林内外各等级颗粒物浓度随相对湿度的增大均呈现出先增大后减小的趋势。林外各等级颗粒物浓度与相对湿度在 38%～78% 范围内呈现正相关，与相对湿度在 78%～88% 范围内呈现负相关，林外颗粒物浓度的最大值都出现在相对湿度为 78% 附近。林内各点颗粒物浓度与相对湿度在 38%～68% 范围内呈现正相关，与相对湿度在 68%～88% 范围内呈现负相关，最高值出现相对湿度为 68% 左右。

从图 3-15 可以看出，林内外各等级颗粒物浓度与气压呈正相关，林外颗粒物浓度最大值均出现 1020～1021hPa 之间，最小值出现 1015hPa，林内颗粒物浓度最大值出现在 1018～1019hPa 之间，最小值出现在 1013～1014hPa 之间。从图中

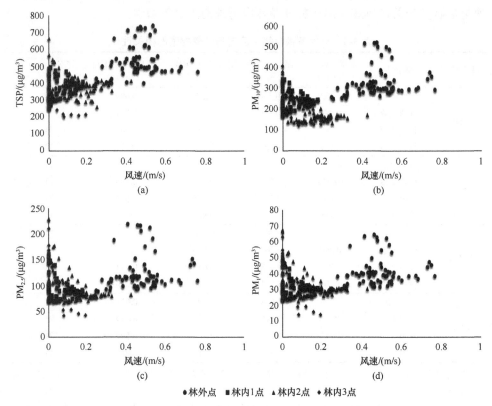

●林外点 ■林内1点 ▲林内2点 ◆林内3点

图 3-12　林内外各等级颗粒物浓度与风速的相关关系曲线

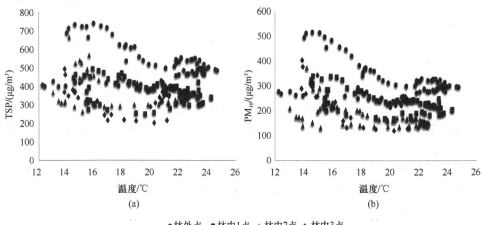

●林外点 ■林内1点 ▲林内2点 ◆林内3点

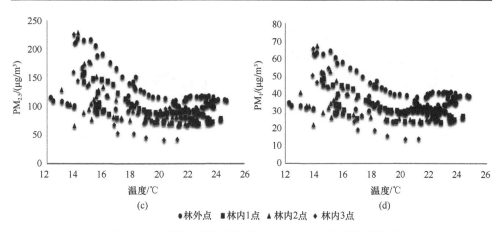

图 3-13　林内外各等级颗粒物浓度与温度的相关关系曲线

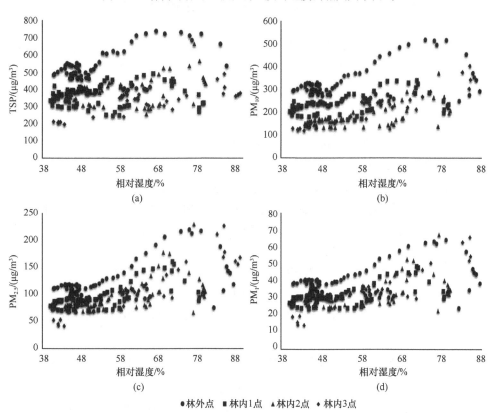

图 3-14　林内外各等级颗粒物浓度与相对湿度的相关关系曲线

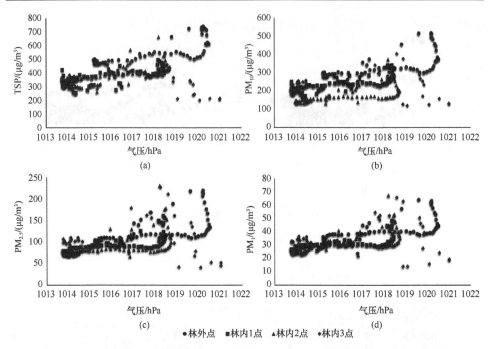

图 3-15　林内外各等级颗粒物浓度与气压的相关关系曲线

还可看出，除 PM$_{10}$外，林内 1 点和 2 点，颗粒物随气压变动的轨迹相似，林内 3 点由于数据较少，相关性不明显。

综上，林内外各颗粒物的浓度变化不是与一个气象因素有关，而是与几个气象因素共同作用的结果，而气象因素之间也相互影响，为了更好地研究各颗粒物与气象因素的影响趋势，将林外各颗粒物浓度与风速、气温、相对湿度、气压进行多元线性回归，得到结果如下：

$$TSP = 183.20259WS + 5.35256RH + 32.73526TP + 22.80994BP - 23777.07696$$

$$R^2 = 0.91189$$

$$PM_{10} = 266.56448WS + 4.14559RH + 13.83106TP + 6.98158BP - 7476.87891$$

$$R^2 = 0.94188$$

$$PM_{2.5} = 62.80537WS + 2.27566RH + 7.00297TP + 3.33509BP - 3590.54639$$

$$R^2 = 0.91912$$

$$PM_1 = 20.60006WS + 0.7074RH + 2.41944TP + 1.13024BP - 1213.41215$$

$$R^2 = 0.92079$$

从上述结果可以看出，风速、相对湿度、温度和气压能够很好地反映各等级颗粒物浓度（$R^2>0.9$）。

3.2.2.4　气象要素对林内外大气颗粒物浓度的影响

林内外大气颗粒物浓度的变化是在不同时间多个不同气象因素共同作用的结果。从林外到林内，大气颗粒污染物浓度与风速和气温呈现负相关，而与相对湿度及气压呈现正相关。总体来看，林内外不同粒径颗粒物浓度日变化规律基本一致，均在早上 8～9 点达到全天浓度最高峰，因为这段时间是交通早高峰，白云大道车流量较大，而此时段气温较低，大气处于较稳定的状态，风速也较小，垂直湍流交换较慢，导致颗粒物扩散较慢，浓度较高，达到高峰值；在 12～13 点期间出现次峰值，之后 TSP 浓度一直减少，而 PM$_{10}$、PM$_{2.5}$、PM$_1$ 则在 18～19 点有小幅度回升，这是由于 18～19 点期间，温度下降，风速也减小，气压和相对湿度又比白天时段增大，影响了较小颗粒物 PM$_{10}$、PM$_{2.5}$、PM$_1$ 的扩散，使其大气浓度出现小幅上升，TSP 由于受风速影响较小而未出现小幅回升。在林内外颗粒物浓度与气象要素的相关性上，从林外到林内 3 点，每个观测点都有各自的决定性气象因子，因此，各时段林外到林内的颗粒物浓度的变化趋势不同，有时会出现林内大于林外的情况。

3.2.2.5　植被对林内外大气颗粒物浓度的影响

植被具有滞留吸附空气中颗粒物的能力，可以减少空气中颗粒物的含量，密集的乔灌草结构（林内 1 点和林内 2 点）可以削减 20% 左右的不同粒径颗粒物。这是由于植被通过林冠层荫蔽作用会造成局部风速降低，而植物体自身蒸腾作用会使局部气温降低，相对湿度增大，利于较大颗粒的降落；同时由于植被叶面也具有一定的绒毛和气孔，能够吸附空气中一定数量的细小颗粒物，使其滞留在植物体表面，从而降低空气中细颗粒物浓度。林外各颗粒物的浓度在全天各时间段均大于林内各点，说明植物有吸附、滞留、阻挡颗粒物的能力。但是，林内三点变化各不相同。各时段林内三点的 TSP 都较为接近，仅是在 7～8 点到 9～10 点时间段出现林内 2 点大于林内 1 点情况，这是因 TSP 受风速影响较小，而林内 2 点气压略高于林内 1 点，气温略低于林内 1 点所致。PM$_{10}$ 从林外到林内有很明显的递减趋势，PM$_{10}$ 分别是林外＞林内 1 点＞林内 2 点；但是在 14～15 点到 16～17 点期间林内 3 点高于林内其他两点，从颗粒物形成机制方面分析，是由于此时间段，林内 3 点的风速较小，温度较低，湿度较大，细小颗粒物不易扩散。在 7～8 点到 9～10 点期间，PM$_{2.5}$ 浓度呈现出林外＞林内 3 点＞林内 2 点＞林内 1 点，由于此时间段，林内 3 点的湿度和气压较大，风速和气温较低；在 14～15 点到 16～17 点期间，林内 3 点接近林外点＞林内另两点，原因是由于此时间段，林内 3 点湿度最大，气温和风速最低，气压略高于林内另外两点。PM$_1$ 的变化与 PM$_{2.5}$ 变化同步，说明影响林内细颗粒物变化的环境因子机制可能相同。

　　总之，颗粒物运动是一个非常复杂的过程，气象条件和林分结构对颗粒物的运移和扩散都有重要影响，森林植被能够削减颗粒物，林内外气象条件的差异造成每天不同时段林内外颗粒物浓度的差异及植被对颗粒物的削减效率的差异，因此，分析城市环境下林内外不同粒径大气颗粒物浓度变化的差异特征及其对气象因素的响应对于指导城市森林建设和景观绿化具有十分重要的意义。要详细地讨论气象因素对空气污染的影响，需要更加长观测周期数据和合理精细的模型做进一步的研究。

3.3　典型树种不同生长发育阶段吸附与阻滞 PM$_{2.5}$ 等颗粒物动态

　　实验地点选在北京市顺义区新城滨河森林公园，该公园位于顺义潮白河沿岸，创造出"夹河而立"的滨水城市空间风貌。园区北起俸伯桥上游 800m，南至苏庄桥，总长 12.7km，总面积 1.8 万多亩①，其中绿化面积 1.2 万多亩，河道面积 6105 亩，是全市水域面积最大，成林历史最悠久，体育休闲、旅游度假功能最完善的滨河森林公园。

3.3.1　单位面积叶片滞尘量

　　在北京市顺义区新城滨河森林公园采集实验所需树叶样品（表 3-5）。每种植物在其树冠东、南、西、北四个朝向，分别随机采集高度 1.5～2m 处的叶片，每个采样点设置三个重复。用高枝剪整枝采集植物叶片后逐片剪下保存，将叶片混匀装至自封袋中，防止挤压损坏植物。在采集所使用的自封袋上标注采样地点、采样日期、植株年龄、枝条生长状况等。每种植物采集三组平行样本，带回实验室备用。采样时间定为雨后 5d、10d、15d，每次采样为一次性采样，采样完成后及时进行保险处理。

表 3-5　顺义区树种采样表

树种	拉丁名	科属	叶习性	叶质	树高	胸径	冠幅直径
加杨	*Populus × canadensis* Moench	杨柳科	落叶	革质	14.5±2.1	32.4±6.7	7.9±0.4
桃树	*Prunus persica*	蔷薇科	落叶	纸质	2.5±0.3		2.9±0.2
臭椿	*Ailanthus altissima*	苦木科	落叶	纸质	8.2±1.5	15.5±1.7	6.5±0.4
黄栌	*Cotinus coggygria* Scop	漆树科	落叶	纸质	2.7±0.7	12.3±0.9	3.5±0.7
丁香	*Syzygium aromaticum*	桃金娘科	落叶	革质	1.6±0.5		
油松	*Pinus tabuliformis* Carrière	松科	常绿	革质	3.9±0.8	14.3±1.2	4.1±0.5

---

① 亩为非法定单位，1 亩≈666.7m²。

1）剪取采集回实验室的植株叶片 5g 左右至实验盒中，分别记录盒重量及叶片重量，记录盒的编号。用软毛刷将剪下的叶片进行清洗，在清洗的过程中，注意小心洗刷叶表面，切勿用力，以免损坏叶表面绒毛等结构。同样的方法清洗叶片背部。待用软毛刷清洗叶片干净后，用蒸馏水中反复冲洗三遍（图 3-16）。

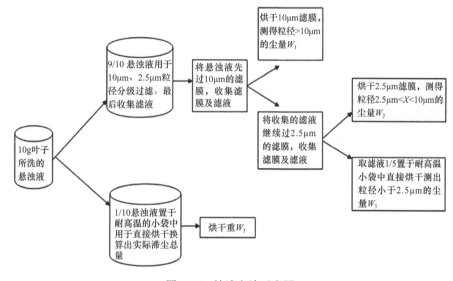

图 3-16　抽滤方法示意图

2）将清洗完的叶片贴于非透明的塑料板上，通过扫描仪得到叶片展开的图像，导出扫描图片，利用 Image J 图像处理软件计算叶面积。

3）将采集回来的叶子用蒸馏水全部溶解称重，记录重量，按质量百分比抽取溶液 10%于事先称重的 PP 塑料袋（5cm×7cm）中，并记录实际抽取质量，算出比例系数。剩余滤液过经过预处理并称重的 10μm 微孔滤膜，再过 2.5μm 微孔滤膜。滤液回收称重，按照质量百分比抽取 20%于事先称重的 PP 塑料袋中，算出比例系数。全部材料于 105℃烘干称重，利用干燥失重法计算出颗粒物的质量。具体如图 3-12 所示。

3.3.2　单株树木滞尘量

（1）单叶面积测定

在各植物的东、南、西、北 4 个方向的中部，随机选取 50～100 片正常健康叶片，利用扫描仪扫描叶片图像，利用 Image J 图像处理软件计算叶面积，求出平均单叶面积。

（2）总叶面积测定

测定每一植株的冠幅，用标准枝法调查整株叶量，即从下至上将树杈从主枝到分枝分成 3～5 级，统计每棵树 1 级枝、2 级枝和 3 级枝等数量，在最末级统计枝杈上选取标准枝从树冠东、西、南、北 4 个方向分别统计标准枝上的叶片数并统计整株树的标准枝数，从而获得整个调查植株的叶总量，公式如下：

叶总面积=平均单叶面积×单株树木的总叶片数

3.3.3　单位土地面积树木滞尘量

（1）树高和胸径

用勃鲁莱测高仪测量各植株的高度，胸径则是利用胸径尺在距地面 1.3m 处测量，灌木则是测其地径。

（2）冠幅

用卷尺分别测量东西和南北方向的冠幅后，取其平均值作为冠幅直径。

（3）样地植株总叶面积

第一，利用先前测得的单株树木总面积与该样地总共树木棵树进行计算，对于一块大样地，将其分成 4 块小样地，在每块小样地中选取 3 棵树木作为标准木。利用陈芳等的标准枝法计算单株总叶面积，并数出该样地树木总数，从而计算该样地的叶片总面积。第二，用鱼眼相机在样地中选择 3 个点测量叶面积指数，再分别乘以各树冠垂直投影面积得出其总叶片面积。

（4）不同物候阶段树木阻滞 PM$_{2.5}$ 等颗粒物能力对比

不同树种不同物候阶段滞尘能力存在种间差异，但各物候阶段之间的量化比较关系相似（图 3-17）。

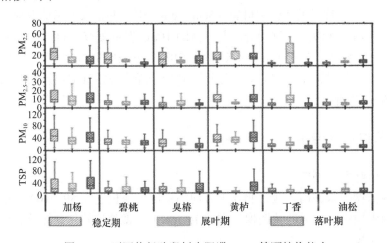

图 3-17　不同物候阶段树木阻滞 PM$_{2.5}$ 等颗粒物能力

1）展叶期，叶表面光滑，单位面积滞尘量较低，但叶面积变化较快，整株滞尘量出现较快增长；

2）生长中期，叶表面结构稳定，叶面积波动较小，整株滞尘量较为固定；

3）落叶树种落叶期，叶片结构退化，整株叶面积短时间内发生大幅下降，整株滞尘量下降。

3.4　典型树种吸附与阻滞 PM$_{2.5}$ 等颗粒物的综合评价

3.4.1　北京市不同树种吸附阻滞 PM$_{2.5}$ 等颗粒物评价

默认北京林业大学校园内整体环境背景值一致，测定了 40 余种树种滞尘量，包括银杏、金银木、冬青、榆树、椴树、矮紫杉、西府海棠、侧柏、太平花、华山松、黄栌、臭椿、暴马丁香、桃树、构树、玉兰等北京常见绿化树种，并整理出树种滞尘能力对比表。结合奥林匹克森林公园野外监测样地 7 个树种，与北京林业大学内树种进行对比，目前洗涤树种有油松、金银木、刺槐、金丝垂柳、毛白杨、榆树、黄栌。

于典型天气在北京林业大学校园内部采样，每种植物进行三组平行试验，每份样品取 5g 左右叶片。记录时间、地点、天气等基础数据。将采集回来的植株，剪取固定重量叶片分为三组，分别用软毛刷将颗粒物洗去，叶片回收进行叶面积计算，滤液经过过滤、烘干、称重等步骤，最终算出单位面积滞尘量。

通过每木检尺的方法，调查采集样品植株的树种和林分（生态系统）叶片、枝条、树高、冠高、冠幅、胸径、生物量、树龄等数据，建立树木与林分枝叶表面积与树龄、林龄以及测树学因子的定量关系。对采集的样本叶片进行扫描，获得单叶面积。结合通过外业调查获得样地的叶片生物量计算出整个林分的叶面积。

（1）春季

如图 3-18 所示，从春季单位面积滞尘量上可以看出，侧柏无论是 TSP、PM$_{10}$ 还是 PM$_{2.5}$ 都比其他树种有明显优势，榆树其次，太平花最差。

（2）夏季

夏季日均单叶面积滞尘量如图 3-19 所示，滞留 PM$_{10}$ 以上的油松、毛白杨、黄金树较为靠前，滞留 PM$_{2.5}$ 比较靠前的为油松、毛白杨、榆树。整体来说，乔木比灌木、藤本滞留吸附效果好。油松、榆树、黄金树无论是滞留总量，还是 PM$_{10}$、PM$_{2.5}$ 均比较多。玉兰及白蜡在总量及 PM$_{2.5}$ 的滞留量上比较多，但对大于 10μm 的颗粒物滞留量并不高。滞留 PM$_{2.5}$ 占总量的百分比来说，水杉、鹅掌楸、银杏比较靠前，虽然总量和 PM$_{2.5}$ 的滞留量不是最多，但滞留的颗粒物主体为 PM$_{2.5}$。

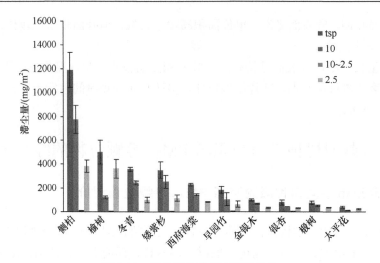

图 3-18　春季树种单位面积滞尘量

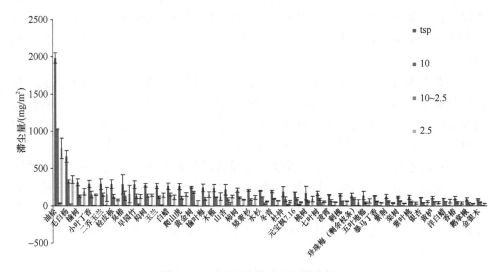

图 3-19　夏季日均单叶面积滞尘量

通过对乔灌藤的颗粒物滞尘能力进行对比,得出结论:乔木在同一环境中颗粒物滞尘效果最为明显。

(3) 秋季

如图 3-20 所示,从秋季不同树种滞尘量上来说,椴树、玉兰、西府海棠 TSP 滞留均比较多,单相互之间并没有明显差异。在滞留 PM$_{2.5}$ 上,西府海棠更具优势。TSP 滞留量较低的树种滞留 PM$_{2.5}$ 的数值整体来说也比较低。

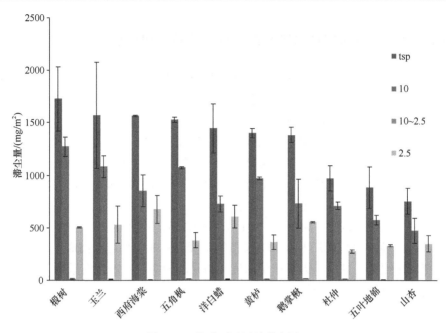

图 3-20　秋季不同树种滞尘量

（4）冬季

如图 3-21 所示，从冬季滞尘量中明显看出，油松无论从 TSP 总量上还是从 PM$_{2.5}$上来说，都有明显优势，早园竹虽然 TSP 总量上并不是很高，但是在 PM$_{2.5}$ 吸附量上却排名较高。

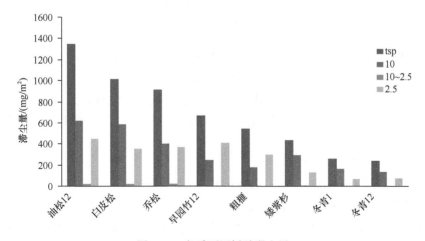

图 3-21　冬季不同树种滞尘量

3.4.2　重庆市不同树种吸附阻滞 PM$_{2.5}$等颗粒物评价

于重庆市选择主要行道树种、绿化树种及少数乡土树种（共 15 种乔木或小乔木），并与北京市 5 种树种进行对比。其中针叶树种 4 种，阔叶树种 16 种。此外，所选的 20 种被测树种中，一部分为具有本地特色的常见行道树种或绿化树种，如北京地区的国槐、侧柏、油松、洋白蜡和毛白杨，重庆的黄葛树、榕树、天竺桂等。部分为两城市均较为常见的绿化树种，如构树、香樟、法桐、银杏、栾树、玉兰、银桦等。还有一小部分为具有典型代表特性的乡土树种，如重庆地区的四川山矾、近轮叶木姜子、马尾松等。

采用气室模拟试验，如图 3-22 所示，试验装置主要由小型空气压缩机（浩盛 AS-176）、气溶胶发生器（SH600）及植物沉降气室 3 部分连接而成。该溶液可在小型空气压缩机提供的压力下产生浓度和粒径均较为稳定的气溶胶粒子，设定的压力越高，产生的气溶胶粒子的粒径越小。

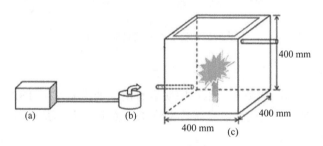

图 3-22　气室模拟试验装置图

（a）小型空气压缩机；（b）气溶胶发生器；（c）植物沉降气室

将小型空气压缩机的压力设置为 25psi[①]，可保证产生的气溶胶粒子均在 2.5μm，从而为试验提供了稳定的 PM$_{2.5}$ 发生源。在压力下产生的 NaCl 气溶胶粒子可经过干燥管进行适当的干燥后，送入植物沉降室内充分混合，一部分粒子会在湍流作用下，撞击或吸附在人工布设的植被叶片表面上，从而沉降下来。

（1）单株植物总叶面积

根据单因素方差分析（one-way ANOVA）结果显示，本研究所选取的 20 种城市常见树种间单株植物的总叶面积差异显著（$P<0.01$，见图 3-23）。其中杉木、侧柏、华山松等针叶树种的单株总叶面积较高，而阔叶树种相对较低。根据 K 均

----

① psi 为非法定单位，1psi=6.895kPa

值聚类分析（*K*-means cluster）结果，可将不同树种单株植物总叶面积分为 4 类（图 3-24）。

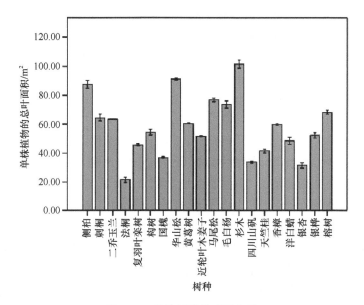

图 3-23　单株树种总叶面积图

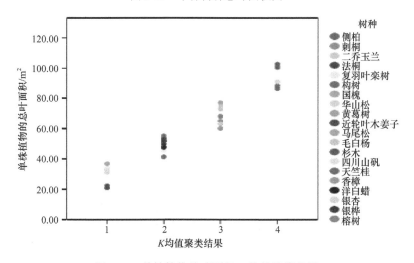

图 3-24　单株植物总叶面积 *K* 均值聚类结果

　　各类别间差异显著（*P*<0.01），第一类主要包括法桐、银杏、四川山矾、国槐，单株植物总叶面积最低；第二类包括天竺桂、构树、银桦、近轮叶木姜子、复羽状栾树和洋白蜡，单株植物总叶面积次之；第三类包括香樟、马尾松、榕树、刺

桐、二乔玉兰、黄葛树及毛白杨，单株植物总叶面积较高；第四类包括侧柏、华山松和杉木，单株植物总叶面积最高。

此外，值得一提的是，虽然法桐的单叶叶面积较大，但道路两旁胸径范围在20～30cm 左右的法桐的冠幅相对其他树种较小。此外，法桐作为行道树种需要经常修枝，人工修剪对法桐胸径、树高之间以及胸径、叶面积指数之间的相关规律破坏较为严重，对其单株植物的总叶面积也具有一定影响。因此，本研究中法桐的单株植物总叶面积相对较低。

（2）叶片形态特征

从叶形上看（图 3-25），单叶植物明显多于复叶植物，羽状复叶植物约占被测植物的 20%左右，其余单叶植物中以卵形或倒卵形、长圆形和披针形的叶形为主，少量针叶树种为针形或鳞形。就植物叶脉类型来说（见图 3-26），以双子叶植物为代表的网状叶脉和以单子叶植物为代表的平行脉为主，银杏较为特殊，是二叉分枝构成的叉状叶脉。其中，呈网状脉的植物种类最多，又可细分为掌状脉和羽状脉，分别占所测植物种的 35%和 40%，而三出脉作为一种特殊的掌状脉，多见于南方植物中。从叶片质地来看，主要分为革质或薄革质和纸质或皮纸质两种，所占百分比分别为 55%和 40%。其他主要以刺桐为代表，其小叶呈膜质而成熟叶片较接近纸质。

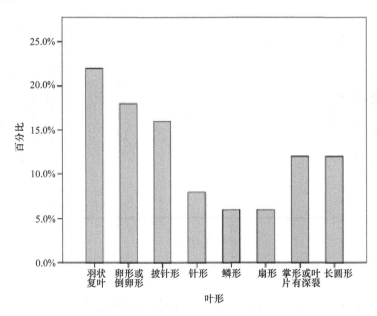

图 3-25　叶形所占百分比示意图

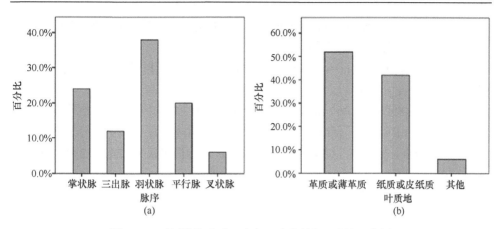

图 3-26　不同植物叶形、叶序、叶脉所占百分比示意图

利用采集的植物样本进行人工布设以模拟植物冠层的气室试验，经过 PM$_{2.5}$ 粒子的制造、沉降、植物样本淋洗以及水样检测等过程，最终计算得到的不同树种单位叶面积的 PM$_{2.5}$ 滞留量，这在一定程度上体现了不同树种对 PM$_{2.5}$ 粒子的拦截与滞留能力。单因素方差分析（one-way ANOVA）结果显示，不同树种间单位叶面积的 PM$_{2.5}$ 滞留量差异显著（$P<0.01$）。如图 3-27 所示，以杉木、银桦、近轮叶木姜子等植物较高，最高的杉木可达到（4.72 ± 0.44）mg/m^2，银杏、天竺桂、二乔玉兰等滞留量较低，最低的银杏为（0.45 ± 0.09）mg/m^2，仅是杉木滞留量的 10% 左右。而一般植物单位叶面积上对 PM$_{2.5}$ 的滞留量多在 1.5～2.5 mg/m^2 之间。此外，针叶树种叶片多具有蜡质层，且常伴有黏性分泌物，致使水洗时部

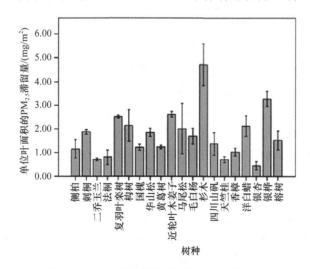

图 3-27　不同树种单位叶面积 PM$_{2.5}$ 滞留量

分滞留在叶片上的 PM_{2.5} 不易被冲洗下来造成溶液检测结果中 Cl⁻含量偏低，使本研究中针叶树种滞留量普遍偏低。

单因素方差分析（one-way ANOVA）结果显示，不同树种间单株植物的 PM_{2.5} 滞留量差异显著（$P<0.01$）。如图 3-28 所示，以杉木明显高于其他树种，单株植物滞留量达到（485.71±45.06）mg/m²，其他针叶树种，如华山松、马尾松等针叶树种的滞留能力也相对较好。阔叶树种中，银桦、近轮叶木姜子、毛白杨等植物的滞留量较高，而银杏、天竺桂、法桐等滞留量较低，最低的银杏仅为（24.02±2.86）mg/m²。

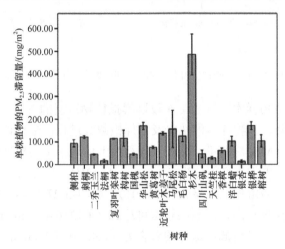

图 3-28　不同树种单株植物 PM_{2.5} 滞留量

（3）优势特征及树种筛选

单因素方差分析（one-way ANOVA）结果显示，不同叶形树种单位叶面积的滞留量差异显著（$P<0.01$），如图 3-29（a）所示，可大体分为 4 个等级。其中，披针形叶片的阻滞量最高，其次为针形叶和羽状复叶，再次为卵形或倒卵形、鳞形、掌形或类掌状（叶片有深裂）、长圆形叶片，而以银杏为主要代表的扇形叶片阻滞量最低。单因素方差分析（one-way ANOVA）结果显示，不同叶形树种单株植物的滞留量差异也显著（$P<0.01$），如图 3-29（b）所示，由于结合了不同树种单株总叶面积信息，与单位叶面积的滞留量具有细微差异，可大体分为 3 个等级。其中，具有披针形和针形叶片的植株总滞留量较高，具有扇形叶片的银杏单株滞留量最低，其余叶形树种单株滞留量间具有一定差异，但可大体归为一类。

单因素方差分析（one-way ANOVA）结果显示，不同脉序树种单位叶面积的滞留量差异显著（$P<0.01$），如图 3-30（a）所示，平行脉、羽状脉和掌状脉阻滞颗粒物效果较好，三出脉较次，叉状脉效果较差。不同脉序树种单株植物滞留量与单位叶面积滞留量情况基本相似 [图 3-30（b）]。

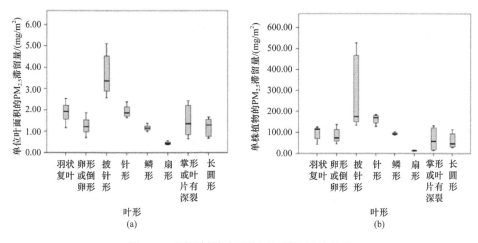

图 3-29 不同树种叶形特征与滞留量的关系

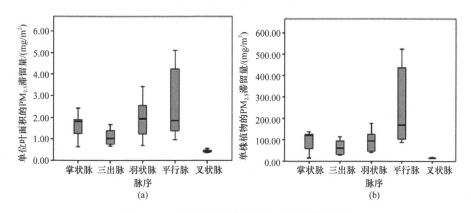

图 3-30 不同树种脉序特征与滞留量的关系

单因素方差分析（one-way ANOVA）结果显示，不同叶质地树种单位面积叶片的滞留量差异不显著（$P=0.336>0.05$）[图 3-31（a）]，不同叶质地树种单株植物滞留量间差异也不显著（$P=0.052>0.05$）[图 3-31（b）]。可见，仅由叶质地较难判断出何种植物具有更好的颗粒物阻滞能力。

从本研究结果来看，北京和重庆地区的 20 种常见树种对 PM$_{2.5}$ 的滞留能力差异显著，且就单位叶面积的 PM$_{2.5}$ 滞留量与单株植物的 PM$_{2.5}$ 滞留量这两种衡量标准来说，具有较高颗粒物滞留能力的强效树种也有细微差异。就单位叶面积的 PM$_{2.5}$ 滞留量来说，具有披针形或条状披针形、平行脉叶片的杉木对 PM$_{2.5}$ 的滞留能力最高，是中国长江流域、秦岭以南地区栽培最广、生长快且经济价值较高的用材树种。其次，为常绿乔木银桦，其叶片具二回羽状深裂，裂片 5～10 对，呈披针形，具有较强的颗粒物滞留能力且对二氧化硫、氟化氢和氯化氢等有毒气

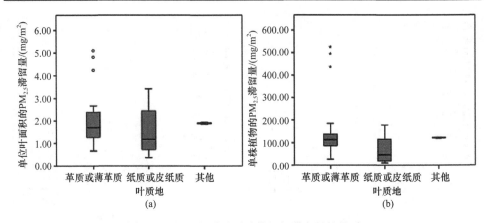

图 3-31　不同树种叶质地特征与滞留量的关系

体抗性较强，是城市和化工厂的理想速生绿化树种。此外，近轮叶木姜子、刺桐、复羽叶栾树、构树、洋白蜡和毛白杨等也具有较好的捕获和滞留 PM$_{2.5}$ 能力，其共同特点为叶片背面或中脉处均覆有不同程度的叶毛，从而显著增加了叶表面粗糙度，对提高颗粒物的拦截和捕获作用具有较强的影响。银桦和刺桐多栽培于南方，观赏性较强，可作为行道绿化及庭园美化树种等。

　　而栾树和构树则广泛产于我国南北各地，分别适于作为城市园林绿化和城乡四旁绿化。洋白蜡和毛白杨主要为北方行道树种，对城市环境适应性强。总体来说，植物叶片的形态特征对单位叶面积的 PM$_{2.5}$ 滞留量的影响较大，因此以单位叶面积滞留量作为指标时，其强效树种多为叶片具有特殊结构的阔叶树种。就单株植物的 PM$_{2.5}$ 滞留量来说，由于单株植物的总叶面积对单株植物的 PM$_{2.5}$ 滞留量影响远远大于不同树种叶片差异造成的 PM$_{2.5}$ 滞留差异，因此，强效树种多为具有较高总叶面积及较长有叶期的针叶树种。以杉木为例，其生长盛期（6 月上旬）单株总叶面积可达到 50~160m^2（俞新妥和傅瑞树，1989）。此外，侧柏、华山松等也凭借较高的单株总叶面积，其单株 PM$_{2.5}$ 滞留量超过了部分具有较高单位叶面积 PM$_{2.5}$ 滞留量的阔叶树种。其余阔叶树种间，单株植物的 PM$_{2.5}$ 滞留量顺序与单位叶面积的 PM$_{2.5}$ 滞留量顺序变化不大。

　　综合两种衡量标准，基于本研究的具有较高 PM$_{2.5}$ 滞留能力的针叶树种有杉木、侧柏、华山松，阔叶树种主要有银桦、刺桐、栾树、毛白杨、洋白蜡等。

　　（4）叶表面微观结构对 PM$_{2.5}$ 滞留量的影响

　　利用 S-3400N 扫描电子显微镜（SEM）将 20 种树种叶片样本（正反两面）分别进行扫描拍照。由于不同树种叶片在叶形、叶片质地以及叶脉分布等方面均具有一定差异，因此，造成叶片维管束结构、褶皱形态、叶片表皮毛以及气孔等微观结构特征在大小、数量和密度上也具有显著区别。图 3-32 为得到的几种叶表面典型微观结构的显微照片，放大倍数以 150 倍为主。其中，（a）～（d）为 4 种较为常见的叶表面褶皱样态：网格状纹（或波纹状纹）、瘤状或疣状突起、光滑或极少褶皱、条纹状或蠕虫状纵纹。不同类型褶皱通常会造成叶片沟槽比例的显著差异。（e）～（g）为叶表面叶毛数量的差异体现，统计主要以每根长度在 150μm 以上的长柔毛为主，可分为无毛、少毛、多毛 3 类。若个别树种叶片的叶毛为其他类型，则根据叶毛长度进行修正，统计叶毛数量。（h）～（k）为不同叶表面气孔的大小、辨识度及数量情况，由于多数气孔均呈椭圆形或近椭圆形，因此以气孔的长轴半径为依据衡量气孔大小。（h）代表气孔较大且清晰好辨认，气孔长轴直径平均大于 20μm。（i）代表气孔较小且辨识度较低，气孔长轴直径平均小于 20μm。（j）和（k）分别为气孔密度大于和小于 100mm^{-2}。

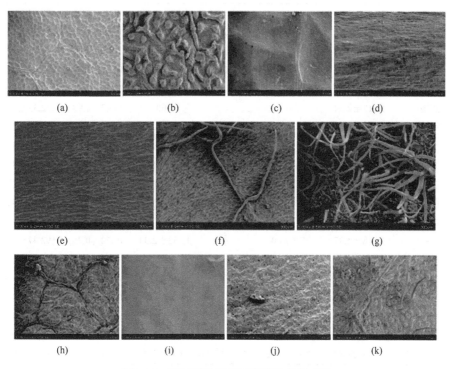

图 3-32　不同树种叶表面微观结构示意图

选取放大倍数为 150 倍的扫描照片为基准并结合其他放大倍数的照片，分别统计单位面积（1mm^2）内叶片褶皱沟槽比例、叶毛、气孔等叶表面微观结构的样态及数量，20 种被测树种的统计结果见表 3-6。部分树种由于叶表面微观结构较为特殊，需进行修正处理。如构树叶片背面密被叶毛，气孔特征不明显，因此忽略考虑。背面叶毛主要根据形态分为长柔毛和短柔毛两种，且短柔毛常被长柔毛部分遮盖。不同形态的叶毛发挥的滞留效果也不尽相同，本研究中根据各类型微观结构暴露面积等因素进行修正。因此，表中统计的数值为短柔毛数量乘以修正系数（c_1=0.4）与长柔毛数量之和。刺桐叶片背面密被星状叶毛，浓密程度和作用效果均低于短柔毛，因此，表中统计的数值为星状叶毛数量乘以修正系数（c_2=0.2）。总体来说，20 树种的沟槽比例约从 3%～25% 不等，在 10%～20% 范围内相对集中。叶表面不具有叶毛的树种约占被测树种总数的 50%，具有叶毛的树种叶毛的形态及数量也具有较大差异。气孔密度约在 40～140mm^{-2} 范围间较为集中，气孔大小以长轴直径进行计量，在 10～25μm 范围内最为集中。

表 3-6　叶表微观结构统计

树种	G/%	LH_{ad}（mm^{-2}）	LH_{ab}（mm^{-2}）	LH（mm^{-2}）	DS（mm^{-2}）	SD（mm^{-2}）
法桐	13.37±1.87	0.00	2.33±0.58	2.33±0.58	37.21±3.18	75.67±7.59
天竺桂	2.73±0.76	0.00	0	0.00	8.84±0.74	12.33±1.34
构树	14.17±2.08	20.33±3.06	43.00±8.54	63.33±11.5	—	—
香樟	11.19±2.81	0	0	0.00	15.64±1.12	132.67±15.42
银杏	6.76±1.51	0	0	0.00	17.24±1.07	20.00±3.98
马尾松	16.18±2.54	0	0	0.00	13.47±1.98	32.33±5.24
榕树	13.81±3.04	0	0	0.00	36.49±2.89	138.67±14.77
刺桐	17.01±3.41	0	25.67+2.01	25.67±2.01	20.07±1.41	50.24±3.47
银桦	23.66±3.79	6.33±1.52	12.67±1.53	18.00±1.00	22.54±2.57	47.27±3.18
四川山矾	13.77±1.27	0	21.33±6.51	21.33±6.51	21.45±2.87	112.84±11.82
近轮夜木姜子	21.05±2.14	6.66±0.58	44.00+6.56	50.67±6.03	17.34±1.29	54.33±9.54
复羽叶栾树	3.85±0.85	0	2.00±1.00	2.00±1.00	18.74±1.61	98.67±9.24
杉木	15.18±1.87	7±1.00	0	13.33±2.08	10.78±0.75	192.47±17.44
黄葛树	12.47±2.36	0	0	0.00	14.21±0.85	87.33±6.87
华山松	16.57±1.88	0	0	0.00	12.74±2.14	30.33±3.85
侧柏	13.28±1.72	0	0	0.00	10.36±1.85	35.17±4.72
杨白蜡	15.98±1.96	0	8.67±1.82	8.67±1.82	16.93±1.76	41.17±3.48
国槐	12.11±1.08	0	0	0.00	15.87±1.69	76.84±9.08
毛白杨	15.64±1.83	7.86±1.85	39.33±7.56	50.67±6.03	20.11±2.07	81.53±8.49

（5）叶表面微观结构对单位叶面积 $PM_{2.5}$ 滞留量的影响

各变量经标准化后的线性相关关系分析结果显示，不同树种单位叶面积的 $PM_{2.5}$ 滞留量（标准化后记作 ZM）分别与沟槽比例（标准化后记作 ZG）、总叶毛数量（标准化后记作 ZLH）呈显著正相关关系，Spearman 相关系数分别为 0.876（$P<0.01$）和 0.355（$P<0.05$），而与气孔密度（标准化后记作 ZSD）、气孔

大小（标准化后记作 ZDS）相关关系不显著（$P>0.05$）。因此，选取沟槽比例和总叶毛数量与单位叶面积 PM$_{2.5}$ 滞留量进行拟合分析。

20 树种的散点图如图 3-33 所示，直观地展示了经过标准化后的沟槽比例（ZG）、总叶毛数量（ZLH）分别与单位叶面积的 PM$_{2.5}$ 滞留量（ZM）之间关系。线性拟合程度显示树种单位叶面积的 PM$_{2.5}$ 滞留量与沟槽比例的拟合关系较好，R^2 可达到 0.440，而与总叶毛数量的拟合程度较弱。由于针叶树种对颗粒物的滞留方式有停着、附着和黏附多种形式，而叶表面微观结构对以附着为主的颗粒物影响更大，造成以杉木为代表的针叶树种与整体的规律性相差较大。因此，尝试剔除针叶树种，筛选阔叶树种，重新进行线性拟合分析。

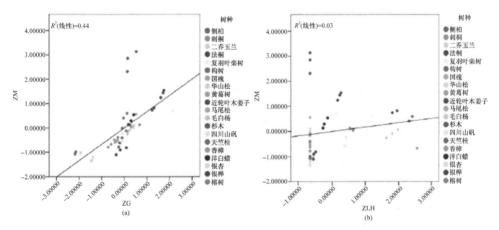

图 3-33　所有树种微观结构和单位面积 PM$_{2.5}$ 滞留量的线性拟合

阔叶树种的散点图如图 3-34 所示，线性拟合关系具有一定程度的提升。可见，阔叶树种的叶表面微观结构（本研究所选）与单位叶面积的 PM$_{2.5}$ 滞留量的关系更为密切，而多数针叶树种叶表面虽然较为光滑但通常含有蜡质层，可能对滞留 PM$_{2.5}$ 也具有一定影响。阔叶树种单位叶面积的 PM$_{2.5}$ 滞留量与沟槽比例拟合关系较好，R^2 可达到 0.776，且与叶毛数量的额拟合关系也有较大的提升，R^2 达到了 0.281。证明叶表面微观结构对以附着方式为主滞留颗粒物的阔叶树种的影响更大。综上，结果表明：沟槽比例从 3%～25% 不等，在 10%～20% 范围内相对集中。叶表面不具有叶毛的树种约占被测树种总数的 50%，具有叶毛树种叶毛的形态及数量也具有较大差异。气孔密度约在 40～140mm^{-2} 间较为集中，气孔大小在 10～25μm 范围内最为集中。不同树种单位叶面积的 PM$_{2.5}$ 滞留量与沟槽比例、总叶毛数量呈显著正相关关系，而与气孔密度、气孔大小关系不显著。线性拟合分析与上述结果相似，且阔叶树种的拟合关系明显优于全部树种，证明叶表面微观结构对以附着方式滞留的 PM$_{2.5}$ 影响更大。微观结构等级特征与 PM$_{2.5}$ 滞留量的关系表明，沟槽比例大于 20%、单位面积总叶毛数大于 50 根、气孔大于 20μm、密度在 100mm^{-2} 以上，该级别下的植物单位叶面积的 PM$_{2.5}$ 滞留量最高。

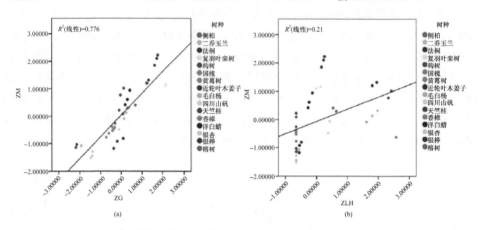

图 3-34　阔叶树种微观结构与单位面积 PM$_{2.5}$滞留量的线性拟合图

3.4.3　广州市不同树种吸附阻滞 PM$_{2.5}$ 等颗粒物评价

广州市（22°26′～23°56′N，112°57′～114°3′E）市域 743414km^2，城区面积 144316km^2，人口 700 多万。2003 年全市生产总值 3496188 亿元，是我国经济发达、城市化速度最快的城市。广州市年辐射量 4400～5000MJ/m^2，全年日照总时数 1770～1940h，年平均气温 2114～2119℃，年平均降雨量 1600～2200mm，雨量充沛、热量丰富、长夏无冬，属南亚热带季风气候。城市森林面积 56362117hm^2，有植物 198 科，487 属，1500～1600 种。

华南农业大学坐落在素有"花城"美誉的广州市天河区五山（23°9′～23°10′N，113°20′～113°22′E），占地面积 550 多 hm^2，地处山地丘陵地带，海拔 20～60m，土壤类型为赤红壤土，具有南亚热带典型的季风性海洋气候特征，没有气候上的冬季，年均气温 20.2℃，年降雨量约 1700mm，具有得天独厚的水热地理条件。学校网站（http://xy.scau.edu.cn/tree/minglubiao.asp）上整理出来的植物种类多达 223 种。

根据广州常见绿化树种，华农内部常见树种，结合地理位置，以林学院为中心，周边选择如表 3-7 树种进行试验。根据广州常见树种，在华南农业大学及火炉山森林公园选择不同树种整枝采集植物，每次每种植物进行三组平行试验。记录时间、地点、天气等基础数据。将采集回来的植株，剪取固定重量叶片分为三组，分别用软毛刷将颗粒物洗去，叶片回收进行叶面积计算，滤液经过过滤、烘干、称重等步骤，最终算出单位面积滞尘量。

表 3-7　广州市主要供试城市森林与绿化建设树种

序号	中文名	所属科	拉丁名
1	澳洲鸭脚木	五加科	*Schefflera actinophylla*（Endl.）Harms
2	芭蕉	芭蕉科	*Musa basjoo* Sieb. et Zucc.
3	刺桐	豆科	*Erythrina variegata* Linn
4	短穗鱼尾葵	棕榈科	*Caryota mitis* Lour
5	鹅掌藤	五加科	*Schefflera arboricola*
6	高山榕	桑科	*Ficus altissima*
7	海桐	海桐花科	*Pittosporum tobira*
8	红背桂	大戟科	*Excoecaria cochinchinensis* Lour
9	假连翘	马鞭草科	*Duranta repens* L.
10	簕杜鹃	紫茉莉科	*Bougainvillea spectabilis* Willd
11	马占相思	豆科	*Acacia mangium*
12	木棉	木棉科	*Bombax malabaricum*
13	赛楝	楝科	*Khaya senegalensis*（Desr.）A. Juss.
14	细叶榕	桑科	*Ficus microcarpa*
15	阴香	樟科	*Cinnamomum burmannii*
16	樟树	樟科	*Cinnamomum camphora*
17	长芒杜	杜英科	*Elaeocarpusapiculatus* Masters
18	棕竹	棕榈科	*Rhapis excelsa*

通过每木检尺的方法，调查采集样品植株的树种和林分（生态系统）叶片、枝条、树高、冠高、冠幅、胸径、生物量、树龄等数据，建立树木与林分枝叶表面积与树龄、林龄以及测树学因子的定量关系。对采集的样本叶片进行扫描，获得叶面积。结合通过外业调查获得样地的叶片生物量计算出整个林分的叶面积，枝干表面积同理可得。

利用陈自新（北京地区使用，广州地区正在查询）等建立的叶面积回归模型以及其他人建立的北京地区的叶面积的异速生长回归方程，将选取的主要树种，对其做以上野外调查。落叶乔木测定叶面积、胸径和冠高；灌木测定叶面积、冠幅和株高；针叶树测定叶重、胸径和冠高，然后利用以叶面积、叶重为因变量的相关数字回归模型计算整株滞尘能力，比较各树种整体滞尘量。冬季取样日期 2015 年 1 月 19 日，此前七天均为晴天。PM$_{2.5}$ 七天均值为 42.9μg/m^3，最大值为 103 μg/m^3，最小值为 8 μg/m^3。PM$_{10}$ 七天均值为 63μg/m^3，最大值为 160 μg/m^3，最小值为 12 μg/m^3。夏季取样日期 2015 年 7 月 21 日，此前均有降雨，取样当天上午也有大雨。PM$_{2.5}$ 当天均值为 18.9μg/m^3，最大值为 35 μg/m^3，最小值为 12 μg/m^3。PM$_{10}$ 当天均值为 30.9 μg/m^3，最大值为 54 μg/m^3，最小值为 20 μg/m^3。

用软毛刷将颗粒物洗去，叶片回收进行叶面积及单叶面积计算，滤液经过过滤、烘干、称重等步骤，最终算出单位面积滞尘量。

由冬季单位面积滞尖量（图 3-35 和表 3-8），总体滞尘量 TSP 最高的植物为刺桐，最小的植物为勒杜鹃。但 PM$_{2.5}$ 滞尘量最高的植物为鹅掌藤，在总滞尘量

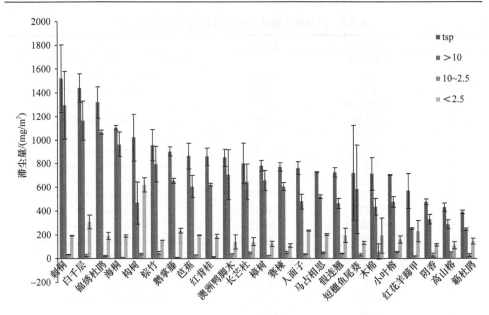

图 3-35　冬季广州不同树种滞尘量情况

表 3-8　冬季单位面积滞尘量（mg/m^2）

冬季	tsp	>10	10~2.5	<2.5
刺桐	1517.721	1292.521	31.40342	194.313
海桐	1126.332	964.0442	23.62212	190.5145
棕竹	957.7436	795.5321	46.00977	155.659
鹅掌藤	903.4708	658.2491	8.610671	236.6111
芭蕉	864.9578	608.8926	30.3678	199.0977
红背桂	861.507	624.1366	11.57793	188.1033
澳洲鸭脚木	851.1067	708.0114	41.23681	141.7771
长芒杜	804.6933	647.2137	47.85143	141.6005
樟树	780.6502	658.4135	25.87828	123.8072
赛楝	773.3719	605.4863	50.61535	108.9374
人面子	762.5411	480.6546	35.13201	236.0692
马占相思	728.5993	521.7412	48.35845	205.3936
假连翘	725.922	465.8759	42.38409	196.8461
短穗鱼尾葵	723.396	584.9006	31.03514	131.2095
木棉	714.7828	436.1424	60.55507	193.7485
小叶榕	704.2112	476.2885	56.24111	162.6504
红花羊蹄甲	569.8738	253.6239	20.9423	232.9173
阴香	476.099	331.3046	28.23225	116.5621
高山榕	432.7392	288.4928	56.0178	110.9381
篦杜鹃	398.0482	245.8772	28.20627	146.5782

上并没有排第一，不过也在前五。PM₂.₅滞尘量最低的为高山榕，在 TSP 上滞尘量也在倒数前三。PM₁₀ 的不同树种滞尘量对比，大体与 TSP 的规律类似。PM₂.₅ 的滞尘排名规律则与 PM₁₀、TSP 差异较为明显。

由夏季单位面积滞尖量（图 3-36 和表 3-9），总体滞尘量 TSP 最高的植物为刺桐，最小的植物为假连翘。但 PM₂.₅ 滞尘量最高的植物为马占相思，在总滞尘量上并没有排第一，不过也在前五。PM₂.₅ 滞尘量最低的为赛楝，TSP 上滞尘量也在倒数前三。PM₁₀ 的不同树种滞尘量对比，大体与 TSP 的规律类似。PM₂.₅ 的滞尘排名规律则与 PM₁₀、TSP 差异较为明显。

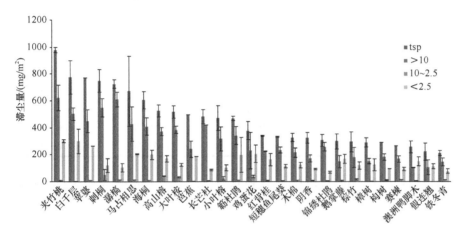

图 3-36　夏季广州不同树种滞尘量情况

表 3-9　夏季单位面积滞尘量（mg/m²）

夏季	tsp	>10	10~2.5	<2.5
夹竹桃	978.3747	622.5268	6.019128	299.9883
白千层	775.36	503.9362	2.888404	299.0172
苹婆	773.1907	450.3006	10.97932	265.0739
刺桐	750.6251	549.5027	51.55292	121.6726
潺槁	725.596	611.3644	15.48069	104.3137
马占相思	673.3065	426.9121	12.88022	204.7263
海桐	605.6406	410.3906	5.146349	199.715
高山榕	527.4796	373.9392	40.54038	171.6494
大叶桉	519.2736	385.5715	33.31316	124.1819
芭蕉	498.3193	239.804	3.394157	185.0198
长芒杜	483.4348	422.108	6.448139	85.9969
小叶榕	471.9956	317.6389	23.42924	101.5496

续表

夏季	tsp	＞10	10～2.5	＜2.5
簕杜鹃	469.8401	340.7167	11.69602	198.3069
鸡蛋花	378.4729	229.7822	37.03262	205.3753
红背桂	340.2415	224.1565	7.634151	164.2524
短穗鱼尾葵	333.7852	234.3036	7.647497	116.2626
木棉	326.5466	214.6685	5.250581	122.688
阴香	324.7476	173.4205	8.676416	94.01791
锦绣杜鹃	306.9385	257.3154	5.878042	70.49624
鹅掌藤	298.7027	148.4396	6.275869	168.176
棕竹	294.6124	179.3724	17.30893	119.0586
樟树	290.1922	151.1706	3.912203	125.1111
构树	289.9863	181.2124	10.77051	95.31803
赛楝	262.9964	166.9043	14.79567	94.54721
澳洲鸭脚木	257.294	105.2339	6.348166	150.0368
假连翘	221.6069	106.6384	0.958828	113.751
铁冬青	211.3891	146.1512	14.55886	78.49611

与冬季对比，不少树种的排名有了明显变化，如马占相思、高山榕、澳洲鸭脚木等。

第 4 章　森林调控 $PM_{2.5}$ 等颗粒物的功能分析与评价

4.1　典型森林植被对 $PM_{2.5}$ 等颗粒物的调控

林木对颗粒物具有阻滞吸附作用，林带宽度是影响颗粒物阻滞吸附能力的重要因素。本章通过对不同监测点颗粒物的削减效率及 $PM_{2.5}$ 化学成分的截留效率进行计算，在 Sigmaplot 12.0 中绘制了林带不同宽度处颗粒物的阻滞吸附效率图，找出了颗粒物阻滞吸附效率较高的林带宽度，即林带阻滞吸附颗粒物的有效宽度；通过 Pearson 相关分析研究了影响林带有效宽度的因素，并构建了林带有效宽度与各影响因素之间的关系模型、建立了林带阻滞吸附颗粒物有效宽度的模型。

4.1.1　不同季节林带对颗粒物浓度的削减作用

分季节对林带不同宽度颗粒物的削减效率进行计算，如图 4-1 所示。不同季节林带各宽度对四种粒径颗粒物浓度的削减效率不同。从不同监测点来看，林带对 TSP 和 PM_{10} 的最高削减效率出现在夏季的 6 号监测点（63m），对 $PM_{2.5}$ 和 PM_1 的最高削减效率出现在冬季的 3 号监测点（18m）。经过林带后，四个季节粗颗粒物的削减效率均为正；春、秋、冬三季细颗粒物的削减效率为正，夏季细颗粒物的削减效率为负。

从不同季节来看，春季 TSP 与 PM_{10} 的削减效率从 0m 处至 63m 处均为正，其中 TSP 从 0～17m 削减效率逐渐升高，在 17m 处出现转折点，削减效率呈下降趋势，在 13～17m 处削减效率较高；PM_{10} 从 0～15m 削减效率逐渐升高，15m 后出现下降趋势，在 11～15m 处削减效率较高。$PM_{2.5}$ 与 PM_1 在林内的削减效率先出现负值，后在 13m 左右变为正值，$PM_{2.5}$ 在 23m 处削减效率下降，在 17～23m 处削减效率较高；PM_1 在 22m 处削减效率下降，在 17～22m 处削减效率较高。夏季粗颗粒物经过林带时，在 0～9m 处削减效率为正，上升过程中，在 1～2m 处削减效率较高。$PM_{2.5}$ 经过林带时，削减效率最初为负，13～17m 处为正值且削减效率不断上升，13～17m 处削减效率较高。PM_1 经过林带时，与 $PM_{2.5}$ 相似，削减效率最初为负，14～18m 处削减效率为正，15～18m 处削减效率较高。

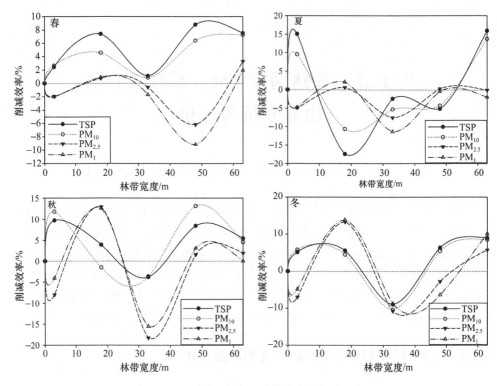

图 4-1　不同季节林带颗粒物浓度的削减效率

秋季 TSP 在 1～3m 处削减效率较高，PM_{10} 在 2～4m 处削减效率较高，PM_{2.5} 在
13～17m 处削减效率较高，PM_1 在 14～17m 处削减效率较高。冬季 TSP 在 3～10m
处削减效率较高，PM_{10} 在 5～11m 处削减效率较高，PM_{2.5} 在 14～18m 处削减效
率较高，PM_1 在 15～18m 处削减效率较高。

　　综上，春季林带削减 TSP 浓度的有效宽度为 13～17m，PM_{10} 为 11～15m，PM_{2.5}
为 17～23m，PM_1 为 17～22m；夏季林带削减 TSP 和 PM_{10} 浓度的有效宽度为 1～
2m，PM_{2.5} 为 13～17m，PM_1 为 14～18m；秋季林带削减 TSP 浓度的有效宽度为
1～3m，PM_{10} 为 2～4m，PM_{2.5} 为 13～17m，PM_1 为 14～17m；冬季林带削减 TSP
浓度的有效宽度为 3～10m，PM_{10} 为 5～11m，PM_{2.5} 为 14～18m，PM_1 为 15～18m。
林带削减不同粒径颗粒物的有效宽度为细颗粒物＞粗颗粒物。不同季节林带削减
颗粒物浓度的有效宽度为夏季＞秋季＞冬季＞春季。因监测林带树木为阔叶树种，
春季和冬季林带树木分别处于展叶期和无叶期，削减颗粒物浓度的作用较弱，因
此春季和冬季林带削减颗粒物的有效宽度较大。

4.1.2　不同空气质量等级林带对颗粒物浓度的削减作用

根据北京市环境保护监测中心网页公布的奥林匹克森林公园监测点的空气质量指数级别和对应林带监测时的 PM$_{2.5}$ 浓度，对不同空气质量等级下林带不同宽度处的 PM$_{2.5}$ 削减效率进行计算，结果如图 4-2 所示。从整体来看，在监测过程中，空气质量为二级、三级、四级时，林带不同宽度处 PM$_{2.5}$ 的削减效率均为负值；当空气质量为一级、五级、六级时，林带部分宽度处削减效率为正，部分为负。

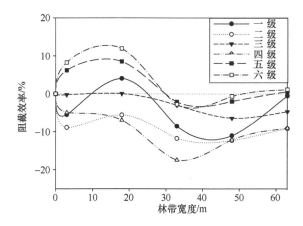

图 4-2　不同空气质量等级时林带对 PM$_{2.5}$ 浓度的削减效率

从不同空气质量等级来看，空气质量一级时，0～10m 宽度 PM$_{2.5}$ 削减效率为负，10～18m 削减效率为正且逐渐升高，14～18m 削减效率较高；空气质量二级时，削减效率在 14～18m 较高；空气质量三级时，12～16m 削减效率较高；空气质量四级时，9～14m 削减效率较高；空气质量五级时，10～15m 削减效率较高；空气质量六级时，11～16m 的削减效率较高。

因此，空气质量一级和二级时，林带削减 PM$_{2.5}$ 浓度的有效宽度为 14～18m；空气质量三级时，林带削减 PM$_{2.5}$ 浓度的有效宽度为 11～15m；空气质量四级时，林带削减 PM$_{2.5}$ 浓度的有效宽度为 9～14m；空气质量五级时，林带削减 PM$_{2.5}$ 浓度的有效宽度为 10～15m；空气质量六级时，林带削减 PM$_{2.5}$ 浓度的有效宽度为 11～16m。从整体上看，空气污染状况较轻时（一级至三级），林带削减 PM$_{2.5}$ 浓度的有效宽度大于空气污染状况严重（四级至六级）时的有效宽度。这可能是因为当空气污染状况较轻时，空气中 PM$_{2.5}$ 浓度小，林带对低浓度颗粒物的阻滞吸附能力弱，较宽的林带才能对 PM$_{2.5}$ 产生一定的阻滞吸附效果；空气质量从一级至三级,空气污染程度逐渐加重,有效宽度变小。当空气污染严重时,空气中 PM_{2.5} 浓度高,林带对高浓度颗粒物阻滞吸附能力强,较窄的林带即能达到一定的阻滞吸附效果;空气质量从四级至六级,空气污染程度越来越严重,靠近林缘的林带对颗粒物的阻滞吸附能力逐渐饱和,要达到一定的防护能力的有效宽度越来越大。

4.1.3　林带削减颗粒物浓度有效宽度的确定

　　根据 2013 年监测的林带颗粒物浓度,计算不同宽度处的颗粒物削减效率,如图 4-3 所示。TSP 与 PM_{10} 在 0~14m 和 41~63m 处削减效率为正,从 0~3m 削减效率不断升高,在 1~3m 处削减效率较高。PM_{2.5} 与 PM_1 削减效率开始为负,后来分别在 8m 和 7m 处削减效率变为正值,PM_{2.5} 在 14~17m 处削减效率较高,PM_1 在 15~17m 处削减效率较高。因此,从整体上看林带削减 TSP 与 PM_{10} 两种粒径颗粒物浓度的有效宽度是 1~3m,削减 PM_{2.5} 与 PM_1 两种粒径颗粒物浓度的有效宽度是 14~17m。

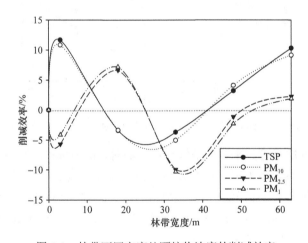

图 4-3　林带不同宽度处颗粒物浓度的削减效率

　　结合不同季节和不同空气质量下林带削减颗粒物的有效宽度,确定奥林匹克森林公园南园北五环道路防护林带削减颗粒物的有效宽度为:TSP,3~8m;PM_{10},5~11m;PM_{2.5},14~18m;PM_1,15~18m。林带削减不同粒径颗粒物的有效宽度大小为 TSP<PM_{10}<PM_{2.5}<PM_1。Yin 等(2007)对 TSP 浓度的研究认为,道路两侧绿化带宽度不应少于 5m,这与本研究结果具有一致性。

4.2　典型森林植被对 PM$_{2.5}$ 等颗粒物的吸附作用

4.2.1　北京市常见绿化树种滞尘量分析

（1）不同树种总滞尘量比较

不同树种总滞尘量不同。植物叶片表面吸附的颗粒物分为两部分，叶表颗粒物（surface PM）和树脂内颗粒物（PM in wax）两部分，每一部分又分为细颗粒物、粗颗粒物和大颗粒物。本节中总滞尘量是指叶表和树脂内所有小于 100μm 的颗粒物质量总和。在 2013 年和 2014 年，总滞尘量最高的是栾树（图 4-4），分别达到 371μg/cm^2 和 353μg/cm^2；针叶树种中总滞尘量最高的为刺柏，在 2013 年和 2014 年分别达到 321μg/cm^2 和 263μg/cm^2。2013 年总滞尘量最低的为悬铃木，84μg/cm^2；2014 年总滞尘量最低的为油松，102μg/cm^2。在 2013 年栾树的总滞尘量是悬铃木的 4.4 倍，在 2014 年栾树的总滞尘量是油松的 3.4 倍。从年际间比较，2013 年所有树种单位面积总滞尘量为 194μg/cm^2，而 2014 年所有树种单位面积总滞尘量为 183μg/cm^2，这可能与降水、空气颗粒物浓度、风等因素有关。

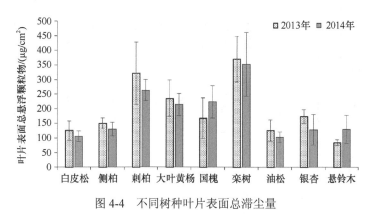

图 4-4　不同树种叶片表面总滞尘量

（2）叶表不同径级颗粒物滞尘量的差异分析

不同树种对不同径级的滞尘量不同。对于细颗粒物（0.2~2.5μm）的滞尘量，2013 年和 2014 年，栾树对细颗粒物滞尘量分别为 8.44μg/cm^2 和 8.24μg/cm^2（表 4-1）。在 2013 年，对细颗粒物的滞尘量，栾树与银杏之间没有显著性差异，但是栾树显著高于其他树种；在 2014 年，栾树显著高于其他所有树种。

两年间，对细颗粒物滞尘量最低的为悬铃木，为 1.21μg/cm^2 和 1.09μg/cm^2，并且显著低于栾树，但悬铃木与其他树种之间差异不显著。悬铃木对细颗粒物的

表 4-1　2013 年和 2014 年不同树种对不同径级颗粒物滞尘量

树种	2013 年/ (μg/cm²)				2014 年/ (μg/cm²)			
	细颗粒物 (0.2~2.5μm)	粗颗粒物 (2.5~10μm)	大颗粒物 (10~100μm)	合计	细颗粒物 (0.2~2.5μm)	粗颗粒物 (2.5~10μm)	大颗粒物 (10~100μm)	合计
白皮松	1.86 bc±1.09	23.38 b±11.77	54.06 abc±31.97	79.30	1.14 b±0.90	13.44 bc±7.21	45.49 b±18.09	60.08
侧柏	1.98 c±1.50	23.17 b±10.31	77.14 c±17.91	102.30	1.14 b±0.77	18.18 bc±6.01	63.73 b±23.13	83.05
刺柏	3.67 b±2.71	51.07 b±28.91	211.92 ab±106.31	266.66	2.99 b±0.81	26.11 bc±6.94	179.11 b±36.51	208.20
大叶黄杨	1.90 bc±0.88	30.04 b±6.96	160.53 abc±62.03	192.47	1.73 b±0.58	6.25 c±2.62	163.64 b±38.07	171.62
国槐	4.71 abc±2.40	19.02 b±8.13	113.39 bc±69.54	137.13	3.10 b±0.74	18.89 bc±9.27	171.42 a±54.98	193.41
栾树	8.44 a±5.83	91.87 a±61.28	246.40 a±78.39	346.71	8.24 a±4.87	65.43 a±32.94	255.38 a±109.34	329.04
油松	1.55 c±0.85	18.11 b±5.92	63.38 c±35.93	83.04	1.17 b±0.41	11.32 bc±3.21	46.56 b±17.74	59.06
银杏	3.07 ab±0.28	33.38 b±9.11	109.99 bc±24.97	146.43	2.91 b±2.04	30.21 b±19.08	68.88 b±52.77	102.00
悬铃木	1.21 c±0.56	12.11 b±5.37	41.05 c±10.23	54.38	1.09 b±0.88	21.29 bc±4.73	77.69 b±47.90	100.08
针叶树	2.26	28.93	101.63	132.82	1.61	17.26	83.72	102.60
阔叶树	3.87	37.29	134.27	175.43	3.41	28.42	147.40	179.23
平均值	3.15	33.57	119.76	156.49	2.61	23.46	119.10	145.17

滞尘量仅为栾树的 13%～14%。对粗颗粒物（2.5～10μm）的滞尘量，栾树在两年间均显著性高于其他树种，分别达到 92μg/cm^2 和 65μg/cm^2。但是其余树种间，差异不显著。对粗颗粒物滞尘量最低的树种分别是 2013 年的悬铃木，为 12μg/cm^2 和 2014 年的大叶黄杨，6μg/cm^2。对于大颗粒物（粒径为 10～100μm），滞尘量最高的为栾树。2013 年，栾树对大颗粒物的滞尘量为 246μg/cm^2，并且显著高于侧柏、国槐、油松、银杏和悬铃木，与其余树种差异不显著。在 2014 年，栾树对大颗粒物的滞尘量为 255μg/cm^2，并且显著高于其他树种。滞尘量最低的为 2013 年的悬铃木 41μg/cm^2 和 2014 年的白皮松 45μg/cm^2。研究中阔叶树的单位叶面积滞尘量高于针叶树，这可能与叶片的粗糙度和叶片平展程度有关。

（3）不同树种树脂颗粒物滞尘量的差异分析

不同树种树冠结构、树脂含量等影响因子的差异，导致不同树种对不同粒径的颗粒物吸附也有差异（图 4-5）。树脂内总滞尘量最高的为刺柏，54.7μg/cm^2，最低的为栾树，23.8μg/cm^2，约为刺柏树脂滞尘量的 40%。Sæbø 等（2012）在研究中同样发现不同树种树脂总滞尘量差异明显。叶片树脂内细颗粒物和粗颗粒物含量最高的均为刺柏，分别为 3.3μg/cm^2 和 25.6μg/cm^2。树脂中细颗粒物滞尘量最低的为银杏，0.91μg/cm^2；粗颗粒物滞尘量最低的为栾树，7.8μg/cm^2。树脂大颗粒物滞尘量最高的为白皮松，34.8μg/cm^2，最低的为银杏 15μg/cm^2。针叶树的滞尘量高于阔叶树，这可能与针叶树的树脂含量有关。

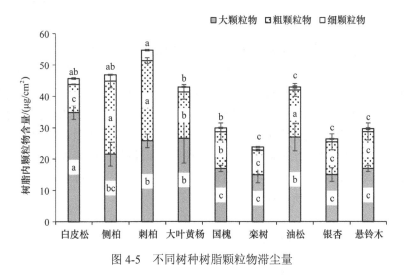

图 4-5　不同树种树脂颗粒物滞尘量

（4）叶表颗粒物（SPM）与树脂颗粒物（WPM）比较

不同树种叶表颗粒物与树脂中的颗粒物比例不同。总滞尘量上，叶表颗粒物占总滞尘量的 79%，蜡质中颗粒物占总量的 21%（表 4-2）。Popek 等（2013）在波兰研究的 13 种植物的滞尘中发现，叶表颗粒物占总滞尘量的 60%，Dzierżanowski 等（2011）在测定五种乔灌植物的滞尘效应中也发现，叶表颗粒物和树脂中颗粒物所占比例分别为 61% 和 39%。在本研究中，叶表颗粒物所占比例较高，可能与当地空气颗粒物浓度和滞尘时间有关。

表 4-2　不同树种叶表颗粒物与树脂颗粒物所占百分比

树种	细颗粒物		粗颗粒物		大颗粒物	
	SPM	WPM	SPM	WPM	SPM	WPM
白皮松	38%	62%	60%	40%	57%	43%
侧柏	36%	64%	44%	56%	75%	25%
刺柏	47%	53%	50%	50%	87%	13%
油松	55%	45%	43%	57%	63%	37%
国槐	72%	28%	62%	38%	91%	9%
栾树	89%	11%	89%	11%	94%	6%
银杏	76%	24%	74%	26%	82%	18%
悬铃木	54%	46%	64%	36%	82%	18%
大叶黄杨	52%	48%	30%	70%	86%	14%
针叶树平均值	44%	56%	49%	51%	71%	29%
阔叶树平均值	69%	31%	64%	36%	87%	13%
平均值	56%	44%	57%	43%	79%	21%

对于细颗粒物，针叶树树脂中颗粒物所占比例较高（56%），超过细颗粒物总量的 1/2，其中树种中细颗粒物比例最高的树种是侧柏。阔叶树种叶表颗粒物所占比例较高，接近 70%，其中叶表颗粒物所占比例最高的是栾树。粗颗粒物种，针叶树在叶表和树脂中颗粒物的比例接近 1∶1，而阔叶树种两者所占比例约为 6∶4。蜡质中颗粒物比例最高的为大叶黄杨，叶表颗粒物所占比例最高的为栾树。大颗粒物中，叶表颗粒物占比最高的为国槐，蜡质中颗粒物比例最高的为白皮松。不同树种由于本身特性，决定其在吸附颗粒物方面有一定的选择性，因此产生叶表颗粒物和蜡质中颗粒物所占比例不同。

4.2.2　北京公园滞尘特点研究

城市公园是空气颗粒物污染物的"汇"，公园植物叶面尘能够反映城市空气颗粒物污染情况。公园植物覆盖率高，地表粗糙度大，其近地面的空气动力学条件与道路环境有一定差异，是城市生态系统中具有重要自净功能的组成部分，在改善环境质量、维护城市生态平衡方面有十分突出的作用。研究城市公园植物的叶面尘情况，对于分析城市空气颗粒污染物的来源以及不同污染源的贡献程度具有很高的参考价值。韩东昱等测定了北京公园道路粉尘中的铜、铅、锌含量，发现北京市公园表层土壤、公路附近绿化地土壤铅、铜、锌含量超过北京市土壤背景值，通过聚类分析认为交通是造成公园道路粉尘中铜、铅和锌含量积累的重要因素（韩东昱等，2004）。国内外对道路林带阻滞颗粒物的研究主要是林带削减颗粒物浓度的效率，国外学者对影响林带阻滞吸附颗粒物的机理虽然有一些阐述，但是由于此机理受众多因素影响，并没有全面的数据资料可以参考。为了研究城市公园滞尘特点，本研究以北京市 9 座公园及其邻近道路为研究对象，对比分析了绿地环境与道路环境的国槐滞尘量及公园边缘到中心叶表滞尘量的变化规律，可为控制城市颗粒物污染提供科学依据，对促进城市生态环境管理和科学评估公园的滞尘作用具有重要意义。

（1）公园内部和道路植物滞尘量对比

公园内部国槐叶片表面细颗粒物为 2.36μg/cm^2，道路国槐叶片表面细颗粒物为 3.92μg/cm^2，公园内部植物叶片表面细颗粒物是行道树的 60%（图 4-6）。大部分公园内国槐叶片表面细颗粒物均低于道路绿化树种叶表细颗粒物，其中两者差异最大的为景山公园，达到 3.87μg/cm^2，行道树细颗粒物的滞尘量是公园内部的 3.5倍。但朝阳公园和槐新公园在公园内部高于道路绿化树种，可能是朝阳公园在东西方向上距离较小，在公园内外基本没有明显差异。另外公园的植物覆盖度也是影响植物滞尘的一个重要因素，实验中发现朝阳公园在东西方向上，广场、道路和水面等设施较多，植物冠层较稀疏，这也是植物难以发挥滞尘作用的一个重要原因。对于槐新公园，可能是道路车流量较小，公园内外 PM$_{2.5}$ 浓度差异不大所导致的。

公园内国槐叶片表面粗颗粒物为 22.48μg/cm^2，道路国槐叶片表面粗颗粒物为 37.83μg/cm^2，公园内部植物叶片表面粗颗粒物是行道树的 59%。调查中，所有公园内国槐叶片表面粗颗粒物均低于行道树，其中公园和道路差异最大的出现在槐新公园，行道树粗颗粒物的滞尘量约是公园内部的一倍。而差异最小的出现在朝阳公园，行道树和公园内部的差异仅为 4.4μg/cm^2，这与公园林带的宽度和林带的冠层密度有很大关系。

与叶表细颗粒物和粗颗粒物相比，叶表大颗粒物的滞尘量在公园内部和行道树之间的差异最大，公园内国槐叶片表面大颗粒物为 109.41μg/cm^2，道路国槐叶片表面大颗粒物为 217.55μg/cm^2，公园内部植物叶片表面大颗粒物是行道树的50%。公园和道路差异最大的出现在景山公园，行道树和公园内部国槐叶表大颗粒物的滞尘量分别是 274.85μg/cm^2 和 116.54μg/cm^2，两者差异达 158.31μg/cm^2。差异最小的出现在槐新公园，为 33.56μg/cm^2。

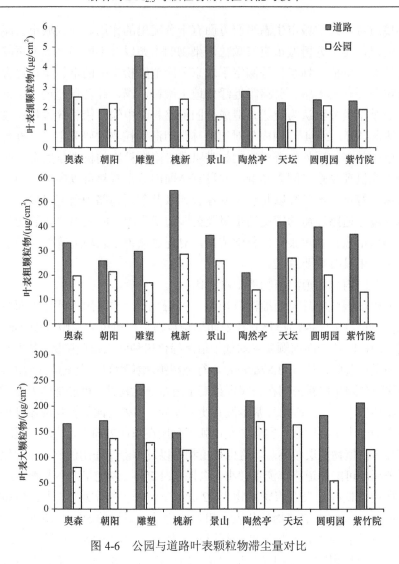

图 4-6　公园与道路叶表颗粒物滞尘量对比

在绝对值上，不同径级公园内部和行道树的滞尘量有明显的差异，细颗粒物、粗颗粒物和大颗粒物分别是 1.566μg/cm^2、15.356μg/cm^2 和 108.146μg/cm^2，但是在相对量上，不同径级公园内部和行道树的滞尘量差异不大，各个径级上公园内部叶表颗粒物是行道树叶表颗粒物的 50%～60%。说明林带在阻滞和吸附所有径级的效率是一致的。

公园和道路叶面尘分布特征的差异为，道路国槐的滞尘量显著高于公园，这主要由于其直接受到交通排放的影响（宋少洁等，2012）。车辆行驶产生的二次扬尘，运输夹带、路面磨损、尾气排放的颗粒物等易被行道树叶片拦截和滞留，重力作用又使较大粒径的颗粒物容易在道路及路侧区域沉降。粒径较小的颗粒物能够在空气中长期飘浮，由于道路环境植被稀疏，车量行驶增大了气流扰动，小粒径颗粒物可以随气流迁移到较远的地方。公园样点周围树木和灌木较多，鲜有车辆经过，交通排放对公园的影响弱于道路（梅凡民等，2011），这可能是公园国槐滞尘量较小的原因。

（2）公园边缘到中心植物滞尘量的梯度变化趋势

公园对不同径级的颗粒物削减速度不同，从公园边缘到公园中心，每 100 米叶表细颗粒物减少 $0.17\mu g/cm^2$，叶表粗颗粒物减少 $1.19\mu g/cm^2$，叶表大颗粒减少 $6.19\mu g/cm^2$（图 4-7），即从公园边缘到中心，每 100 米细颗粒物减少 5.2%，粗颗粒物减少 4.0%，大颗粒物减少 4.3%。本研究中样品均采自国槐树种，可排除树种间的差异对滞尘量的影响，叶表颗粒物从公园到中心逐渐减少，说明叶片确实在阻滞和吸附空气颗粒物，并且随着植物宽度的增加，植物的滞尘效果越明显。

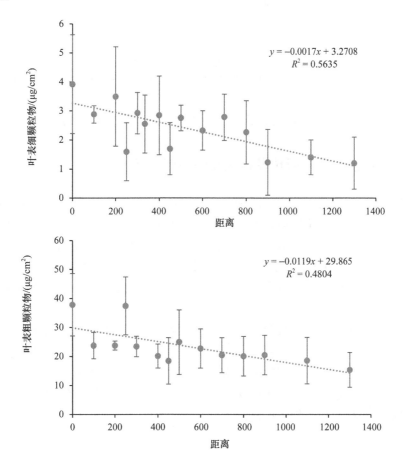

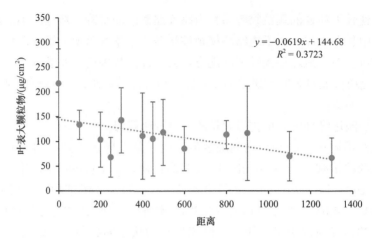

图 4-7　公园边缘到中心单位叶面积上颗粒物质量梯度变化

叶表颗粒物从公园边缘到中心的拟合方程为

$$Y_{fine} = -0.0017X + 3.27$$
$$Y_{coarse} = -0.0119X + 29.87$$
$$Y_{large} = -0.0619X + 144.68$$

式中，Y 为单位叶面积上叶表颗粒物的质量，X 为公园从边缘到中心的距离。

4.3　植物不同器官对颗粒物的吸附分析

4.3.1　植物枝条对不同粒径颗粒物的吸附分析

目前涉及枝条吸附颗粒物的研究主要为冠层尺度和枝条尺度对颗粒物的吸附，对枝条与叶片吸附颗粒物的能力没有进行区分。而枝条是冠层的重要组成部分，植物枝干具有一定的滞尘能力，在冬季落叶期能够减少 18%～20% 的大气颗粒物（郭伟等，2010）。那么在冬季落叶后枝条吸附颗粒物的能力如何，不同树种枝条吸附颗粒物的能力是否存在差异，一年生枝和多年生枝的吸附差异等均是需要进一步讨论的问题。

本节分析了枝条表面吸附三种粒径颗粒物情况，更系统全面地明确了植物吸附颗粒物的效果；分析了主要受气象因素变化影响下多年生枝条对颗粒物的吸附情况，以及一年生枝条受植物生长影响下吸附颗粒物量的季节变化，比较了一年和多年生枝条去除空气悬浮颗粒物的差异，比较了不同植物枝条的吸附能力差异，为优化滞尘树种选择提供理论依据。

4.3.1.1　一年生枝条吸附不同粒径颗粒物的季节变化

（1）一年生枝条吸附 TSP 的季节变化

单位面积平均吸附 TSP 质量为秋季>冬季>春季>夏季，分别是 $145.97\mu g/cm^2$、$130.60\mu g/cm^2$、$99.39\mu g/cm^2$ 和 $90.21\mu g/cm^2$（图 4-8）。各树种一年生枝条表面 TSP 的吸附量呈现出有差异性的规律。

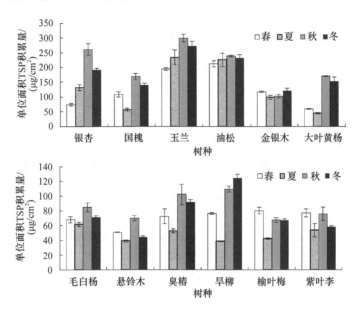

图 4-8　一年生枝条单位面积吸附 TSP 质量的季节变化

其中，国槐、大叶黄杨、毛白杨、悬铃木和臭椿的季节变化规律为夏季较春季下降、秋季升高冬季再降低的波动性变化。这是由于春季一年生枝条刚开始生长积累了一定的颗粒物后，夏季经历降雨过程后将颗粒物部分洗脱，秋冬季颗粒物继续积累，秋季受背景高颗粒物浓度影响而达到峰值。银杏、玉兰、油松、金银木和榆叶梅的季节变化规律与之有所差异。银杏、玉兰和油松三种枝条对 TSP 的积累能力较强，在春季采样之后，一年生枝条表面吸附的颗粒物量一直在显著增加，颗粒物在夏季降雨洗脱后仍高于春季。而金银木和旱柳为先降低后增加的山谷型变化，榆叶梅和紫叶李为波动性变化，但春季较高，与金银木相似。除旱柳外均为小乔木，较其余树种低矮，因此在春季有扬尘的天气里有较高的颗粒物吸附量。

（2）一年生枝条吸附 PM_{10} 的季节变化

各树种吸附量的平均值为秋季>春季>冬季>夏季，分别是 $43.71\mu g/cm^2$、

35.14μg/cm^2、33.39μg/cm^2 和 26.94μg/cm^2（图 4-9）。其中，夏季为全年最低值，秋季为全年最高值。

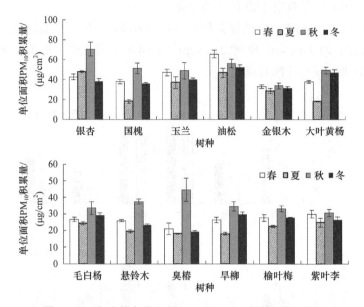

图 4-9　一年生枝条单位面积吸附 PM$_{10}$ 质量的季节变化

各树种一年生枝条表面 PM$_{10}$ 的吸附量的季节变化规律基本一致。除银杏外，其余树种季节变化规律均为夏季较春季下降、秋季升高达到最高值、冬季略有降低的波动性变化。这与国槐、大叶黄杨、毛白杨、悬铃木和臭椿一年生枝条表面 TSP 的季节变化原因相同，但波动幅度整体低于 TSP 的变化。银杏的季节规律为先增加后降低的山峦型变化。银杏一年生枝条表面 PM$_{10}$ 的变化规律也与其 TSP 的变化规律一致，这是其对 PM$_{10}$ 的积累能力较强所致。但冬季 PM$_{10}$ 吸附量下降较 TSP 明显，说明一年生枝条表面秋季 PM$_{10}$ 的吸附量对背景环境浓度的响应更明显，TSP 秋季的吸附量较高的原因除环境浓度影响外，一定程度上是因为枝条积累 TSP 能力未饱和，因此生长过程中仍继续积累颗粒物。

（3）一年生枝条吸附 PM$_{2.5}$ 颗粒物的季节变化

各树种吸附量的平均值为秋季>春季>冬季>夏季，分别是 19.77μg/cm^2、15.42μg/cm^2、15.08μg/cm^2、9.75μg/cm^2（图 4-10）。其中，夏季为全年最低值，秋季为全年最高值，冬季较春季差异较小。

各树种一年生枝条表面单位面积吸附 PM$_{2.5}$ 质量的季节变化规律有较高的一致性。各树种季节规律均为夏季较春季下降、秋季升高冬季降低的波动性变化。这与大部分吸附 PM$_{10}$ 的季节规律相同，也与国槐、大叶黄杨、毛白杨、悬铃木、臭椿和紫叶李吸附 TSP 的季节规律相同,其产生这一规律原因自然也相似。但其波动幅度不如 TSP 的变化波动,其中银杏、国槐、悬铃木和臭椿为秋季明显高于春夏冬季,玉兰、金银木、大叶黄杨、榆叶梅和紫叶李为夏季明显低于春秋冬季,油松为春季明显高于夏秋冬季,旱柳和毛白杨为秋冬季明显高于春夏季。

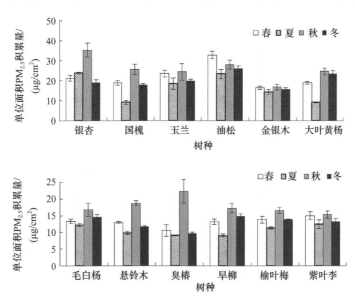

图 4-10　一年生枝条单位面积吸附 PM$_{2.5}$质量的季节变化

4.3.1.2　多年生枝条吸附不同粒径颗粒物的季节变化

（1）多年生枝条吸附 TSP 的季节变化

各树种吸附量平均值为冬季>秋季>春季>夏季,分别是 151.99μg/cm^2、141.98μg/cm^2、121.44μg/cm^2 和 84.42μg/cm^2（图 4-11）。其中,夏季为全年最低值,冬季为全年最高值。

各树种多年生枝条表面 TSP 的吸附量呈现出基本一致、少数有差异的规律。玉兰、大叶黄杨和榆叶梅则呈现夏季较春季下降、秋季升高冬季降低的波动性变化,其余树种均为先降低后增加的山谷型变化。所有树种夏季吸附量均明显低于春秋冬季,这说明降雨能够冲洗掉多年生枝条表面积累的一部分颗粒物。另外,由于秋冬季少雨且颗粒物浓度偏高,大部分树种的吸附量有所响应,较春季增大,但榆叶梅和紫叶李响应不明显。而银杏整年的吸附量明显高于其他树种,这说明其积累颗粒物的能力较强,且多年积累的颗粒物能较好吸附固定于枝条表面,不易受风和雨的影响。

（2）多年生枝条吸附 PM$_{10}$的季节变化

各树种吸附量的平均值为秋季>冬季>春季>夏季，分别是 45.77μg/cm^2、42.34μg/cm^2、35.40μg/cm^2 和 28.04μg/cm^2（图 4-12）。其中，夏季为全年最低值，秋季为全年最高值。

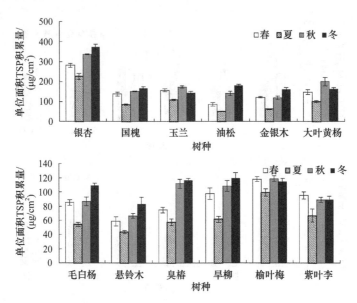

图 4-11 多年生枝条单位面积吸附 TSP 质量的季节变化

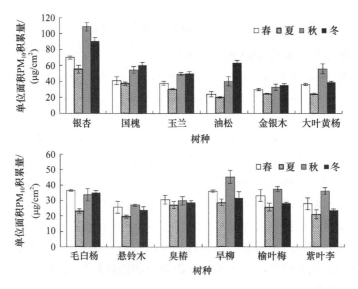

图 4-12 多年生枝条单位面积吸附 PM$_{10}$ 质量的季节变化

各树种多年生枝条表面 PM$_{10}$吸附量的季节变化规律有一定的相似性。银杏、大叶黄杨、悬铃木、旱柳、榆叶梅和紫叶李的季节变化规律均为夏季较春季下降、秋季升高达到最高值、冬季略有降低的波动性变化。这表明以上树种多年生枝条积累的 PM$_{10}$颗粒物与环境的响应关系明显,夏季经历降雨过程后会将颗粒物洗脱,秋季受背景高颗粒物浓度影响而达到峰值,冬季受大风影响会产生二次悬浮。国槐、玉兰、金银木、毛白杨和臭椿的变化幅度相对较小,特别是冬季与秋季差异不明显。油松的变化幅度明显,但不同的是,其冬季吸附量反而比秋季明显升高,说明大风会促使 PM$_{10}$更有效地被油松多年生枝条表面吸附,这是松科植物分泌的黏性松脂引起的。

（3）多年生枝条吸附 PM$_{2.5}$的季节变化

各树种吸附量的平均值为秋季>冬季>春季>夏季,分别是 19.01μg/cm^2、17.90μg/cm^2、14.88μg/cm^2、12.88μg/cm^2（图 4-13）。其中,夏季为全年最低值,秋季为全年最高值。

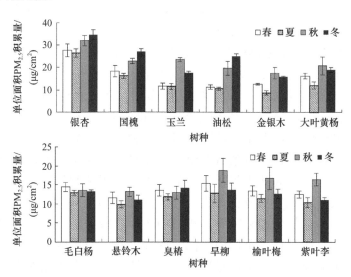

图 4-13　多年生枝条单位面积吸附 PM$_{2.5}$质量的季节变化

各树种多年生枝条表面单位面积吸附 PM$_{2.5}$质量的季节变化规律基本一致,大部分为夏季较春季下降、秋季升高冬季降低的波动性变化。但有一定的差异性,如毛白杨、悬铃木和臭椿整体季节变化不大,旱柳、榆叶梅和紫叶李为秋季明显高于其余三季,银杏、国槐、玉兰和油松为秋冬季明显高于春夏季,大叶黄杨和金银木为仅秋冬季差异不明显。总体来说,多年生枝条表面吸附 PM$_{2.5}$的季节变化较不明显。这说明多年生枝条吸附 PM$_{2.5}$在多年积累和固定过程中已较为稳定,环境对其影响产生的变化程度较低，特别是降雨的影响相比 PM_{10} 和 TSP 减弱较多，冬季仅部分树种吸附的 $PM_{2.5}$ 存在二次悬浮。

4.3.1.3　小结

一年生和多年生枝条对不同粒径颗粒物的总体差异不显著，年内单位面积吸附量均呈现出 TSP> PM_{10} > $PM_{2.5}$ 的规律，这与环境的背景空气浓度一致。一年生枝条和多年生枝条颗粒物的季节变化，TSP 平均为秋季>冬季>春季>夏季，PM_{10} 和 $PM_{2.5}$ 平均为秋季>春季>冬季>夏季。这表明枝条表面吸附的颗粒物对环境响应较为一致，春冬两季大粒径和小粒径颗粒物吸附的差异主要是受风速和湿度影响。冬季风速较大使颗粒物二次悬浮，悬浮的大颗粒物比小颗粒物更易于自然的沉降，且春季湿度较大利用小粒径颗粒物的附着；秋季环境中颗粒物浓度较高，引起吸附量较高；夏季由于降雨的洗脱作用，吸附量相对偏低。这同时暗示着枝条能够通过吸附颗粒物的环境响应起到去除颗粒物的效果。枝条去除颗粒物主要包括两个方面，一方面是从小枝新生吸附并逐渐积累固定下来；另一方面是通过枝条收集颗粒物，之后随降雨而回归土壤和地下系统中。

一年生和多年生枝条 TSP 吸附量均较高，春季和冬季多年生枝略高于一年生枝，PM_{10} 和 $PM_{2.5}$ 不同季节吸附量平均值差异不大。春季由于一年生枝条新生，短期内吸附的颗粒物不如多年生枝条长期的积累。而冬季风速较大，一年生枝条较多年生枝条细小，易受大风影响造成颗粒物的二次悬浮。

不同树种一年生和多年生枝条吸附颗粒物有所差异。银杏、大叶黄杨和榆叶梅多年生枝条颗粒物吸附量在全年明显高于一年生枝条，这些树种的枝条随着生长过程会提高其积累颗粒物的能力。而玉兰和油松则正好相反，这两个树种的枝条随着生长过程表皮粗糙度降低，则会降低其积累颗粒物的能力。国槐、臭椿、旱柳和紫叶李一年生和多年生枝条吸附颗粒物的差异依颗粒物的粒径大小而呈现出不同的情况。因此，枝条吸附颗粒物的效果不仅与树种有关，也与枝条生长阶段对应的特征有所关联，并形成对不同粒径颗粒物吸附的差异性。

4.3.2　树皮表面对不同粒径颗粒物的吸附分析

植物叶片沉积大量的颗粒物会造成光合作用减弱、气孔阻塞等一系列问题，从而影响植物生长（Tomaevic et al.，2005）。由于植物树皮部分是新周皮形成过程中木栓层外方累积增厚的死亡组织，其植物生物调节功能对表面沉积颗粒物的敏感性相对较低。树皮直接暴露在空气中，与空气颗粒物长期连续接触，是颗粒

物的直接接受体。树皮作为空气污染监测器具有许多优点：①树皮具有足够大的
表面积，可以连续多年每天都稳定暴露在空气中，在长期连续对污染监测方面研
究具有重要意义；②在自然界，树皮分布广泛容易获取，在野外收集也很容易；
③在树皮冲刷收集颗粒物对树木健康影响不大，不会破坏树木本身（王爱霞，
2010）；④随着树干和树枝的生长，树皮表面积的增长速度远远高于叶面积的增长
速度（Whittaker，1967）。

4.3.2.1 树皮表面吸附空气颗粒物的季节变化

（1）树皮表面吸附 TSP 颗粒物的季节变化

单位面积平均吸附 TSP 质量为秋季>冬季>春季>夏季，分别是 2459.52μg/cm^2、
2193.26μg/cm^2、2225.60μg/cm^2 和 1847.21μg/cm^2（图 4-14）。夏季为全年最低值，
秋季为全年最高值。树皮全年吸附量大，季节变化下的周转量也高。

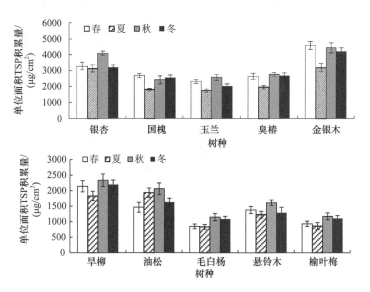

图 4-14 树皮单位面积吸附 TSP 质量的季节变化

不同树种树皮表面 TSP 的吸附量呈现出差异性。银杏为秋季明显高于其他三
季，秋季吸附量为 4103.04μg/cm^2，其余三季平均值为 3196.60μg/cm^2。一方面是
由于采样树种位于校园主道；另一方面受树皮表面特征影响。国槐、臭椿、金银
木为夏季明显低于其他三季，说明这几种树种通过降雨能有效去除树皮表面颗粒
物，恢复一定的滞尘能力。玉兰、旱柳和悬铃木为夏季较春季降低，秋季升高后
冬季再降低的波动性变化趋势，其中夏季为全年最低值，秋季为全年最高值，这
几个树种树皮结构在重霾天气吸附的颗粒物对大风天气的响应敏感。毛白杨和榆

叶梅为春夏季较低,秋冬季较高,降雨减小不明显说明其积累颗粒物的能力较差,但对重霾天气响应明显。油松为持续升高至秋季达到峰值,冬季有所降低,说明夏季降雨去除树皮颗粒物的效果不明显,但树皮对去除降雨中颗粒物的效果明显。

（2）树皮表面吸附 PM$_{10}$ 颗粒物季节变化

树皮单位面积 PM$_{10}$ 的吸附量相对较小,平均达 242.27μg/cm^2,只占到 TSP 的 11%。单位面积平均吸附 PM$_{10}$ 质量为秋季>冬季>春季>夏季,分别是 321.62μg/cm^2、252.38μg/cm^2、223.26μg/cm^2 和 171.83μg/cm^2（图 4-15）。夏季为全年最低值,秋季为全年最高值。这表明树皮吸附 PM$_{10}$ 的比例低于枝条,但通过季节变化的周转,PM$_{10}$ 的能力高于枝条。

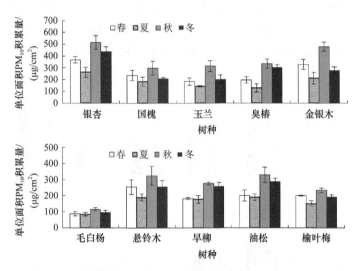

图 4-15　树皮单位面积吸附 PM$_{10}$ 质量的季节变化

各树种树皮表面 PM$_{10}$ 的吸附量均为夏季较春季降低,秋季升高后冬季再降低的波动性变化趋势,但波动幅度有所不同,总体吸附能力较强的差值越大。毛白杨、旱柳和油松夏季降低不明显,差值平均值为 6.07μg/cm^2,是降雨洗脱作用不明显所致;其余树种均春夏差异较明显,国槐、玉兰、悬铃木、臭椿和榆叶梅差值平均为 54.98μg/cm^2,银杏和金银木差值较大,平均为 110.59μg/cm^2,降雨去除颗粒物作用明显。

秋季所有树种均显著升高,高于春夏两季,均对重霾的环境响应明显。毛白杨秋季较夏季增加较少,增值为 30.58μg/cm^2,是由于其树皮光滑,吸附能力有限,趋于饱和,对高颗粒物浓度不敏感;国槐、悬铃木、油松和榆叶梅,增值平均为 114.35μg/cm^2;银杏、玉兰、臭椿和金银木差值较大,增值平均为 223.88μg/cm^2,这些树种对环境颗粒物浓度响应敏感,差异为树皮结构所导致。冬季所有树种均显著降低，即大风天气使吸附颗粒物二次悬浮。毛白杨、臭椿和旱柳降低较少，差值平均值为 21.69μg/cm^2，这是由于其积累滞尘量相对较小；银杏、国槐、悬铃木、油松和榆叶梅，降低值平均为 63.14μg/cm^2；玉兰和金银木降低较多，因其既有一定的滞尘量，又因树皮纵深结构不发达，小粒径易受大风的影响。

（3）树皮表面吸附 PM$_{2.5}$ 颗粒物季节变化

树皮单位面积 PM$_{2.5}$ 的吸附量较小，平均达 127.82μg/cm^2，只占到 TSP 的 6%。单位面积平均吸附 PM$_{10}$ 质量为秋季>冬季>春季>夏季，分别是 172.51μg/cm^2、133.99μg/cm^2、117.37μg/cm^2 和 87.39μg/cm^2（图 4-16）。夏季为全年最低值，秋季为全年最高值。这与 PM$_{10}$ 相似，树皮吸附 PM$_{2.5}$ 的比例低于枝条，但周转能力高于枝条。

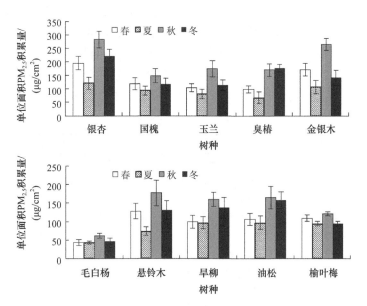

图 4-16　树皮单位面积吸附 PM$_{2.5}$ 质量的季节变化

各树种树皮表面 PM$_{2.5}$ 的吸附量总体变化与 PM$_{10}$ 相似吸附能力较强的差值越大。各树种差异也与 PM$_{10}$ 较一致，毛白杨、旱柳和油松夏季变化不明显，其余树种均春夏差异较明显。秋季所有树种均显著升高，高于春夏两季，毛白杨和榆叶梅秋季增加最少，国槐、旱柳和油松较少，玉兰、悬铃木和臭椿居中，银杏和金银木差值较大。冬季所有树种除臭椿和油松无明显变化外均降低，国槐、毛白杨、旱柳和榆叶梅降低较少，银杏、玉兰和悬铃木居中，金银木降低较多。造成此季节变化的原因与 PM$_{10}$ 相似，不再赘述。

4.3.2.2　树皮表面特征与不同粒径颗粒物的吸附效果

（1）树皮微形态与 TSP 的吸附

树皮对吸附大气中的颗粒物具有重要的作用，不同植物的吸附能力不同，这与树皮表面结构特征有关。共对 10 种植物树皮进行观察，可清晰地观察到不同树种的形态特征不同，植物种树皮特征如表 4-3 所示。银杏树皮粗糙度且缝隙多，其表面的裂纹结构能够吸附大量颗粒物而不易二次悬浮。与片状开裂的悬铃木和油松的树皮不同的是，金银木树皮呈长条的薄片状剥裂，其中有非常多的纵向缝隙，因此吸附颗粒物量较高。毛白杨树皮十分光滑，有少量皮孔，其吸附颗粒物主要集中在开裂皮孔处，较光滑部分吸附的颗粒物较少。本研究中，树皮开裂深度和方式对颗粒物吸附能力影响显著，尤其是纵裂的树皮受夏季雨水影响具有较好的去除滞尘作用。另外，典型针叶松科植物在叶肉和木质组织部位均存在能分泌大量松脂的树脂道。因此在本研究中，油松树皮虽粗糙度一般、对大颗粒物的吸附能力不强，但对小颗粒物的吸附能力较强。油松树皮表面吸附的大颗粒物夏季高于春季，与其他树种规律相反，是由于吸附了雨水带来的颗粒物。

表 4-3　树皮特征表

编号	植物名	拉丁名	树皮特征
1	银杏	*Ginkgo biloba*	树皮粗糙，含皮孔，深交叉纵裂
2	国槐	*Platanusoccidentalis*	树皮深纵裂
3	玉兰	*Populustomentosa*	树皮粗糙，有皮孔
4	毛白杨	*Salix matsudana*	树皮平滑不开裂，有皮孔
5	一球悬铃木	*Magnolia denudata .*	树皮小片状开裂脱落
6	臭椿	*Sophora japonica*	树皮粗糙有浅裂纹
7	柳树	*Ailanthus altissima*	树皮浅纵裂
8	油松	*Pinustabulaeformis*	树皮鳞片状开裂
9	金银木	*Loniceramaackii*	树皮薄片状剥裂
10	榆叶梅	*Prunustriloba*	树皮微剥裂

（2）树皮含水率与不同粒径颗粒物的吸附

树皮虽是死亡组织，却仍含有水分。树皮单位面积吸附 TSP、PM$_{10}$ 和 PM$_{2.5}$ 的质量均随含水率的增加而降低，含水率越高的树皮吸附颗粒物的能力越弱，如图 4-17 所示。其中，树皮含水率与大粒径颗粒物的吸附量的相关性一般，主要是由于部分树皮单位面积大粒径颗粒物吸附量差异较大，而含水率差异较小，使关联点出现离散较大的特征，致使相关系数下降。含水量与小粒径颗粒物的吸附量呈显著负相关（Pearson，$P<0.05$，$N=20$），与 PM$_{10}$ 和 PM$_{2.5}$ 的相关系数分别是 0.77

和 0.76。因此，在背景颗粒物浓度差异不大的春季和冬季，冬季大风天气下的湿度更小，树皮更易积累下颗粒物。另外，树皮的含水率也是表征不同树皮构造差异的重要指标。玉兰、毛白杨、臭椿和榆叶梅树皮含水率相对较高，其表面均较光滑，最外层的栓化表皮相对较薄，无明显的深陷开裂结构。其余六种树皮含水率相对较小，仅为 3.9%～4.8%，差异不大。这是因为它们的最外层表皮都相对较厚，为更为相似的死亡且完全栓化的组织。并且这些树皮有深裂的结构或开裂可剥落，相对的空气接触面更大，使之原持有的水分散失更多。

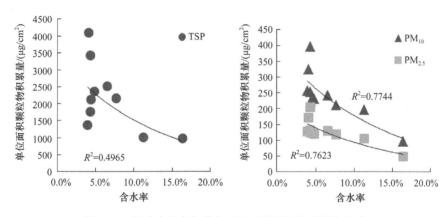

图 4-17　树皮含水率与单位面积吸附颗粒物质量的关系

（3）树皮含脂率与不同粒径颗粒物的吸附特征

树皮组织除含有水分外，还有其他的复杂类脂物质。其中，树皮含脂率与大粒径颗粒物的吸附量的相关性一般，相关系数为 0.49。基本能表明树皮单位面积吸附 TSP 的质量随含脂的增加而降低的趋势，含脂率越高的树皮吸附大粒径颗粒物的能力越弱，见图 4-18。与含水率相似，这是由于不同树皮单位面积大粒径颗粒物吸附量差异较大所致。而含脂率与小粒径颗粒物的吸附量则基本无相关性，这说明小粒径颗粒物并不具有亲脂性，不同树皮的含脂率对其吸附颗粒物的效果并无影响。以油松为例，虽然其树皮由于松类植物树干的树脂道存在含脂率较高，但其 TSP 的吸附量处于中间水平，PM$_{10}$ 和 PM$_{2.5}$ 的吸附量次于金银木和银杏。而旱柳树皮的含脂率较低，其 TSP、PM$_{10}$ 和 PM$_{2.5}$ 的吸附量均处于中间水平。整体来说，空气颗粒物的吸附量与树皮的含脂率无明显的关系。

（4）树皮粗糙度与不同粒径颗粒物的吸附特征

不同树皮表面形态不尽相同，这是由其表面结构所决定的。树皮单位面积吸附 TSP、PM$_{10}$ 和 PM$_{2.5}$ 的质量均随粗糙度的增加而增加，粗糙度越高的树皮吸附颗粒物的能力越强（图 4-19）。粗糙度与大颗粒物吸附量显著正相关（Pearson，

$P<0.05$, $N=10$），相关系数为 0.52。粗糙度与小颗粒物吸附量呈显著正相关（Pearson，$P<0.05$，$N=20$），与 PM_{10} 和 $PM_{2.5}$ 的相关系数分别是 0.76 和 0.75。由于粗糙度是通过观察表面结构后人为等值递进，而部分树皮对大粒径颗粒物的吸附量离散程度较高，因此粗糙度与小粒径颗粒物的相关性大于大粒径颗粒物。并且，毛白杨其表面较光滑，其吸附的小粒径颗粒物量明显低于其他树种，但大粒径颗粒物的吸附量与其他树种的差异未有如此明显，这表明粗糙度树皮表面积累小粒径颗粒物的能力影响更大。银杏和金银木对 TSP、PM_{10} 和 $PM_{2.5}$ 的吸附量均明显高于其他树种，二者的粗糙度均较大。由此可看出，在不同粒径颗粒物的吸附差异上，对粗糙度较小的树皮的影响大于粗糙度较大的树皮。

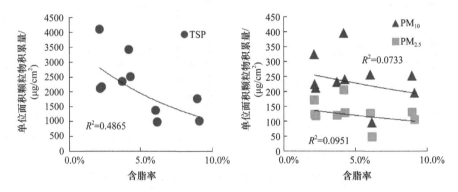

图 4-18 树皮含脂率与单位面积吸附颗粒物质量的关系

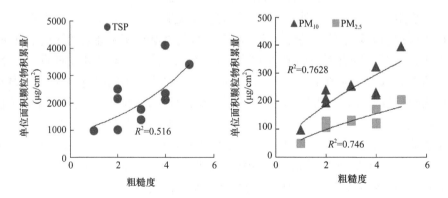

图 4-19 树皮粗糙度与单位面积吸附颗粒物质量的关系

4.3.2.3 不同树皮的吸附颗粒物差异及分类

（1）不同树皮对吸附 TSP 的差异

不同树皮对年内平均吸附 TSP 之间差异显著，在 974.52~4103.54μg/cm² 之间变动，最大值与最小值相差 3129.02μg/cm^2，如图 4-20 所示。10 种实验树种吸附 TSP 的平均值为 2181.40μg/cm^2，变异系数较大。

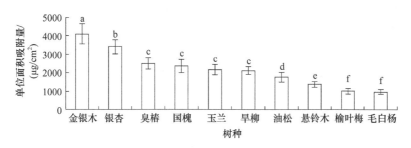

图 4-20　不同树皮单位面积 TSP 吸附质量的比较

其中，金银木对 TSP 的积累能力在 10 种实验树种中明显最高。除薄片细长条状剥裂的树皮特征有利于对颗粒物的吸附作用外，其作为小乔木也能更好地吸附地面扬尘，因此对 TSP 的吸附量较高。其次，吸附量较高的为银杏。银杏深纵裂的树皮特征有利于积累颗粒物，并且采样银杏的树龄较大，积累颗粒物的时间更长。

臭椿、国槐、玉兰和旱柳吸附能力无显著差异，在供试树种中为平均水平，四个树种的平均值为 2289.87μg/cm^2，与银杏和金银木差异显著。这四种实验树种的生长情况基本一致，胸径和高度相近。树皮特征可分为两类：臭椿和玉兰树皮较相似，为粗糙表面，较开裂的树皮光滑；国槐和旱柳树皮较相似，为纵裂，随着树木生长过程，树皮的纵裂会加深。

积累能力偏低的油松和悬铃木，均为片状的开裂剥落树皮，树皮的脱落更新积累。另外，它们的表面形态略有差异，油松树皮为鳞片状凸起，而悬铃木为网格状沟槽，这两种形态的分布密度均小于金银木，故粗糙度小于金银木。实验树种中吸附能力最低的是榆叶梅和毛白杨，它们的树皮较为光滑，积累颗粒物的能力较低，毛白杨有皮孔的地方吸附量稍高，榆叶梅微剥裂状树皮的缝隙间吸附量稍高。

（2）不同树皮对吸附 PM_{10} 和 $PM_{2.5}$ 的差异

不同树皮对年内平均吸附 PM_{10} 之间差异显著，最大值与最小值相差 299.42μg/cm^2，如图 4-21 所示。10 种实验树种 PM_{10} 吸附量平均值为（242.27±78.51）μg/cm^2，变异系数较大。不同树皮对年内平均吸附 $PM_{2.5}$ 之间差异规律与 PM_{10} 相似，$PM_{2.5}$ 吸附量基本为相应树种 PM_{10} 吸附量的一半，最大值与最小值相差 156.94μg/cm^2。10 种实验树种 $PM_{2.5}$ 吸附量平均值为（127.82±40.70）μg/cm^2，变异系数较大。

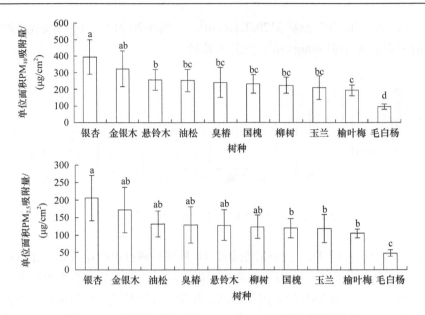

图 4-21　不同树皮单位面积 PM$_{10}$ 和 PM$_{2.5}$ 吸附质量的比较

其中，银杏对 PM$_{10}$ 和 PM$_{2.5}$ 的积累能力均为这 10 种实验树种中最高。其次，吸附量较高的为金银木。两个树种的吸附量在各粒径上较为一致，均为吸附能力较强的树种，这是由其树皮特征决定。不同的是，金银木对 TSP 的吸附能力大于银杏，对 PM$_{10}$ 和 PM$_{2.5}$ 的吸附能力小于银杏。这说明银杏树皮更易积累小粒径颗粒物，使之不被大风吹起或降雨淋洗掉，金银木因其整体较低矮，地面扬尘不易扩散，所以吸附大粒径颗粒物较多。

悬铃木、油松、臭椿、国槐、玉兰和旱柳吸附能力基本一致，在供试树种中为平均水平，仅悬铃木和榆叶梅差异显著，七个树种 PM$_{10}$ 和 PM$_{2.5}$ 的平均值分别为 229.84μg/cm^2 和 121.90μg/cm^2。这七种实验树种中，除稍低的榆叶梅为灌木外，其余均为高大乔木。

实验树种中对 PM$_{10}$ 和 PM$_{2.5}$ 吸附能力最低的仍是毛白杨，这是由其较为光滑的树皮特征决定，积累颗粒物的能力整体均明显低于其他树种。

（3）不同树皮吸附效果分类

同种树皮的吸附能力在 3 种粒径范围上基本一致，金银木、银杏等较高，榆叶梅、毛白杨等较低，在同种粒径范围上不同树种吸附能力不同。将不同植物 4 个季节的单位面积 3 种粒径范围颗粒物吸附量 Z 得分标准化后进行系统聚类分析，采用 Euclidean 距离，最远邻元素方法结果较为理想，组内距离较小，控制在 5 次迭代之内，组间距离较大。结果可划分为以下 4 类。

　　第一类为银杏和金银木，是研究树种中对各粒径范围颗粒物树皮吸附能力均较强的树种。树皮均粗糙度大且缝隙多，含水量和含脂量较低，其表面的裂纹结构能够吸附大量颗粒物而不易二次悬浮。同时，这两种树皮的季节变化规律也相当一致，夏季显著低，秋季显著高。

　　第二类为毛白杨，是研究树种中对各粒径范围的颗粒物树皮吸附能力均较弱的树种。树皮光滑，含水量和含脂量均较高。这种低粗糙度的表面虽然易于受雨水冲刷更新，但也极大限制了最大的颗粒物吸附量。

　　第三类为油松、悬铃木和榆叶梅，是研究树种中对不同粒径颗粒物吸附能力不同的树种。这 3 种树皮的含脂量较高，使得它们吸附大颗粒物的能力较弱。其中油松和悬铃木可分为一小类，油松和悬铃木的树皮均为小片状开裂的性质，且树皮含水量较低，使得它们对小颗粒物的吸附能力较弱；榆叶梅含水和含脂量与毛白杨相似，它们整体吸附能力均较低，但榆叶梅对 10 μm 以下颗粒物的吸附量是毛白杨的 2 倍。

　　第四类为国槐、玉兰、柳树和臭椿，是研究树种中对各粒径范围的颗粒物吸附能力居中的树种。国槐与柳树树皮为相似的浅纵裂特征，玉兰与臭椿树皮为相似的粗糙有浅裂特征，它们的季节变化较明显且一致。

4.3.3　叶片表面对不同粒径颗粒物的吸附效果分析

　　城市植被对大气环境具有改善作用，增加城市植被有助于减少大气中的颗粒物（Nowak et al.，2006；Tiwary et al.，2009；Jim et al.，2008）。颗粒物在重力沉降、紊流扰动和截留作用下积聚在植物叶片表面，部分细颗粒物通过植物气孔进入植物体内（Yingshi Song et al.，2015；Ottelé et al.，2010）。植物叶面结构和冠形特征不同，对大气颗粒物的去除能力存在差异。植物叶片吸附的颗粒物主要可以分为叶表面颗粒物（surface-PM）和蜡质层颗粒物（wax-PM）。针对不同粒径，可划分为 TSP（粒径<100μm）、PM$_{10}$（粒径<10μm）、PM$_{2.5}$（粒径<2.5μm）。叶片吸附的颗粒物中还有部分水溶性组分。本节选取了北京市常见的乔灌草藤，研究植物叶片对不同粒径颗粒物的吸附情况，分析不同植物叶片吸附量随时间的动态变化规律。

4.3.3.1　乔木叶片对不同粒径颗粒物的吸附分析

　　（1）叶表面吸附不同粒径颗粒物的季节变化

　　常绿乔木在不同季节吸附颗粒物的质量有显著差异（图 4-22）。冬季、春季、夏季、秋季吸附 TSP 总量分别为（205.95±29.76）μg/cm²、（215.11±41.41）μg/cm²、

（60.66±19.03）μg/cm^2、（56.50±10.92）μg/cm^2。冬季、春季、夏季、秋季吸附 PM$_{10}$总量分别为（31.82±0.05）μg/cm^2、（25.41±3.23）μg/cm^2、（13.69±5.43）μg/cm^2、

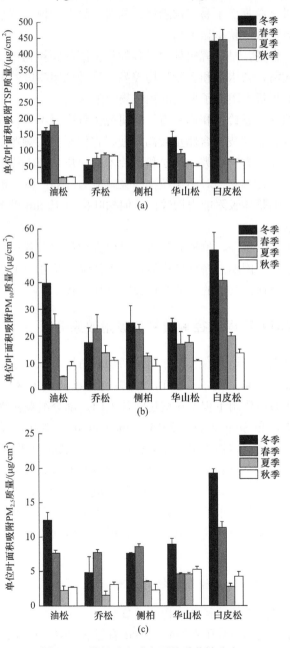

图 4-22　常绿乔木叶表面的季节性分布

（a）TSP；（b）PM$_{10}$；（c）PM$_{2.5}$

（10.52±1.44）μg/cm^2。冬季、春季、夏季、秋季吸附 PM$_{2.5}$ 总量分别为（10.61±0.24）μg/cm^2、（7.99±0.34）μg/cm^2、（2.94±0.13）μg/cm^2、（3.53±0.32）μg/cm^2。

春冬两季叶面吸附颗粒物质量较大，夏秋两季较小，春冬季约为夏秋季节的 3~4 倍。夏季和秋季植物叶片的吸附量相近，冬季和春季相近。一般呈现出冬季>春季>夏季>秋季的季节性变化规律，与北京市大气颗粒物浓度的季节性变化规律基本一致。叶面吸附颗粒物质量随季节的变化主要受到大气颗粒物污染程度的影响。北京市春冬两季因供暖导致燃煤使用量上升，颗粒物污染较夏秋季严重。同时冬季落叶树种对颗粒物吸附能力显著降低，加大了常绿树种的叶面吸附量。叶表面 TSP 的季节性波动大，PM$_{2.5}$ 的季节性波动小。植物叶片吸附 TSP 总量的季节性变化主要受粒径在 10~100μm 的粗颗粒物影响。

不同种常绿乔木对颗粒物的吸附能力存在显著性差异。全年单位叶面积 TSP 的吸附量从高到低排序为白皮松>侧柏>油松>华山松>乔松。白皮松吸附量为乔松的 3.4 倍，通过 ANOVA 检验表明，白皮松吸附 TSP 总量与其他常绿乔木存在显著性差异（P=0.05）。白皮松对 PM$_{10}$ 吸附量最大，为 31.56μg/cm^2，乔松吸附量最小，为 16.19μg/cm^2。白皮松和乔松对 PM$_{10}$ 吸附量存在差异性（P=0.07）。油松、侧柏和华山松对 PM$_{10}$ 的吸附量分别为（19.46±2.03）μg/cm^2、（17.14±1.95）μg/cm^2、（17.43±0.96）μg/cm^2。5 种常绿乔木对 PM$_{2.5}$ 的吸附量相近，不存在显著性差异。常绿树种对颗粒物的吸附能力也主要取决于对粒径为 10~100μm 的粗颗粒物的吸附量。

落叶乔木是我国北方常用的城市绿化树种，本次研究选取了北京市常见的 33 种落叶乔木，测定了春夏两季对大气中 TSP、PM$_{10}$、PM$_{2.5}$ 单位叶面积的吸附量。通过相关性分析发现，春夏两季叶表面吸附 TSP 质量和 PM$_{10}$ 质量有极显著相关关系，夏季吸附的 TSP 质量和 PM$_{2.5}$ 质量也有极显著相关关系（表 4-4）。

表 4-4　春季和夏季植物叶表面吸附 TSP 与 PM$_{10}$ 和 PM$_{2.5}$ 的相关性分析

	春季		夏季	
	吸附 PM$_{2.5}$	吸附 PM$_{10}$	吸附 PM$_{2.5}$	吸附 PM$_{10}$
不同季节吸附 TSP 量	0.07	0.54[**]	0.42[**]	0.40[**]

**在 0.01 水平（双侧）上显著相关

利用系统聚类中的 Ward 法聚类，按植物春季对 TSP 的吸附能力，可划分为五类（图 4-23）。按植物叶表面吸附 TSP 能力排序，第一类单位叶面积吸附颗粒物能力最强[平均吸附量为（111.36±23.06）μg/cm^2]的植物有悬铃木、构树、栓皮栎和杜仲；第二类吸附能力较强[平均吸附量为（71.31±16.54）μg/cm^2]的植物有紫叶李、紫叶桃和山楂；第三类吸附能力中等[平均吸附量为（50.05±8.02）μg/cm^2]

的植物有栾树、银杏、水杉、黄檗、暴马丁香、七叶树、火炬树和核桃；第四类吸附能力较弱[平均吸附量为（38.45±4.25）µg/cm^2]的植物有白玉兰、白榆、旱柳、元宝枫、龙爪槐、丝棉木、椴树、加拿大杨和皂荚；第五类吸附能力弱[平均吸附量为（21.64±4.03）µg/cm^2]的植物有白蜡、毛白杨、鹅掌楸、香椿、黄金树、臭椿、刺槐、国槐和水曲柳。按植物夏季对 TSP 的吸附能力，可划分为三类。第一类为吸附能力强的丝棉木；第二类为吸附能力中等的白玉兰、紫叶李、暴马丁香、黄金树、火炬树、核桃和山楂；其余为第三类吸附能力弱的植物。对比春季和夏季植物吸附颗粒物能力的变化情况，从春季进入夏季吸附能力显著下降的有悬铃木、构树、栓皮栎、杜仲，显著上升的有白玉兰和丝棉木。植物叶片吸附颗粒物的能力受到植物叶表面微观结构的影响，植物叶片结构随季节会发生变化影响其对颗粒物的吸附。

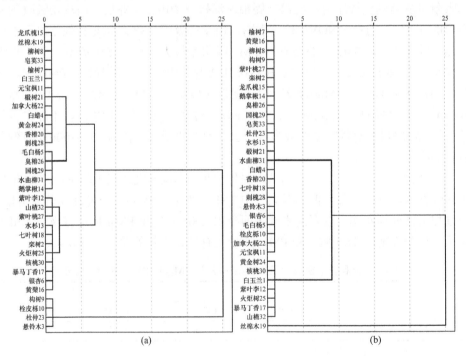

图 4-23　33 种落叶乔木叶表面吸附颗粒物聚类分析结果
（a）春季；（b）夏季

33 种树种春季单位叶面吸附 TSP、PM$_{10}$ 和 PM$_{2.5}$ 质量平均值分别为（48.21±11.21）µg/cm^2、（15.46±5.02）µg/cm^2 和（5.35±1.21）µg/cm^2；夏季单位叶面吸附 TSP、PM$_{10}$ 和 PM$_{2.5}$ 质量平均值分别为（23.87±3.78）µg/cm^2、（4.56±4.25）µg/cm^2、（1.65±0.93）µg/cm^2。夏季植物叶片吸附量小于春季。

（2）乔木叶片对不同粒径颗粒物的吸附情况综合分析

常绿乔木对不同粒径颗粒物的吸附存在季节性波动，叶表面吸附量呈冬季＞春季＞夏季＞秋季的季节性变化规律。蜡质层在春季对 TSP 吸附量较高，其他季节差异较小，对 PM_{10} 和 $PM_{2.5}$ 吸附量自冬天开始逐渐增加在夏季时候达到峰值然后开始降低。植物对大气中颗粒物吸附量的月变化主要受到大气颗粒物污染水平和植物叶片结构季节性变化的影响。冬季，北京受供暖影响颗粒物污染严重，夏季降水较多，对大气颗粒物有净化作用。植物叶片蜡质层厚度以及叶面微观的沟槽和叶毛等结构特征在夏季发育完全，对叶片吸附颗粒物能力也有一定的影响。

选取了北京市 33 种常见的落叶树种研究在春夏两季对颗粒物吸附能力的情况。叶表面吸附量为夏季低于春季，春季大气颗粒物污染水平显著高于夏季。而蜡质层表现为夏季高于春季的特征，蜡质层对颗粒物的固定是一个持续累计过程，颗粒物进入蜡质层后不会发生再悬浮。利用系统聚类，通过植物吸附 TSP 的质量划分不同植物吸附能力，春季进入夏季后部分植物对颗粒物的吸附能力发生了变化，主要是受到植物叶片特征的影响。春季植物叶表面与蜡质层吸附量在 0.01 水平（双侧）上显著相关（$P=0.514$），夏季叶表面与蜡质层没有相关性。夏季蜡质层的吸附量为夏季与春季吸附量的总和，所以与叶表面吸附量不存在显著相关性。

4.3.3.2 灌木叶片对不同粒径颗粒物的吸附分析

（1）叶表面吸附不同粒径颗粒物的季节变化

灌木在不同季节吸附颗粒物质量有显著差异，如图 4-24 所示。春季、夏季、秋季吸附 TSP 总量分别为（54.78 ± 12.46）$\mu g/cm^2$、（31.01 ± 8.57）$\mu g/cm^2$、（31.49 ± 8.14）$\mu g/cm^2$。不同季节叶表面吸附 TSP 量组间存在极显著性差异（$P<0.01$）。组间比较分析表明，春季吸附 TSP 总量显著高于夏季和秋季，夏季和秋季吸附量相近。不同季节叶表面吸附 PM_{10} 和 $PM_{2.5}$ 量组间差异不显著（P 为 0.86 和 0.57）。灌木对 PM_{10} 的吸附量为夏季最大，7.38$\mu g/cm^2$，对 $PM_{2.5}$ 的吸附量也是夏季最大，为 2.68$\mu g/cm^2$。

不同灌木对 TSP 总量、PM_{10} 和 $PM_{2.5}$ 的吸附能力差异性均不显著（$P=0.84$、0.45、0.45），三种灌木树种吸附颗粒物的能力相近。全年单位叶面积 TSP 吸附量从高到低排序为大叶黄杨＞金银木＞重瓣榆叶梅。重瓣榆叶梅对 PM_{10} 和 $PM_{2.5}$ 的吸附能力最强，分别为（$8.605.47\pm3.53$）$\mu g/cm^2$ 和（2.99 ± 2.04）$\mu g/cm^2$。金银木对 TSP、PM_{10} 和 $PM_{2.5}$ 的吸附能力均较差。

（2）灌木叶片对不同粒径颗粒物的吸附情况综合分析

本次研究中选取了重瓣榆叶梅、大叶黄杨和金银木三种灌木植物。三种灌木叶表面吸附 TSP 量在不同季节间存在极显著性差异，春季吸附量最大。对 PM_{10}

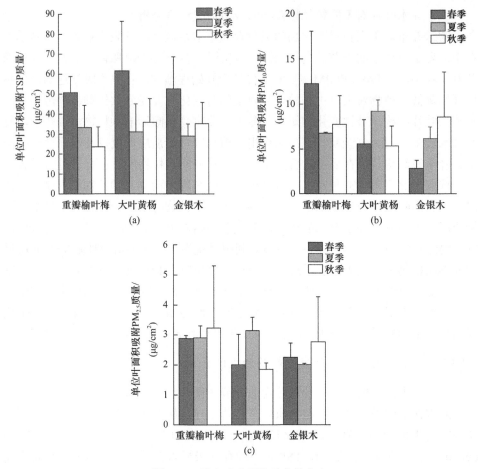

图 4-24　灌木叶表面的季节性分布
（a）TSP；（b）PM$_{10}$；（c）PM$_{2.5}$

和 PM$_{2.5}$的吸附量在不同季节间差异不显著。而灌木的蜡质层在秋季对 TSP、PM$_{10}$和 PM$_{2.5}$的吸附量最大。叶表面的颗粒物主要是受大气颗粒物污染水平的影响，蜡质层对颗粒物的吸附量呈现一个不断累积的过程同时还受蜡质层厚度的影响，灌木树种蜡质层吸附量随季节逐渐升高。不同树种间对颗粒物吸附有显著差异，大叶黄杨叶表面和蜡质层对 TSP 吸附量均较高，对 PM$_{10}$和 PM$_{2.5}$的吸附能力较差。榆叶梅叶表面吸附 PM$_{10}$和 PM$_{2.5}$能力也较强。

4.3.3.3　乔灌木植物叶片对不同粒径颗粒物的吸附效果比较

植物叶表面对粒径在 10～100μm 颗粒物的吸附量＞粒径在 2.5～10μm 颗粒物的吸附量＞粒径小于 2.5μm 颗粒物的吸附量。乔木植物树冠主要对高处大气中的颗粒物进行吸附,灌木植物吸附近地面颗粒物。乔灌搭配的立体绿化结构有助于对大气中不同高度的颗粒物进行吸附,促进近地层大气环境质量的改善。

植物叶片吸附大气颗粒物质量存在季节性变化,并受植物叶片生长变化和大气颗粒物污染水平等因素的影响。本次研究中常绿植物叶表面吸附颗粒物质量的季节性变化情况为冬季>春季>夏季>秋季;落叶乔木植物叶片春季吸附量大于夏季;灌木在春季时吸附颗粒物质量显著高于夏秋季,夏季和秋季叶片吸附量相近。

杜玲等(2011)对京郊越冬植物叶片滞尘研究发现,不同植物在冬季和春季滞尘效果也存在差异,不同植物在冬季和春季吸附量变化情况存在差异。菠菜、油菜和小黑麦春季滞尘量大于冬季,而冬小麦和紫花苜蓿则相反。王蕾等(2006)对北京市六种针叶树吸附颗粒物研究表明,同一树种叶面吸附颗粒物密度随着大气颗粒物浓度增加而增大。受到供暖和降雨等因素影响,北京市 PM$_{10}$和 PM$_{2.5}$冬春季浓度约为夏秋季的 1.5 倍。本次研究中常绿植物在冬春季节吸附颗粒物质量显著高于夏秋季,植物冬季和春季叶片吸附量不存在显著性差异。植物吸附颗粒物质量的季节性变化主要受大气颗粒物浓度变化的影响。不同植物在冬春季吸附量变化可能受到植物叶片生长变化的影响,植物叶片叶面微观结构的变化影响了其对颗粒物吸附的能力。春季,植物叶面积较低,叶片处于生长初期,空气中大气颗粒物的浓度对植物叶片吸附颗粒物浓度有一定影响,春季大气颗粒物浓度显著高于夏秋两季,春季植物叶片吸附颗粒物的能力显著增加。

郭二果等(2013)选取了北方典型城市森林,在冬春季研究发现,落叶阔叶树林内大气颗粒物浓度高于常绿针叶树林,冬春季常绿树种对大气中颗粒物吸附效果明显。冬春季城市内颗粒物污染严重常绿树种对大气中颗粒物吸附能力显著,而夏秋季落叶树种能够有效吸附大气颗粒物且大气颗粒物浓度较低,冬春季常绿树种吸附量显著高于夏秋季节。

4.4 降雨和风对叶表颗粒物的影响

森林植物对 PM$_{2.5}$等颗粒物的滞纳能力高低各异,但都有最大滞尘量的限值,达到限值将无法继续滞尘。降雨和吹风是植物恢复滞纳能力的重要途径。自然环境中,植物叶表面颗粒物有一部分可被降雨淋洗至地表从而被去除,有一部分由于风吹而再次悬浮,还有一部分仍然滞留在叶表面。自然界的风雨过程对叶表面滞留颗粒物的淋洗和再悬浮作用是植物恢复滞留颗粒物功能的关键过程(Schaubroeck et al.,2014)。根据 Schaubroeck 提出的平衡公式:当再悬浮过程不存在时,干沉降尘量为淋洗尘量与剩余尘量的和;当淋洗过程不存在时,干沉降尘量为再悬浮尘量与剩余尘量的和。

在植物滞尘的恢复方面，前人对降雨和风对植物滞尘的共同影响研究结果较少，已有模拟研究结果多为风和雨的单独作用研究（Beckett et al.，2000；Reinap et al.，2009）。Beckett 等（2000）发现在风速小于 8m/s 时，叶面滞尘及颗粒物沉降速率随风速的增大而增大，但风速的继续增大则可能导致叶面滞尘及颗粒物沉降速率的减小。Schaubroeck 等（2014）发现风速小于 10m/s 时，欧洲赤松叶面颗粒物沉降速率随风速的增大而增大。目前，风和雨共同作用对植物滞尘影响研究多为自然条件下的实验，采用气象数据倒推（Wang et al.，2015；Rodriguez-Germade et al.，2014；王蕾等，2006；王会霞等，2015）。王会霞等（2015）发现，31.9mm 的降水后，油松和三叶草叶面滞尘量变化不明显，而女贞和珊瑚树叶面上约 50% 和 62% 的颗粒物被洗除。王蕾等（2006）发现侧柏和圆柏叶表面密集的脊状突起间的沟槽可深藏许多颗粒物，且颗粒物附着牢固，不易被中等强度（14.5mm）的降水冲掉。降雨的清洗作用因植物种而异，与降雨特性密切相关。王蕾等（2006）研究发现，10.4m/s 的大风并不能吹掉侧柏、圆柏、油松和云杉叶面上滞留的颗粒物。王会霞等（2015）发现，极大风速对女贞和珊瑚树叶面滞尘量的影响均呈现先升高后降低，在极大风速 14m/s 时达到峰值。风速对不同植物种的影响差异较大，瞬时风速和持续风速对物种的影响亦有所不同。阮氏青草研究发现，颗粒物在叶面和叶蜡层的沉积过程取决于多种因素：沉积时间、降雨和风力（阮氏清草，2014）。王赞红和李纪标（2006）发现，雨水冲刷只能冲刷掉那些粒径比较大的颗粒物，对细颗粒物影响不大，但会导致细颗粒物形态变化和水溶性成分溶解，而细颗粒物溶解性成分较高。

为了探索降雨和风对植物叶表颗粒物的影响，我们以北京市常见的 8 种绿化树种幼苗为实验材料，分别进行模拟降雨实验、模拟吹风实验、模拟风雨实验。研究不同雨强、风速、持续时间下植物叶表颗粒物的去除率，叶表滞尘量的阈值。比较不同植物颗粒物滞纳能力及风雨后滞纳能力的恢复。

研究选择北京市常见的 8 种植物，按树种特性分为四类。常绿乔木：油松、侧柏；落叶乔木：国槐、山杨、臭椿、银杏；常绿灌木：大叶黄杨；落叶灌木：紫叶李。滞尘测定方法采用植物叶片经过超纯水清洗+摇床振荡法，使用不同孔径滤膜过滤。滤膜在过滤前后均用十万分之一天平称重。水洗滤膜均分三种粒径，第一次过滤通过 100μm 的筛子保留 10μm，第二次过滤保留 2.5μm，第三次过滤保留 0.2μm。通过三次过滤，能够得到每种植物过滤后三种粒径颗粒物的量，分别是大颗粒（large）：10~100μm，粗颗粒物（coarse）：2.5~10μm，细颗粒物（fine）：0.2~2.5μm。每一个叶片样品的表面积都经过扫描仪扫描后用 WinFOLIA 进行计算。对叶表颗粒物的滞留效果通过单位面积滞尘量来表达。叶片滞尘包括蜡质层封装（encapsulated）和叶表沉积，由于降雨和吹风主要影响的是叶表沉积的颗粒物，在此不考虑叶片蜡质层封装的那部分颗粒物。

（1）降雨量由雨强和降雨时间决定

降雨实验采用人工降雨法。本实验设计了 3 个不同雨强和 7 个时间段的降雨实验。实验涉及颗粒物平衡方程为：降雨前叶片滞尘量=降雨后叶片滞尘量+淋洗水样中尘量（Schaubroeck et al.，2014）。实验设计如表 4-5 所示。

表 4-5　降雨时段划分

雨强	时段划分/min						
15mm/h	0	10	20	30	40	50	60
30mm/h	0	5	10	15	20	25	30
50mm/h	0	3	6	10	13	17	20

将植物叶片在超纯水中用摇床振荡清洗后，分别通过不同粒径已称重滤膜 M_1，过滤后称重，记为 M_2。测算清洗叶片的叶面积 A。根据单位面积滞尘量 R 和叶表颗粒物洗脱率 E，进一步拟合不同降雨强度和降雨时间对叶片阻滞颗粒物的洗脱率模型。对 8 个树种分别进行拟合。

$$单位叶面积滞尘量 R=(M_2-M_1)/A$$
$$洗脱率 E=(R_T-R_0)/R_0 \times 100\%（T 为降雨时长）$$

用测定淋洗水样中的尘量来验证颗粒物平衡方程。通过将小漏斗置于实验叶片下，漏斗下口外壁与导管上口内壁玻璃胶黏合，导管流出收集降雨淋洗下的水样，更换采样瓶时在漏斗口用超纯水滤洗前一时间段残留颗粒物。塑料泡沫板用胶带固定在花盆上，固定穿过的导管和植物，并避免下层土壤和地面的干扰。

（2）风量由风速和吹风时间决定

吹风实验采用模拟箱法。本实验设计了 3 个风速、4 个时间段的吹风实验。实验涉及颗粒物平衡方程为：吹风前叶面滞尘量=吹风后叶片滞尘量+再悬浮尘量（Schaubroeck et al.，2014）。实验设计如表 4-6 所示。

表 4-6　吹风时段划分

风速	时段划分/min			
3m/s	0	3.5	10.5	17.5
7m/s	0	1.5	4.5	7.5
10m/s	0	1	3	5

将植物叶片在超纯水中用摇床振荡清洗后，分别通过不同粒径已称重滤膜 M_1，过滤后称重，记为 M_2。测算清洗叶片的叶面积 A。根据单位面积滞尘量 R

和叶表颗粒物吹脱率 S，进一步拟合不同风速和吹风时间对叶片阻滞颗粒物的吹脱率模型。对 8 个树种分别进行拟合。

$$单位叶面积滞尘量 R=(M_2-M_1)/A$$

$$吹脱率 S=(R_N-R_0)/R_0×100\%（N 为吹风时长）$$

用测定再悬浮尘量来验证颗粒物平衡方程。使用 DUSTMATE 手持式环境粉尘检测仪进行空气中颗粒物浓度的测定。

（3）风雨共同作用实验通过人工模拟降雨和吹风来进行

将 3 种雨强和 3 种风速组合为 9 个处理，分 4 个时段。在降雨和吹风实验的基础上，模拟降雨和吹风共同存在的情况，得到叶表滞尘量趋于最小值时对应的雨强和风速。实验设计如表 4-7 所示。

表 4-7　风雨时段划分

雨强	风速	时段划分/min			
15mm/h	3m/s	0	3.5	10.5	17.5
15mm/h	7m/s	0	1.5	4.5	7.5
15mm/h	10m/s	0	1	3	5
30mm/h	3m/s	0	3.5	10.5	17.5
30mm/h	7m/s	0	1.5	4.5	7.5
30mm/h	10m/s	0	1	3	5
45mm/h	3m/s	0	3.5	10.5	17.5
45mm/h	7m/s	0	1.5	4.5	7.5
45mm/h	10m/s	0	1	3	5

4.4.1　降雨对叶表不同粒径颗粒物的影响

植物去除空气颗粒物是一项重要的生态系统服务功能，能够减弱大气污染和扬尘对人体健康的危害。植物滞尘的作用受气象条件和植物自身生长状况的影响，降雨过程是重要的影响因素之一。它能够冲洗植物表面滞尘，并将其带入土壤中，使植物表面恢复滞尘能力。天然降雨实验能直接地反映研究结果，但降雨条件的可控性较差，难以更好地量化分析降水特性对叶面尘的影响。并且北京雨热同季，冬季进行天然降雨实验条件较弱，而在冬季阔叶植物落叶后，常绿植物对净化空气有重要意义。但其滞尘作用有限，新生叶吸附颗粒物达到饱和后主要作为储存中介，需要依靠降雨洗脱以达到去除颗粒物和恢复滞尘能力的目的。

本节通过模拟降雨实验研究未降雨条件下不同树种 20 日的饱和吸附量，比较不同树种最大积累能力；在不同降雨强度和历时下，叶表面不同粒径滞尘的动态变化过程及滞留阈值特征，并建立降雨量与不同粒径颗粒物滞留率的关系，丰富降雨对植物滞尘影响的研究数据，为更好地选择滞尘树种奠定理论基础。

4.4.1.1　叶片 20 日颗粒物吸附积累量的特征

（1）叶片 20 日吸附 TSP 积累量的特征

由图 4-25 可知，八种实验树种叶片在 20 日无降雨的情况下单位面积吸附积累 TSP 的质量有所差异，依次为大叶黄杨>侧柏>国槐>臭椿>紫叶李>毛白杨>银杏>油松。其中，吸附质量较高的为大叶黄杨，其硬质的阔叶特征有利于积累颗粒物，并且其沟槽结构能够团聚和固定较多的颗粒物，大叶黄杨 20 日 TSP 累积吸附质量为 164.85μg/cm^2。其次，侧柏的积累吸附量也较高，比大叶黄杨低 37%，叶片鳞形使之具有更多积累颗粒物的缝隙结构，侧柏 20 日 TSP 累积吸附质量为 104.27μg/cm^2。实验树种中积累能力居中的为臭椿、国槐和紫叶李，20 日 TSP 累积吸附质量分别为 53.21μg/cm^2、57.49μg/cm^2 和 41.70μg/cm^2，它们叶片硬度较低，卵形叶脉微结构相似，臭椿和紫叶李叶片质地相似，臭椿和国槐均为羽状复叶。实验树种中积累能力较低的为毛白杨、油松和银杏，20 日 TSP 累积吸附质量分别为 30.58μg/cm^2、25.45μg/cm^2 和 27.73μg/cm^2，毛白杨和银杏均为簇生叶，叶片垂向下，且表面较光滑，油松为针叶。

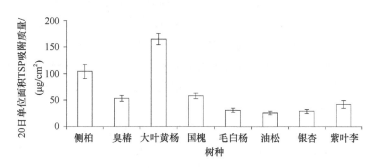

图 4-25　叶片表面 20 日 TSP 积累

（2）叶片 20 日吸附 PM$_{10}$ 积累量的特征

由图 4-26 可知，八种实验树种叶片在 20 日无降雨的情况下单位面积吸附积累 PM$_{10}$ 的质量有所差异，依次为大叶黄杨>侧柏>国槐>臭椿>紫叶李>毛白杨>银杏>油松。这说明叶片表面对 PM$_{10}$ 的饱和积累能力与 TSP 一致，受叶片结构对颗粒物吸附机制的影响。其中，吸附质量较高的仍为大叶黄杨，占到 TSP 的 25.5%。其次，侧柏的积累吸附量比大叶黄杨低 19.2%，占到 TSP 的 32.6%。实验树种中积累能力居中的为臭椿和国槐，分别占到 TSP 的 26.8% 和 29.3%。实验树种中积累能力较低的为毛白杨和紫叶李，分别占到 TSP 的 32.9% 和 26.5%。积累能力最低的为油松和银杏，分别占到 TSP 的 28.2% 和 28.3%。虽然各树种 PM$_{10}$ 吸附量差异与 TSP 一致，但 PM$_{10}$ 吸附量占 TSP 比例有所不同，依次为毛白杨>侧柏>国槐>银杏>油松>臭椿>紫叶李>大叶黄杨。这表明叶片结构对颗粒物积累和吸附颗粒物的粒径选择的作用不同。

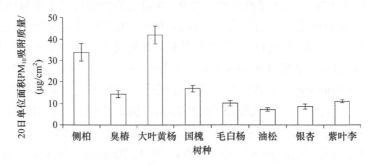

图 4-26   八种树木叶表面 20 日 PM$_{10}$ 积累

（3）叶片 20 日吸附 PM$_{2.5}$ 积累量的特征

由图 4-27 可知，八种实验树种叶片在 20 日无降雨的情况下单位面积吸附积累 PM$_{2.5}$ 的质量有所差异，依次为大叶黄杨>侧柏>臭椿>国槐>紫叶李>毛白杨>银杏>油松，与 TSP 和 PM$_{10}$ 一致。其中，吸附质量较高的仍为大叶黄杨，占到 TSP 的 9.7%。其次，侧柏的积累吸附量比大叶黄杨低 24.4%，差距低于 TSP 高于 PM$_{10}$，占到 TSP 的 13.9%。其次为国槐的积累吸附量也较高，占到 TSP 的 10.6%。实验树种中积累能力居中的为臭椿、毛白杨、银杏和紫叶李，20 日 PM$_{2.5}$ 累积吸附质量分别占到 TSP 的 9.2%、20.2%、12.3% 和 10.2%。实验树种中积累能力最低的为油松，占到 PM$_{2.5}$ 的 9.5%。虽然各树种 PM$_{2.5}$ 吸附量差异与 TSP 和 PM$_{10}$ 一致，但吸附比例也与 PM$_{10}$ 有所不同，依次为毛白杨>侧柏>银杏>国槐>紫叶李>大叶黄杨>油松>臭椿。一方面是由于大颗粒物易于在较低矮灌木和叶片方向与颗粒物沉降

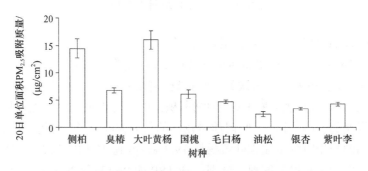

图 4-27   叶片表面 20 日 PM$_{2.5}$ 积累

方向垂直的植物吸附，另一方面冠层茂盛的树木和叶片微结构复杂的植物易于吸附小粒径颗粒物。

4.4.1.2　降雨量对叶表面颗粒物的影响

（1）降雨过程中叶表面 TSP 的变化

由图 4-28 可知，叶表面洗脱 TSP 在不同降雨强度上有所差异，主要表现为在降雨强度 15mm/h 时叶表面吸附质量大于降雨强度 30mm/时。随着降雨强度从 15mm/h 增大到 30mm/h，相应的洗脱所需的单位时段长度也变小。

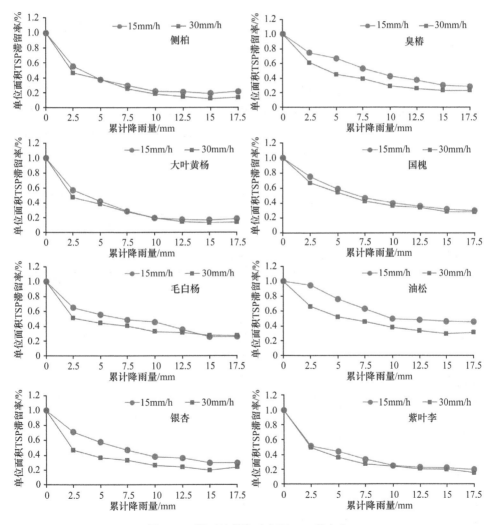

图 4-28　降雨过程中叶表面 TSP 的变化

侧柏、大叶黄杨和紫叶李叶表面 TSP 吸附质量在降雨量 2.5mm 内急剧下降，滞留率仅在 50% 左右，逐渐下降至 10～12.5mm 后趋于平缓，最终滞留率为 15%～20%，且两种降雨强度下洗脱过程一致性高。这类植物较低矮，整体吸附量高，因此第一个降雨时段洗脱效果明显。毛白杨和银杏叶表面 TSP 吸附质量也在降雨量 2.5mm 内急剧下降近一半，滞留率在 60% 左右，后缓慢下降至降雨量 10mm 时开始趋于平缓，最终滞留率为 27%。与前三种不同的是，毛白杨和紫叶李整个过程曲线出现明显分化，说明不同降雨强度对洗脱过程影响明显，但达到洗脱阈值后最终趋于一致。国槐、臭椿和油松叶表面 TSP 吸附质量呈曲线下降，减少程度随着降雨量的增大而减小，后逐渐不再洗脱，在 12.5～15mm 趋于平缓，国槐和臭椿最终滞留率逐渐接近 25%，油松则达到 40%，且降雨强度增大滞留率明显下降。说明这几个树种叶表面 TSP 的洗脱作用主要受降雨量的影响。

（2）降雨过程中叶表面 PM$_{10}$ 的变化

由图 4-29 所示，叶表面 PM$_{10}$ 在不同降雨强度上有所差异，主要表现仍为在降雨强度 15mm/h 时叶表面吸附质量大于降雨强度 30mm/时，差异较 TSP 明显。达到相同单位降雨量的单位时段长度也同 TSP 一致，达到相同 PM$_{10}$ 剩余吸附质量所需时间也随降雨强度增大变短。

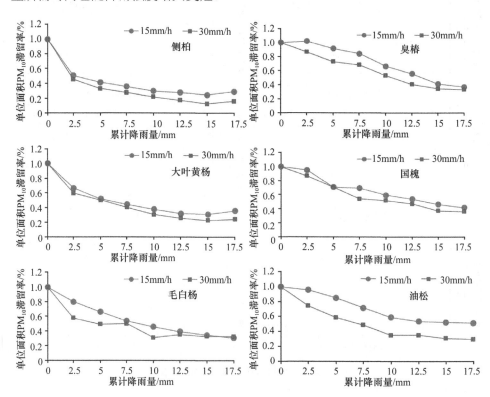

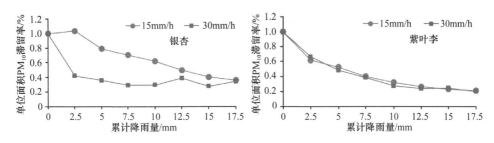

图 4-29　降雨过程中叶表面 PM$_{10}$ 的变化

侧柏、大叶黄杨和紫叶李叶表面 PM$_{10}$ 吸附质量在降雨量 2.5mm 内急剧下降，滞留率仅在 50% 左右，逐渐下降至 10～12.5mm 后趋于平缓，最终滞留率为 20%～30%。与 TSP 变化不同的是，除紫叶李在两种降雨强度中变化过程一致，侧柏和大叶黄杨均为前期较一致，后期发生分化，最终滞留率在降雨强度变大时变小。不同降雨强度对银杏和毛白杨洗脱过程影响明显，两种降雨强度下整个过程曲线出现比 TSP 表现出更明显的分化，这与这两种植物叶片方向与地面垂直有关。银杏，低降雨强度时叶表面 PM$_{10}$ 吸附质量变化规律表现出与 TSP 相似的折线型变化，高降雨强度时呈现逐渐下降的直线型变化，但最终洗脱阈值仍趋于一致。毛白杨，低降雨强度时叶表面 PM$_{10}$ 吸附质量呈直线下降变化，本实验时间尺度下未能确定滞留阈值，高降雨强度时呈与 TSP 相似的折线型变化。国槐、臭椿和油松叶表面 PM$_{10}$ 吸附质量呈分段式下降，减少程度随着降雨量的增大而减小，7.5～10mm 后油松趋于平缓，臭椿和国槐减小更平缓，15mm 后逐渐不再洗脱，在 12.5～15mm 趋于平缓，国槐和臭椿最终滞留率分别是 39% 和 32%，油松两种降雨强度差异明显，分别是 51% 和 29%，说明油松受脂类物质影响，小粒径颗粒物的滞留率随降雨强度的增大而下降明显。

（3）降雨过程中叶表面 PM$_{2.5}$ 的变化

如图 4-30 所示，叶表面 PM$_{2.5}$ 在不同降雨强度上有所差异，主要表现仍为在降雨强度 15mm/h 时叶表面吸附质量大于降雨强度 30mm/时，差异较 PM$_{10}$ 小。各树种整体的最终滞留率低于 PM$_{10}$ 和 TSP。

侧柏、大叶黄杨和紫叶李叶表面 PM$_{2.5}$ 吸附质量变化与 PM$_{10}$ 基本一致，最终滞留率分别为 18%、30% 和 23%。说明降雨下三种植物对小粒径颗粒物的滞留效果基本一致，叶片结构对 10μm 以下颗粒物的滞留没有选择性。不同降雨强度对银杏 PM$_{2.5}$ 洗脱过程影响与 PM$_{10}$ 基本一致，滞留更高且波动性更大，最终滞留率为 40%。这是由于银杏叶片的疏水性对降雨洗脱小颗粒物的阻碍作用。毛白杨 PM$_{2.5}$ 呈明显的折线型变化，仅第一时段急剧下降，5～7.5mm 后趋于平缓，

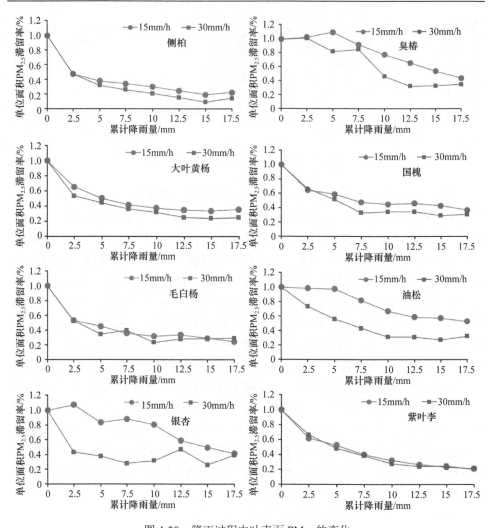

图 4-30　降雨过程中叶表面 $PM_{2.5}$ 的变化

最终滞留率为 26%，说明此树种受叶片结构影响小，滞留颗粒物的粒径选择性低。国槐、臭椿和油松叶表面 $PM_{2.5}$ 吸附质量呈分段式下降，臭椿前期减小不明显，出现比 PM_{10} 更大的降雨强度分化，低降雨强度时，2.5～5mm 后滞留率逐渐降低且无法确定阈值，高降雨强度时，在 10mm 后趋于平缓，最终滞留率是 40%；国槐减小至 7.5mm 后趋于平缓，最终滞留率分别是 34%。油松在两种降雨强度下差异更明显，低降雨强度时，5mm 内降雨下滞留率几乎未减小，12.5mm 后才趋于平缓，说明降雨强度越大对油松吸附颗粒物滞留率的影响越明显。

4.4.1.3 叶片滞留颗粒物的阈值特征

（1）叶片滞留 TSP 的阈值特征

由图 4-31 可知，在相同降雨量（17.5mm）的连续降雨下，不同树种的单位面积 TSP 滞留质量有所不同，与初始积累 20 日的叶片 TSP 质量差异基本一致，这表明颗粒物滞留阈值与叶片本身对颗粒物的积累能力有关，即与叶片结构有关。八种实验树种中，大叶黄杨的 TSP 滞留量最高，三种降雨强度下的平均值为 21.96μg/cm^2。其次，侧柏的 TSP 滞留量较高，再次为臭椿和国槐，滞留阈值较低的为毛白杨、油松、银杏和紫叶李。

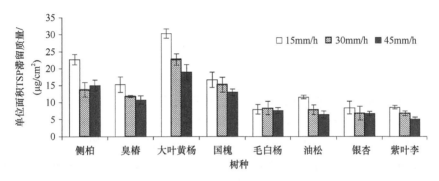

图 4-31 降雨结束后叶表面 TSP 的滞留阈值

不同降雨强度下，单位面积 TSP 的滞留质量随树种不同而有所变化，大部分差异明显。除毛白杨外，其余树种在降雨强度 15mm/h 下滞留质量阈值均明显高于降雨强度 30mm/h 下。侧柏和大叶黄杨差距较大，分别降低了 39%和 25%。其次为油松和臭椿，分别降低了 31%和 20%。国槐、银杏和紫叶李差异较小，降低的百分比仅约 10%，而银杏和紫叶李分别是 19%和 20%。这说明降雨强度较小时，增大降雨强度对颗粒物滞留率阈值的减小作用明显。相比降雨强度 15mm/h 和 30mm/h 的差异，降雨强度 30mm/h 和 45mm/h 的差异较小。其中，侧柏、毛白杨和银杏在降雨强度 30mm/h 和 45mm/h 下差异不明显。大叶黄杨和国槐差距较大，分别降低了 17%和 20%。臭椿、油松和紫叶李差异较小，分别降低 12%、18%和 24%。这说明降雨对颗粒物洗脱达到阈值后，增大降雨强度的作用相对较小。

（2）叶片滞留 PM$_{10}$ 的阈值特征

由图 4-32 可知，在相同降雨量（17.5mm）的连续降雨下，不同树种的单位面积 PM$_{10}$ 滞留质量有所不同，比不同树种叶片 TSP 质量差异小。八种实验树种中，大叶黄杨的 PM$_{10}$ 滞留量最高。其次，侧柏、臭椿和国槐的 PM$_{10}$ 滞留量居中。

实验树种中滞留阈值较低的为毛白杨、油松、银杏和紫叶李，三种降雨强度下差异不大。

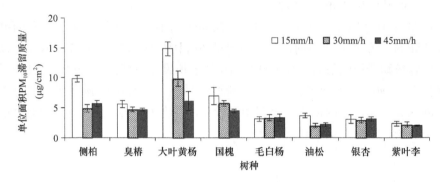

图 4-32　降雨结束后叶表面 PM$_{10}$ 的滞留阈值

不同降雨强度下，单位面积 PM$_{10}$ 的滞留质量随树种不同而有所变化，部分树种差异明显，在降雨强度 15mm/h 下滞留质量阈值高于降雨强度 30mm/h 下。侧柏和大叶黄杨相差值较大，降低了 50% 和 34%。其次为臭椿、国槐和油松相差值较小，但臭椿和国槐降低的百分比仅为 16% 和 19%，油松降低的百分比高达 34%。毛白杨、银杏和紫叶李差异不明显。相比降雨强度 15mm/h 和 30mm/h 的差异，降雨强度 30mm/h 和 45mm/h 的差异则很小。其中，除大叶黄杨和国槐外，其余树种在降雨强度 30mm/h 和 45mm/h 下差异均不明显。大叶黄杨较大，两个降雨强度下滞留质量的阈值相差 3.73μg/cm^2，降低了 38%。国槐差距差异较小，两个降雨强度下滞留质量的阈值相差 1.27μg/cm^2，降低了 22%。这说明较小的降雨强度下，增加降雨强度能够提高 PM$_{10}$ 的洗脱效果，但超过一定降雨强度后仅对个别树种有效果。

（3）叶片滞留 PM$_{2.5}$ 的阈值特征

由图 4-33 可知，在相同降雨量（17.5mm）的连续降雨下，不同树种的单位面积 PM$_{2.5}$ 滞留质量有所不同，比不同树种叶片 PM$_{10}$ 质量小。八种实验树种中，大叶黄杨的 PM$_{2.5}$ 滞留量最高，三种降雨强度下的平均值为 3.90μg/cm^2。其次，侧柏、臭椿和国槐的 PM$_{2.5}$ 滞留量居中。实验树种中滞留阈值较低的为毛白杨、油松、银杏和紫叶李，三种降雨强度下差异不大。

不同降雨强度下，单位面积 PM$_{2.5}$ 的滞留质量随树种差异明显，基本与 PM$_{10}$ 一致，在降雨强度 15mm/h 下滞留质量阈值高于降雨强度 30mm/h 下。侧柏和大叶黄杨差距较大，分别降低了 54% 和 35%。其次为臭椿、国槐和油松，差异较小，分别降低 31%、16% 和 49%。毛白杨、银杏和紫叶李差异不明显。相比降雨强度 15mm/h 和 30mm/h 的差异，降雨强度 30mm/h 和 45mm/h 的差异则很小，但较 PM$_{10}$

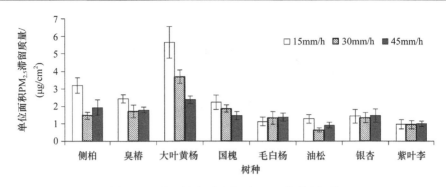

图 4-33　降雨结束后叶表面 PM$_{2.5}$ 的滞留阈值

两降雨强度的差异明显。大叶黄杨较大，降低了 36%。国槐差距差异较小，降低了 22%。侧柏和油松体现出了之前未出现过的增加情况，在降雨强度 45mm/h 下滞留质量阈值均明显高于降雨强度 30mm/h 下，分别增加了 31% 和 41%。其余树种在降雨强度 30mm/h 和 45mm/h 下差异均不明显。这说明较大的降雨强度下，增加降雨强度能够提高部分树种 PM$_{2.5}$ 的洗脱效果，部分树种会吸附降雨中的 PM$_{2.5}$。

4.4.2　风对叶表不同粒径颗粒物的影响

4.4.2.1　风量对叶表颗粒物的影响

（1）毛白杨叶表颗粒物随风量的变化规律

由图 4-34 可知，风吹使毛白杨叶表 10～100μm 颗粒物滞留率有明显下降，其中 3m/s 和 7m/s 风速处理下均为随风量的增加平缓下降。风吹使毛白杨叶表 2.5～10μm 颗粒物滞留率有明显下降，各风速间差异不大，随风量变化趋于平稳。同样，毛白杨叶表 0.2～2.5μm 颗粒物滞留率也在风吹后有了明显的下降，随风量变化有一定的起伏。这可能是由于叶表 0.2～2.5μm 颗粒物在风吹后更易于再悬浮，引起了叶表滞尘变化的复杂性。

（2）臭椿叶表颗粒物随风量的变化规律

由图 4-35 可知，就臭椿叶表 10～100μm 颗粒物滞留率而言，每个风速处理都使颗粒物滞留率有了明显的下降，其中 3m/s 风速处理下叶表 10～100μm 颗粒物滞留率明显高于 7m/s 和 10m/s 风速处理。各风速处理下，叶表 10～100μm 颗粒物滞留率从 3m³ 风量开始即趋于平稳。就臭椿叶表 2.5～10μm 颗粒物滞留率而言，每个风速处理都使颗粒物滞留率有了明显的下降，其中 3m/s 风速处理下叶表 2.5～10μm 颗粒物滞留率明显高于 7m/s 和 10m/s 风速处理。3m/s 风速处理下，叶

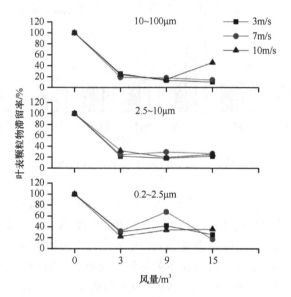

图 4-34　毛白杨叶表颗粒物滞留率随风量的变化

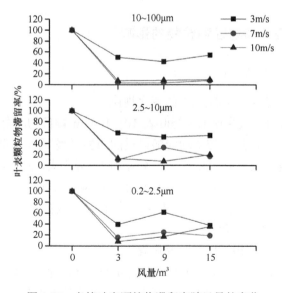

图 4-35　臭椿叶表颗粒物滞留率随风量的变化

表 2.5～10μm 颗粒物滞留率从 3m^3 风量开始即趋于平稳。就臭椿叶表 0.2～2.5μm
颗粒物滞留率而言，每个风速处理都使颗粒物滞留率有了明显的下降，其中 3m/s
风速处理下叶表 0.2～2.5μm 颗粒物滞留率有高于 7m/s 和 10m/s 风速处理的趋势。

7m/s 风速处理下，叶表 0.2～2.5μm 颗粒物滞留率从 3m³ 风量开始即趋于平稳。

（3）大叶黄杨叶表颗粒物随风量的变化规律

由图 4-36 可知，就大叶黄杨叶表 10～100μm 颗粒物滞留率而言，每个风速处理都使颗粒物滞留率有了明显的下降，其中 3m³ 风量时，叶表 10～100μm 颗粒物滞留率在 3m/s 风速处理下最高，在 10m/s 风速处理下最低。随风量的增加，这一大小关系发生变化，三种风速下的叶表 10～100μm 颗粒物滞留率逐渐趋于一致。就大叶黄杨叶表 2.5～10μm 颗粒物滞留率而言，每个风速处理都使颗粒物滞留率有了明显的下降，其中 7m/s 风速处理下叶表 2.5～10μm 颗粒物滞留率明显高于 3m/s 和 10m/s 风速处理。三种风速下的叶表 2.5～10μm 颗粒物滞留率逐渐趋于一致。就大叶黄杨叶表 0.2～2.5μm 颗粒物滞留率而言，每个风速处理都使颗粒物滞留率有了明显的下降，其中 3m/s 风速处理下叶表 0.2～2.5μm 颗粒物滞留率变化平稳，而 7m/s 和 10m/s 风速处理下叶表 0.2～2.5μm 颗粒物滞留率起伏较大。

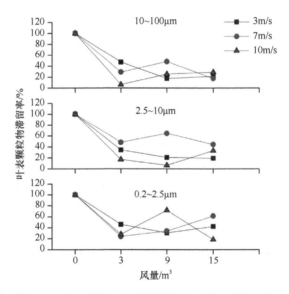

图 4-36　大叶黄杨叶表颗粒物滞留率随风量的变化

（4）银杏叶表颗粒物随风量的变化规律

由图 4-37 可知，风吹使银杏叶表 10～100μm 颗粒物滞留率有明显下降，其中各风速处理下均在 3m³ 风量时即趋于稳定，各风速间差异不大。就银杏叶表 2.5～10μm 颗粒物滞留率而言，每个风速处理都使颗粒物滞留率有了明显的下降，其中 3m³ 风量时，叶表 2.5～10μm 颗粒物滞留率在 3m/s 风速处理下最高，在 10m/s 风速处理下最低。随风量的增加，这一大小关系发生变化，三种风速下的叶表 2.5～10μm 颗粒物滞留率逐渐趋于一致。就银杏叶表 0.2～2.5μm 颗粒物滞留率而言，每个风速处理都使颗粒物滞留率有了明显的下降，其中 3m^3 风量时，叶表 0.2～2.5μm 颗粒物滞留率在 7m/s 风速处理下最高，在 10m/s 风速处理下最低。随风量的增加，三种风速下的叶表 0.2～2.5μm 颗粒物滞留率差异变小。

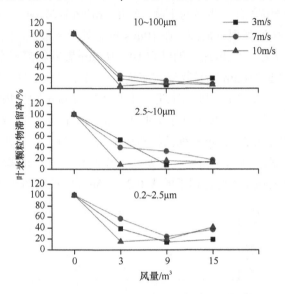

图 4-37　银杏叶表颗粒物滞留率随风量的变化

（5）侧柏叶表颗粒物随风量的变化规律

由图 4-38 可知，就侧柏叶表 10～100μm 颗粒物滞留率而言，每个风速处理都使颗粒物滞留率有了明显的下降，其中各风速处理下均在 3m^3 风量时即趋于稳定，各风速间差异不大。就侧柏叶表 2.5～10μm 颗粒物滞留率而言，每个风速处理都使颗粒物滞留率有了明显的下降，其中在各风速处理下均在 3m^3 风量时即趋于稳定，各风速间差异不大。就侧柏叶表 0.2～2.5μm 颗粒物滞留率而言，每个风速处理都使颗粒物滞留率有了明显的下降，其中 3m^3 风量时，叶表 0.2～2.5μm 颗粒物滞留率在 3m/s 风速处理下最高，在 10m/s 风速处理下最低。随风量的增加，这一大小关系发生变化，三种风速下的叶表 2.5～10μm 颗粒物滞留率逐渐趋于一致。

4.4.2.2　叶片滞留颗粒物的阈值特征

（1）风速对叶表滞尘量阈值的影响

图 4-39 为植物叶表滞尘量随风速的变化规律。就叶表 10～100μm 颗粒物而言，仅有臭椿呈现出随风速增大而减少的趋势，其他植物的变化无明显规律。就叶表 2.5～10μm 颗粒物而言，毛白杨和侧柏有增加的趋势，臭椿有下降的趋势，其他植物无明显变化规律。就叶表 0.2～2.5μm 颗粒物而言，臭椿和侧柏有下降的

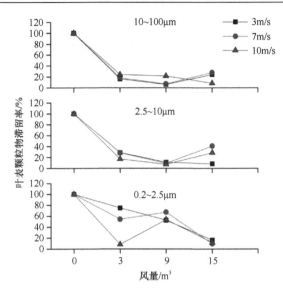

图 4-38　侧柏叶表颗粒物滞留率随风量的变化

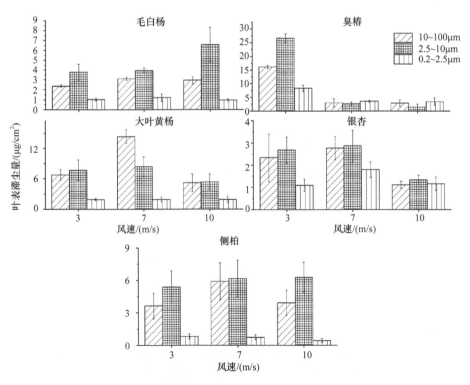

图 4-39　植物叶表滞尘量随风速的变化

趋势，毛白杨和大叶黄杨基本无变化，银杏无明显趋势。就各粒径间的比较而言，毛白杨和侧柏的叶表 2.5～10μm 颗粒物>10～100μm 颗粒物>0.2～2.5μm 颗粒物，并且到最大风速时，叶表 2.5～10μm 颗粒物占的比例最高。随风速的增加，臭椿叶表 10～100μm 颗粒物和 2.5～10μm 颗粒物的比例减小，0.2～2.5μm 颗粒物比例增加。

（2）吹风时间对叶表滞尘量阈值的影响

图 4-40 为低风速下植物叶表滞尘量随时间的变化规律。就叶表滞尘总量而言，吹风后 5 种植物在低风速处理后叶表滞尘量均有所下降，毛白杨呈现出依次下降的趋势，其他植物随时间变化不明显。就各颗粒物粒径分布而言，毛白杨、臭椿和大叶黄杨在各风速处理下叶表颗粒物粒径分布变化不大，而银杏和侧柏叶表 2.5～10μm 颗粒物随风速的增加所占比例变大。

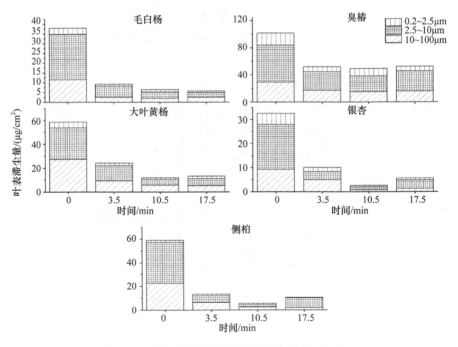

图 4-40   低风速下植物叶表滞尘量随时间的变化

图 4-41 为中风速下植物叶表滞尘量随时间的变化规律。就叶表滞尘总量而言，吹风后 5 种植物在低风速处理后叶表滞尘量均有所下降，银杏呈现出依次下降的趋势，其他植物随时间变化不明显。与风吹前的叶表颗粒物粒径分布相比，毛白杨、大叶黄杨和侧柏在风吹 7.5min 后 10～100μm 颗粒物比例进一步增加，2.5～

10μm 颗粒物比例进一步减少。臭椿和银杏在风吹 7.5min 后 0.2～2.5μm 颗粒物比例进一步增加，2.5～10μm 颗粒物比例进一步减少。

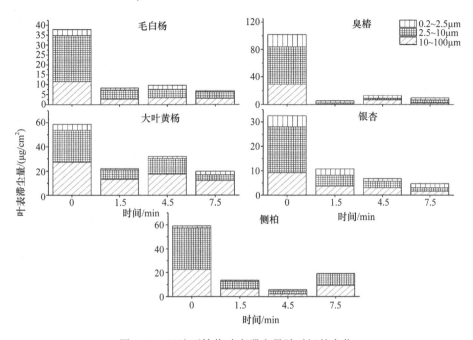

图 4-41　风速下植物叶表滞尘量随时间的变化

图 4-42 为高风速下植物叶表滞尘量随时间的变化规律。就叶表滞尘总量而言，吹风后 5 种植物在低风速处理后叶表滞尘量均有所下降，侧柏呈现出依次下降的趋势，其他植物随时间变化不明显。与风吹前的叶表颗粒物粒径分布相比，大叶黄杨和侧柏在风吹 7.5min 后 10～100μm 颗粒物比例进一步增加，2.5～10μm 颗粒物比例进一步减少，这与中风速时的情况相同。臭椿和银杏在风吹 7.5min 后 0.2～2.5μm 颗粒物比例进一步增加，2.5～10μm 颗粒物比例进一步减少，这与中风速时的情况相同。毛白杨在风吹 7.5min 后 2.5～10μm 颗粒物比例进一步增加，10～100μm 颗粒物比例进一步减少。

4.4.3　风雨共同作用对叶表不同粒径颗粒物的影响

4.4.3.1　风雨共同作用对落叶树种叶表颗粒物的影响

图 4-43 为毛白杨叶表滞尘量随雨强、风速和时间的变化规律。由图可以看出，毛白杨叶表 10～100μm 颗粒物在低风速和短时间处理时滞留较多，滞尘量最低阈

值出现在中等雨强低风速较长时间的处理中；2.5～10μm 颗粒物在短时间处理时滞留较多，滞尘量阈值出现在中等雨强和风速且中等时间的处理中；0.2～2.5μm 颗粒物在低雨强和短时间处理时滞留较多，滞尘量阈值出现在低雨强中风速且中等时间的处理中。

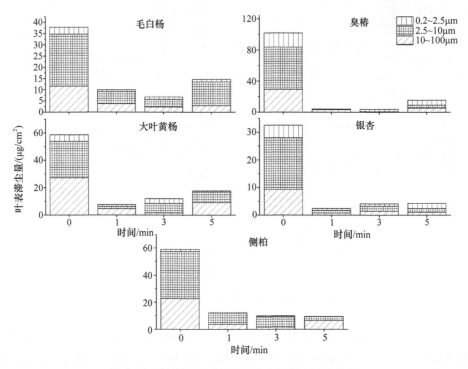

图 4-42　高风速下植物叶表滞尘量随时间的变化

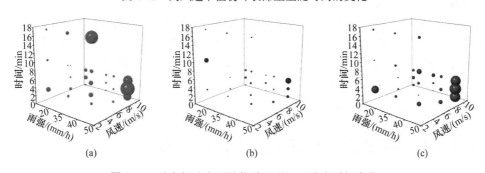

图 4-43　毛白杨叶表颗粒物随雨强、风速和时间变化

（a）10～100μm；（b）2.5～10μm；（c）0.2～2.5μm；单位：μg/cm^2

图 4-44 为臭椿叶表滞尘量随雨强、风速和时间的变化规律。由图可以看出，臭椿叶表 10～100μm 颗粒物在中雨强低风速处理时滞留较多，滞尘量最低阈值出

现在低雨强大风速的处理中；2.5～10μm 颗粒物滞尘量阈值出现在中雨强大风速的处理中；0.2～2.5μm 颗粒物在低风速处理时滞留较多，滞尘量阈值出现在低雨强大风速的处理中。

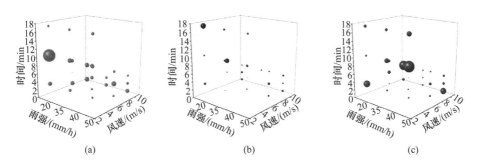

图 4-44　臭椿叶表颗粒物随雨强、风速和时间变化
(a) 10～100μm；(b) 2.5～10μm；(c) 0.2～2.5μm；单位：μg/cm^2

图 4-45 为银杏叶表滞尘量随雨强、风速和时间的变化规律。由图可以看出，银杏叶表 10～100μm 颗粒物在中低风速处理时滞留较多，滞尘量最低阈值出现在高雨强高风速的处理中；2.5～10μm 颗粒物在短时间处理时滞留较多，滞尘量阈值出现在高雨强高风速的处理中；0.2～2.5μm 颗粒物在中风速和中等时间处理时滞留较多，滞尘量阈值出现在高雨强高风速的处理中。

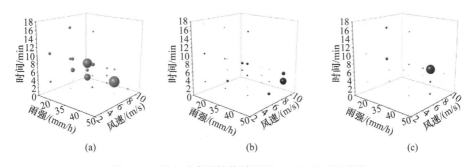

图 4-45　银杏叶表颗粒物随雨强、风速和时间变化
(a) 10～100μm；(b) 2.5～10μm；(c) 0.2～2.5μm；单位：μg/cm^2

4.4.3.2　风雨共同作用对常绿树种叶表颗粒物的影响

图 4-46 为大叶黄杨叶表滞尘量随雨强、风速和时间的变化规律。由图可以看出，大叶黄杨叶表 10～100μm 颗粒物在低风速处理时滞留较多，滞尘量最低阈值出现在高雨强高风速的处理中；2.5～10μm 颗粒物在低风速处理时滞留较多，滞尘量阈值出现在高雨强中风速的处理中；0.2～2.5μm 颗粒物在低风速和中雨强处

理时滞留较多，滞尘量阈值出现在高雨强中风速的处理中。

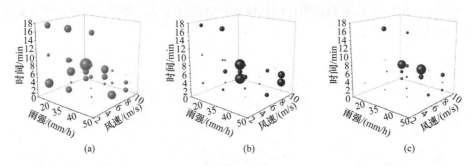

图 4-46 大叶黄杨叶表颗粒物随雨强、风速和时间变化
（a）10～100μm；（b）2.5～10μm；（c）0.2～2.5μm；单位：μg/cm^2

图 4-47 为侧柏叶表滞尘量随雨强、风速和时间的变化规律。由图可以看出，侧柏叶表 10～100μm 颗粒物在低风速处理时滞留较多，滞尘量最低阈值出现在高雨强中风速的处理中；2.5～10μm 颗粒物在低风速处理时滞留较多，滞尘量阈值出现在低雨强高风速的处理中；0.2～2.5μm 颗粒物在低雨强低风速处理时滞留较多，滞尘量阈值出现在高雨强较长时间的处理中。

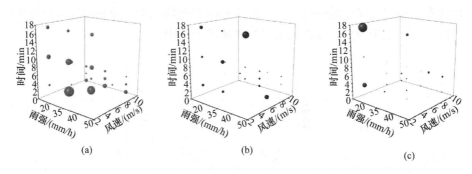

图 4-47 侧柏叶表颗粒物随雨强、风速和时间变化
（a）10～100μm；（b）2.5～10μm；（c）0.2～2.5μm；单位：μg/cm^2

第5章 增强森林滞留 PM$_{2.5}$ 等颗粒物的
能力调控技术研究

5.1 城市污染环境下的高滞尘健康树种选择

5.1.1 不同树种滞留 PM$_{2.5}$ 等颗粒污染物能力的多尺度比较

在当前的城市造林树种选择上，主要还是依靠常规造林经验，这对保障树木的成活和生长是很必要的，但却不能满足当今城市绿化中特有的净化空气、减少 PM$_{2.5}$ 危害的新要求。因此，本章选择了北京市百万亩平原造林中推荐使用的 23 种常用绿化植物，在测定单位叶面积的 PM$_{2.5}$ 等颗粒物滞留量的基础上，依据单株叶量和冠幅估算了单株植物及单位绿化面积上的 PM$_{2.5}$ 等颗粒物的滞留量。

根据北京市地理气候特点，对北京市的绿化植物种类和生长情况进行了全面调查，根据绿化植物的多样性和代表性，并依据《北京平原地区造林工程技术指导意见（试行）》中提供的植物名录，选择了最常见的 23 种植物，供试的 23 种植物的基本性状见表 5-1。

采样点分布于北京市海淀区香山路和北五环之间的绿化带内（东西长度在中国林业科学研究院到北京植物园路段），绿化带宽度在 45 m 左右；绿化带内的植物有乔木、灌木、藤本等，其生境条件一致。由于该路段紧邻北京市五环，车流量较多，汽车尾气污染较为严重，空气中 PM$_{2.5}$ 浓度较大。为了避免道路的边界效应和减少位置差异可能造成的影响，供试样树均在距离道路 10 m 的范围内。本实验采样时间为 2013 年 8 月 8 日，最近一次降水在一周前，采样时叶表面存在明显的颗粒物累积；为减少采样时间不同导致的误差，所有样品采集均在 1 天内完成。乔木的采样高度约为 2~6 m，灌木和攀缘植物为 0.5~3 m；采样时在冠层四个不同方向和高、中、低不同的位置，根据各植物单叶面积大小分别采集足量叶片。每个树种选择 10 株样树，采集的叶样合并，得到混合样品。采得样品后立即将其装入保鲜袋中，并尽快转移到 4℃冰箱内冷藏，以用于后续实验。

5.1.1.1 不同树种的单位叶面积滞尘量

23 种供试植物的单位叶面积的 PM 滞留量具有显著的物种差异（表 5-2，*P* <

0.001），其中木槿的 PM 滞留量最高，为 3.44 g/m^2；五叶地锦次之，为 3.00 g/m^2；在 2～3 g/m^2 之间的植物种有油松、大叶黄杨、悬铃木和白皮松；在 1～2 g/m^2 之间的物种有玉兰、紫薇、构树、紫叶李等 7 种；在 1 g/m^2 以下的物种有小叶女贞、垂柳、毛白杨、小叶黄杨等 10 种。

供试植物的单位叶面积滞留 $PM_{2.5}$ 和 $PM_{>2.5}$ 的数量亦表现出显著的物种差异（表 5-2，$P<0.001$），其变化范围分别为 0.04～0.39 g/m^2、0.29～3.05 g/m^2。对 $PM_{2.5}$ 的滞留量，大于 0.2 g/m^2 的物种有木槿、大叶黄杨和悬铃木；在 0.1～0.2 g/m^2 之间的物种有五叶地锦、油松、垂柳、雪松等 16 种；在 0.1 g/m^2 以下的有栾树、国槐、紫叶小檗和白蜡。对 $PM_{>2.5}$ 的滞留量，木槿超过 3 g/m^2；五叶地锦、油松、大叶黄杨、悬铃木和白皮松 5 种植物在 2～3 g/m^2 之间；玉兰、紫薇、构树、紫叶李和雪松 5 种植物在 1～2 g/m^2 之间；美人梅、元宝枫、小叶女贞等 12 种植物则小于 1 g/m^2。

5.1.1.2　不同树种的单叶滞尘量

在供试的 23 种植物中，单叶面积在 50 cm^2 以上的有悬铃木、五叶地锦、构树、元宝枫和玉兰 5 种；单叶面积在 10 cm^2 以下的有大叶黄杨、榆树、国槐、紫薇、垂柳、小叶女贞、油松等 12 种；其他树种单叶面积在 10～50 cm^2（见表 5-1）。

不同植物的单叶 PM 滞留量有很大差异（表 5-2，$P<0.001$），其中悬铃木最大，高达 21.42 mg；五叶地锦次之，为 20.44 mg；玉兰居三，为 10.87 mg；小叶黄杨最小，为 0.09 mg。23 种植物的单叶滞留 $PM_{2.5}$ 和 $PM_{>2.5}$ 的数量在物种间差异显著（表 5-2，$P<0.001$），其变化范围分别为 0.01（紫叶小檗）～2.15 mg（悬铃木）和 0.07（小叶黄杨）～19.27 mg（悬铃木）。单叶滞尘能力强的悬铃木和五叶地锦的单叶 $PM_{2.5}$ 滞留量分别为 2.15 mg 和 1.33 mg，$PM_{>2.5}$ 滞留量分别为 19.27 mg 和 19.11 mg；而叶子表面积小的小叶黄杨和紫叶小檗等物种的单叶 $PM_{2.5}$ 和 $PM_{>2.5}$ 滞留量均较小。

5.1.1.3　不同树种的单株叶面滞尘量

23 种植物的单株树木的 PM 滞留量差异显著（表 5-2，$P<0.001$），最高的为悬铃木，高达 343.9 g；元宝枫次之，为 74.4 g；毛白杨居三，为 53.6 g。单株 PM 滞留量在 20～50 g 的有 7 种，依次为垂柳 > 构树 > 国槐 ≈ 栾树 ≈ 玉兰 > 白皮松 > 油松。其他 13 种植物的单株滞留 PM 量在 20 g 以下，其中小叶黄杨、小叶女贞和紫叶小檗的单株滞尘量小于 1 g。

悬铃木单株的 $PM_{2.5}$ 和 $PM_{>2.5}$ 滞留量也最大，分别达 34.5 g 和 309.4 g；最小的为紫叶小檗，二者可差 4 100 和 3 600 倍。单株滞留 $PM_{2.5}$ 量大于 5 g 的物种

表 5-1　供试植物的基本信息（均值±标准差）

植物种	科	生活型	叶习性	叶型	叶形	叶序	叶质	单叶面积/cm²	树高/m	胸径（地径）/cm	冠幅直径/m
毛白杨	杨柳科	乔木	落叶	单叶	阔卵形或三角状卵形	互生	革质	33.2±16.1	11.2±3.3	40.6±11.9	6.9±0.7
国槐	豆科	乔木	落叶	复叶	小叶呈卵形或卵圆形	对生	革质	8.3±2.0	7.3±0.5	31.0±4.3	5.4±0.3
银杏	银杏科	乔木	落叶	单叶	扇形	互生	革质	15.7±6.7	6.7±1.1	24.5±4.5	3.2±0.5
悬铃木	悬铃木科	乔木	落叶	单叶	阔卵形，上部掌状 5 裂，有时 7 裂或 3 裂	互生	纸质	86.5±39.3	10.8±1.7	45.4±7.9	8.2±0.6
元宝枫	槭树科	乔木	落叶	单叶	掌状五裂，裂片三角形	对生	革质	58.2±14.2	7.9±0.5	22.9±2.6	7.3±0.9
亚柳	杨柳科	乔木	落叶	单叶	狭披针形或线状披针形	互生	革质	6.6±2.3	11.3±0.7	39.5±14.5	5.7±0.9
构树	桑科	乔木	落叶	复叶	广卵形至长椭圆状卵形	互生	纸质	66.8±12.9	5.1±0.9	8.3±1.2	4.3±0.8
白蜡	木犀科	乔木	落叶	复叶	卵形、倒卵形长圆形至披针形	对生	纸质	28.3±7.5	7.0±0.9	23.7±4.4	5.8±1.1
玉兰	木兰科	乔木	落叶	单叶	倒卵形、宽倒卵形或、倒卵状椭圆形	互生	纸质	56.0±15.5	6.9±1.1	12.0±2.3	3.6±0.4
栾树	无患子科	乔木	落叶	复叶	卵形、阔卵形至卵状披针形	对生	纸质	14.8±6.2	10.7±1.0	26.8±4.9	7.4±1.0
榆树	榆科	乔木	落叶	单叶	叶椭圆状卵形、长圆形、椭圆状披针形或卵状披针形	互生	纸质	8.4±2.2	10.2±1.1	31.0±4.3	5.1±0.5
白皮松	松科	乔木	常绿	针叶	针形，三针一束	簇生	革质	1.8±0.2	4.2±1.7	12.8±6.4	3.3±0.8
雪松	松科	乔木	常绿	针叶	针形，多针一束	簇生	革质	0.8±0.3	10.4±1.0	43.9±7.2	4.1±0.4
油松	松科	乔木	常绿	针叶	针形，两针一束	簇生	革质	4.6±0.8	5.8±0.7	17.6±1.9	4.1±0.6
大叶黄杨	黄杨科	灌木	常绿	单叶	卵形、椭圆状或长圆状披针形以至披针形	对生	革质	9.4±2.8	0.9	—	0.7±0.1
紫叶小檗	小檗科	灌木	落叶	单叶	菱形或倒卵形	互生	革质	1.8±0.6	0.8	—	0.6±0.1
紫叶李	蔷薇科	灌木	落叶	单叶	椭圆形、卵形或倒卵形	互生	纸质	15.7±4.3	2.6±0.5	6.0±2.0[a]	1.9±0.2
紫薇	千屈菜科	灌木	落叶	单叶	椭圆形、阔矩圆形或倒卵形	互生	纸质	7.1±1.3	1.2±0.3	—	1.0±0.2
美人梅	蔷薇科	灌木	落叶	单叶	卵圆形	互生	纸质	18.5±3.1	1.8±0.2	7.3±1.1[a]	1.7±0.1
木槿	锦葵科	灌木	落叶	单叶	菱形至三角状卵形	对生	纸质	4.4±1.0	2.0±0.2	5.0±1.0	1.7±0.1
小叶黄杨	黄杨科	灌木	常绿	单叶	阔椭圆形、阔倒卵形、卵状椭圆形或长圆形	对生	革质	1.4±0.3	0.9	—	0.4±0.1
小叶女贞	木犀科	灌木	落叶	单叶	披针形、长圆状椭圆形、椭圆形、倒卵状长圆形	对生	革质	5.4±1.9	0.9	—	0.7±0.1
五叶地锦	葡萄科	藤木	落叶	复叶	倒卵圆形、倒卵椭圆形或外侧小叶椭圆形	互生	纸质	68.1±31.1	—	—	1.6±0.2

a 表示地径

表 5-2　供试植物单位叶面积、单叶、单株的 PM$_{2.5}$ 等颗粒物滞留量（均值±标准差）

植物种	单位叶面积滞尘量/(g/m²)			单叶滞尘量/mg			单株滞尘量/g			单位绿化土地面积滞尘量/(g/m²)		
	PM$_{2.5}$	PM$_{2.5\sim10}$	PM	PM$_{2.5}$	PM$_{2.5\sim10}$	PM	PM$_{2.5}$	PM$_{2.5\sim10}$	PM	PM$_{2.5}$	PM$_{2.5\sim10}$	PM
毛白杨	0.13±0.03	0.64±0.07	0.77±0.10	0.42	2.13	2.55	8.83±2.97	44.81±15.05	53.64±18.02	0.73±0.17	3.68±0.84	4.41±1.00
国槐	0.09±0.02	0.69±0.04	0.78±0.04	0.08	0.57	0.65	4.42±0.72	33.05±5.41	37.47±5.90	0.60±0.10	4.49±0.73	5.19±0.80
银杏	0.10±0.05	0.30±0.09	0.40±0.11	0.16	0.47	0.63	0.83±0.21	2.38±0.61	3.20±0.82	0.33±0.06	1.09±0.33	1.42±0.35
悬铃木	0.25±0.07	2.23±0.14	2.48±0.19	2.15	19.27	21.42	34.49±5.71	309.42±51.16	343.71±56.87	2.07±0.31	18.52±2.77	20.59±3.07
元宝枫	0.16±0.07	0.88±0.12	1.04±0.18	0.94	5.12	6.06	11.56±3.23	62.82±17.54	74.38±19.91	0.86±0.16	4.69±0.86	5.55±0.97
垂柳	0.17±0.04	0.63±0.17	0.80±0.17	0.11	0.41	0.53	8.80±3.76	32.32±13.80	41.12±17.56	1.03±0.16	3.78±0.60	4.81±0.77
构树	0.11±0.02	1.34±0.18	1.46±0.16	0.75	8.97	9.72	3.01±0.74	35.88±8.77	39.89±9.51	0.68±0.13	8.08±1.55	8.76±1.68
白蜡	0.04±0.01	0.55±0.18	0.59±0.19	0.11	1.55	1.67	1.19±0.30	16.13±4.04	17.31±4.34	0.16±0.05	2.19±0.63	2.35±0.67
玉兰	0.12±0.01	1.82±0.21	1.94±0.21	0.66	10.21	10.87	2.21±0.50	34.04±7.71	36.25±8.21	0.67±0.12	10.25±1.32	10.91±2.32
栾树	0.09±0.03	0.51±0.19	0.60±0.18	0.14	0.75	0.89	5.65±1.24	30.60±6.71	36.26±7.95	0.42±0.09	2.25±0.51	2.66±0.61
榆树	0.13±0.04	0.29±0.05	0.42±0.09	0.11	0.24	0.35	5.46±0.97	12.06±2.14	17.53±3.11	0.87±0.18	1.91±0.39	2.78±0.57
白皮松	0.14±0.02	2.22±0.24	2.36±0.24	0.03	0.40	0.43	2.06±1.21	32.74±19.20	34.80±20.40	0.69±0.17	10.95±2.70	11.64±2.87
雪松	0.17±0.07	1.21±0.39	1.38±0.45	0.01	0.10	0.11	2.08±0.42	14.35±2.93	16.43±3.36	0.50±0.08	3.45±0.52	3.95±0.60
油松	0.18±0.05	2.71±0.57	2.90±0.61	0.09	1.25	1.34	1.86±0.10	27.22±1.42	29.08±1.52	0.59±0.12	8.64±1.81	9.23±1.93
大叶黄杨	0.31±0.03	2.50±0.30	2.81±0.31	0.29	2.35	2.64	0.32±0.05	2.59±0.24	2.91±0.34	0.69±0.11	5.62±0.93	6.31±1.05
紫叶小檗	0.06±0.03	0.61±0.14	0.67±0.11	0.01	0.11	0.12	0.01±0.00	0.09±0.01	0.10±0.01	0.10±0.03	1.02±0.31	1.12±0.34
紫叶李	0.12±0.01	1.26±0.23	1.39±0.23	0.19	1.99	2.18	0.34±0.09	3.45±0.96	3.79±1.05	0.36±0.10	3.74±1.00	4.11±1.10
紫薇	0.17±0.02	1.52±0.04	1.69±0.05	0.12	1.08	1.20	0.11±0.03	0.96±0.24	1.07±0.27	0.41±0.08	3.55±0.70	3.96±0.78
美人梅	0.13±0.03	0.89±0.16	1.02±0.19	0.24	1.64	1.88	0.31±0.05	2.12±0.31	2.43±0.35	0.43±0.07	2.92±0.45	3.35±0.52
木槿	0.39±0.03	3.05±0.67	3.44±0.65	0.17	1.34	1.51	0.45±0.06	3.52±0.50	3.97±0.56	0.62±0.06	4.81±0.46	5.42±0.52
小叶黄杨	0.16±0.03	0.48±0.12	0.64±0.13	0.02	0.07	0.09	0.03±0.02	0.25±0.11	0.28±0.12	0.16±0.11	1.32±0.36	1.48±0.41
小叶女贞	0.16±0.04	0.67±0.19	0.83±0.24	0.09	0.36	0.45	0.12±0.03	0.51±0.13	0.63±0.16	0.34±0.11	1.40±0.43	1.74±0.54
五叶地锦	0.19±0.05	2.81±0.08	3.00±0.06	1.33	19.11	20.44	0.48±0.11	6.94±1.61	7.42±1.73	0.80±0.19	11.48±2.73	12.28±2.92

有元宝枫、垂柳、毛白杨、榆树和栾树，小于 5 g 的物种为其他 17 种植物。单株滞留 PM$_{>2.5}$ 量大于 10 g 的物种有元宝枫、毛白杨、垂柳、构树、玉兰、国槐等 12 种，小于 10 g 为木槿、大叶黄杨、小叶女贞、小叶黄杨等 10 种植物。

5.1.1.4　单位绿化面积叶面滞尘量

从单位绿化面积植物滞尘量来看，PM 滞留量变化在 1.1~20.6 g/m^2（表 5-2），其中大于 10 g/m^2 的有悬铃木、五叶地锦、白皮松和玉兰 4 种，在 5~10 g/m^2 的有油松、构树、大叶黄杨、元宝枫、木槿和国槐 6 种，其他 13 种植物的单位绿化面积滞留 PM 量在 5 g/m^2 以下。

在单位绿化面积的 PM$_{2.5}$ 和 PM$_{>2.5}$ 滞留量上，悬铃木最强，分别为 2.1 g/m^2 和 18.5 g/m^2。单位绿化面积的 PM$_{2.5}$ 滞留量大于 0.6 g/m^2 的有悬铃木、垂柳、榆树、元宝枫、毛白杨、国槐等 12 种；小于 0.6 g/m^2 的有油松、雪松、栾树、美人梅等 11 种，其中小叶黄杨、紫叶小檗仅为 0.1 g/m^2。单位绿化面积滞留 PM$_{>2.5}$ 量超过 10 g/m^2 有五叶地锦、白皮松和玉兰，在 5~10 g/m^2 之间的有油松、构树和大叶黄杨，小于 5 g/m^2 的有木槿、紫薇、构树、紫叶李等 16 种。

5.1.1.5　不同生活型和叶习性植物叶面滞尘量比较

不同生活型植物的叶面 PM、PM$_{>2.5}$ 和 PM$_{2.5}$ 滞留量差异显著（表 5-3，$P < 0.05$）。单位叶面积的滞尘量由大到小依次为藤本 > 灌木 > 乔木，单叶的滞尘量排序为藤本 > 乔木 > 灌木，而单株和单位绿化面积的滞尘量排序则分别为乔木 > 藤本 > 灌木、乔木 ≈ 藤本 > 灌木。

对叶习性而言，单位叶面积的 PM 和 PM$_{>2.5}$ 滞留量由大到小依次为落叶藤本 > 常绿乔木 > 常绿灌木 ≈ 落叶灌木 > 落叶乔木，PM$_{2.5}$ 的滞留量为常绿灌木 > 落叶藤本 > 常绿乔木 ≈ 落叶灌木 > 落叶乔木。单叶的 PM、PM$_{2.5}$ 滞留量均表现为落叶藤本 > 落叶乔木 > 常绿灌木 ≈ 落叶灌木 > 常绿乔木，而对 PM$_{>2.5}$ 的滞留量表现为落叶藤本 > 落叶乔木 > 常绿灌木 ≈ 落叶灌木 > 常绿乔木。单株的 PM、PM$_{>2.5}$ 和 PM$_{2.5}$ 滞留量由大到小均表现为落叶乔木 > 常绿乔木 > 落叶藤本 > 常绿灌木 ≈ 落叶灌木。单位绿化面积的 PM、PM$_{>2.5}$ 滞留量表现为：落叶藤本 > 常绿乔木 > 落叶乔木 > 常绿灌木 ≈ 落叶灌木，而对 PM$_{2.5}$ 的滞留量表现为：落叶藤本 ≈ 落叶乔木 > 常绿乔木 > 常绿灌木 ≈ 落叶灌木。

5.1.2　不同城市污染环境下植物叶片滞留 PM$_{2.5}$ 等颗粒物的能力

叶面微形态和环境条件能够影响叶片滞留颗粒物的能力（贾彦等，2012；邱

表 5-3 不同生活型和叶习性的植物叶面的 $PM_{2.5}$ 等颗粒物滞留量（均值±标准误差）

生活型	叶习性	单位叶面积滞尘量/(g/m²)			单叶滞尘量/mg			单株滞尘量/g			单位绿化土地面积滞尘量 (g/m²)		
		$PM_{2.5}$	$PM_{>2.5}$	PM	$PM_{2.5}$	$PM_{>2.5}$	PM	$PM_{2.5}$	$PM_{>2.5}$	PM	$PM_{2.5}$	$PM_{>2.5}$	PM
乔木	常绿	0.17±0.01	2.05±0.44	2.21±0.44	0.04±0.02	0.58±0.34	0.62±0.37	2.00±0.07	24.78±5.45	26.77±5.43	0.59±0.05	7.68±2.22	8.28±2.27
	落叶	0.13±0.02	0.90±0.19	1.02±0.20	0.51±0.19	4.51±1.82	5.01±2.00	7.86±2.86	55.76±25.82	63.21±28.59	0.76±0.15	5.54±1.54	6.26±1.67
	平均	0.14±0.01	1.14±0.21	1.28±0.22	0.41±0.16	3.67±1.49	4.07±1.64	6.60±2.32	49.12±20.40	55.40±22.63	0.73±0.12	6.00±1.29	6.69±1.38
灌木	常绿	0.23±0.06	1.49±0.82	1.72±0.88	0.16±0.11	1.21±0.93	1.36±1.04	0.17±0.12	1.42±0.96	1.59±1.08	0.43±0.22	3.47±1.76	3.90±1.97
	落叶	0.17±0.05	1.33±0.37	1.51±0.42	0.14±0.03	1.09±0.30	1.23±0.33	0.22±0.07	1.77±0.61	1.99±0.68	0.38±0.07	2.91±0.59	3.28±0.65
	平均	0.20±0.04	1.37±0.33	1.56±0.37	0.14±0.04	1.12±0.31	1.26±0.34	0.21±0.06	1.68±0.50	1.89±0.56	0.39±0.07	3.05±0.60	3.44±0.67
藤木		0.19±0.05	2.81±0.08	3.00±0.06	1.33	19.11	20.44	0.48±0.11	6.94±1.61	7.42±1.73	0.80±0.19	11.48±2.73	12.28±2.92

媛等，2008；Räsänen et al.，2013）。Räsänen 等（2013）模拟测定了 NaCl 粒子在欧洲赤松、欧洲桦、椴树和疣枝桦叶面的滞留能力及受叶面特征的影响，但模拟结果与叶片实际滞留 PM$_{2.5}$ 等颗粒物情况存在很大差异。Sæbø 等（2012）在挪威（繁忙的高速公路附近）和波兰（不受交通和工业污染的郊外）研究了 47 个树种的叶面滞留颗粒物量，表明树种间的滞留颗粒物数量的差异显著性随粒径变小而降低，并且滞尘量随环境不同有一定变化。为此本研究在北京市选择了具不同污染程度的 2 个地点，测定和比较了 9 个常见树种（白蜡、大叶黄杨、垂柳、国槐、毛白杨、玉兰、紫叶李、元宝枫和银杏）的单位叶面积滞留 PM$_{2.5}$ 等颗粒物的质量及所受叶面微形态结构的影响。

采样点设在具有不同污染程度的北京植物园和国贸桥。其中，北京植物园距市中心 23 km，并且采样点离道路较远，属相对清洁区，PM$_{2.5}$ 和 PM$_{10}$ 在 2013 年植物生长季分别为（73.96±57.98）μg/m^3、（90.30±53.39）μg/m^3；国贸桥附近行人密度大、车辆众多，采样点在路旁，受机动车排放尾气影响较大，属严重污染区，PM$_{2.5}$ 和 PM$_{10}$ 在 2013 年植物生长季分别为（82.76±53.44）μg/m^3、（111.31±54.57）μg/m^3。

为避免因采样日期不同而影响树叶滞尘数量分析，该研究确定树叶采样日期时要求在前一周内无降水，从而确保叶片表面都滞留了一定量的颗粒物，具体地，于 2013 年 10 月 1 日一天内完成了所有采样。采样高度也可能影响叶面滞尘量，因此不同植物种类的采样高度要尽可能靠近。结合采样点不同植物的高度生长实际情况，确定采样高度：常绿灌木（大叶黄杨）为 1.0m，落叶灌木（紫叶李）为 1.5m，落叶乔木（国槐、毛白杨、元宝枫、白蜡、垂柳、玉兰和银杏）为 2~6m；选择 10 株样树，在树冠不同方位采集生长良好的叶片，单叶较大者（玉兰，元宝枫，毛白杨）采集约 100 片，其他较小者采集约 200 片，并迅速装入保鲜袋后封好，标明采样日期和地点。因实验持续时间较长，将叶片带回实验室后尽快放入 4℃冰箱中保存。

5.1.2.1　不同树种的叶面滞留 PM$_{2.5}$ 等颗粒物

各树种单位叶面积 PM、PM$_{>10}$、PM$_{2.5~10}$ 滞留量差异极显著（表 5-4，$P<0.01$）。北京植物园 9 个树种的 PM、PM$_{>10}$、PM$_{2.5~10}$ 滞留量在 0.61~2.25 g/m^2、0.50~1.89 g/m^2、0.04~0.21 g/m^2 之间，而国贸桥在 0.76~6.17 g/m^2、0.06~5.13 g/m^2、0.04~0.61 g/m^2 之间。2 个地点滞留 PM 能力较强的树种均为大叶黄杨、玉兰和元宝枫，而毛白杨和垂柳的滞留 PM 能力较弱。2 个地点单位叶面积 PM$_{>10}$ 的滞留量均占 PM 滞留量的 75%以上，因此各树种叶面 PM$_{>10}$ 滞留量大小顺序与 PM 一致。北京植物园 9 个树种单位叶面积 PM$_{2.5~10}$ 滞留量占 PM 滞留量的 3.4%~12.5%，平

表 5-4　北京植物园和国贸桥 9 个树种单位叶面积滞留颗粒物量（g/m^2）与组分及其比值

树种	滞尘量/（g/m^2）								比值			
	国贸桥				北京植物园				PM/PM^*	$PM_{>10}/PM^*_{>10}$	$PM_{2.5\sim10}/PM^*_{2.5\sim10}$	$PM_{2.5}/PM^*_{2.5}$
	PM	$PM_{>10}$	$PM_{2.5\sim10}$	$PM_{2.5}$	PM^*	$PM^*_{>10}$	$PM^*_{2.5\sim10}$	$PM_{2.5}$				
大叶黄杨	6.17ᵃ	5.13ᵃ	0.61ᵃ	0.43ᵃ	2.25ᵃ	1.89ᵃ	0.21ᵃ	0.15ᵃ	2.74	2.71	2.90	2.87
玉兰	3.02ᵇ	2.64ᵇ	0.23ᵇ	0.15ᵇ	1.39ᵇ	1.26ᵇᶜ	0.09ᵇᶜ	0.04ᵇ	2.17	2.09	2.56	3.75
元宝枫	2.32ᶜ	2.01ᶜ	0.17ᶜ	0.14ᵇᶜ	1.75ᵇ	1.65ᵃᵇ	0.04ᶜ	0.06ᵃᵇ	1.33	1.22	4.25	2.33
国槐	1.41ᵈ	1.20ᵈ	0.05ᵉ	0.16ᵇ	0.66ᵈᵉ	0.53ᵈᵉ	0.05ᶜ	0.08ᵃᵇ	2.14	2.26	1.00	2.00
银杏	1.25ᵈ	1.03ᵈᵉ	0.13ᶜᵈ	0.09ᵇᶜ	0.98ᶜᵈ	0.83ᵈᵉ	0.09ᵇᶜ	0.06ᵃᵇ	1.28	1.24	1.44	1.50
紫叶李	1.13ᵈ	0.91ᵈᵉ	0.11ᵈ	0.11ᵇᶜ	1.16ᵇᶜ	0.93ᶜᵈ	0.13ᵇ	0.10ᵃᵇ	0.97	0.98	0.85	1.10
垂柳	0.91ᵈ	0.76ᵈᵉ	0.05ᵉ	0.10ᵇᶜ	0.61ᵉ	0.50ᵉ	0.07ᵇᶜ	0.04ᵇ	1.49	1.52	0.71	2.50
白蜡	0.80ᵈ	0.60ᵉ	0.11ᵈ	0.09ᵇᶜ	1.11ᵇᶜ	0.93ᶜᵈ	0.11ᵇ	0.07ᵃᵇ	0.72	0.65	1.00	1.29
毛白杨	0.76ᵈ	0.6ᵉ	0.04ᵉ	0.05ᶜ	0.90ᵈ	0.80ᵈᵉ	0.06ᵇᶜ	0.04ᵇ	0.84	0.84	1.00	1.25

*表示植物园树种滞留颗粒物的质量；同列数据后的不同小写字母表示叶面滞留单位叶面积不同粒径颗粒物在 $P=0.05$ 水平显著性差异

均值为 8.3%；国贸桥为 4.8%～13.5%，平均值为 7.9%，其中大叶黄杨单位叶面积 $PM_{2.5\sim10}$ 的滞留量最大，而玉兰和元宝枫在国贸桥也表现出较强的滞留能力，但在北京植物园却较弱。

各树种单位叶面积 $PM_{2.5}$ 的滞留量在国贸桥差异显著（$P<0.05$），但在北京植物园却并不显著（$P<0.05$）。北京植物园 9 个树种 $PM_{2.5}$ 的滞留量在 0.04～0.15 g/m^2，占 PM 的 3.7%～8.7%，平均值为 6.1%；国贸桥在 0.05～0.43 g/m^2 之间，占 PM 滞留量的 5.0%～11.5%，平均值为 8.3%。大叶黄杨和国槐的单位叶面积 $PM_{2.5}$ 的滞留能力较强；另外，白蜡在北京植物园居第三，而在国贸桥却居第八。

北京植物园和国贸桥大气中 $PM_{2.5}$ 和 PM_{10} 比值分别为 0.82 和 0.74；而这两个地点 9 个树种的平均滞留量 $PM_{2.5}/PM_{10}$ 仅分别为 0.49 和 0.52。

5.1.2.2　不同污染程度下的树种滞留 $PM_{2.5}$ 等颗粒物

由表 5-4 可知，国贸桥和北京植物园 9 个树种 PM、$PM_{>10}$、$PM_{2.5\sim10}$ 和 $PM_{2.5}$ 平均滞留量的比值分别为 1.64、1.60、1.89 和 2.50。

国贸桥的大叶黄杨、玉兰、元宝枫、国槐、银杏和垂柳单位叶面积 PM 和 $PM_{>10}$ 的滞留量均大于北京植物园，其中，大叶黄杨差异最大；但紫叶李、白蜡、毛白杨却略小于北京植物园。国贸桥的大叶黄杨、玉兰、元宝枫和银杏单位叶面积 $PM_{2.5\sim10}$ 滞留量均大于北京植物园，其中，元宝枫差异最大，垂柳却小于北京植物园；国槐、白蜡和毛白杨单位叶面积 $PM_{2.5\sim10}$ 滞留量相等。另外，国贸桥 9 个树种单位叶面积 $PM_{2.5}$ 的滞留量均大于北京植物园。

5.1.2.3　不同污染程度下的叶表面特征

2 地点 9 个树种上、下叶表面的共有微形态结构和特征测量值如表 5-5、表 5-6 所示。由图 5-1 和图 5-2 可知，国贸桥国槐上表面较北京植物园粗糙，突起显著。国贸桥垂柳上表面条状组织较北京植物园紧密，间隙距离为 1～5 μm［见图 5-2（d）和图 5-1（d）］；北京植物园紫叶李叶上表面的条状组织间隙只有 1～3 μm［图 5-1（i）］，而国贸桥不明显［图 5-2（i）］。北京植物园白蜡上表面发现绒毛，而国贸桥没有。国贸桥毛白杨上表面较北京植物园光滑。由表 5-6 可知，北京植物园元宝枫的气孔密度最大，为（445 ± 24）N/mm^2，是垂柳的 4.09 倍，而国贸桥元宝枫的气孔密度是垂柳的 4.29 倍；2 个地点紫叶李下表面气孔密度变化较大。单叶面积较大的毛白杨、玉兰和元宝枫在 2 个地点相差较大，其余树种相差不大。

北京植物园 9 个树种中垂柳上表面接触角最小，银杏最大；下表面接触角小于 90°的有白蜡、毛白杨、大叶黄杨、元宝枫和紫叶李，接触角大于 90°的有垂柳、玉兰、银杏和国槐。国贸桥毛白杨上表面接触角最小，国槐最大；下表面接触角小于 90°的有白蜡、毛白杨、大叶黄杨、紫叶李、元宝枫、国槐和垂柳，大于 90°的有银杏、玉兰（表 5-5）。

表 5-5　不同树种上叶表面、下叶表面结构特征

物种	上表面结构特征	下表面结构特征
大叶黄杨	叶片革质，分布紧密排列的突起	突起边缘间的尺寸较宽
玉兰	块状的突起，沟槽缝隙间距大	气孔较多，深沟槽
元宝枫	叶脉显著，条状突起有沟槽	气孔多
国槐	有绒毛	密集沟槽，有绒毛
银杏	粗大的条状组织	保护细胞突起，无其他结构
紫叶李	密布极细的网状浅沟组织	多浅沟组织
垂柳	分布着气孔与较浅的纹理组织	密布条状组织
白蜡	多深沟槽	突起较多
毛白杨	浅沟槽较多	气孔周围密布条状组织

5.1.3　不同城市污染环境下高滞尘健康树种的选择

5.1.3.1　目的

构建健康的高滞留 PM$_{2.5}$ 等颗粒物的城市森林，改善城市生态环境，丰富城市景观，创造适宜的人居环境。

表 5-6　北京植物园和国贸桥各树种的叶表特征测量值（均值±SD）

采样点	物种	气孔密度/(N/mm²)	气孔长度/μm	气孔宽度/μm	气孔长宽比	单面叶面积/cm²	接触角/(°) 上表面	接触角/(°) 下表面	绒毛密度(N/mm²) 上表面	绒毛密度(N/mm²) 下表面
北京植物园	大叶黄杨	247.00±2.80	19.62±0.01	15.30±0.83	1.30±0.07	13.71±0.55	64.96±1.56	70.03±1.35	—	—
	玉兰	217.00±0.70	19.13±0.37	7.97±0.10	2.45±0.08	80.24±16.8	68.22±1.42	113.20±2.10	—	—
	元宝枫	445.00±24.00	9.76±0.04	5.20±0.06	1.91±0.03	37.09±1.32	58.14±1.32	70.15±1.38	—	—
	国槐	—	—	—	—	7.46±0.29	67.50±1.79	97.70±0.69	0.80±0.50	2.00±1.20
	银杏	69.00±1.30	23.14±0.25	11.34±0.31	2.04±0.19	17.97±0.35	74.00±1.96	103.14±2.66	—	—
	紫叶李	395.00±7.80	14.99±0.38	7.42±0.08	2.04±0.03	16.39±1.13	62.56±2.12	75.90±1.23	—	—
	垂柳	109.00±4.20	29.44±0.22	23.51±0.63	1.26±0.02	13.41±0.65	53.09±1.00	115.90±0.84	—	—
	白蜡	138.00±4.90	23.52±0.80	11.25±0.76	2.19±0.09	24.91±2.02	58.78±3.30	60.16±2.30	—	0.40±0.20
	毛白杨	178.00±9.20	17.76±0.19	7.38±0.11	2.54±0.01	75.09±3.10	70.39±4.20	68.23±2.90	—	—
国贸桥	大叶黄杨	198.00±4.20	24.01±1.42	16.51±1.04	1.50±0.05	12.51±1.52	56.62±0.89	67.74±0.09	—	—
	玉兰	207.00±2.10	18.24±0.08	7.59±0.26	2.44±0.09	36.19±7.31	70.52±1.20	114.07±0.50	—	—
	元宝枫	296.00±12.30	8.52±0.12	3.98±0.21	2.21±0.07	30.95±0.26	62.42±3.23	71.06±1.04	—	—
	国槐	109.00±2.70	16.45±1.65	9.94±1.32	1.66±0.43	5.76±0.35	85.43±1.36	82.04±0.29	—	1.50±1.00
	银杏	89.00±1.90	17.32±0.68	7.44±0.45	2.33±0.33	21.55±2.83	68.82±1.42	103.17±1.37	—	—
	紫叶李	277.00±5.70	16.22±0.17	7.90±0.24	2.09±0.10	18.30±0.45	60.65±3.18	68.40±0.29	—	—
	垂柳	69.00±0.70	17.10±0.69	6.98±0.47	2.53±0.10	13.01±2.97	69.96±0.05	86.16±1.65	—	—
	白蜡	227.00±24.10	22.49±0.19	13.16±0.05	1.72±0.03	16.60±1.51	63.39±3.84	62.42±1.96	—	—
	毛白杨	168.00±3.50	17.06±0.31	7.16±0.28	2.46±0.08	57.32±0.79	56.42±0.42	64.16±0.75	—	—

注："—"表示未测定数据

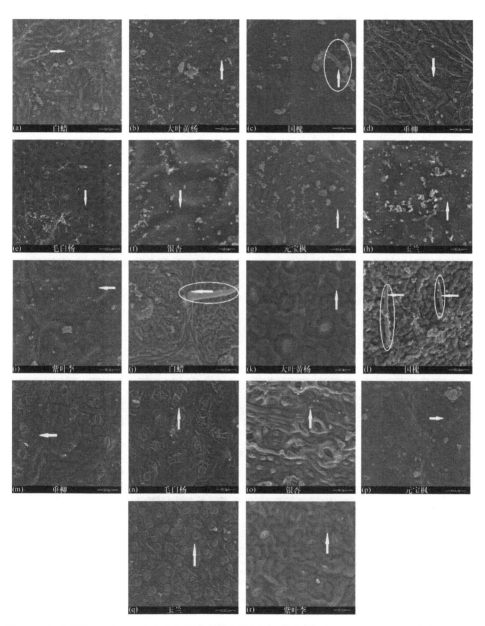

图 5-1　北京植物园不同树种叶片扫描电镜图［放大倍数为 1000；（a）～（i）为叶片上表面；
（j）～（r）为叶片下表面；箭头指示滞留的 PM$_{2.5}$；椭圆指示绒毛］

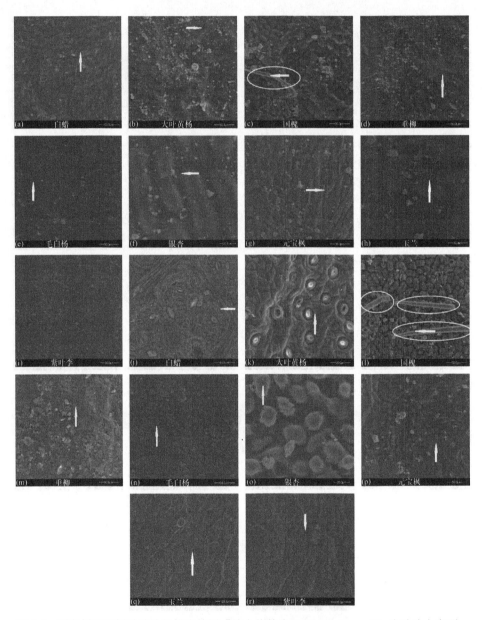

图 5-2 国贸桥不同树种叶片扫描电镜图 [放大倍数为 1000；（a）～（i）为叶片上表面；
（j）～（r）为叶片下表面；箭头指示滞留的 PM$_{2.5}$；椭圆指示绒毛]

5.1.3.2　原则

（1）以人为本

减少城市大气中 PM$_{2.5}$ 等颗粒物的含量，改善城市生态环境，创造适宜的人居环境，维护人类健康。

（2）地带性原则

北京位于东经 115.7°～117.4°，北纬 39.4°～41.6°，中心位于北纬 39°54′20″，东经 116°25′29″。气候为典型的北温带半湿润大陆性季风气候，夏季高温多雨，冬季寒冷干燥，春、秋短促。降水季节分配不均，全年降水的 80% 集中在 6 月、7 月、8 月三个月，7 月、8 月有大雨。地带性植被类型是暖温带落叶阔叶林并间有温性针叶林的分布。海拔 800m 以下的低山代表性的植被类型是栓皮栎林、栎林、油松林和侧柏林。海拔 800m 以上的中山，森林覆盖率增大，其下部以辽东栎林为主，海拔 1000m 至 1800～2000m，桦树增多，在森林群落破坏严重的地段，为二色胡枝子、榛属、绣线菊属占优势的灌丛。海拔 1800～1900m 以上的山顶生长着山地杂类草草甸。城市植被中国槐、杨树类、栾树、元宝枫、油松、白蜡、柳树类、榆树类等是最为常见的绿化植物。

（3）适地适树原则

适地适树是指在造林中使树种特性（生态学特性）和造林地的立地条件（气候和土壤条件）相适应，以利于成活、成林，充分发挥生产潜力，达到高产、高效益。北京市地域广大，各区环境因子不同，绿地类型多样，因而，树种选择一定要首先考虑树木对环境的适应性，对于滞尘模式的设计一方面要考虑到林木滞留 PM$_{2.5}$ 等颗粒物的效益，另一方面要考虑到林木的健康状况，在此基础上选择适应不同环境因子的林木，使其能够正常生长并产生较好滞留 PM$_{2.5}$ 等颗粒物的效益。

（4）生物多样性原则

生物多样性是指在一定时间和一定地区所有生物（动物、植物、微生物）物种及其遗传变异和生态系统的复杂性总称。它包括遗传（基因）多样性、物种多样性、生态系统多样性和景观生物多样性四个层次。物种的多样性是生物多样性的关键，它既体现了生物之间及环境之间的复杂关系，又体现了生物资源的丰富性。为了使植物能在城市生态环境中持续、稳定、健康地存在和发展，在树种的选择上必须坚持生物多样性原则，以当地的植物生态系统及乡土树木群落为基础，在重点应用大量乡土树种的同时，再适当引入外来树种作为补充，这样才能体现出树种的多样性和树木景观的多姿多彩，建立相对稳定而又多样化的园林植物复层种植结构，才能使树木在城市环境中发挥最大的生态效益，达到较为理想的景观效果，并实现城市生态环境的可持续发展。

5.1.3.3 选择依据

根据北京平原地区的主要气候、土壤条件以及多年园林绿化的实践，植物选择应坚持生物多样性，重视长寿慢长与速生树种的合理比例。以乡土植物为主，乡土植物与引进植物相结合；以落叶树种为主，落叶与常绿树种相结合；以乔木树种为主，乔木、灌木及地被植物相结合；以生态景观树种为主，食源、蜜源植物相结合。形成春花烂漫、夏荫遮蔽、秋彩斑斓的优美景观和稳定的植物群落。在以上依据的基础上，还需依据本研究的供试物种的滞留 PM$_{2.5}$ 等颗粒物的数量、动态变化以及不同城市环境下林木健康状况。在这些依据的基础上，选择健康状况良好、滞留 PM$_{2.5}$ 等颗粒物能力强的树种，建立混交复层式人工生态型的植物群落，发挥最好的生态效益。

5.1.3.4 针对不同功能区的树种建议

针对不同的功能区，在供试的树种中选择滞留 PM$_{2.5}$ 等颗粒物能力和健康状况良好的树种，详见表 5-7。

表 5-7 针对不同功能区的初步建议树种

不同功能区	建议树种
相对清洁区	悬铃木、国槐、毛白杨、银杏、元宝枫、雪松、桧柏、白皮松、油松、紫叶李、枫杨、加杨、垂柳、栾树、玉兰、紫薇、小叶女贞、大叶黄杨、白蜡、构树、木槿
交通繁忙区	悬铃木、大叶黄杨、国槐、油松、元宝枫、玉兰、小叶黄杨、小叶女贞、紫叶李
工业区	悬铃木、大叶黄杨、国槐、油松、元宝枫、玉兰、小叶黄杨、小叶女贞、紫叶李、紫叶小檗

5.1.3.5 考虑局域污染差别和防护目的的树种建议

考虑局域污染特点和防护目的的建议树种如表 5-8 所示。

表 5-8 考虑局域污染差别和防护目的的建议树种

防护目标	范围	初步建议树种
郊区绿地		油松、悬铃木、元宝枫、桧柏、玉兰、白皮松、银杏、雪松、垂柳、国槐
隔离绿地		油松、垂柳、国槐、元宝枫、玉兰
道路绿地	行道树绿带	油松、国槐、玉兰、元宝枫、悬铃木、垂柳
	分车带	油松、大叶黄杨、玉兰、紫薇、紫叶李、小叶女贞、紫叶小檗
	交通岛绿地	油松、国槐、悬铃木、垂柳、玉兰、白皮松、大叶黄杨、紫薇、紫叶李、雪松、木槿、构树、小叶女贞、紫叶小檗
	公车站	国槐、元宝枫、紫叶李、玉兰
	十字/丁字路口	油松、元宝枫、国槐、紫叶李、玉兰、大叶黄杨、紫薇

防护目标	范围	初步建议树种
居住绿地	小区道路绿地	银杏、紫叶李、垂柳、元宝枫、大叶黄杨、悬铃木、紫薇、玉兰
	宅旁绿地	银杏、紫叶李、垂柳、元宝枫
	公共绿地	油松、雪松、元宝枫、悬铃木、垂柳
带状公园		元宝枫、垂柳、悬铃木、银杏、紫叶李、国槐、大叶黄杨、小叶女贞、紫叶小檗
公园	入园处	国槐、银杏、元宝枫、紫叶李、紫叶小檗
	外围	油松、雪松、悬铃木、元宝枫、大叶黄杨、国槐、玉兰、构树、木槿
	游憩林	垂柳、银杏、国槐、白蜡、小叶女贞、紫叶李
	道路	银杏、紫叶李、垂柳、元宝枫、大叶黄杨、悬铃木、紫薇、玉兰

5.2 廊道型林木降低 PM$_{2.5}$ 危害的优化结构与管理技术

5.2.1 研究方法与研究过程

5.2.1.1 样带设置

试验主要选取一条城市主干道（安立路）和一条环城高速公路（北五环）两种道路类型来分析道路防护林内大气颗粒物的时空分布规律。采用样带法研究道路防护林内大气颗粒物浓度的分布特征。

（1）城市主干道防护林带

安立路选择科荟路—仰山桥奥林匹克森林公园东门段的三条配置不同的样带（Y1、Y2 和 Y3），其中 Y3 为空白对照，Y1 和 Y2 同向分车带和非机动车带配置完全一致，只是中央隔离带和路侧林带结构配置不同。Y1 中央隔离带为低郁闭度、高疏透度，Y2 为高郁闭度、低疏透度；Y1 路侧林带为高郁闭度、低疏透度，而 Y2 为低郁闭度、高疏透度。

（2）环城高速林带

于北五环自西向东共选取六条垂直于道路的样带，分别为正蓝旗段（A，路路并行）、圆明园段（B，水路并行）、厢白旗段（C，生活区与路并行）、上清桥-林萃桥段（D，绿路并行）、奥林匹克森林公园段（E，绿路并行）、北苑机动车检测中心段（F，商业区与路并行），其中正蓝旗段外侧的防护林带受到北五环和香山路两条交通要道的影响，人口密度大，交通繁忙；圆明园段的林带较宽，且再向外侧紧挨小清河，之后为居民区；厢白旗段靠近北五环处无绿化，靠近居住区；上清桥-林萃桥段和奥林匹克森林公园段属于绿化档次较高的绿化区；而北苑机动车检测中心段处于商业区，来往车辆较多，带内基本无绿化，为水泥下垫面。按照各样带所处地理位置和北五环两侧污染源的不同,六样带分别代表五个功能区,交通干道区(A)、水域区(B)、居民区(C)、绿化区(D和E)和商业区(F)。样带具体位置和详细植物配置见图5-3、图5-4和表5-9、表5-10。

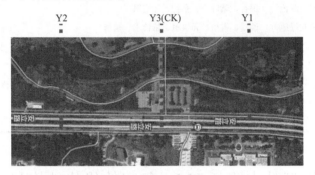

图 5-3 安立路各样带

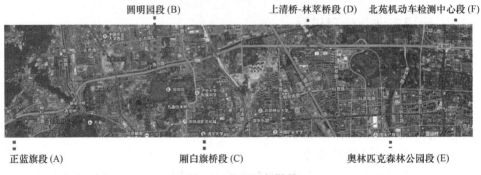

图 5-4 北五环各样带

表 5-9 安立路样带概况

位置	样带	配置方式	林地郁闭度	疏透度	主要植物种					其他下层植被
					主要树种	胸径/cm	树高/m	枝下高/m	冠幅/m²	
中央分车带	Y1	乔草	0.40	0.45	杨树	21.4	13	3.2	2.9×3.1	草坪草
	Y2	乔灌草	0.80	0.20	杨树	19.5	12.7	3.4	3×3	沙地柏
					金枝槐	5.8	2.1	0.35	2.5×2.4	
					紫丁香	6.3	2.4	0.55	2.5×2.3	
同向分车带	Y1、Y2	乔灌草	0.70	0.40	银杏	15.2	7.5	2.5	4.3×4.5	大叶黄杨、萱草
					国槐	15.7	6.7	2.6	4.4×4.6	
非机动车带	Y1、Y2	乔草	0.65	0.30	国槐	13.4	5.9	3	4×3.8	马蔺
林缘	Y1	藤本	—	—	月季	—	—	—	—	
	Y2	草坪	—	—	—	—	—	—	—	

续表

位置	样带	配置方式	林地郁闭度	疏透度	主要植物种					其他下层植被
					主要树种	胸径/cm	树高/m	枝下高/m	冠幅/m^2	
林内 5m	Y1	乔灌草	0.65	0.15	油松 紫薇	7.8 6.8	3.9 2.3	1 0.7	4.2×3.8 1.5×1.8	沙地柏
	Y2	草坪	—							
林内 15	Y1	乔灌	0.85	0.10	白玉兰 榆叶梅	6.9 5.2	3.7 1.9	1 0.4	2.5×2.4 1.3×1.5	—
	Y2	乔	0.65	0.50	银杏	12.2	6.4	2.1	2.32.5	—
林内 25、35	Y1	乔	0.75	0.40	旱柳 刺槐	17.6 18.9	8.7 9.6	4 3.5	6.4×6.8 4.7×5	—
	Y2	乔	0.65	0.45	银杏	12.2	6.4	2.1	2.3×2.5	—

表 5-10　北五环环城高速林带样地概况

林带	位置	配置方式及树种构成
A	正蓝旗段	北五环内侧：郁闭度 0.45，疏透度 0.45；由北五环向内依次为火炬树、黄刺玫、云杉、银杏、国槐、杨树，样带宽约 85m 内侧：紧邻香山路，郁闭度 0.65，疏透度 0.15；由北五环依次为火炬树、樱花、刺柏纯林，林带宽约 40m
B	圆明园段	杂木林，外侧：郁闭度 0.30，疏透度 0.45；主要有火炬树、碧桃、黄栌等，林带宽 45m 内侧：郁闭度 0.80，疏透度 0.22；主要有火炬树、黑松、侧柏、银杏、国槐、旱柳、紫叶李、龙爪槐等，林带宽约 60m
C	厢白旗段	郁闭度 0.45，疏透度 0.50；靠近北五环处为草地，向内 10m 主要有旱柳、圆柏、迎春、紫叶李、桃树、红瑞木等
D	上清桥—林萃桥段	郁闭度 0.7，疏透度 0.30；乔灌草搭配型景观林带，主要树种有金银木、紫丁香、紫叶李、白蜡、黑松、侧柏等，林带最宽处 70m
E	奥林匹克森林公园段	围栏处为疏透度 0.25 的金银木，向内为 60m 宽的杨树纯林，郁闭度 0.75，疏透度 0.35
F	北苑机动车检测中心段	空白

注：火炬树 *Rhus typhina*，黄刺玫 *Rosa xanthina*，云杉 *Picea asperata*，银杏 *Ginkgo biloba*，国槐 *Sophora japonica*，杨树 *Populus cathayana*，刺柏 *Juniperus formosana*，白蜡 *Fraxinus chinensis*，樱花 *Prunus serrulata*，侧柏 *Platycladus orientalis*，旱柳 *Salix matsudana*，紫叶李 *Prunus Cerasifera*，龙爪槐 *Sophora japonica*，金银木 *Lonicera maackii*，紫丁香 *Syringa oblata*，圆柏 *Sabina chinensis*

另外，为研究群落类型对大气颗粒物空间分布规律的影响，本节在丰户营段环城高速林带选取黑松纯林、银杏纯林、银杏刺柏混交林、刺柏纯林四种林分和一组空白对照（主要为草地）进行了详细观测。根据林带宽度，从香山路缘开始每隔 15m 设置一个监测点，依次为香山路、林内 15m、林内 30m 和北五环（表 5-11）。

表 5-11　丰户营样带概况

群落类型	林地郁闭度	疏透度	胸径/cm	树高/m	枝下高/m	冠幅/m²	样带宽度/m
银杏纯林	0.7	0.35	8.9	6.5	1.8	2.2×2.2	100
银杏刺柏混交林	0.7	0.4	银杏 8.4 刺柏 —	6.7 3.8	1.8 0.3	2.1×2.3 2.0×2.1	90
刺柏纯林	0.65	0.25	—	3.9	—	1.9×2.1	60
黑松纯林	0.8	0.15	7.6	3.8	0.5	2.8×2.9	60
对照	—	—	—	—	—	—	60

　　水平梯度：环城高速林带内所有样带根据林带的宽度从北五环边缘开始向林内每隔 10～15m 设 1 个观测点，分别为北五环边缘 0m、林内 10m、20m、30m、40m。城市主干道从道路中央向外侧布点，分别为中央隔离带、同向分车带、非机动车带、人行道缘、林内 5m、林内 15m、林内 25m、林内 35m，见图 5-5。

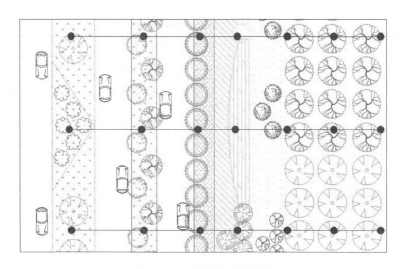

图 5-5　水平监测点示意图

　　垂直梯度：基于近地表大气尘直接影响人体健康，综合考虑实验操作的可行性和野外梯度观测塔的承受能力，本研究设置 1.5m、4m 和 6m 三个高度，分别代表人体平均呼吸高度 1.5m、小乔木的树冠中部和树冠顶部 3 个梯度。北五环主要在丰户营段的四种不同林分和一个对照空地进行垂直梯度观测，其他样带仅观测水平梯度；安立路每个观测点均设置 3 个垂直梯度，见图 5-6。

5.2.1.2　观测时间

　　通过分析对比北京近年来的气象资料，并参考中国天气网——北京历史天气统计（2011 年 1 月 1 日至 2014 年 4 月 1 日），选择北京市出现频率较多且对大气颗粒物集聚、扩散、消除等效应明显的天气类型，同时综合考虑观测的可操作性，确定大气颗粒物的观测时间。分别于 2013 年夏季（6～8 月）、秋季（10 月）、冬季（12 月）和 2014 年春季（4 月）每个季节选择 6～7 天作为观测日。观测日的日期和当日天气状况详见表 5-12。

图 5-6　垂直监测点示意图

表 5-12　观测日气象状况

季节	日期	天气	温度/℃	日均温度/℃	湿度/%	风力等级
夏季	2013-06-01	晴	19.6～33.4	25.3	19.5～66.3	1～2
	2013-07-24	晴	24～39.4	30.5	28.9～93	1～2
	2013-08-03	雨后多云	24.1～37.8	27.7	51.7～100	1～2
	2013-08-09	雨后晴天	21.3～33.8	29.3	43～89.7	1～2
	2013-08-24	晴	20.9～38.3	27.5	30.8～92.9	1～2
	2013-08-30	晴	17.7～28	23.3	33.1～69.8	1～2
	2013-09-01	晴	20～32.2	23.7	39.5～74.8	1～2
秋季	2013-10-16	晴	5.6～22.9	11.7	20.9～78.8	1～2
	2013-10-17	多云间阴	8.4～21.3	11.3	32.1～79	1～2
	2013-10-20	风后晴天	8.1～21.9	13.1	27.3～79.7	1～2
	2013-10-25	晴	6.1～20.6	11.7	29.9～78.9	1～2
	2013-10-28	霾	8～18	11.2	44.1～76.9	1～2
	2013-11-08	多云	5.1～14.9	7.7	20.8～70.6	1～3
	2013-11-11	风后晴天	5.2～14.6	7.6	19.5～40.6	2～3
冬季	2013-12-21	晴	−6.8～3.9	−2.4	24～64.6	1～2
	2013-12-22	晴间多云	−7.9～14	−3.3	23.3～81.5	1～2
	2013-12-24	霾	−7～6.6	−2.7	24.5～81.7	1
	2013-12-28	晴	−6.9～3.4	−1.1	17.6～60.9	3～4
	2014-01-05	多云间阴	−3.8～6.3	−0.6	43.2～82.6	1～2
	2014-01-14	晴	−6～4	−2.1	20.6～70.3	1～2
	2014-02-15	霾	−3.5～3.9	−1.8	48.6～86.7	1～2
春季	2014-04-05	晴	8.1～28.2	18.5	10.5～63.4	1～3
	2014-04-08	霾	12.2～29.1	22.1	19～84.9	1～3
	2014-04-10	多云	11.9～23.9	21.3	25.3～76.4	1～3
	2014-04-13	多云	11～24	21.9	15.6～64.7	1～2
	2014-04-16	多云	12～25.2	21.1	14～65.8	1～2
	2014-04-21	晴	11.2～23.5	22.6	18.9～59.6	1～2

另外，在秋季和冬季分别进行烟雾弹试验，以其代替大气颗粒物污染源来模拟不同植物配置条件下的扩散情况。样带的环境本底状况于 2013 年夏季调查。

测定日从 7:00 至次日 5:00 进行 24h 昼夜观测，每 2h 正点前后 20min 内同步、定点观测各监测点的大气颗粒物浓度（TSP、PM$_{10}$、PM$_{2.5}$、PM$_1$）、空气温度、相对湿度、风速、光照强度、车流量等指标，同时，同步记录观测日北京市环境保护监测中心公布的二氧化硫、二氧化氮、臭氧、一氧化碳等数据。

5.2.2　林带结构对林内大气颗粒物净化率的影响

5.2.2.1　林带宽度

林带宽度显著影响林内大气颗粒的扩散，这种影响主要与林带植物群落配置有关，本节主要研究两种配置条件下林带宽度对大气颗粒物净化率的影响。配置A：整体为通透结构，路缘 5m 为乔（白蜡）-草搭配，向内成排栽植紫叶李、黑松、杨树、柳树，宽度 70m；配置 B：路缘 5m 为郁闭度高、疏透度低的大灌木（金银木），分枝点低，向内杨树纯林，成排栽植，样带宽度 60m，再向内为公园绿地。

随远离路基距离的增加，林带对大气颗粒物的净化率呈现递增趋势，但也存在一定阈值，两种配置方式之间也存在一定差异。如图 5-7 所示。配置 A，10m 处 TSP 和 PM$_{10}$ 的净化率为负值，对 PM$_{2.5}$ 和 PM$_1$ 的净化率不足 5%，说明路缘为通透结构时，TSP 和 PM$_{10}$ 能够在汽车尾部气流带动下进入林带内，会引起林带内一定距离大气颗粒物浓度升高。四种粒径大气颗粒物净化率均在 50m 以内净化率逐步升高，而 50～80m 净化率没有显著增高。说明这种结构下远离路基 50m 距离内林带对大气颗粒物的净化作用最强，50m 以外净化率无显著差异。配置 B，由于路缘为紧密结构的大灌木，能够最大程度地将大气颗粒物阻滞在林带外，因此，与 0m 处相比，10m 处大气颗粒物浓度急剧下降，TSP、PM$_{10}$、PM$_{2.5}$、PM$_1$ 的净化率分别达 37.34%、32.53%、16.08% 和 4.83%。随着远离路基距离的增加，大气颗粒物的净化率逐步增大，至 40m 左右维持在一个较为稳定的水平，四种粒径大气颗粒物净化率达到 40.53%、41.55%、26.55% 和 10.27%。

通过以上分析可见，配置 A 路缘通透，大气颗粒物输送距离远，达到稳定净化率的宽度为 50m；配置 B 紧密结构，达到稳定净化率的宽度为 40m，也即一般而言，如果林带另一侧无污染时，林带宽度设置为 40～50m 即可发挥林带的最大净化效应。另外，也可以看出林带结构对大气颗粒物的净化率存在差异，通透的配置 A 对四种粒径大气颗粒物的净化效应要低于紧密结构的配置 B。

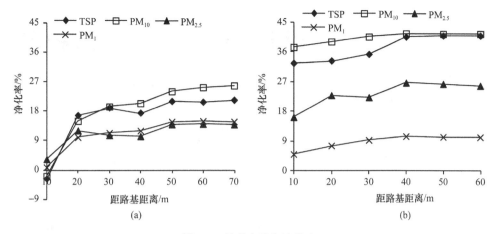

图 5-7　林带宽度与净化率
(a) 配置 A；(b) 配置 B

5.2.2.2　林带郁闭度

植物群落的郁闭度与群落对四种粒径大气颗粒物的净化率均呈现显著正相关关系，郁闭度越大，对大气颗粒物的净化作用越显著（图 5-8 和表 5-13）。但是随植物群落郁闭度的增大，净化率的增量不是一成不变的，而是存在一定阈值。郁闭度在 0.20～0.65 范围内，净化率呈逐步增大趋势，且增加较快，至郁闭度 0.65 左右逐渐减缓，至 0.75 以上时已经基本保持不变。可以看出，当植物群落郁闭度<0.70 时，植物对大气颗粒物的净化效应有较大的提升空间，而当郁闭度过高时，净化效应不但没有显著提高，反而植物种植过密会影响其采光，进而抑制植物的生长。因此，为保证植物对大气颗粒物的净化效果处于较高水平，同时又影响植物健康成长，植物群落的郁闭度应在 0.70～0.85，此时对大气颗粒物净化效应最佳，其对应的对 TSP 和 PM$_{10}$ 净化率在 40% 左右，对 PM$_{2.5}$ 和 PM$_1$ 的净化率在 30% 左右。

5.2.2.3　林带疏透度

疏透度与净化率呈明显负相关关系，如图 5-9 和表 5-14 所示。疏透度在 0.15～0.25 范围内对四种粒径的净化率最高，且维持较为稳定的状态，而当疏透度>0.30 时，其净化率急剧下降，随着疏透度增大，植物群落对大气颗粒物的净化率不断降低。可以推断，从植物群落作为隔离防护林净化大气颗粒物的效应来看，植物群落的疏透度在 0.15～0.25 范围内对大气颗粒物净化效应最佳，其对应的对 TSP 和 PM$_{10}$ 净化百分率为 40% 左右，对 PM$_{2.5}$ 和 PM$_1$ 的净化率为 30% 左右。

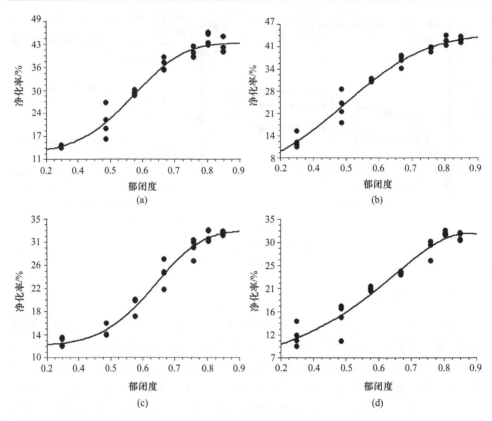

图 5-8　不同粒径大气颗粒物与郁闭度的拟合曲线

（a）TSP 与郁闭度；（b）PM$_{10}$ 与郁闭度；（c）PM$_{2.5}$ 与郁闭度；（d）PM$_1$ 与郁闭度

表 5-13　郁闭度与四种粒径大气颗粒的拟合曲线方程

	TSP	PM$_{10}$	PM$_{2.5}$	PM$_1$
郁闭度	$R=0.982$ $y = 43.247 -$ $30.572e^{-10.273x^{-4.346}}$	$R=0.986$ $y = 44.408 -$ $39.042e^{-4.996x^{-2.643}}$	$R=0.987$ $y = 32.516 -$ $20.236e^{-8.883x^{-5.1153}}$	$R=0.978$ $y = \dfrac{1}{0.171 - 0.320x + 0.183x^2}$

5.2.3　基于林带结构的增强滞留大气颗粒物能力的调控技术

随着城市机动车剧增带来的道路两侧大气颗粒物污染的加剧，基于大气颗粒物扩散的规律及不同结构植物群落对大气颗粒物的净化功能，选择合适植物种类并进行优化配置，营建结构合理、滞尘功能高效的道路防护林对缓解城市汽车尾气颗粒物污染具有重要意义。目前关于森林植被滞尘的研究颇为丰富，但道路防护林带树种及植物配置结构的确定尚缺乏系统的实践指导。因此，本节在摸清机

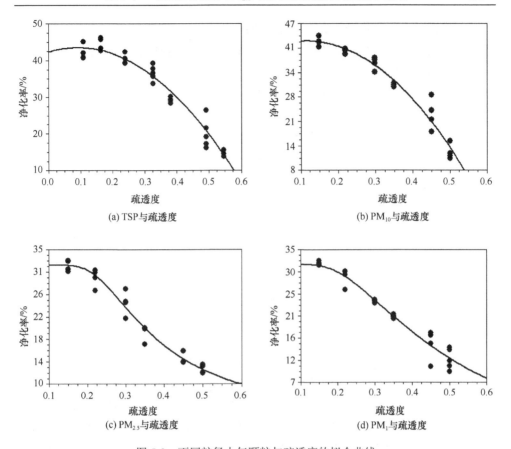

图 5-9　不同粒径大气颗粒与疏透度的拟合曲线

表 5-14　疏透度与四种粒径大气颗粒的拟合曲线方程

	TSP	PM$_{10}$	PM$_{2.5}$	PM$_1$
疏透度	$R=0.978$，$y=42.318+28.658$ $x-169.890x^2$	$R=0.982$，$y=40.172+43.920$ $x-192.899x^2$	$R=0.987$，$y=31.784-$ $27.343e^{-0.658x^{-2.454}}$	$R=0.982$，$y=31.464-$ $42.102e^{-0.256x^{-1.587}}$

动车尾气扩散规律和道路沿线大气颗粒物污染特点的基础上，根据相关分析结果，并结合其他学者的研究结论，简要提出增强道路防护林降低大气颗粒物危害能力的调控技术，以便为道路防护林的植物配置结构及今后的城市绿地规划和建设提供技术支持。

5.2.3.1　林带结构对大气颗粒物的影响

　　林带结构是林带防护特征之一，林带结构不同对大气颗粒物的调控作用有所差异，常见的林带基本结构类型主要有通透结构、半通透结构和紧密结构三种，各林带结构对大气颗粒物的影响特征如下所述。

通透结构：一般均由乔木组成，不配置花灌木，这种结构有利于大气颗粒物扩散，但植物净化大气颗粒物的能力差。

半通透结构：一般以乔木为主，下层配有少量花灌木。这种结构对大气颗粒物的扩散和净化功能均介于通透结构和紧密结构之间。

紧密结构：由大乔木、亚乔木和花灌木等多树种配置。紧密结构林带郁闭度大、绿量大，颗粒物遇林带时不易通过，仅有一小部分进入林内，大部分由树冠上绕过，向上扩散，进入林带的颗粒物会被长时间滞留在林内，不易扩散。

复合式结构：由通透结构、半通透结构和紧密结构相结合，形成复合式结构。通过多种林带结构的配置，能够满足林带的不同防护效果。

因此，对于大气颗粒物污染，在防护林带实际规划设计时，我们有时需要促进大气颗粒物扩散，有时需要阻挡大气颗粒物扩散，还有时需要放进来再吸收，具体情况需要我们根据主导功能目标和道路等级进行合理配置，最大限度发挥防护林带减少颗粒物污染的生态服务功能。

5.2.3.2　城市主干道各分车带植物群落配置

城市主干道作为城市的骨架，是城市社会活动与经济活动的纽带和动脉，也是人们感受城市景观特色与社会风情的重要通道。而城市主干道防护林带是城市主干道的组成元素之一，担负着组织引导交通、改善道路生态环境和构筑城市景观等主要功能，因此，在规划设计时除了遵循以乡土树种为主、外来树种为辅，因地制宜，适地适树等原则外，主要应充分考虑生态、安全、美化和文化功能，构建多树种、多层次、多效能的近自然防护林带群落。

（1）中央隔离带和同向分车带

中央隔离带和同向分车带以行车为主，无行人出入，因此，这两条带的主要功能是最大程度地阻滞和吸纳大气颗粒物，减少其向林带外扩散，减轻对人行道上行人健康的危害。群落结构配置宜以大乔木、亚乔木、花灌木和地被或草坪的复层结构为主，适当增加滞尘能力强、观赏效果好的树种，并适当增加针叶树树种比例，营造多树种、多层次、多景观的紧密或复合式结构林带。上层乔木以冠大荫浓、树枝茂密、滞尘能力高的阔叶树种或滞尘能力强的针叶树种；中层灌木兼具滞尘和美化功能，考虑植物的季相变化；下层要尽量减少裸露地面的面积，采用具有高滞尘能力的草本或者地被，如各种草坪草、宿根花卉、铺地柏等，最大程度减少机动车行驶过程中的二次扬尘。群落结构最佳郁闭度在 $0.70\sim0.85$，疏透度在 $0.15\sim0.30$，绿量在 $5000m^3/万\ m^2$ 左右，中央隔离带宽度宜不小于10m。

另外，由于城市主干道林带在一定程度上反映了一个城市的绿化水平，也是展示一个城市文化的窗口，因此，中央隔离带要有一定的宽度和景观单元的尺度，按照园林审美要求，采用变化与统一、节奏与韵律、对比与调和的美学原理，将形态各异的乔、灌、花、草、地被等进行合适配比和艺术组合，形成不同的景观，并适合搭配一定的具有地域风情的文化意境，最大限度地发挥植物的生态、美化、防护功能。

（2）非机动车带

非机动车带的主要功能是减少机动车行驶过程中带动大气颗粒物向人行道的扩散，本研究发现，安立路三条样带内非机动车带和人行道边缘大气颗粒物污染均不严重，也即目前的配置结构乔-草通透结构为不错的模式选择：上层以分枝点高、郁闭度较低的乔木树种为主，下层选择低矮的草坪草或者低矮宿根花卉。乔木尽量不使用郁闭度高、分枝点低的树种，因为这种乔木会使大气颗粒物在地面与冠层之间混合，形成顶盖效应，抑制大气颗粒物垂直扩散，造成污染，对人体危害也较大。

本研究发现，大气颗粒物的扩散形式主要三种形式：一是直接向上垂直扩散；二是从树冠的孔隙或下层树干之间直接穿过进入林内；三是由树冠上绕过扩散进入林内。非机动车带应尽量避免选用高度在 0.5～1.5m 的灌木，颗粒物过此高度灌木之后，到人行道时最高浓度的高度恰巧在人体呼吸高度，对人体危害极大，因此，除大乔木-地被、草型外，还可以配置<0.5m 的矮灌、绿篱，或者>1.5m 的大灌木和小乔木，或是单独乔木型等通透型和半通透结构。

此外，在研究中发现，安立路三条林带林内 5m 或 15m 处多数时间浓度均最低，因此，如果条件允许，可以将非机动车带设置成至少 5m 宽的林带，之后再设置人行道。

（3）外侧防护林带

外侧防护林带具有分割空间、提供绿荫、滞尘、减噪、吸收有害气体、提供休闲场所等作用功能，植物配置应主要考虑外侧有无人行道来设置。如果存在人行道时，林带的最外侧要留有 2～3m 通透型低矮灌木或草地，促进机动车行驶中引起的颗粒物迅速扩散进入林内，减轻对林缘行人的污染，否则如果搭配成紧密结构的群落或使用郁闭度高的乔木，在吸收污染物的同时也容易将大气颗粒物阻挡在林外或限制于树冠下部，阻碍街道内的污染物向上扩散，导致人行道上大气颗粒物污染加重；再向内宜使用高大的乔木发挥其枝叶茂密的优势，充分阻滞吸收已经越过灌木的颗粒物；再设置 10m 左右的紧密林带，林内 25～35m 处可设置通透林带，使大气颗粒物扩散具有一定的缓冲区，之后布设公园或其他功能区；如果无人行道，紧靠林缘处则可以设置 10m 左右紧密结构林带，最大限度地阻滞和吸收路侧林带颗粒物，之后设置成通透结构即可以减少大气颗粒物对林带内侧的影响。

5.2.3.3　环城高速林带植物群落配置

　　环城高速林带是道路污染源与路缘居民区或其他区域间的重要生态屏障,其主要功能是生态防护和安全,因此,紧靠高速路的位置要设置滞尘功能强的紧密结构林带,使大气颗粒物尽量被吸收或者阻滞在林带内,再向外侧设置时要考虑环城防护林带外侧区域的使用功能。如果外侧是工业区,适宜选择较宽的紧密结构林带,树种选择时要考虑选择抗性强、能吸收有毒有害气体的树种;若是居住区,环城高速林带一侧宜配置一定宽度的紧密结构林带,中间选择半通透结构,靠近居民区为通透结构,树种选择上考虑使用群众喜闻乐见的树木;若是生态休闲区,在紧密结构林带后可以使用滞尘能力强树种来营造通透或半通透结构林带,使大气颗粒物尽量地阻滞在这些林带范围内;另外,本研究发现,水域对减轻大气颗粒物污染具有重要作用,因此,在紧密结构林带之后也可以布设水域区作为公园绿地与污染源间的隔离,再向外按照公园、绿地建设的相关标准进行生态休闲区的建设;树种主要考虑树形优美、观赏价值高的乔灌木和地被。需要注意的是,如果是公园内或居民区行人行走的区域,或人口密集处,尽量不要栽植滞尘能力强的树种,以避免刮风时树木降尘对居民造成影响。此时可在两侧栽植树干通直、分枝点高、冠大、稀疏、滞尘能力差的树种,或者只栽植花灌木、地被或观赏草坪,再向路两侧栽植高滞尘能力的树种和滞尘能力强的群落结构。

　　另外,由于环城高速林带相对偏远,一般会管理跟不上,因此尽量选择耐干旱瘠薄、生态防护功能强、能大量吸收烟尘及有毒有害气体的树种;关键地段或节点适当配置景观树种点缀;为减轻二次扬尘,尽量避免存在大量裸露地面,群落下层宜栽植耐荫性强、耐干旱瘠薄的宿根性草本或地被。

5.2.4　道路防护绿带减缓空气颗粒污染模式设计

　　基于上述分析研究结果,本研究对道路防护林的防尘模式进行了规划设计,根据不同的防护目标,提出了具体的防护林结构配置方案。

5.2.4.1　扩散模式

　　(1)模式特征

　　道路防护绿带扩散模式,即有利于道路产生或扬起的颗粒物快速通过防护绿带,并向外扩散,使道路内大气环境污染物稀释并得到快速净化的道路防护绿带植物配置。其主要特征就是疏、透,且道路两侧防护绿带均为扩散模式。

（2）适用环境

扩散模式适用于道路两侧环境相似，车流量较大并且道路防护绿带外侧没有人行道，没有人群居住的环境，一般位于高速公路或郊区、远郊区道路。在这种环境中，防尘效果主要考虑道路中机动车内人员的活动环境以及绿带对整个大气的净化作用。

（3）模式推荐

■ **草本型绿带**

草本型绿带模式即仅有草本植物的植物配置模式，如图 5-10 所示。该模式极为疏透，颗粒物直接扩散出去，且维护费用较低。

图 5-10　草本型绿带模式

■ **灌草型绿带**

灌草型绿带模式即灌木→草本的植物配置模式，如图 5-11 所示。该模式仅滞留或吸收扩散到中层的颗粒物，颗粒物从其他疏透空间快速扩散。

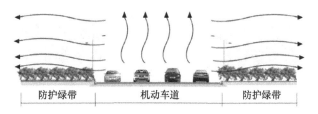

图 5-11　灌草型绿带模式

■ **乔草型绿带**

乔草型绿带模式即仅有乔木植物的植物配置模式，如图 5-12 所示。该模式仅滞留或吸收扩散到上层的颗粒物，颗粒物从其他疏透空间快速扩散。

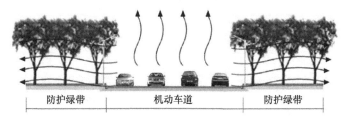

图 5-12　乔草型绿带模式

5.2.4.2 引导模式

（1）模式特征

道路防护绿带引导模式，即能够引导道路产生或扬起的颗粒物传播路径，沿着所既定的路径传播，以达到特定的环境要求。其主要特征是：分层，且道路两侧防护绿带均为引导模式。

（2）适用环境

引导模式适用于道路两侧环境相似，周边有特定要求，车流量较大或适中，并且道路两侧有人群活动的环境。例如两侧有人行道的道路，有商铺的道路，有高层住宅的道路等。在这种环境中，不能直接采用扩散模式，这样会给道路两侧人群带来直接伤害，又不能均采用滞留模式，这样成本较高，并且不利于机动车内人员的活动环境，以及整个大气空气颗粒物扩散。因而防尘效果主要考虑减少颗粒物对路旁人群的直接伤害。

（3）模式推荐

■ 混乔结构绿带

乔灌结构绿带模式即大乔→小乔的植物配置模式，如图 5-13 所示。该模式引导颗粒物从小乔下空间、大小乔间空间、大乔层以上空间扩散，减弱了小乔层、大乔层高度的直接伤害。

图 5-13　混乔结构绿带模式

■ 乔灌草结构绿带

乔灌草结构绿带模式即乔木→灌木→草本的植物配置模式，如图 5-14 所示。该模式引导颗粒物从灌草间空间、乔灌间空间、乔木层以上空间扩散，减弱了草本层、灌木层、乔木层高度的直接伤害。

图 5-14　乔灌草结构绿带模式

■ **小乔灌草结构绿带**

小乔灌草结构绿带模式即小乔木→灌木→草本的植物配置模式，如图 5-15 所示。该模式引导颗粒物从灌草间空间、小乔灌间空间、小乔木层以上空间扩散，减弱了草本层、灌木层、小乔木层高度的直接伤害。

防护绿带　　　　机动车道　　　　防护绿带

图 5-15　小乔灌草结构绿带模式

5.2.4.3　滞留模式

（1）模式说明

道路防护绿带滞留模式，即能够有效地阻滞或吸收道路产生或扬起的颗粒物快速通过绿带，从而降低道路行车道对绿带另一侧的影响，减少道路产生或扬起的颗粒物向外传播，从而减轻空气颗粒物对行人的直接伤害。其主要特征是紧密，且道路两侧防护绿带均为滞留模式。

（2）适用环境

滞留模式适用于道路两侧环境相似，车流量较大或适中，并且道路两侧有固定人群居住或需保护人群生活的环境。例如两侧有底层住宅的道路，有村庄的道路，有医院校舍的路段等。在这种环境中，人群长期在路旁居住，若采用扩散模式，引导模式，会对居民产生长期持续的伤害，而采用滞留模式可能会减轻这种伤害。同时，对于医院、学校等需保护人群，身体处于生长发育期或较为脆弱，要特别注意人群的保护，故而设置滞留模式的防护绿带，可以为需保护人群增加一层保护屏障。但同时要注意的是道路两旁采用滞留模式，会增加道路的安全隐患，其紧密的特点减弱了透视功能，使得司机与人群不能及时看到对方，故只能阶段性地使用滞留模式或增加足够辨别的道路指示牌。

（3）模式推荐

■ **混乔灌草结构绿带**

混乔灌草结构绿带模式即大乔→小乔→灌木→草本的植物配置模式，如图 5-16 所示。该模式植物配置紧密，在不同的高度均对颗粒物进行了滞留或吸收使得颗粒物多向上空扩散，减弱了颗粒物的直接伤害。

图 5-16 混乔灌草结构绿带

5.2.4.4 复合模式

（1）模式说明

道路防护绿带混合模式，即采用两种或两种以上模式，针对不同的道路环境，有效地阻滞或吸收道路产生或扬起的颗粒物，从而达到降低成本，提高效益的作用。其主要特征是混合，且道路两侧防护绿带不同。主要包括：扩散模式+引导模式，如图 5-17 所示；扩散模式+滞留模式，如图 5-18 所示；引导模式+滞留模式，如图 5-19 所示；扩散模式+引导模式+扩散模式。

（2）适用环境

混合模式适用于两侧环境不同、需求不同的道路。例如有盛行风的道路，一侧有人群居住一侧无人群活动的道路，一侧有人群居住一侧有人群活动的道路，一侧有人群活动一侧无人群活动的道路等。在这种不同环境中，防尘效果主要考虑道路不同路段的需求，争取在节约成本的同时起到较好的防尘效益。

（3）模式推荐

■ 扩散模式+引导模式

根据道路环境和防护需要选择适宜的模式组合。扩散模式+引导模式示例见图 5-17。

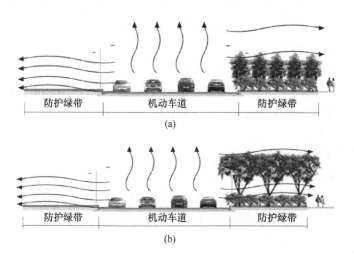

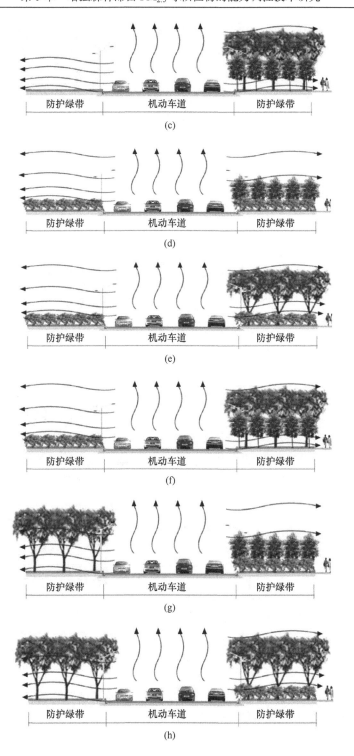

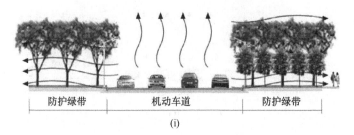

图 5-17　扩散模式+引导模式组合

■ 扩散模式+滞留模式

扩散模式+滞留模式示例见图 5-18。

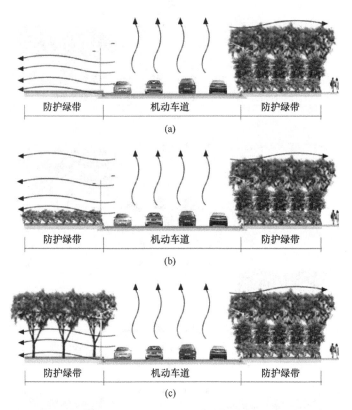

(a)

(b)

(c)

图 5-18　扩散模式+滞留模式组合

■ 引导模式+滞留模式

引导模式+滞留模式示例见图 5-19。

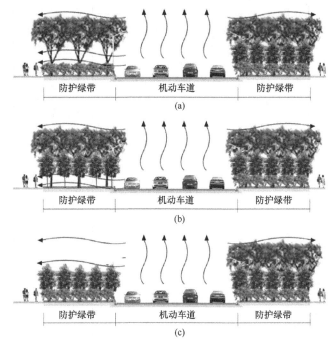

图 5-19　引导模式+滞留模式组合

5.3　斑块型景观生态林降低 PM$_{2.5}$ 危害的优化配置与结构管理技术

5.3.1　研究方法与研究过程

城市公园绿地一直以来被称作城市绿色之肺，其通过丰富的植被、完善的设施、优美的环境、优质的服务等为民众提供游憩娱乐空间。对于城市公园绿地生态效应的研究可以通过更加合理的规划布局城市的规划和设计，分析其对于大气颗粒物的滞留和影响作用，更好地发挥其生态功能，体现在宏观尺度上为发挥生态效益（Kim et al.，2006）。

3 个城市公园绿地样地，从市中心起到向西北四环最后到西北五环外，基本涵盖了北京市城市公园常见类型，将 3 个公园绿地入口处广场选择为对照进行观测，每个公园内选择生态系统相对稳定的绿地斑块内进行测定。根据北京市绿化普查工作的开展，并结合 Google Earth 图片，对每个公园的绿地斑块数量、面积、水面、草地、硬质铺装、建筑、设施等进行统计，并分析各公园群落基本结构（乔灌草型、乔草型、灌草型），观测公园具体情况见表 5-15。观测时间同 5.2.1.2 节。

表 5-15　城市公园样地基本情况

公园监测点	公园类型	公园面积/m²	植被覆盖率/%	建筑或设施面积/m²	硬质铺装面积/m²	水面面积/m²	斑块数量	群落类型	主要植物种类
海淀公园	城市休闲公园	410000	89	14300	21339	11600	69	乔草	垂柳、毛白杨、侧柏、黄栌、连翘、大叶黄杨、连
								乔灌草	翘、早熟禾、艾蒿、油松、
								草坪	高羊茅、雪松、国槐、白
								灌草	皮松、箬竹等
								乔木纯林	
天坛公园	历史名园	2730000	81	308000	196000		96	草坪	黑麦、早熟禾、侧柏、二
								乔木林	月兰、雪松、大叶黄杨、
								乔-草	油松等
								乔-灌-草	
								乔木纯林	
香山公园	山林公园	1800000	91	92000	80000	2000	79	乔草	黄栌、侧柏、油松、国槐、
								乔灌草	糠椴、山杏、大叶黄杨、
								乔木纯林	紫叶小檗、榆叶梅、连翘、
								草坪	沙地柏、肄棠、蛇莓、早熟禾、高羊茅等

5.3.1.1　植物群落试验方法

在海淀公园内选取 7 个适合游憩的典型植物群落进行观测，每个群落中心距边缘大于 35m，且距离道路大于 15m，各观测点均选择群落中心，并选取公园入口处为对照点。同时对每个群落进行每木调查，在群落样地中划分 4 个 15m×15m 的样方，测定植株高度、胸径、树木冠幅、植物种类、叶倾角、地径、平均高度、盖度等指标等。于 2014 年 6~8 月（夏季）、9~10 月（秋季）、12~翌年 1 月（冬季）和 3~4 月（2015 年春季）每个季节选择 10 d 进行颗粒物浓度和小气候相关指标的测定。植物群落的相关计算公式参考王洪俊（2014）。

5.3.1.2　绿地斑块试验方法

在海淀公园内选取 7 个绿地斑块进行观测，每个斑块中心距离斑块边缘水平距离梯度设置为 0m、15m、30m、45m、60m、75m、105m、135m、165m、210m，每条样带共 10 个监测点，基准点（计算阻滞作用时对比点）设置在观测斑块区域边缘处即 0m 处，绿地斑块缓冲区的观测点是从每个斑块边缘外侧选定 15m、30m、45m、60m、75m、150m、200m、300m 共计 8 个距离尺度，海淀公园内共布设 126 个监测点。于 2014 年 6~8 月（夏季）、9~10 月（秋季）、12~翌年 1 月（冬季）和 3~4 月（2015 年春季）每个季节选择 10 d 进行大气颗粒物浓度和小气候相关指标的测定。

5.3.1.3　城市公园试验方法

根据北京城市特殊的地形地貌，选择从市中心沿西北方向至西北五环外的 3 处典型功能城市公园绿地样地，基本涵盖了北京市城市公园常见类型，将各家公园入口广场处选择为对照进行观测，根据广泛性原则、均匀性原则、规律性原则的布点方式，每个公园内东、南、西、北 4 个方向选择生态系统相对稳定的景观绿地进行颗粒物浓度和小气候测定，每处公园内至少 20 个观测点，每隔观测点包含该公园代表性的景观结构。试验于 2014 年 6~8 月（夏季）、9~10 月（秋季）、12~翌年 1 月（冬季）和 3~4 月（2015 年春季）测定 3d 每次进行 24h 监测，每组测定 4 个重复，4 处公园同步进行大气颗粒物浓度和小气候相关指标的测定。同时选择同一城市主干道的 2 处公园进行夏季连续 10d 测定，对比不同类型公园绿地颗粒物浓度变化情况。

5.3.2　城市公园内绿地斑块阻滞颗粒物作用分析

作为景观格局的基本单元，城市公园中绿地斑块是公园景观组成的基本单位，园内道路、广场、水面、建筑等不同功能设施，分割形成与周边环境有差异独立绿地斑块。海淀公园是北京地区现代城市公园的代表，不但免票游览而且更以便捷的地理位置、完善的设施、丰富的游憩项目及公园外的广场文化活动等受到城市居民的欢迎，除了以上的城市功能外，其更以丰富的植被、多种植物群落、优美的绿地的景观、舒适的环境为众多游客游览提升游园舒适度。国内外对于植物影响颗粒物浓度的研究大多还是以整个城市公园尺度、整个片林尺度等大尺度角度上，缺乏以斑块，群落等小尺度的深入研究。虽然近年来部分研究者针对公园绿地的研究多了起来，但针对斑块型绿地的研究大多集中在城市公园设绿地、园路、设施、水环境等不同类型下垫面微气候分析和功能探讨及对城市绿地的降温作用（刘娇妹等，2009；Hwang et al.，2011；吴菲等，2013），对于从城市公园绿地自身功能结构、绿地面积、斑块大小、形状周长、绿地类型等特征角度来分析公园绿地阻滞作用的研究较少。对于大多数城市公园绿地来说，由于功能设置需要，被硬质铺装、水体、园路等切分成不同大小的绿地斑块，所以从斑块尺度上来说被切分成破碎化程度较高不同功能的绿地或水体甚至是广场等都可以称之为公园的阻滞功能的基本功能单位（游憩功能区）。

绿地斑块不同不仅内部颗粒物的分布格局会出现不同的尺度效应，由于绿地斑块周围不同的生境也会影响颗粒物的不同分布规律，从而影响绿地斑块的阻滞能力，所以研究斑块内部距离斑块边缘阻滞颗粒物的能力及不同的周围环境下垫面所引起的斑块阻滞能力的差异是有必要的，分析多远的距离会是对于阻滞大气颗粒物的最佳距离，也可探讨缓冲区（周围）下垫面组成与斑块结构的关系从而分析不同功能绿地斑块的阻滞能力。因此，本研究以城市公园绿地斑块为基础尺度，通过对斑块内部距离边界不同距离观测点测定的不同颗粒物物浓度变化，探讨不同类型斑块阻滞颗粒物的差异，分析绿地斑块大小或面积与大气颗粒物浓度变化的关系，从而使城市公园绿地内较小尺度绿地斑块能够发挥出稳定、高效的生态环境效应，能够更好地指导今后的城市公园绿地设计，为游客提供更舒适的游憩环境。

5.3.2.1　城市公园绿地典型绿地斑块基本情况

通过视角高度的 Google Earth 图片，结合公园绿地的调查工作相关基础数据进行观测点选择。为了去除环境因素及其他人为因素干扰，保证选择选样地均具有类似的背景气候，减弱环境气候差异对其的影响，确保绿地斑块均匀，各观测点背景小气候基本一致，且能在相近的区域内，最终选定海淀公园内 7 个典型的绿地斑块作为研究对象并将公园入口处的休闲广场作为对照点进行测定（见图5-20）。涵盖了游憩群落研究时所有植物群落类型及北京绿地中常见的乔-灌-草型、乔-草型、灌-草型和草坪型的绿地斑块类型，而绿地斑块周围有观赏林、园路广场（含硬质铺装）、建筑设施（含管理用房等）、休闲草坪和水体等 5 种不同下垫面环境因子。所选绿地斑块面积分布在 17693～27600m^2 不等，覆盖率在 65%～90%，景观形状指数均大于 1，最大的达到 1.56，可见所选斑块的边界较为不规则，各绿地斑块间存在明显的结构差异，见表 5-16。

图 5-20　不同斑块监测点示意图

表 5-16　绿地斑块样地基本情况

斑块编号	斑块优势植物种类	斑块结构特征				
		斑块类型	斑块面积/m^2	斑块周长/m	景观形状指数	斑块郁闭度/%	乔木覆盖率/%
A（CK）		硬质广场					
B	油松-黄栌	乔-灌-草	26730	691	1.31	83	90
C	油松-侧柏	乔-灌-草	27600	673	1.36	79	73
D	毛白杨-垂柳	乔-灌-草	23613	617	1.56	82	65
E	早熟禾、高羊茅	草坪	69360	986	1.11	93	96（草坪）
F	大叶黄杨-胡枝子	灌-草	17693	593	1.29	61	71（灌木）
G	国槐-垂柳	乔-灌-草	20361	601	1.27	76	80
H	黄栌	乔-草	21956	611	1.19	93	93

同时本研究借鉴公园内绿地斑块的温湿效应的相关研究，进行绿地斑块周围区域的不同下垫面比例测定，为定量分析绿地观测斑块周围不同组成比例，与颗粒物浓度变化及斑块阻滞颗粒物的能力关系，认定绿地斑块周围不同大小的影响区域为颗粒物缓冲区（张一平等，2000；秦仲，2016）。为更合理分析斑块结构及

缓冲区的大小对颗粒物的影响，更好地分析统计不同尺度绿地斑块大小及其缓冲区内不同下垫面的比例大小（通过 Cad 软件对缓冲区进行数字化统计不同类型下垫面所占的比例）对城市公园绿地阻滞作用不同变化的影响。

5.3.2.2　城市公园典型绿地斑块阻滞功能对比分析

（1）城市公园绿地斑块不同季节颗粒物浓度比较

如图 5-21 可以看出，不同季节公园内 7 种斑块绿地变化规律与之前研究的游憩群落样点的不同季节变化规律基本相似。整体来说绿地斑块的 4 个季节平均颗粒物浓度均要高于典型群落样点平均浓度的 7.31%～19.36%，这是由于取样方式不同，斑块面积大而群落观测点的测定范围较小，而绿地斑块面积在 20000m^2 左右，会产生一定的大气颗粒物集聚，并且造成二次污染的可能性增大，所以整体浓度高。

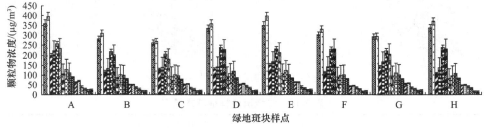

图 5-21　不同斑块监测点颗粒物浓度季节变化

绿地斑块类型为灌-草（F）型的样点夏、秋季节的颗粒物浓度要高于除草坪斑块（E）外的其他类型斑块，而冬季和春季颗粒物浓度又低于以落叶植物为主的绿地斑块，这是由于 F 斑块中主要优势植物是常绿的灌木，所以在冬季、春季区域影响作用明显，有较好的滞尘作用。夏季、秋季公园内绿地斑块观测点的 4 种不同粒径空气颗粒物浓度最高值均未超过对照点的数值，说明城市公园绿地斑块夏、秋 2 个季节有着较为明显的滞尘作用，但在冬季、春季个别斑块观测点的颗粒物浓度明显高于对照，例如毛白杨-垂柳（D）绿地斑块在冬季、春季的 PM$_{2.5}$ 和 PM$_{1.0}$ 高于对照 9.13%～13.10%，这是由于冬季、春季叶片没有生长，植物生理活动减弱，滞尘能力明显下降，气象条件变化如温度低、湿度低、气压低等易造成地面积聚的颗粒物较多，所以会明显出现污染物升高的情况。而相比对照斑块（A）周围无明显树木和建筑遮挡，易于扩散。根据《环境空气质量标准》（国标），斑块绿地观测点在冬季和春季除油松-侧柏斑块（C）能达到国家二级天气标

准，其他观测点均未能达到环境空气质量二级标准，园内斑块观测点平均超标达
59%，而夏季 PM$_{2.5}$ 浓度各观测点均能达到国家二级标准，其中油松-黄栌斑块（B）
和大叶黄杨-胡枝子（F）斑块能达到一级标准，其他区域均达不到标准。而不同
观测区 TSP 浓度，在夏、秋季节除去草坪斑块达不到环境空气质量二级标准，超
标 3.1%外，其他斑块均能达到二级标准。而就各斑块观测点 4 种颗粒物浓度平均
值来说，油松-侧柏斑块 TSP 浓度能达到环境空气质量二级标准，其余各观测点的
各粒径颗粒物浓度均未达到环境空气质量二级标准，其中草坪斑块区域 TSP 超标
最高达 25.61%，其次是毛白杨-垂柳斑块，而各绿地斑块 PM$_{10}$ 超标达 1.36~2.01
倍，同样 PM$_{2.5}$ 超标也均在 1.5 倍以上。

（2）城市公园绿地斑块不同季节阻滞颗粒物能力比较

根据图 5-22 可以看出，海淀公园内不同的绿地斑块观测点的阻滞能力，在不
同季节阻滞同一粒径的颗粒物表现出明显差异，在同一季节阻滞不同的颗粒物也
有明显差异（$P<0.05$），不同的斑块大小、斑块结构、斑块面积、郁闭度、植物种
类等表现出不同的阻滞能力。各观测点阻滞能力从–13.79%~39.99%，整体来说
冬季和春季阻滞能力较差，平均阻滞率为 8.85%和 8.03%，秋季和夏季阻滞能力
较好，可达 23.03%和 20.85%。平均阻滞 TSP 能力秋季最好，达 34.33%，平均阻
滞 PM$_{10}$、PM$_{2.5}$、PM$_{1.0}$ 的能力均是在夏季表现最好，均在 20%左右。

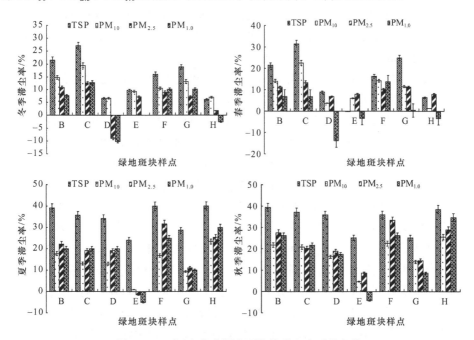

图 5-22　不同斑块监测点颗粒物滞尘率季节变化

冬季绿地斑块对 TSP 阻滞率高于 PM_{10}、$PM_{2.5}$ 及 $PM_{1.0}$，其中对 TSP 和 PM_{10}，7 个绿地斑块均能有正阻滞作用，而对于 $PM_{2.5}$、$PM_{1.0}$ 这两种细颗粒物，除毛白杨-垂柳斑块（D）和黄栌斑块（H）外，其他 5 处斑块均为正阻滞作用。具体来看：对 TSP 阻滞率最高的是油松-侧柏斑块（C）达 27.15%，最低的是黄栌斑块（H）仅有 6.01%，具体排序是 C>B>G>F>E>D>H；对 PM_{10} 阻滞率最高的是油松-侧柏斑块（C）达 18.93%，最低的是毛白杨-垂柳斑块（D）仅有 6.61%，具体排序是 C>B>G>F>E>H>D；对 $PM_{2.5}$ 阻滞率最高的仍然是油松-侧柏斑块（C），达 12.61%，最低的是毛白杨-垂柳斑块（D）仅有-9.01%，这意味着该斑块不但没有阻滞反而积聚了更多的颗粒物，具体排序是 C>B>F>E>G>H>D；对 $PM_{1.0}$ 阻滞率最高的是油松-侧柏斑块（C），达 12.82%，最低的是毛白杨-垂柳斑块（D），仅有-10.61%，黄栌斑块（H）同样也是增加了颗粒物浓度，阻滞率仅有-2.31%，具体排序同阻滞 $PM_{2.5}$ 相同为 C>F>B>G>E>H>D。

春季绿地斑块对 4 种粒径的颗粒滞尘率与冬季一样 TSP>PM_{10}>$PM_{2.5}$>$PM_{1.0}$，其中对 $PM_{2.5}$ 和 PM_{10}，7 个绿地斑块均能有正阻滞作用，而对于 TSP、$PM_{1.0}$ 除毛白杨-垂柳斑块（D）、黄栌斑块（H）、草坪斑块（E）外，其他 4 处斑块均能有正阻滞作用。具体来看：对 TSP 阻滞率最高的是油松-侧柏斑块（C），达 31.56%，最低的是草坪斑块（E）为-0.25%，具体排序是 C>G>B>F>D>H>E；对 PM_{10} 阻滞率最高的是油松-侧柏斑块（C），达 22.65%，最低的是黄栌斑块（H）仅有 1.28%，具体排序是 C>B>F>G>E>D>H；对 $PM_{2.5}$ 阻滞率最高的仍然是油松-侧柏斑块（C），达 13.48%，最低的是毛白杨-垂柳斑块（D）仅有 6.74%，具体排序是 C>B>G>E>F>H>D 与冬季时滞留 $PM_{2.5}$ 排序一致；对 $PM_{1.0}$ 阻滞率最高的是油松-侧柏斑块（C），达 6.89%达，最低的是毛白杨-垂柳斑块（D）仅有-13.791%，具体排序同阻滞 $PM_{2.5}$ 相同为 C>B>F>E>G>H>D，也与冬季是滞尘排序一致，这说明冬季、春季各斑块周边缓冲区情况一致，水体结冰、阔叶树落叶，斑块内部各类植物生理活动少，所以这两个季节表现出的滞尘能力一致。

夏季绿地斑块对 TSP 阻滞率高于 $PM_{2.5}$、$PM_{1.0}$ 及 PM_{10}，阻滞 PM_{10} 的能力稍低于阻滞细颗粒物的能力。其中对 TSP 和 PM_{10}，7 个绿地斑块均能有正阻滞作用，而对于 $PM_{2.5}$、$PM_{1.0}$ 这两种细颗粒物，除草坪斑块（E）外，其他 6 个斑块均能有正阻滞作用。具体来看：对 TSP 阻滞率最高的是黄栌斑块（H），达 39.21%，最低的是草坪斑块（E），也能达到 24.12%，这是由于夏季植株生长旺盛、大气湿度大等，植株整体滞尘能力增加，具体排序是 H>B>F>C>D>G>E；对 PM_{10} 阻滞率最高的依旧是黄栌斑块（H），达 23.36%，最低的是草坪斑块（E），仅有 1.93%，具体排序与滞留 TSP 一致，都是 H>B>F>C>D>G>E；对 $PM_{2.5}$ 阻滞率最高的是油松-黄栌斑块（B），达 33.59%，最低的依然是草坪斑块（E），仅有-1.59%，这意味着公园绿地内草坪斑块上聚集较多的颗粒物，具体排序是 B>F>H>C>D> G>E；对 PM$_{1.0}$ 阻滞率最高的是油松-黄栌斑块（B），达 31.26%，最低的还是草坪斑块（E），仅有–5.18%，具体排序同阻滞 PM$_{2.5}$ 相同为 B>F>H>C>D>G>E。

秋季绿地斑块对 TSP 等 4 种颗粒物的滞尘率比较，滞留 TSP 最高，其次是 PM$_{2.5}$、PM$_{1.0}$，最后是 PM$_{10}$，平均仅有 17.94%。其中对 TSP、PM$_{10}$、PM$_{2.5}$，7 个绿地斑块均表现为正阻滞作用，而对于 PM$_{1.0}$ 除草坪斑块（E）外，其他 6 斑块均能有正阻滞作用。具体来看：对 TSP 阻滞率最高的是油松-黄栌斑块（B），达 39.11%，最低的是国槐-垂柳（G），为 24.10%，具体排序是 B>H>F>C>D>E>G；对 PM$_{10}$ 阻滞率最高是黄栌斑块（H），达 25.51%，最低的是草坪斑块（E），仅有 4.39%，具体排序是 H>B>F>C>D>G>E；对 PM$_{2.5}$ 阻滞率最高是大叶黄杨-胡枝子斑块（F），达 36.33，最低的依然是草坪斑块（E），仅有 8.69%，具体排序是 F>H>B>C>D> G>E；对 PM$_{1.0}$ 阻滞率最高的是黄栌斑块（H），达 34.11%，最低的还是草坪斑块（E），仅有–4.35%，具体排序同阻滞 PM$_{2.5}$ 时相同为 H>F>B> C>D>G>E。

5.3.2.3 城市公园典型绿地斑块周围缓冲区对其阻滞率的影响

在海淀公园内，绿地斑块周围（缓冲区）不同下垫面的类型影响斑块不同季节阻滞作用差异明显。根据表 5-17 可知，冬季、春季时斑块周围的观赏林的大小与斑块对于颗粒物的滞留率呈现出显著的负相关，与园路广场也呈现出负相关，这其中冬季、春季两个季节缓冲区距离斑块 15m 时，观赏林的大小比例与滞尘率负相关性最为显著。而在冬季园路和广场的大小在缓冲区 15m 时与滞尘率呈现出负相关，在春季同样是园路和广场在缓冲区 30m 和 60m 时呈现出负相关，这是因为冬春季节干燥、风力较大，颗粒物沉降在硬质铺装的下垫面区域时不易滞留，很短时间内就会因人为扰动等因素再次回到大气当中，或通过风力运输到附近的绿地斑块中，造成整个斑块颗粒物浓度上升，这就是在冬春季节时很多以落叶植物为主的斑块中的大气颗粒物浓度远超对照点浓度的原因。草坪在冬季和春季均在缓冲区域 30m 时表现出显著正相关，这是因为草坪在冬春两季对 TSP 和 PM$_{10}$ 有较强的滞留能力。水体只有在冬季和春季距离缓冲区 15m 时呈现出相关，但不同是在冬季时负相关而在春季却呈现正相关。究其原因，可能是由于冬季温度较低水面完全结冰，无法很好地滞留颗粒物，从而造成其周边的绿地斑块内颗粒物浓度升高，而春季由于气温有所回暖，水系表层冰面有所融化遇到低温时再次冻结反复后形成凹凸不平的冰面，反而易于滞留一些大粒径的颗粒物，所以与其相邻的绿地斑块内颗粒浓度会有所降低。

表 5-17　绿地斑块周围缓冲区 5 种下垫面比例与斑块阻滞率多元回归分析季节变化

季节	距离/m	非标准系数					标准系数					R^2	调整 R^2
		观赏林	园路广场	建筑设施	水系	休闲草坪	观赏林	园路广场	建筑设施	水系	休闲草坪		
冬季	15	−7.31	−1.37		0.73		−0.96	−0.17		−0.19		0.883	0.856
	30	−1.31				7.63	−0.26				0.97	0.763	0.779
	60												
	75												
	150												
	200												
	300												
春季	15	−7.91			0.13		−1.01			−0.07		0.796	0.767
	30	−2.36	−3.36			3.13	−0.35	−0.39			0.31	0.689	0.653
	60		−2.13					−0.27				0.312	0.301
	75												
	150												
	200												
	300												
夏季	15	33.96	−7.66		−9.96	−6.68	−0.86		−1.21	−0.61		0.871	0.853
	30	27.61	−5.63		−6.63	−3.12	−0.63		−0.77	−0.27		0.717	0.701
	60	13.19					0.531					0.531	0.512
	75	7.86										0.312	0.301
	150												
	200												
	300												
秋季	15	30.11			−3.11	−5.16			−0.37	−0.56		0.891	0.863
	30	23.61	−1.66			−0.36	−0.21			−0.11		0.737	0.711
	60	7.11				1.12				0.13		0.314	0.301
	75												
	150												
	200												
	300												

　　夏季和秋季时，在周围的观赏林是唯一一种下垫面类型与绿地斑块的阻滞率始终成正相关，并且观赏林与其呈显著正相关。这与冬季和春季是不一致，因为观赏林多为落叶阔叶树，冬春季无叶片，会使其滞尘能力显著降低，所以更多颗粒物被传输到其附近的绿地斑块内，而夏秋季正好相反是因为，观赏林生理活动

旺盛，植株叶片都进入生长期，阻滞能力提升，而且夏季从缓冲区 15m 的距离开始一直到 75m 相关性均显著，秋季时到 60m。而草地、园路和广场及水系均与绿地斑块的阻滞率始终成负相关，这均是由于这 3 类下垫面阻滞能力较差，使得更多的颗粒物停留在大气中，通过对流等气象形式散入周围的绿地斑块。夏季园路和广场、水系均是在 30m 的缓冲区距离内达到显著相关，秋季在 30m 距离上园路和广场达到显著相关。而在数据分析过程中发现，建筑设施在任何季节都达不到显著水平，这是由于园内房屋建筑所占比例少、面积小远远低于其他 4 种下垫面，公园绿地中，观赏林、观赏草坪、水系、道路、广场的数量要大于建筑或管理用房等面积，所以其对绿地斑块的阻滞缓冲作用不明显。

5.3.2.4　城市公园典型绿地斑块内部到边缘距离对其阻滞率的影响

（1）距斑块边缘不同距离处的阻滞率日变化

如图 5-23 所示，不同时刻公园绿地斑块距离边缘向内 15m、30m、45m、60m、75m、105m、135m、165m、210m 9 个尺度对 4 种不同粒径颗粒物的阻滞率的日变化，能更直接地体现不同时刻公园斑块滞留颗粒物的作用。9 个距离尺度阻滞率的变化基本呈现出"W"形，5:00～9:00 降低，11:00～17:00 升高，19:00～1:00 降低，3:00～5:00 再次升高，而随着到斑块边缘距离的增加大气颗粒物浓度基本呈现出先小距离下降，然后开始积聚，之后再开始下降的趋势。

从时间尺度上总体来看，斑块内部到边缘不同距离在 9:00～15:00 时段的阻滞效应最显著，5:00～9:00 时段阻滞效应较差，17:00～21:00 阻滞效应较好。从滞留不同粒径颗粒物的角度来说，对 TSP 的阻滞作用，5:00～9:00 时段负阻滞率，比对照点浓度要高，在 165～210m 间斑块对于 TSP 的阻滞作用较稳定，能到 17.3% 左右。对于 PM$_{10}$ 的阻滞作用，5:00～9:00 大多距离点对其阻滞作用均为负数，21:00～1:00 时段 0～105m 对其的阻滞率为负，综合来说斑块 105～210m 处的斑块范围阻滞 PM$_{10}$ 的效果较好。对于 PM$_{2.5}$ 的阻滞作用，7:00～9:00 和 23:00～3:00 时斑块阻滞 PM$_{2.5}$ 的效果较差，阻滞率均为负，从-0.78% 到 13.93% 不等，而 75～210m 斑块范围阻滞效果较好。对于 PM$_{1.0}$ 阻滞作用，5:00～9:00 时段所有距离对其的阻滞率均为负，而 75～210m 斑块范围内阻滞效果较好。这是由于中午前后大气湍流作用加强，有利于大气颗粒物扩散，但距离斑块中心越近，相对气流越稳定。由于枝叶密度较大，产生一些屏蔽作用，所以斑块面积越大越易滞留颗粒物，但在观测中也发现，细颗粒物在早晚时间段的 135m 距离开始浓度会再次升高，这可能是由于早晚湿度增加，越靠近斑块内部的植物屏蔽效应明显，但同时大气中细颗粒物也不易扩散出去，致使大气颗粒物再次聚集。而 TSP 这样的大颗粒物确当距离边界的距离越远其浓度越低，在 210m 处大多时段均是最低值，这

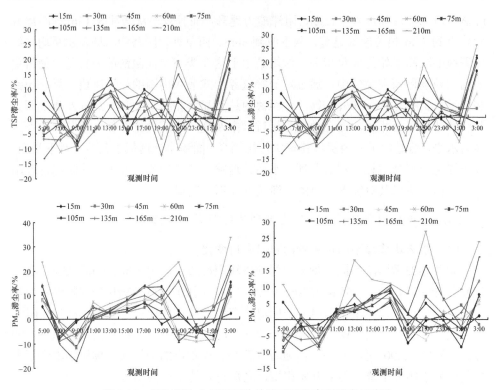

图 5-23　绿地斑块内部到斑块边缘不同距离阻滞率日变化

可能是由于大颗粒物在输送过程中更易沉降，更易被枝条叶片阻挡。

（2）距斑块边缘不同距离处阻滞颗粒物情况分析

通过对 7 个斑块及到斑块边缘不同水平距离各样点的实地测定，得出各个季节 4 种不同粒径空气颗粒物浓度分布情况，通过不同季节的平均值得出 7 处绿地斑块观测点的不同距离的阻滞率。

● **距斑块边缘不同距离处 TSP 阻滞率**

7 处不同绿地斑块内部距离边缘不同距离的 TSP 阻滞率，如表 5-18 所示。油松-黄栌斑块（B）、油松-侧柏斑块（C）、毛白杨-垂柳斑块（D）、黄栌斑块（H）4 个斑块，在 30～45m 距离阻滞率降低，说明在这个距离段 TSP 发生了不断累积或是二次扬尘，乔木的枝条紧密，郁闭度较高，大气湍流作用小，造成了颗粒物物浓度上升。之后油松-黄栌斑块（B）、毛白杨-垂柳斑块（D）一直到 165～210m 处阻滞率不断增加，是 15m 处阻滞率的 1.32～3.13 倍，而油松-侧柏斑块（C）在 135～165m 处出现阻滞率的最高值，比油松-黄栌斑块（B）缩短 30m。这是由于常绿树种所占比例高，在更小的面积中能滞留更多的颗粒物，特别是冬季和春季落叶植物没有生长叶片时。黄栌斑块（H）则在 105～135m 出现了阻滞率最高值，之后颗粒物浓度又开始上升，阻滞率下降，大叶黄杨-胡枝子斑块（F），从 15m 开始随着距离增加阻滞率不断提高，同样在 105～135m 出现最高值，这可能是由于斑块的垂直结构不同造成，结构较单一的乔-草和灌-草型阻滞效果最好的是在 135m 左右。草坪斑块（E）在 60～105m 处出现了颗粒物的累积，在 135～165m 处出现阻滞率最高值，这是由于草坪大气流动性强，但在 60～105m 处出现累积是可能是受到周围不同下垫面的影响。国槐-垂柳斑块（G）最高阻滞率出现在 165～210m 处，其他距离段均未出现颗粒物积聚现象，这是由于国槐和垂柳植株高达，叶片滞尘能力相对较差，不易累积颗粒物。

表 5-18　斑块内部距斑块边缘不同距离对 TSP 的阻滞率

颗粒物种类	绿地斑块	斑块内部距斑块边缘不同距离观测点阻滞率/%								
		15m	30m	45m	60m	75m	105m	135m	165m	210m
TSP	B	13.96	9.16	13.71	16.67	19.24	26.82	28.57	29.54	31.13
	C	9.11	10.36	19.17	15.37	17.4	29.71	30.45	35.21	33.46
	D	7.12	4.31	7.49	9.36	10.16	10.96	14.54	20.61	23.13
	E	7.31	6.17	6.49	10.31	6.16	6.41	23.17	22.63	19.61
	F	3.11	9.36	13.17	15.37	19.41	23.27	36.31	30.17	23.31
	G	5.16	6.19	6.63	9.96	11.63	12.91	15.55	23.23	20.11
	H	14.14	9.16	7.19	19.96	25.63	29.91	37.45	21.03	13.41

● 距斑块边缘不同距离处 PM$_{10}$ 阻滞率

　7 处不同绿地斑块内部到边缘不同距离处的 PM$_{10}$ 阻滞率，如表 5-19 所示。与 TSP 相似，油松-黄栌斑块（B）、油松-侧柏斑块（C）、毛白杨-垂柳斑块（D）、黄栌斑块（H）4 个斑块，在 30～60m 距离出现 PM$_{10}$ 的积聚，相比 TSP 延后 15m。这是由于大颗粒物在扩散过程中更易被植物体捕捉或更易提前沉降，同样这 4 个斑块的阻滞率的最高值出现比 TSP 时延后 30m 左右。之后颗粒物浓度又开始上升，阻滞率下降，大叶黄杨-胡枝子斑块（F），从 15m 开始随着距离增加阻滞率不断提高，在 165～210m 出现最高值，草坪斑块（E）在 60～75m 处出现了颗粒物的累积，相比 TSP 时缩短了 30m 左右，在 165～210m 处出现阻滞率最高值。国槐-垂柳斑块（G）最高阻滞率出现在 165～210m 处，并且在 30～75m 处出现了颗粒物的累积。

● 距斑块边缘不同距离处 PM$_{2.5}$ 阻滞率

　7 处不同绿地斑块内部距离边缘不同距离的 PM$_{2.5}$ 阻滞率，如表 5-20 所示。油松-黄栌斑块（B）、油松-侧柏斑块（C）、毛白杨-垂柳斑块（D）、黄栌斑块（H）、大叶黄杨-胡枝子斑块（F）、国槐-垂柳斑块（G）6 个斑块，在 30～60m 距离阻滞率降低，即形成颗粒物的积聚，特别是毛白杨-垂柳斑块（D）在 45m 处出现了负阻滞率，而 6 个斑块均在 105～165m 处出现阻滞率最高值，整体比 TSP 和 PM_{10} 的阻滞距离缩短 50m。这其中大叶黄杨-胡枝子斑块（F）、黄栌斑块（H）阻滞距离缩短至 105m，说明这两种斑块类型的植物配置模式及斑块垂直结构对于 $PM_{2.5}$ 的阻滞作用更强。而对于其他 4 处斑块绿地，最强阻滞距离为 135～165m，而这 4 种斑块的垂直结构均是乔-灌-草模式。草坪斑块（E）虽然未出现颗粒物的累积，15m 处阻滞率为负，说明草坪在越临近边界处颗粒浓度越高，同时其在 210m 处出现阻滞率最高值。

表 5-19　斑块内部距斑块边缘不同距离对 PM_{10} 的阻滞率

颗粒物种类	绿地斑块	斑块内部距斑块边缘不同距离观测点阻滞率/%								
		15m	30m	45m	60m	75m	105m	135m	165m	210m
PM_{10}	B	7.96	3.16	3.01	5.99	7.69	8.87	12.88	14.79	18.95
	C	8.55	4.04	3.76	6.47	8.59	8.45	16.79	14.57	23.32
	D	3.73	0.73	1.08	0.97	3.48	5.56	6.08	13.83	17.45
	E	2.39	1.23	1.06	3.31	2.13	6.35	7.19	9.63	6.33
	F	1.17	3.33	6.89	7.16	8.17	8.07	8.91	11.36	13.81
	G	2.17	2.91	2.91	3.03	9.63	9.81	10.33	11.23	12.31
	H	5.69	3.12	3.78	9.06	10.66	12.13	17.33	13.96	12.17

表 5-20　斑块内部距斑块边缘不同距离对 $PM_{2.5}$ 的阻滞率

颗粒物种类	绿地斑块	斑块内部距斑块边缘不同距离观测点阻滞率/%								
		15m	30m	45m	60m	75m	105m	135m	165m	210m
$PM_{2.5}$	B	10.16	6.32	6.11	7.56	9.13	15.53	27.12	12.45	9.63
	C	9.16	6.25	6.52	9.09	11.05	17.64	27.76	11.97	4.61
	D	3.19	2.13	−2.51	3.15	5.23	6.72	9.76	8.01	2.71
	E	−0.12	0.79	0.96	1.32	3.55	3.96	4.56	6.71	9.31
	F	7.19	8.96	9.16	13.22	15.17	17.23	12.16	6.79	6.11
	G	5.32	5.12	4.03	6.11	17.96	18.96	20.26	5.65	9.16
	H	7.11	6.56	6.99	9.56	18.56	19.57	13.39	8.11	9.63

● 距离斑块边缘不同距离处 $PM_{1.0}$ 阻滞率

7 处不同绿地斑块内部到边缘不同距离的 $PM_{1.0}$ 阻滞率，如表 5-21 所示。7 个斑块，均在 135～165m 处出现阻滞率最高值，之后开始下降，可能会随着斑块面积越大距离边缘距离越来越远而再次出现颗粒物积聚的现象。而油松-黄栌斑块

（B）、油松-侧柏斑块（C）、毛白杨-垂柳斑块（D）在 30～45m 距离阻滞率降低，即形成颗粒物的积聚，国槐-垂柳斑块（G）在 60m 处形成颗粒物积聚，而其他 3 个斑块均未有积聚现象发生，但草坪斑块（E）虽然未出现颗粒物的累积，在 15～30m 处阻滞率为负，说明城市公园绿地的草坪斑块直径最低需要 30m 以上才能有滞留颗粒的作用。

表 5-21　斑块内部距斑块边缘不同距离对 $PM_{1.0}$ 的阻滞率

颗粒物种类	绿地斑块	斑块内部距斑块边缘不同距离观测点阻滞率/%								
		15m	30m	45m	60m	75m	105m	135m	165m	210m
$PM_{1.0}$	B	10.12	6.12	6.01	7.63	9.13	13.56	26.15	29.23	10.13
	C	7.23	5.21	4.99	8.63	10.51	15.63	20.69	27.31	6.37
	D	3.19	0.13	−3.67	2.31	5.66	7.31	8.66	12.31	3.46
	E	−0.56	−0.36	0.76	2.31	2.56	4.31	6.53	6.71	3.33
	F	7.23	7.96	8.79	10.33	15.19	16.32	19.19	21.32	9.63
	G	3.56	6.31	2.19	5.11	7.69	13.65	17.89	18.88	9.61
	H	5.63	6.96	6.32	10.25	17.86	19.94	20.17	9.61	7.31

（3）斑块内不同距离与阻滞率的关系

将 7 种斑块内部 9 处到斑块边缘不同距离观测点阻滞率，分别进行 4 种颗粒阻滞率的单因素方差分析（one-way ANOVA），将每种斑块不同距离进行多重比较（Duncan 检验，$P<0.05$），见表 5-22。可以看出，油松-黄栌斑块（B）对于 TSP 阻滞率在 135～210m 的范围与其他距离的观测点有显著差异；阻滞 PM_{10} 时同样也是 135～210m 的范围与其他距离的观测点有显著差异；对于 $PM_{2.5}$ 和 $PM_{1.0}$ 的阻滞作用时，距离在 135～165m 的范围时与其他观测距离差异显著。油松-侧柏斑块（C）对于 TSP 阻滞率在 105～210m 的范围与其他距离的观测点有显著差异；阻滞 PM_{10} 时同样是 165～210m 的范围与其他距离的观测点有显著差异；对于 $PM_{2.5}$ 和 $PM_{1.0}$ 的阻滞作用时，距离与斑块 B 相似均在 135～165m 的范围时与其他观测距离差异显著。毛白杨-垂柳斑块（D）对于 TSP 阻滞率在 165～210m 的范围与其他距离的观测点有显著差异；阻滞 PM_{10} 时同样是 165～210m 的范围与其他距离的观测点有显著差异；对于 $PM_{2.5}$ 和 $PM_{1.0}$ 的阻滞作用时，距离在 105～210m 的范围时与其他观测距离差异显著。草坪斑块（E）对于 TSP 阻滞率仅在 135～165m 的范围与其他距离的观测点有显著差异；阻滞 PM_{10} 时同样是 135～210m 的范围与其他距离的观测点有显著差异；对于 $PM_{2.5}$ 和 $PM_{1.0}$ 的阻滞作用时，距离在 105～215m 的范围时与其他观测距离差异显著。大叶黄杨-胡枝子斑块（F）对于 TSP 阻滞率在 75～210m 较大的范围内与其他距离的观测点有显著差异；阻滞 PM_{10} 时

同样仅在165～210m时与其他距离的观测点有显著差异；对于PM$_{2.5}$阻滞作用时距离在65～135m的范围时与其他观测距离差异显著，而PM$_{1.0}$滞留率在105～165m范围内与其他距离的观测点差异显著。国槐-垂柳斑块（G）对于TSP阻滞率在165～210m的范围与其他距离的观测点有显著差异；阻滞PM$_{10}$时同样也是在135～210m的范围与其他距离的观测点有显著差异；对于PM$_{2.5}$和PM$_{1.0}$的阻滞作用时，距离在105～135m的范围时与其他观测距离差异显著。黄栌斑块（H）

表5-22　斑块内部距斑块边缘不同距离阻滞率多重比较

绿地斑块	颗粒物种类	斑块内部距斑块边缘不同距离观测点间阻滞率多重比较								
		15m	30m	45m	60m	75m	105m	135m	165m	210m
B	TSP	b	c	b	b	b	ab	ab	a	a
	PM$_{10}$	b	c	c	bc	b	b	ab	ab	a
	PM$_{2.5}$	b	c	c	bc	b	ab	a	ab	b
	PM$_{1.0}$	b	c	c	bc	b	ab	a	a	b
C	TSP	c	bc	ab	b	b	ab	a	a	a
	PM$_{10}$	bc	c	c	c	bc	bc	b	b	a
	PM$_{2.5}$	b	c	c	b	b	ab	a	b	c
	PM$_{1.0}$	bc	c	c	b	b	b	ab	a	c
D	TSP	c	c	c	bc	c	c	b	a	a
	PM$_{10}$	b	c	c	c	b	b	b	a	a
	PM$_{2.5}$	b	b	c	b	ab	ab	a	a	b
	PM$_{1.0}$	b	bc	c	b	b	ab	ab	a	b
E	TSP	b	c	b	b	b	b	a	a	ab
	PM$_{10}$	c	c	c	c	c	b	ab	a	b
	PM$_{2.5}$	c	b	b	b	b	b	ab	ab	a
	PM$_{1.0}$	c	c	b	b	b	ab	a	a	b
F	TSP	c	b	b	b	ab	ab	a	a	ab
	PM$_{10}$	c	c	b	b	b	b	b	a	a
	PM$_{2.5}$	b	b	b	ab	a	a	ab	c	c
	PM$_{1.0}$	c	c	bc	b	b	ab	ab	a	bc
G	TSP	c	c	c	bc	b	b	b	a	a
	PM$_{10}$	c	c	c	c	b	b	ab	a	a
	PM$_{2.5}$	c	c	c	c	ab	ab	a	c	b
	PM$_{1.0}$	c	bc	c	c	b	ab	a	c	b
H	TSP	b	c	c	ab	ab	ab	a	ab	b
	PM$_{10}$	c	c	c	bc	b	b	a	b	b
	PM$_{2.5}$	bc	c	c	b	a	a	b	b	b
	PM$_{1.0}$	c	c	c	b	ab	a	b	b	b

对于 TSP 阻滞率在 60～165m 的范围与其他距离的观测点有显著差异；阻滞 PM$_{10}$
时同样也是 135m 时与其他距离的观测点有显著差异；对于 PM$_{2.5}$ 和 PM$_{1.0}$ 的阻滞
作用时，距离在 75～105m 的范围时与其他观测距离差异显著。

5.3.2.5　城市公园绿地斑块自身结构对其阻滞作用的影响

海淀公园内 7 个由乔木、灌木和草地等景观要素组成典型绿地斑块的面积、
周长、景观形状指数等斑块自身的结构特征，通过相关性分析与其阻滞率的影响。
由于在之前研究中发现，冬季和春季各斑块滞尘变化规律相似、夏季和秋季滞尘
变化规律同样相似，所以最终选取冬季的相关数值和夏季的相关数值来进行分析
影响斑块绿地阻滞能力的主要因素。

（1）冬季斑块自身结构对其阻滞作用的影响

根据图 5-24～图 5-27 可知，冬季的 7 处绿地斑块的面积、周长、景观形状指
数等与斑块的阻滞率有一定相关性。由于冬季叶片没有生长，郁闭度低，故将覆
盖率、郁闭度等因子剔除，只分析了斑块面积、周长、景观形状指数、周长面积
比 4 个因子的相关性。

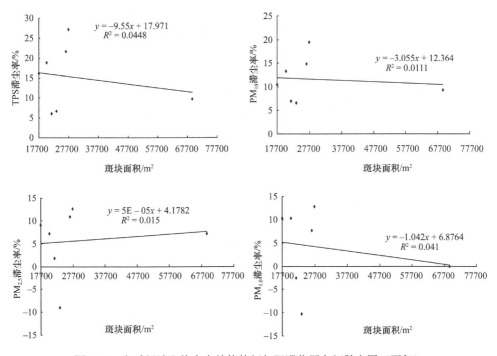

图 5-24　冬季绿地斑块自身结构特征与阻滞作用之间散点图（面积）

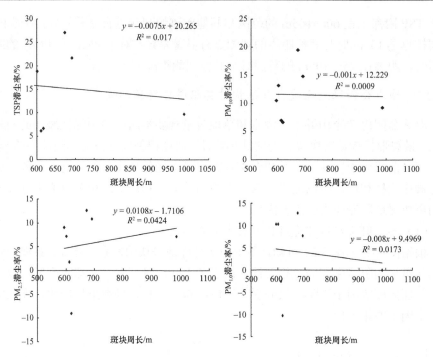

图 5-25　冬季绿地斑块自身结构特征与阻滞作用之间散点图（周长）

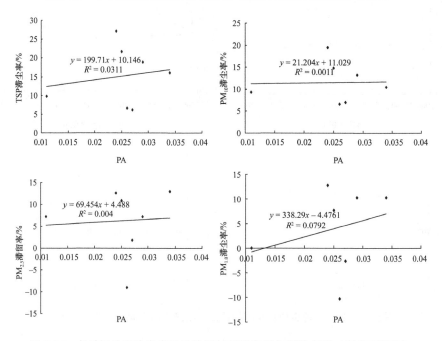

图 5-26　冬季绿地斑块自身结构特征与阻滞作用之间散点图（周长面积比）

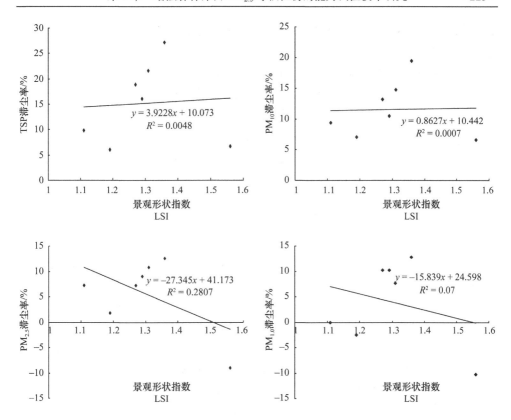

图 5-27　冬季绿地斑块自身结构特征与阻滞作用之间散点图（景观指数）

　　斑块面积与 TSP、PM$_{10}$ 和 PM$_{1.0}$ 的滞留率均呈负相关关系，其中 R^2 分别为 0.0448、0.0111、0.041，这其中 P 均大于 0.05，所以未达到显著相关，而斑块面积与 PM$_{2.5}$ 呈正相关，$R^2=0.015$，P 大于 0.05，说明当斑块面积越大时 PM$_{2.5}$ 的浓度会降低。斑块周长与 TSP、PM$_{10}$ 和 PM$_{1.0}$ 的阻滞率也呈负相关关系，同样没有显著相关性（$P>0.05$），而斑块周长与 PM$_{2.5}$ 呈正相关，但也未达到显著相关。对于景观形状指数来说，其与斑块阻滞 TSP 和 PM$_{1.0}$ 的能力均呈正相关，R^2 分别为 0.0048 和 0.009，而其与 PM$_{2.5}$ 和 PM$_{1.0}$ 的阻滞率呈现出显著的负相关（$P<0.05$），这说明，冬季斑块结构其他特征因子相对稳定，与阻滞颗粒物的能力有正或负相关，但均没有显著差异。这是因为冬季植物生理活动少，阻滞能力有所下降。相比景观形状指数，其越大代表斑块越不规则，其越小代表斑块形状接近圆形，数值越小其内部结构越稳定。由于稳定绿地斑块结构能够更加有效地滞留颗粒物，有利于提高阻滞率。周长面积比（PA）与 TSP、PM$_{10}$、PM$_{2.5}$、PM$_{1.0}$ 的阻滞率均呈正相关，但未达到显著相关（$P>0.05$），即周长面积比越高，说明斑块功能和结构越稳定，周长面积比越大斑块湿度越低，颗粒物浓度也会随之降低，所以阻滞率随之增加。

（2）夏季季斑块自身结构对其阻滞作用的影响

根据图 5-28～图 5-33 可知，夏季的 7 处绿地斑块的面积、周长、景观形状指数、周长面积比、郁闭度等与斑块的滞尘率有相关性。由于夏季植物生理活动频繁，生长期活跃，生长旺盛，将覆盖率、郁闭度、斑块面积、周长、景观形状指数、周长面积比，共 6 个因子作为夏季斑块自身结构指标进行了相关性分析。

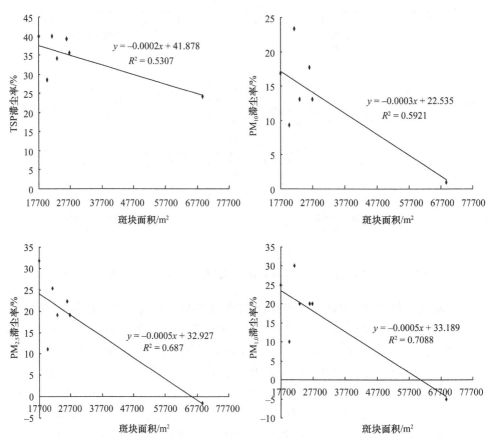

图 5-28　夏季绿地斑块自身结构特征与阻滞作用之间散点图（面积）

斑块面积与 TSP、PM$_{10}$、PM$_{2.5}$、PM$_{1.0}$ 的阻滞率均呈负相关关系，其中 R^2 分别为 0.5307、0.5921、0.687、0.7088，这其中 P 均大于 0.05，所以未达到显著相关。斑块周长与 TSP、PM$_{10}$、PM$_{2.5}$、PM$_{1.0}$ 的阻滞率也呈负相关关系，同样没有达到显著相关性（$P>0.05$）。对于景观形状指数来说，其与斑块阻滞 TSP、

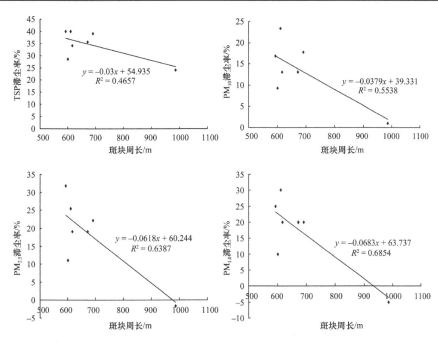

图 5-29 夏季绿地斑块自身结构特征与阻滞作用之间散点图（周长）

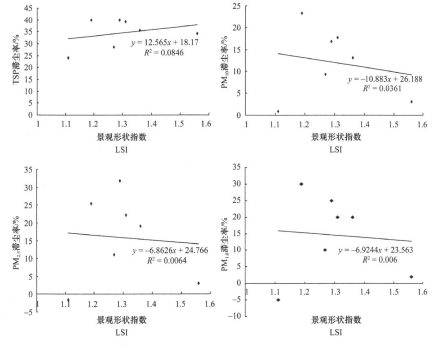

图 5-30 夏季绿地斑块自身结构特征与阻滞作用之间散点图（景观指数）

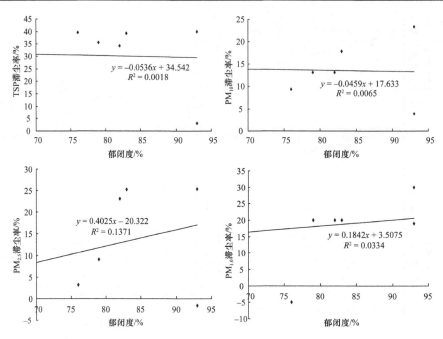

图 5-31　夏季绿地斑块自身结构特征与阻滞作用之间散点图（郁闭度）

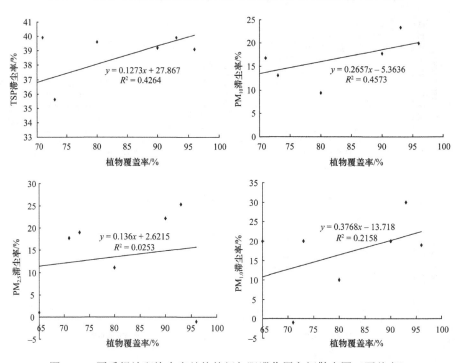

图 5-32　夏季绿地斑块自身结构特征与阻滞作用之间散点图（覆盖率）

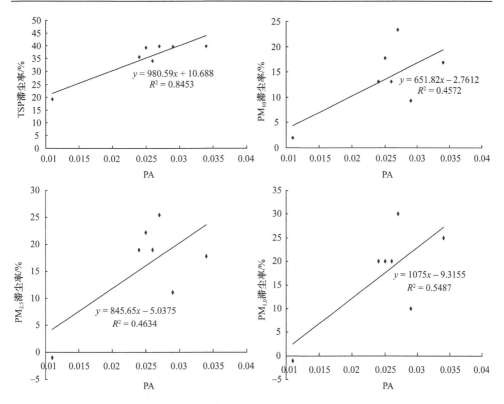

图 5-33　夏季绿地斑块自身结构特征与阻滞作用之间散点图（周长面积比）

PM$_{10}$、PM$_{2.5}$、PM$_{1.0}$ 的能力均呈负相关，即在夏季斑块越规则，且越接近圆形越易滞留更多的颗粒物，这可能由于夏季湿度大、气流活动频繁，在植物密集但形状规则斑块植物阻滞功能更稳定中，颗粒物更易沉降，其中与 PM$_{2.5}$ 和 PM$_{10}$ 的阻滞率达到了显著相关（$P<0.05$）。周长面积比（PA）与 TSP、PM$_{10}$、PM$_{2.5}$、PM$_{1.0}$ 的阻滞率均呈正相关，其中与 PM$_{2.5}$、PM$_{1.0}$ 达到了极显著相关（$P<0.01$），意味着周长面积比越大，PM$_{2.5}$ 和 PM$_{1.0}$ 的浓度越低，其在斑块绿地中沉降的越多。斑块郁闭度与 PM$_{2.5}$、PM$_{1.0}$ 的阻滞率也呈正相相关，且均能达到显著相关（$P<0.05$），但与 TSP 的阻滞率却呈现出负相关但未达到显著水平，这可能是由于郁闭度高的斑块空气流通较差，大粒径颗粒物不易扩散形成积聚，所以浓度较高造成斑块阻滞率下降。植物覆盖率与 TSP、PM$_{10}$、PM$_{2.5}$、PM$_{1.0}$ 的阻滞率均呈正相关，PM$_{2.5}$ 和 PM$_{1.0}$ 达到了显著相关（$P<0.05$），其他颗粒物未达到显著相关，这说明植物覆盖率越高，地表越不易扬尘且阻滞颗粒能力会提高，所以斑块整体阻滞率升高。

5.3.3　基于增强型绿地斑块滞留大气颗粒物的结构优化

随着城市快速发展，大气颗粒物的污染日趋严重。基于公园绿地影响大气颗粒物的变化规律及不同斑块结构、群落特征、环境因子等与大气颗粒物的关系等相关研究，通过选取合理的植物品种和构建合理的植物配置模式，形成合理的公园绿地类型，从而达到阻滞大气颗粒物，对缓解大城市污染有着重要意义。目前针对植物滞尘能力研究较多，但对城市公园绿地使用的植物种类及群落和斑块构建模式较为缺乏，因此，本研究在针对大气颗粒物与公园绿地环境因子关系、植物个体滞尘能力、游憩群落阻滞效果、绿地斑块结构对大气颗粒物的影响及公园绿地整体大气颗粒物分布情况进行单项研究后，以此为基础结合其景观游憩效果和功能发挥，对几处城市公园典型的植物配置模式进行综合评价，从而构建几种缓解大气颗粒物污染的城市绿地典型植物配置模式。

5.3.3.1　公园绿地现有植物配置模式综合评价

毋庸置疑，阻滞、滞留大气颗粒物的能力是城市公园绿地的主要生态功能之一。而城市公园绿地区别于其他类型的绿地，主要体现在公园绿地在发挥众多生态功能的同时还能发挥较好的景观和游憩功能。在前述章节分析城市公园绿地阻滞大气颗粒物污染能力的基础上，为进一步比较分析综合评价城市公园绿地各典型植物配置模式的综合功能，运用 AHP 层次分析法，在专家打分的基础上，构建缓解大气颗粒物污染的公园绿地综合评价指标体系（赵松婷等，2016），如表 5-23 所示。

表 5-23　公园绿地效益发挥综合评价指标体系

指标项	约束项	权重值
生态功能	滞留颗粒物能力	0.35
	其他生态涵养或防护功能	0.10
	物种多样性	0.15
景观功能	季相色相	0.10
	林冠线林缘线	0.10
游憩功能	游憩空间及舒适度	0.20

运用上述指标体系，对 3 个城市公园内的不同绿地斑块及其植物群落进行评价，综合对比筛选以阻滞大气颗粒物污染功能发挥为主的公园绿地优选配置类型。

通过实地调研，对各公园绿地群落进行综合评价打分，然后根据指标权重，计算绿地群落的综合评价值。综合评价值（N）＝（0.35×阻滞颗粒物能力评分+0.10×生态涵养防护功能评价值+0.15×物种多样性评价值）+（0.10×季相色相评价值+0.10×林冠线林缘线评价值）+0.21×游憩空间及舒适度评价值（李新宇等，2014）。由综合评价结果可知，天坛公园的自然乔草型（68.92），香山公园乔草型（61.40）、纯林乔木（60.01），海淀公园乔灌草型（66.70）等 4 处绿地配置模式（N>60.0）。综合评价值较高的模式中，以垂直结构 2 层和 3 层为主，可以保障一定疏透性，水平结构上呈现出较为适宜的乔木层郁闭度，见表 5-24。

表 5-24　公园综合评价值

城市公园	配置类型	综合评价值
天坛公园	草坪	49.60
	灌草	52.40
	乔灌草	48.80
	乔草	68.92
香山公园	乔灌草	44.80
	纯林	60.10
	草坪	43.10
	乔草	61.40
海淀公园	乔草	52.80
	纯林	48.55
	灌草	58.80
	乔灌草型	66.70

5.3.3.2　群落结构优化

城市公园绿地进行规划设计时，以调控大气颗粒物污染调控为目的，既要布局美观合理，也要有利于大气颗粒物扩散，最大限度发挥城市公园绿地阻滞大气颗粒物污染的能力。所以根据调研及公园绿地现有植物配置模式综合评价及监测数据分析，结合景观、游憩功能等功能效益，在对公园绿地大气颗粒物长期监测和公园绿地配置现状综合评价基础上，确定阻滞大气颗粒物兼游憩型、阻滞大气颗粒物兼观赏型 2 大类对阻滞大气颗粒物污染的公园内绿地斑块植物优化配置模式，见表 5-25。

表 5-25　公园绿地阻滞颗粒物优化结构主要指标

功能类型	斑块模式	植物种类	乡土植物比例	水平配置结构	垂直配置结构
阻滞大气颗粒物兼游憩功能	疏林植物型	玉兰、黄栌、侧柏、法桐、大叶黄杨、沙地柏、箬竹、地被	>80%	乔木间植少量花灌木、小乔、观赏竹及地被	乔+灌+草结构,乔木层郁闭度 85%左右;灌木层盖度 75%;地被层盖度 80%左右
	植物围合型	雪松、千头椿、银杏、黄栌、元宝枫、金银木、珍珠梅、月季、绣线菊、地被	>80%	乔木间片状镶嵌中间种植草坪地被	乔+草结构,乔木层郁闭度 90%左右;地被层盖度 90%
阻滞大气颗粒物兼观赏功能	针阔混交型	雪松、侧柏、黄栌、银杏、千头椿、珍珠梅、金银木、胡枝子、地被	>80%	针叶阔叶树种片状混交林缘搭配灌木	乔+灌+草,乔木层郁闭度、80%左右;地被层盖度 90%
	常绿片林型	侧柏、雪松、白皮松、沙地柏	100%	常绿乔木以林窗状间隔	乔+草,乔木层郁闭度 90%左右;地被层盖度 85%

其中阻滞大气颗粒物兼游憩类型包括疏林植物型、植物围合型 2 种模式,该类型阻滞效果良好,林下游憩空间舒适,且林冠线优美具有一定的季相变化;阻滞大气颗粒物兼观赏类型包括针阔混交型、常绿片林型 2 种模式,该类型阻滞效果较好,季相变化明显景观效果好,林下有一定的游憩空间(赵松婷等,2016)。在树种选择应在前几章节的研究中滞尘能力较强的植物个体为基础,以选择乡土树种为主,常绿植物和落叶植物比应占 20%~25%,群落郁闭度 80%~90%左右,林下植物盖度应到达 65%以上,地被植物地面覆盖率应在 80%以上,形成乔灌草、乔草为主的 2 层或 3 层垂直结构模式,群落重要值应体现出至少有 2 种以上优势树种,而形成绿地斑块的宽度应在 135m 以上,周围下垫面中有水面保持距斑块 60m 距离,如有设置步道等距离斑块应至少 15m,从而达到调控大气颗粒物污染为目的同时,兼顾布局美观合理,又有利于大气颗粒物扩散和沉降,最大限度发挥城市公园绿地阻滞大气颗粒物污染的能力,体现出城市公园绿地的生态服务功能。

5.4　社区绿地散生林木降低 PM$_{2.5}$ 危害的合理结构与管理技术

5.4.1　社区绿地散生林木代表性树种滞留 PM$_{2.5}$ 能力的研究

本研究首次以树木叶片滞留大气颗粒物的能力为研究对象,初步建立了评价树木叶片滞留颗粒物能力的方法。选取北京市及重庆市两地共 24 种社区散生林木，在 12 个月的时间跨度中，每隔约 20 天，于降雨 72 小时后且无大风气候时采集植物叶片进行测量。研究发现，在北京市的社区散生林木中，油松、侧柏、黄金树、西府海棠、大叶黄杨等树种对粗颗粒物滞留能力较好，其中侧柏的最大滞尘能力最强，为每平方米叶片滞留 1.4779 g 颗粒物。在树木滞留粒径介于 10～2.5μm 颗粒物的叶片滞尘实验中发现，油松、丁香、银杏等树种对该粒径范围的颗粒物滞留能力较强，其中油松的最大滞尘能力是所有树种中最高的，为每平方米叶片滞留 0.0923 g 颗粒物。对重庆市的社区散生林木进行研究后发现，桂树、小叶榕等树种对粗颗粒物滞留能力较好，其中小叶榕的最大滞尘能力是所有树种中最高的，为每平方米叶片滞留 2.9143 g 颗粒物。在对粒径介于 10～2.5μm 颗粒物的植物叶片滞尘实验中发现，荷花玉兰、黄葛树和海桐等树种对该粒径范围的颗粒物滞留能力较强，最高可达每平方米叶片滞留 0.0093g 颗粒物。实验结果表明，以滞留吸附大气粗颗粒物为目的，北京市的社区散生林木应种植油松、侧柏，大叶黄杨可以作为备选树种；在重庆市的社区散生林木应种植桂树、小叶榕。

5.4.2　社区绿地散生林木增强滞留 PM$_{2.5}$ 等颗粒物能力的树种配置技术模式

5.4.2.1　居住区绿地树种选择及结构模式

居住区绿地的散生林木配置，首先要遵循以人为本的原则，充分考虑居民需要，结合林木滞尘能力、居住区道路、住宅建设规划情况，为居民创造一个休闲、生活的自然空间。

其次，要坚持因地制宜的原则，合理利用原有的地形、地貌。以滞尘能力较强的乡土树种为主要利用对象，适当加入适应能力强、观赏价值较高的外来树种。最后，要注意自然景观的合理搭配，保证四时景色，创造丰富多彩的四季景观。

（1）树种组成

上层栽植（高大乔木）：暴马丁香、洋白蜡、元宝枫、油松、紫叶李、银杏、玉兰、龙爪槐、刺槐、国槐。

中层栽植（灌木）：大叶黄杨、小叶黄杨、金银忍冬、西府海棠。

下层栽植（草本）：玉簪、沙地柏、麦冬。

（2）构成指标

树种选择的构成指标有单位叶面积滞纳总颗粒物（年平均值）、单位叶面积滞纳 PM$_{10}$（年平均值）和单位叶面积滞纳 PM$_{2.5}$（年平均值），如表 5-26 为 6 个树种的参考值。

表 5-26　6 个树种单位叶面积滞纳颗粒物情况（$\mu g/cm^2$）

	单位叶面积总颗粒物	单位叶面积 PM$_{10}$	单位叶面积 PM$_{2.5}$
暴马丁香	51.8404	17.553	16.9450
洋白蜡	40.9577	11.8956	10.0964
元宝枫	31.4151	11.3282	10.4834
油松	1379.9582	506.9256	484.8318
金银忍冬	84.4234	26.8466	25.6205
大叶黄杨	70.6159	17.7822	15.7658

（3）功能评价

居民区绿地属于相对清洁或中度污染区。在着重考虑滞留颗粒物效益的同时，兼顾人文环境需求和四季造景变化。居民区绿地内的植物配植原则，应该尽可能做到草本植物或地被植物完全覆盖地面，从而减少地面的二次扬尘，同时，选取滞留颗粒物能力强的上层林木，达到较强的滞留颗粒物的效果。

（4）配置模式

1）入口：以滞尘、观景为主要功能。

建议配置滞尘能力较强的树种，为居民区内部提供较为清洁的环境。

乔木：油松、洋白蜡、元宝枫。

灌木：大叶黄杨、西府海棠、金银木。

草本：早熟禾，辅以观赏性花草。

2）小区组团绿地。

以观景、休憩为主要特点，建议配置滞尘能力较强、中等树种，为居民区内部提供清洁的休憩环境。

乔木：悬铃木、油松、银杏、玉兰、龙爪槐。

灌木：小叶黄杨、紫叶小檗。

草本：玉簪、早熟禾。

3）小区道路。

以机动车行驶，居民散步休闲为主，建议在道路两侧配置滞尘能力较强的落叶阔叶乔木及灌木。

乔木：洋白蜡、元宝枫、悬铃木。

4）宅旁绿地。

着重考虑树种对颗粒物的持有能力，配置滞尘能力中等的林木，主要考虑观景、人文需求。

乔木：玉兰、银杏。

灌木：大叶黄杨、西府海棠。

5.4.2.2　中央商务区绿地树种选择及结构模式

（1）树种组成

上层栽植（高大乔木）：元宝枫、油松。

中层栽植（灌木）：大叶黄杨、金银忍冬。

下层栽植（草本）：玉簪、沙地柏、麦冬。

（2）构成指标

树种选择的构成指标有单位叶面积滞纳总颗粒物（年平均值）、单位叶面积滞纳 PM$_{10}$（年平均值）和单位叶面积滞纳 PM$_{2.5}$（年平均值）。

（3）功能评价

中央商务区绿地人流量、车流量密集，绿化面积有限，应选择滞尘能力强的树种，对有限的绿化面积进行充分的利用。

（4）配置模式

1）主要行车道。

在主要行车道两旁主要栽植滞尘能力强的常绿树种、落叶阔叶树种。

乔木：油松、悬铃木。

灌木：大叶黄杨。

2）休息区（吸烟区）。

以休憩为主要功能，应种植滞尘效益高，遮阴效果好的落叶阔叶树种，灌木草本应兼顾观赏功能。

乔木：悬铃木、元宝枫。

灌木：大叶黄杨、小叶黄杨、紫叶小檗。

草本：早熟禾、鸢尾。

5.4.2.3　厂区绿地树种选择及结构模式

（1）具体内涵（树种组成）

上层栽植（高大乔木）：洋白蜡、元宝枫、油松、紫叶李、银杏、玉兰、龙爪槐、刺槐、国槐。

中层栽植（灌木）：大叶黄杨、小叶黄杨、金银忍冬、西府海棠。

下层栽植（草本）：玉簪、沙地柏、麦冬。

（2）构成指标

树种选择的构成指标有单位叶面积滞纳总颗粒物（年平均值）、单位叶面积滞纳 PM$_{10}$（年平均值）和单位叶面积滞纳 PM$_{2.5}$（年平均值）。

（3）功能评价

厂区的污染主要来自较大的人流量、车流量。此外，日常生产活动也会造成不同程度的污染，因此，属于污染程度较高的地区，应选用复层结构种植模式。首选滞尘能力极强的散生林木，并注意保持复层结构的良好通风环境，以防止出现局部小环境的污染物积累情况，便于不同污染物的扩散，有益于厂内职工的健康。

（4）配置模式

1）办公场所。

在办公场所周围应配置滞尘能力强的林木，以保障良好的办公环境。

乔木：元宝枫、龙爪槐、油松。

灌木：大叶黄杨、西府海棠。

草本：早熟禾。

2）厂区主要道路。

厂区主要干道车流量较大，考虑配置滞尘能力较强的林木。

乔木：悬铃木、元宝枫、油松。

灌木：大叶黄杨、小叶黄杨。

5.4.2.4　社区绿地散生林木配置结构模式

社区绿地散生林木配置结构模式如图 5-34 所示。

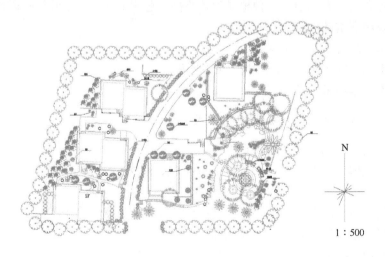

1 : 500

图 5-34　社区绿地散生林木配置结构模式

5.5 提高现有林木调控 PM$_{2.5}$ 功能的合理 结构与综合管理技术

5.5.1 增强交通绿化带滞留 PM$_{2.5}$ 等颗粒物能力的树种选择和结构模式 ——以安立路为例

综合考虑不同植物的 PM$_{2.5}$ 等颗粒物滞留能力和不同结构林木的 PM$_{2.5}$ 等颗粒物滞留能力，针对廊道型林木降低 PM$_{2.5}$ 危害的林木结构和树种选择的初步建议如图 5-35 为：

郁闭度：0.7 左右；

疏透度：0.3 左右；

滞尘能力强：常绿乔木+常绿/落叶乔木/灌木，并选取油松、桧柏、泡桐、木槿、大叶黄杨、构树、元宝枫、玉兰等 PM$_{2.5}$ 等颗粒物滞留量大的树种；

滞尘能力中等：落叶乔木+常绿/落叶乔木/灌木，树种主要有旱柳、银杏、国槐、白蜡、毛白杨、紫叶李、榆树、栾树、雪松、美人梅等；

滞尘能力差：灌木+灌木，如小叶女贞、紫叶小檗、紫薇等。

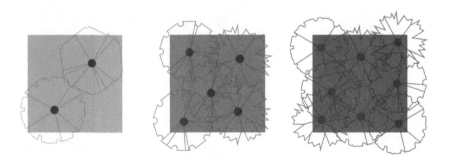

图 5-35 低、中等和高颗粒物阻滞能力树种的配置方式

依据防护功能要求，可供选择的植物种类和配置模式分别为：

1）中央隔离带和同向分车带：主要功能是最大限度地滞留 PM$_{2.5}$ 等颗粒物，减少其向林带外扩散，减轻对人行道行人健康的危害。宜选择滞留 PM$_{2.5}$ 等颗粒物能力强的配置模式：常绿乔木+常绿/落叶乔木/灌木，并选取 PM$_{2.5}$ 等颗粒物滞留量大的树种。

2）非机动车带：主要功能是减少机动车行驶中带动颗粒物向人行道的扩散，

宜选择具有中等或低滞留 PM$_{2.5}$ 等颗粒物能力的配置模式。滞留 PM$_{2.5}$ 等颗粒物能力中等的配置模式：落叶乔木+常绿/落叶乔木/灌木，并选择 PM$_{2.5}$ 等颗粒物滞留量中等的植物；滞留 PM$_{2.5}$ 等颗粒物能力差的配置模式：灌木+灌木，并选择 PM$_{2.5}$ 等颗粒物滞留量小的树种。

3）外侧防护林带：具有分割空间、提供绿茵、滞尘、减噪、吸收有毒气体、提供休闲场所等功能，植物配置应主要考虑外侧有无人行道如图 5-36 和图 5-37。如果有人行道，林带外侧宜选择滞留 PM$_{2.5}$ 等颗粒物能力差的配置模式，再向内宜使用滞留 PM$_{2.5}$ 等颗粒物能力中等的配置模式，再设置滞留 PM$_{2.5}$ 等颗粒物能力强的林带。如果没有人行道，紧靠林缘处即可选择滞留 PM$_{2.5}$ 等颗粒物能力强的配置模式，最大限度地阻滞和吸收颗粒物。

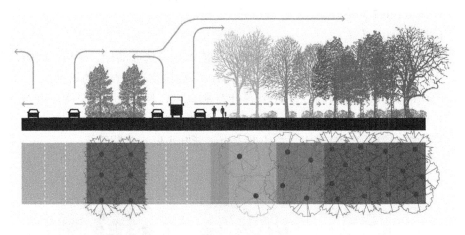

图 5-36　有人行道的通道防护林种植模式的断面图（上）和俯视图（下）

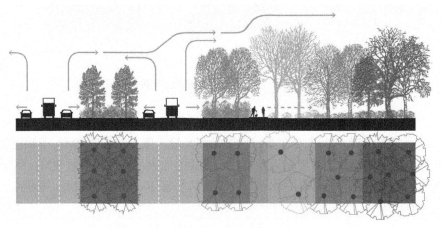

图 5-37　无人行道的通道防护林种植模式的断面图（上）和俯视图（下）

5.5.2　公园绿地增强滞留 PM$_{2.5}$ 等颗粒物能力的树种选择及结构模式 ——以奥林匹克森林公园为例

综合考虑不同植物的滞尘能力和不同结构林木的滞尘能力，针对斑块型林木降低 PM$_{2.5}$ 危害的林木结构和树种选择的初步建议如图 5-38 所示，为：

郁闭度：0.6～0.7；

疏透度：0.3；

滞尘能力强：常绿乔木+常绿/落叶乔木/灌木，并选取油松、桧柏、泡桐、木槿、大叶黄杨、构树、元宝枫、玉兰等 PM$_{2.5}$ 等颗粒物滞留量大的树种；

滞尘能力中等：落叶乔木+常绿/落叶乔木/灌木，树种主要有白皮松、旱垂柳、紫叶李、榆树、栾树、雪松等；

滞尘能力差：乔木/灌木纯林，如银杏、毛白杨、白蜡、碧桃、刺槐、小叶女贞、紫叶小檗、紫薇等。

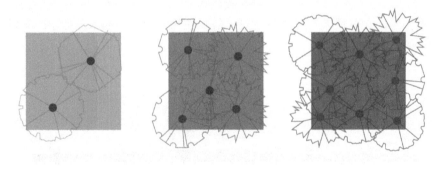

图 5-38　低、中等和高颗粒物阻滞能力树种的配置方式

依据防护功能要求可供选择的植物种类和配置模式分别为：

1）出入口：具有围合、标志与划分组织空间、美化周围环境、隔噪、防尘等作用，但是必须考虑所种植的树木花草不影响人流、车流的交通，不阻挡行车视线。在入口边缘地方，可选择滞留 PM$_{2.5}$ 等颗粒物能力差的乔木，如银杏、刺槐、白蜡、国槐等，给入口形成一片荫庇的空间。再向两侧宜使用滞留 PM$_{2.5}$ 等颗粒物能力中等的配置模式，再设置滞留 PM$_{2.5}$ 等颗粒物能力强的林带。

2）文化娱乐区：一般在地形平坦开阔的地方，植物以花坛、花镜、草坪为主，便于游人集散，适当点缀大乔木。如可使用银杏、刺槐、白蜡、国槐等滞留 PM$_{2.5}$ 等颗粒物能力差的乔木作为阴庭树，为游人创造休憩条件。

3）游览休憩区：主要供人们休息、散步、欣赏自然风景。宜选择 PM$_{2.5}$ 等颗粒物能力差或中等的配置模式。

4）儿童活动区：是供儿童游玩、运动、休息、开展课余活动、学习知识、开阔眼界的场所。周围可使用密林、绿篱或树墙与其他空间分开。在儿童游乐设施附近设置高大且滞留 PM$_{2.5}$ 等颗粒物能力差的乔木，以提供良好的遮荫，如银杏、刺槐、白蜡、垂柳、国槐等，在疏林下可配置滞留 PM$_{2.5}$ 等颗粒物能力差的灌木，如紫薇、小叶女贞、小叶黄杨等。

5）老人活动区：老人活动区要求有一处足够面积的场地供中老年团体练习，可以是公园中的广场等开敞空间，也可以是林下的空地。在植物上宜选择则滞留 PM$_{2.5}$ 等颗粒物能力差或中等的配置模式，并尽量选取常绿植物、花期较长的芳香植物。

6）体育活动区：在健康步道边可选择设置高大挺拔、冠大而整齐，且滞留 PM$_{2.5}$ 等颗粒物能力差的乔木，以利于遮荫，如银杏、刺槐、白蜡、国槐等，再选择滞留 PM$_{2.5}$ 等颗粒物能力中等的配置，再选择滞留 PM$_{2.5}$ 等颗粒物能力强的林带。

7）园路：可选择滞留 PM$_{2.5}$ 等颗粒物能力差或中等的乔木，如银杏、白蜡、刺槐、垂柳等，并可适当配置滞留 PM$_{2.5}$ 等颗粒物能力差的灌木，如小叶黄杨、小叶女贞等，见图 5-39。

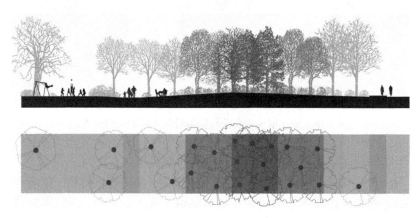

图 5-39　公园植物种植模式的断面图（上）和俯视图（下）

8）公园外侧防护林：具有分割空间、提供绿荫、滞尘、减噪、吸收有毒气体等功能，植物配置应主要考虑外侧有无人行道。如果有人行道，林带外侧宜选择滞留 PM$_{2.5}$ 等颗粒物能力差的配置模式，再向内宜使用滞留 PM$_{2.5}$ 等颗粒物能力中等的配置模式，再设置滞留 PM$_{2.5}$ 等颗粒物能力强的林带。如果没有人行道，则可选择滞留 PM$_{2.5}$ 等颗粒物能力强的配置模式，最大限度地阻滞和吸收颗粒物。

9）水域堤岸：在一定范围内种植地被，然后沿岸边种植滞留 PM$_{2.5}$ 等颗粒物能力差高大乔木，如银杏、白蜡、刺槐、垂柳；再使用滞留 PM$_{2.5}$ 等颗粒物能力中等的配置模式；再设置滞留 PM$_{2.5}$ 等颗粒物能力强的林带。

10）应急区域：帐篷区宜使用树林草地，并选择滞留 PM$_{2.5}$ 等颗粒物能力差的配置形式。应急停机坪区则不能种植高大乔木。

第6章 森林对PM$_{2.5}$等颗粒物的调控技术集成模式研究

6.1 北京地区森林对PM$_{2.5}$等颗粒物调控技术集成

6.1.1 点形绿地

植物应用原则：以吸纳颗粒物能力强的植物为主，植株的数量需占整体植物数量的70%以上。增加观赏性高的园林植物应用于绿地重点区域，其数量约占植物总量的20%～30%左右。

6.1.1.1 居住区绿地

（1）居住区广场游园绿地配置模式（颗粒物扩散型）

广场游园绿地宜采用半封闭式设计。半开敞的绿地空间，其光线、通风条件均良好，能够满足居民炎夏纳凉、寒冬晒阳的需求；另外，半封闭式广场绿地需在大气污染物来源方向以乔灌草结合，阻挡污染物侵入，在污染较轻的方向留出通风口，能够有效地改善活动空间的空气质量。

此类绿地与居民生活息息相关，直接影响居民的幸福感，因此在植物规划设计时，除考虑所选植物的适应性、植物吸纳大气颗粒物能力的高低和植物的观赏效果等方面外，还应该结合植物的文化特点。例如，增加寓意美好的合欢、柿树等，花果俱赏的山楂、石榴等；为丰富下层景观，设计开花的宿根花卉如萱草和鸢尾，林下可应用耐阴玉簪，绿地边缘点缀时令花卉等，营造花开三季、四时有景的美好的植物景观。依据绿地的功能要求，植物群落具体配置方式如表6-1。

表6-1 居住区广场游园绿地配置方式列表

分项		指标参数
植物种类	上层	云杉、白皮松、国槐、美国梧桐、合欢、元宝枫
	中层	紫叶李、山楂、石榴、紫叶矮樱、天目琼花、锦带花、棣棠、紫荆
	下层	丰花月季、迎春、大花萱、草鸢尾、时令花卉、玉簪、草坪
群落特征	常绿阔叶比	1：4
	乔灌比	1：1
	乔木郁闭度	50%～60%
	地被层盖度	>80%

（2）居住区宅旁绿地配置模式（颗粒物扩散型）

宅旁绿地植物规划设计时，需注意乔木与建筑之间的距离，大乔木栽植位置与建筑墙面距离应大于 5～8m，以免影响住宅内通风和采光。建筑周边可应用小的花灌木如紫丁香、锦带花，或宿根花卉如芍药、美人蕉等。中高层建筑北侧植物选用耐荫植物如珍珠梅、小花溲疏、金银木等。建筑西侧适当栽植大乔木，对夏日的西晒有一定遮蔽效果。此外，适当应用木香、五叶地锦等藤本植物于建筑旁边，不仅丰富植物群落结构，增加植物景观层次和景深，更可有效减低室内温度。依据绿地的功能要求，植物群落具体配置方式如表 6-2。

表 6-2 居住区宅旁绿地配置方式列表

分项		指标参数
植物种类	上层	云杉、龙柏、金叶槐、国槐
	中层	樱花、石榴、金银木、紫丁香、白丁香、珍珠梅、红瑞木
	下层	芍药、美人蕉、大花萱草、草坪
群落特征	常绿阔叶比	1∶4
	乔灌比	2∶1
	乔木郁闭度	60%～70%
	地被层盖度	>80%

（3）居住区外围边界绿地配置模式（颗粒物滞纳型）

此类绿地宜选择滞尘能力高、耐瘠薄、耐干旱、寿命长、病虫害少的树种密植，可有效吸纳和阻滞 PM$_{2.5}$等颗粒物，改善小区内空气质量，重要的区域如转弯、路口等视线终落点处应适当点缀其他植物。依据绿地的功能要求，植物群落具体配置方式如表 6-3。

表 6-3 居住区外围边界绿地配置方式列表

分项		指标参数
植物种类	上层	侧柏、圆柏、毛白杨、洋白蜡
	中层	金银木
	下层	草坪
群落特征	常绿阔叶比	1∶3
	乔灌比	2∶1
	乔木郁闭度	>80%
	地被层盖度	>60%

（4）居住区专用绿地配置模式（颗粒物扩散型）

此类绿地的绿化布置形式首先要满足其公建及设施的功能等需求，同时还要考虑与居住区内周围植物景观的协调关系（张洁，2015）。以小区内幼儿园周边专用绿地为例进行阐述。幼儿园周边专用绿地植物设计需充分考虑孩童的心理需求，增加叶色鲜艳、叶形奇特、大花异花、树形奇异、花香浓郁的植物，如扇形叶银杏，果似筷子的梓树，果似元宝的元宝枫，树枝分层明显的灯台树，花香浓郁的香花槐、腊梅、果可食可赏的山楂、枸杞、蛇莓，以及花型可爱的紫花地丁、荷包牡丹、耧斗菜等。幼儿园附近专用绿地忌用刺多、果实有毒等植物。据上述绿地功能要求，植物群落具体配置方式如表 6-4。

表 6-4　幼儿园附近专用绿地配置方式列表

分项		指标参数
植物种类	上层	油松、银杏、香花槐、梓树、灯台树、元宝枫
	中层	圆柏（整形）、腊梅、山楂、蝴蝶绣球、金叶风箱果、枸杞、连翘
	下层	紫花地丁、蛇莓、荷包牡丹、耧斗菜
群落特征	常绿阔叶比	1 : 4
	乔灌比	3 : 1
	乔木郁闭度	75%～80%
	地被层盖度	>80%

（5）居住区道路绿地配置模式（颗粒物扩散型）

居住区一级园路两侧应定距种植滞尘能力强、分枝较高的乔木乡土树种，能够有效降低大气颗粒物浓度、减少噪声，有利于沿街住宅的安静与卫生。高大乔木林下空间比较宽敞的位置可种植大叶黄杨、紫叶小檗等低矮绿篱，增强道路绿地对地面扬尘的净化作用。居住区内宽度较窄且距离建筑较近的道路（道路峡谷）的绿化首先应考虑通风问题，在保障行道树遮阴效果和景观效果的前提下，降低植被种植密度和郁闭度。可以在道路一侧列植树冠水平伸展的阔叶乔木作为行道树。据上述绿地功能要求，植物群落具体配置方式如表 6-5。

表 6-5　居住区主干道路绿地配置方式列表

分项		指标参数
植物种类	上层	元宝枫/悬铃木/银杏/臭椿/白蜡/国槐
	中层	大叶黄杨、金叶女贞
	下层	大花萱草、玉簪、麦冬
群落特征	常绿阔叶比	1 : 4
	乔灌比	>2 : 1
	乔木郁闭度	>70%
	地被层盖度	>80%

6.1.1.2　街头绿地（100m^2～2hm^2）

（1）非进入型街头绿地配置模式（颗粒物滞纳型）

此类绿地多临街道，污染源较绿地内繁杂，是构成街头绿地的背景骨架部分。在植物群落规划设计时，除大量应用吸纳颗粒物能力强的植物种类外，可增加抗二氧化硫、氟化氢、氯化氢等污染强的树种，如臭椿、刺槐、连翘、木槿等。据上述绿地功能要求，植物群落具体配置方式如表 6-6。

表 6-6　非进入型街头绿地配置方式列表

分项		指标参数
植物种类	上层	圆柏、侧柏、云杉、油松、元宝枫、美国梧桐、臭椿、红花刺槐
	中层	黄栌、重瓣粉海棠、白碧桃、红碧桃、金银木、连翘、木槿
	下层	迎春、宿根福禄考、玉带草、时令花卉、草坪
群落特征	常绿阔叶比	1:2
	乔灌比	>2:1
	乔木郁闭度	>75%
	地被层盖度	>60%

（2）进入型街头绿地配置模式（颗粒物扩散型）

进入型街头绿地绿地，可以是硬质铺装的广场周边的植物群落，也可以是纯植物景观构成的允许游人进入的草地软质空间。这类绿地，游人的参与性很高，因此植物群落需增加观赏性高且抗性强的植物，如刺槐、臭椿、接骨木、紫荆、美人蕉、鸡冠花和大丽花等。据上述绿地功能要求，植物群落具体配置方式如表 6-7。

表 6-7　进入型街头绿地配置方式列表

分项		指标参数
植物种类	上层	油松、国槐、臭椿、元宝枫
	中层	樱花、大叶黄杨、金叶女贞、丛生紫薇、接骨木、黄刺玫
	下层	时令花卉、草坪
群落特征	常绿阔叶比	1:4
	乔灌比	3:1
	乔木郁闭度	60%～70%
	地被层盖度	>80%

6.1.1.3　小型公园绿地

城市中的小型公园是城市居民中老人小孩非常重要的游憩场所。

（1）公园硬质节点及观赏性绿地配置模式（颗粒物扩散型）

此类绿地是游人进入公园中最为重要的游戏、休憩、活动的场所，需增加一些观赏性高、适应性强的植物，上层可应用夏季白花繁密的七叶树、秋色叶金黄的杂种鹅掌楸、常年叶色金黄的金叶槐等，中层可以应用春华秋实的海棠果、多花栒子、贴梗海棠和红瑞木，下层宜应用宿根花卉、时令花卉和观赏草等。据上述绿地功能要求，植物群落具体配置方式如表 6-8。

表 6-8　公园硬质节点及观赏性绿地配置方式列表

分项		指标参数
植物种类	上层	油松、龙柏、银杏、臭椿、杂种鹅掌楸、白玉兰
	中层	重瓣粉海棠、紫叶李、丛生紫薇、连翘、大叶黄杨、红王子锦带
	层中层	紫藤/忍冬
	下层	地被菊、时令花卉、草坪
群落特征	常绿阔叶比	1：3
	乔灌比	3：1
	乔木郁闭度	70%
	地被层盖度	>80%

（2）公园背景绿地配置模式（颗粒物滞纳型）

公园背景植物以吸纳颗粒物强、适应性强的植物为主。植物群落具体配置方式如表 6-9。

表 6-9　公园背景绿地配置方式列表

分项		指标参数
植物种类	上层	圆柏、侧柏、油松、毛白杨、洋白蜡、国槐、泡桐
	中层	红碧桃、紫叶李、金银木、紫丁香、白丁香
	下层	波斯菊/二月兰/草花混播
群落特征	常绿阔叶比	1：2
	乔灌比	2：1
	乔木郁闭度	>80%
	地被层盖度	>60%

6.1.2　线形绿地

植物应用原则：以吸纳颗粒物能力强的植物为主，植株的数量需占整体植物数量的80%以上。增加生态效益高的其他园林植物应用于绿地中，其数量约占植物总量的20%左右。

6.1.2.1　路侧绿地

（1）路侧绿带宽度 30～50m 绿地配置模式（颗粒物滞纳型）

笔者及对现阶段其他已有的研究结果整理分析得出，路侧绿带宽度在 30～50m 时，对颗粒物滞纳效果非常显著。城市道路车流量大，道路污染较为严重且污染源复杂。因此，在道路绿地的规划设计中，要增加抗二氧化硫、氟化氢、氯化氢等污染的树种如臭椿、刺槐、连翘、木槿、接骨木、紫荆等。以实现植物群落生态效益最大化的目标。设计路侧绿地的植物群落时，乔灌木主要分布绿带远离道路的外围，近行人的绿地边界应以草坪地被为主，点缀乔木，以此保持良好的通风性，利用风力将颗粒物及有毒气体引向主体植物群落，以减轻空气污染对行人健康造成危害。植物群落具体配置方式如表 6-10。

表 6-10　路侧绿带宽度 30～50m 绿地配置方式列表

分项		指标参数
植物种类	上层	油松、圆柏、龙柏、毛白杨、臭椿、元宝枫、国槐
	中层	重瓣粉海棠、白碧桃、红碧桃、美人梅、金银木
	下层	大花萱草、马蔺、时令花卉、草地
群落特征	常绿阔叶比	1：2
	乔灌比	3：1
	乔木郁闭度	75%～80%
	地被层盖度	>80%

（2）路侧绿带宽度 5～30m 绿地配置模式（颗粒物滞纳型）

城市用地非常紧张，道路两侧绿带的宽度往往达不到 30m。研究结果表明，道路绿带的宽度大于 5m 而小于 30m 时，绿带对颗粒物滞纳效果较为明显。其生态功能同上，与宽度大于 30m 绿地配置的不同主要在于植物的数量和种类有所精简，植物群落具体配置方式如表 6-11。

表 6-11　路侧绿带宽度 5～30m 绿地配置方式列表

分项		指标参数
植物种类	上层	白皮松、侧柏、泡桐、红花刺槐、臭椿
	中层	紫叶李、重瓣粉海棠、大叶黄杨、金叶女贞
	下层	大花萱草、草地
群落特征	常绿阔叶比	1：2
	乔灌比	3：1
	乔木郁闭度	75%～80%
	地被层盖度	>80%

（3）路侧绿带宽度小于 5m 绿地配置模式（颗粒物扩散型）

诸多学者研究表明，路侧绿地宽度小于 5m，绿带对颗粒物吸纳作用不明显。因此，当路侧绿带宽度小于 5m 时，绿带应与行道树绿带相结合，主要功能为扩散颗粒物，为行人提供通风良好、空气较好环境。结合行道树绿带的特点，选择配置植物，植物群落以乔木为主。植物群落具体配置方式如表 6-12。

表 6-12 路侧绿带宽度小于 5m 绿地配置方式列表

分项	指标参数	
植物种类	上层	洋白蜡
	中层	重瓣粉海棠、大叶黄杨、金叶女贞、紫叶小檗、连翘、木槿
	下层	草地
群落特征	常绿阔叶比	1：4
	乔灌比	1：2
	乔木郁闭度	70%
	地被层盖度	>80%

6.1.2.2 分车绿带

分车绿带指车行道之间的绿带。绿带的宽度差别很大。分车绿带宽度因道路宽度不同而不同，窄的有不到 1m 的，宽的绿带还有 10m 左右的。在植物群落模式设计前，必须考虑行车安全，避免夜晚来往车辆眩光，同时也不能影响司机和行人的视线。

分车绿带宽度小于 1.5m 的，应以种植灌木为主，并应灌木、地被植物相结合。种植乔木的分车绿带宽度不得小于 1.5m，主干路上的分车绿带宽度不宜小于 2.5m。中间分车绿带应阻挡相向行驶车辆的眩光，在距相邻机动车道路面高度 0.6～1.5m 的范围内，配置植物的树冠应常年枝叶茂密，其株距不得大于冠幅的 5 倍。被人行横道或道路出入口断开的分车绿带，其端部应采取通透式配置。

（1）分车绿带宽度小于 1.5m 绿地配置模式（颗粒物滞纳型）

据上述规范要求，分车绿带小于 1.5m 时，植物群落设计以灌木绿篱为主，也可适当增加观赏期长、适合立体绿化的藤本月季，以及方便养护的观赏草、宿根花卉、八宝景天等丰富道路景观。植物群落具体配置方式如表 6-13。

（2）分车绿带宽度 1.5～5m 绿地配置模式（颗粒物滞纳型）

分车绿带宽度大于 1.5m 小于 5m 时，植物群落立面结构可以采用乔灌草形式，乔木应选分枝点高的树种。树种选择适应性强、抗性强、吸纳颗粒物强的植物，最大程度发挥植物的生态效益，植物群落具体配置方式如表 6-14。

表 6-13　分车绿带宽度小于 1.5m 绿地配置方式列表

分项		指标参数
植物种类	方式一	藤本月季（借助金属架）-观赏草/大花萱草/马蔺
	方式二	大叶黄杨、金叶女贞
群落特征	常绿阔叶比	
	乔灌比	
	灌木郁闭度	>90%
	地被层盖度	>90%

表 6-14　分车绿带宽度 1.5～5m 绿地配置方式列表

分项		指标参数
植物种类	上层	侧柏、白皮松、臭椿、红花刺槐
	中层	紫丁香、白丁香、大叶黄杨、金叶女贞
	下层	草坪
群落特征	常绿阔叶比	1∶1
	乔灌比	2∶1
	乔木郁闭度	>80%
	地被层盖度	>90%

（3）分车绿带宽度大于 5m 绿地配置模式（颗粒物滞纳型）

分车绿带宽度大于 5m 时，此类道路往往是城市非常重要的交通干道，也是城市形象的重要窗口，需增加适应性强、观赏价值高的其他植物，如白皮松、金枝国槐、金叶榆、山桃、碧桃、棣棠、红瑞木等色叶植物及观花观干植物，遵循韵律节奏、变化统一等美学原则，设计四季有景可赏的植物群落。植物群落具体配置方式如表 6-15。

表 6-15　分车绿带宽度大于 5m 绿地配置方式列表

分项		指标参数
植物种类	上层	油松、圆柏、元宝枫、金叶槐
	中层	白碧桃、红碧桃、大叶黄杨、金叶女贞、紫叶小檗
	下层	马蔺、玉带草
群落特征	常绿阔叶比	1∶1
	乔灌比	2∶1
	乔木郁闭度	>80%
	地被层盖度	>90%

6.1.2.3　行道树绿带

《城市道路绿化规划与设计规范》（CJJ 75—1997）指出行道树宽度不得小于

1.5m。行道树绿带种植应以行道树为主，并宜乔木、灌木、地被植物相结合，形成连续的绿带。在行人多的路段，行道树绿带不能连续种植时，行道树之间宜采用透气性路面铺装。树池上宜覆盖池箅子。行道树定植株距，应以其树种壮年期冠幅为准，最小种植株距应为 4m。行道树树干中心至路缘石外侧最小距离宜为0.75m。种植行道树其苗木的胸径：快长树不得小于 5cm，慢长树不宜小于 8cm。在道路交叉口视距三角形范围内，行道树绿带应采用通透式配置。

植物群落设计时，选择分枝点高、适应性强、疏透性好的落叶乔木应用，配置灌木或地被，形成通风效果良好绿带环境，以满足行人行驶遮阳及空气质量较好的健康需求。行道树设计时，常见的形式是一条街道应用一种乔木为行道树。此类绿地对颗粒物起重要的扩散作用。植物群落具体配置方式如表 6-16。

表 6-16　行道树绿带配置方式列表

分项		指标参数
植物种类	上层	洋白蜡/国槐/美国梧桐
	下层	大叶黄杨/大荒萱草/时令花卉
群落特征	常绿阔叶比	
	乔灌比	
	乔木郁闭度	>80%
	地被层盖度	>90%

6.1.2.4　滨水道路绿带

滨水道路绿带功能与街头公园、小型公园类似，绿带硬质节点区域植物群落、背景林植物群落、观赏植物群落均可借鉴街头绿地和小型公园，不再敷述。其特殊性在于濒临江、河、湖、海等水体的路侧绿地，应结合水面与岸线地形设计水景、水生植物群落。

（1）水景植物配置模式（颗粒物滞纳型）

靠近水面的植物群落，需配置一些耐水湿的乔木如枫杨、垂柳、馒头柳、水杉、柽柳、紫穗槐、互叶醉鱼草等乔灌木。滨水绿带的植物景观应着重考虑在道路和水面之间留出透景线，多设计为疏林草地半开敞空间。植物群落具体配置方式如表 6-17。

（2）水生植物配置模式（颗粒物扩散型）

水边根据水深配置浅水植物黄菖蒲、花菖蒲、千屈菜、水葱、芦苇，中水植物如睡莲、荷花，深水植物芡实、菱角，以及漂浮植物大漂、槐叶萍等。植物群落具体配置方式如表 6-18。

表 6-17　水景植物配置方式列表

分项		指标参数
植物种类	上层	圆柏、白皮松、水杉、洋白蜡、枫杨、垂柳、馒头柳
	中层	樱花、山杏、紫丁香、白丁香、柽柳、紫穗槐、互叶醉鱼草、大叶黄杨、金叶女贞
	下层	二月兰
群落特征	常绿阔叶比	1：3
	乔灌比	3：1
	乔木郁闭度	60%～70%
	地被层盖度	>80%

表 6-18　水生植物配置方式列表

分项		指标参数
植物种类	沼泽及浅水植物	黄菖蒲、千屈菜、香蒲、芦苇、花叶芦竹
	中水植物	睡莲、荷花
	深水植物	芡实、菱角
	浮水植物	大漂、槐叶萍
群落特征	常绿阔叶比	
	乔灌比	
	乔木郁闭度	
	水生植物占水域面积	<30%

6.1.3　面形绿地

植物应用原则：以吸纳颗粒物能力强的植物为主，植株的数量需占整体植物数量的 70% 以上。在防护林中增加生态效益高的其他园林植物应用于绿地中，其数量约占植物总量的 20%～30% 左右。

6.1.3.1　景观生态林

景观生态林是兼顾景观效果和生态效益的城市公益性森林，所以，在设计时既要考虑树种适地性、林分的生态结构，又要考虑森林自然美感、与周边城乡景观协调等问题。景观生态林的植物配置形式以块状、带状混交为主。规划设计依照其主要功能的侧重点不同，分为防护主导型景观生态林和景观主导型景观生态林。

（1）防护主导型景观生态林绿地配置模式（颗粒物滞纳型）

防护主导型景观生态林在植物选择时，除了选用吸纳颗粒物能力强的植物外，需增加适应性、抗性强的树种，如适应性强的臭椿、连翘、木槿，耐干旱的贫瘠土壤的构树、锦鸡儿、荆条，耐盐碱的新疆杨、垂柳、黄刺玫、紫穗槐、火炬等植物。植物群落具体配置方式如表 6-19。

表 6-19　防护主导型景观生态林绿地配置方式列表

分项		指标参数
植物种类	上层	圆柏、侧柏、油松、臭椿、白蜡、构树、新疆杨、垂柳
	中层	山楂、火炬、锦鸡儿、荆条、连翘
	下层	野花混播
群落特征	常绿阔叶比	1∶1
	乔灌比	2∶1
	乔木郁闭度	>80%
	地被层盖度	>50%

（2）景观主导型景观生态林绿地配置模式（颗粒物扩散兼滞纳型）

景观主导型的景观生态林则除了选用吸纳颗粒物能力强的植物外，需增加彩叶、观花、观果等观赏性高且适应性强的植物，如元宝枫、黄连木、栎类、山杏、山桃、山楂等。植物群落具体配置方式如表 6-20。

表 6-20　景观主导型景观生态林绿地配置方式列表

分项		指标参数
植物种类	上层	圆柏、侧柏、油松、元宝枫、黄连木、栎类、银杏
	中层	海棠果、紫叶李、山杏、山桃、紫丁香、连翘
	下层	二月兰、五叶地锦
群落特征	常绿阔叶比	1∶1
	乔灌比	2∶1
	乔木郁闭度	75%~80%
	地被层盖度	>60%

6.1.3.2　防护绿地

城市中防护绿地根据其不同的防护功能分类很多，结合本节论述重点滞纳空气颗粒物植物群落，提出对防风沙、防大气污染的防护绿地可以应用抗风沙植物群落和抗污染植物群落。

对于防风林，研究结果表明位于城市上风方向的防风主林带走向与冬季风垂直，由多种树种搭配，形成丰富的立面景观；结构类型为疏透结构，主林带宽度为 8~28m，主林带数量 3~5 条，主林带间距小于树高的 20 倍，与之垂直的副林带宽不小于 5m，断面为矩形；树木个体配置为"品"字形，株行距为 2m×2m，此时，林带的冬季防风效果最好（孙化蓉，2006）。本节借鉴这一理论结构，做如下的抗风沙防护绿地配置。

（1）抗风沙防护绿地配置模式（颗粒物滞纳型）

抗风沙植物群落选择吸纳颗粒物强的树种，并增加树干紧密、根系深广、抗风能力强的黑松、国槐、榆树等。植物群落具体配置方式如表 6-21。

表 6-21　抗风沙防护绿地配置方式列表

分项		指标参数
植物种类	上层	圆柏、侧柏、黑松、国槐、洋白蜡、新疆杨
	中层	金银木、紫丁香
	下层	混播花卉
群落特征	常绿阔叶比	1:3
	乔灌比	>3:1
	乔木郁闭度	65%~80%
	地被层盖度	>80%

（2）抗污染防护绿地配置模式（颗粒物滞纳型）

城市上空大气污染物种类繁杂，人为污染源主要有车源和固定源，针对固定污染源，研究表明，防护林带的布局在理论上应该是以污染源为中心，在各个方向上以及以该方向上污染的最大落地浓度距排气筒距离（10m）为半径布置数条，林带分数维数值相对较高，污染源周围的防护绿地应尽量封闭污染，采取封闭包围的方式，吸收污染，避免污染的外流；扩散到防护林带以外的污染，通过城市公园、附属、生产等绿地的顺应风向的走廊状布置，在吸污的同时迅速稀释污染。林带配置在最大污染浓度落地处，污染源越远除污效果越差，但太靠近污染源，也会因污染浓度过高而存在生存的危险，如果最大地面浓度超过了植物所能承受的限值，应将绿地布置在远离污染源方向的污染浓度适合处。林带宽度 50m。植树密度应适中（疏透结构），植树稀疏除尘率低，太密则气流不易深入林内而从上空翻越，使得清除效率下降。

污染源周边的防护绿地应选择吸纳颗粒物强的植物及抗二氧化硫、氟化氢、氯化氢等污染、适应性强的植物。抗二氧化硫、氟化氢、氯化氢等污染的植物有臭椿、刺槐、连翘、木槿、接骨木、紫荆、美人蕉、鸡冠花、大丽花等。植物群落具体配置方式如表 6-22。

表 6-22　抗污染防护绿地配置方式列表

分项		指标参数
植物种类	上层	圆柏、侧柏、黑松、毛白杨、新疆杨、臭椿
	中层	金银木、紫丁香、连翘、木槿、紫荆、接骨木
	下层	美人蕉、大丽花、鸡冠花
群落特征	常绿阔叶比	1：2
	乔灌比	>3：1
	乔木郁闭度	65%～80%
	地被层盖度	>80%

6.1.3.3　城郊型森林公园

本节所指的城郊型森林公园不包括那些与风景名胜区、自然保护区相重叠的，有着良好的天然植被森林景观资源的、人为干扰极少的森林公园。它们大多是在城市化不断扩张的过程中，由原有林场、苗圃用地、防护林等人工林建设的基础上改造而成的森林公园。

（1）公园入口绿地配置模式（颗粒物扩散型）

根据公园不同区域的功能不同，进行植物群落设计，入口主要是组织交通、集散游人的功能，多为开敞空间。其周边植物景观营造四时有景、大气壮观的景色，并能满足游人的审美需求。增加树形挺拔的雪松、银杏，增加色叶树种金叶槐、花灌木绣线菊、榆叶梅，以及时令花卉等。植物群落具体配置方式如表 6-23。

表 6-23　公园入口绿地配置方式列表

分项		指标参数
植物种类	上层	白皮松、杜松、银杏、元宝枫、国槐、金叶槐、白玉兰
	中层	紫叶李、樱花、紫叶矮樱、紫荆、绣线菊、榆叶梅、红瑞木、棣棠、大叶黄杨、丰花月季
	下层	大花萱草、时令花卉、草坪
群落特征	常绿阔叶比	1：3
	乔灌比	3：1
	乔木郁闭度	70%～80%
	地被层盖度	>80%

（2）公园硬质节点绿地配置模式（颗粒物扩散型）

广场、园林建筑等硬质节点主要功能是为游人提供游憩活动场所，客流量较大，其周边植物群落设计旨在为游人营造舒适宜人环境，根据节点设计要求、功能要求增加观赏价值高的花灌木，如卫矛、紫株、美人梅等。植物群落具体配置方式如表 6-24。

表 6-24　公园硬质节点绿地配置方式列表

分项		指标参数
植物种类	上层	辽东冷杉、白皮松、雪松、元宝枫、栾树、臭椿、国槐
	中层	山桃、重瓣粉海棠、山杏、日本晚樱、黄栌、丛生紫薇、锦带花、卫矛、紫株、美人梅
	下层	鸢尾、大花萱草、紫花地丁、草坪
群落特征	常绿阔叶比	1∶4
	乔灌比	3∶1
	乔木郁闭度	60%～70%
	地被层盖度	>80%

（3）公园观赏性绿地配置模式（颗粒物滞纳型）

公园观赏性植物群落，需兼顾四季景色，注重群落层次搭配，形成极富观赏性的植物景观。增加春花的山桃、日本樱花、梨树，夏花的月季、刺槐、蔷薇等。秋天宜有果实金黄的柿树、叶色绚烂的元宝枫等，还可点缀一些稀奇、珍稀的植物如猥实、糯米条等。植物群落具体配置方式如表 6-25。

表 6-25　公园观赏性绿地配置方式列表

分项		指标参数
植物种类	上层	辽东冷杉、雪松、油松、龙柏、美国梧桐、红花刺槐、柿树、梨树
	中层	樱花、山桃、黄栌、野蔷薇、黄刺玫、猥实、绣线菊、糯米条、郁李、麦李
	下层	鸢尾、玉带草、美人蕉、草坪
群落特征	常绿阔叶比	1∶3
	乔灌比	3∶1
	乔木郁闭度	75%～80%
	地被层盖度	>80%

（4）公园背景绿地配置模式（颗粒物滞纳型）

公园背景植物群落则以分割空间、生态功能为主。增加新疆杨、金枝垂柳、构树、荆条、紫穗槐等适应性强、抗性强的乡土植物，丰富植物群落层次。地被可大片播种自播繁衍的草花，经济适用且景观效果佳。植物群落具体配置方式如表 6-26。

在实际的应用中，应在上述群落模式的基础上，结合具体不同绿地的具体功能和景观美学效果的要求，考虑适当增加或补充一些观赏性高、适应性强的乡土植物，从而丰富植物群落多样性，提高植物的观赏性。

表 6-26　公园背景绿地配置方式列表

分项		指标参数
植物种类	上层	圆柏、云杉、洋白蜡、新疆杨、垂柳、构树
	中层	金银木、天目琼花、火炬、荆条、紫穗槐
	下层	二月兰/混播花卉
群落特征	常绿阔叶比	1 : 3
	乔灌比	3 : 1
	乔木郁闭度	>80%
	地被层盖度	>80%

6.2　北京地区森林对 $PM_{2.5}$ 调控技术模式示范

　　本项目在北京市房山区石楼镇和北京市通州漷县镇建立示范区，面积达 1087 亩。主要进行在居住区绿地、小型公园绿地、路侧绿带、行道树绿带、景观生态林、防护绿地对 $PM_{2.5}$ 等颗粒物调控技术模式进行示范。同时，在北京市延庆、顺义、昌平、大兴、房山等六个区进行了技术模式的推广应用，面积达 2.5 万亩。通过将本项目形成的技术体系在示范区内应用和推广，在森林调控 $PM_{2.5}$ 等颗粒物方面取得了良好的效果，大气环境质量状况得到明显改观。本项目形成的技术体系具有重要的应用推广价值。

6.2.1　技术模式示范

6.2.1.1　示范区分类

　　此项目示范区分为两类：第一类为 2012 年新建的平原造林地块，包括北京市房山区石楼镇示范区（示范区一）和通州漷县镇示范区（示范区二）；第二类为原有的成熟的绿地，对其进行研究和选择，包括奥林匹克森林公园示范区（示范区三）、大兴区重点交通干线绿道示范区（范区四）和大兴区黄村镇典型居住区绿地示范区（示范区五）。对新建的平原造林地块示范区在本底调查的基础上结合 $PM_{2.5}$ 调控技术，进行林地提质改造；对于原有的成熟的绿地示范区进行 $PM_{2.5}$ 调控效果评价比较。

　　示范区一的示范面积约 537 亩，主要进行路侧绿带、行道树绿带、景观生态林和防护绿地对 $PM_{2.5}$ 等颗粒物调控技术模式示范。示范区二的示范面积 540 亩，主要进行路侧绿带、滨水绿带、景观生态林、防护绿地对 $PM_{2.5}$ 等颗粒物调控技术模式示范。

6.2.1.2　示范区概况

示范区一：地点为房山石楼镇，地类为退耕地，示范区面积约 537 亩，建设地点位置如图 6-1。

图 6-1　项目示范区一地理位置示意图

示范区二：位于北京市通州区漷县镇，涉及凌庄村、石槽村、马庄村、东寺庄村、张庄村、小屯村、杨堤村、曹庄村、纪各庄村、候黄庄村、军屯村、军庄村，项目具体建设位置示意见图 6-2。

示范区三：依据样地设置的典型原则，在奥林匹克森林公园南园绿地的核心区布设 6 块样地，分别表示为 P$_2$、P$_3$、P$_5$、P$_6$、P$_8$ 和 P$_9$，在公园的边缘区临近南门、东门和北门边界分别设置 P$_1$、P$_4$ 和 P$_7$ 样地。对照样地 CK（N40°00.79′，E116°22.268′）位于奥体森林公园南园西门以西，国际气候大厦对面，周围绿化较少，与奥林匹克森林公园的直线间距约为 2.3km。对照样地指示离公园较近的外界市区环境。

示范区四：在京开高速（南北方向）和南六环（东西方向）绿道分别选取 4 个监测区作为示范区，分别为长途车站旁 1-1、庞各庄 1-2、薛营村 1-3、野生动物园南 1-4、六合庄林场 2-1、南广顺桥东 2-2、东赵村 2-3 和南大红门桥东 2-4，示范区具体位置如图 6-3。

图 6-2 项目示范区二地理位置示意图

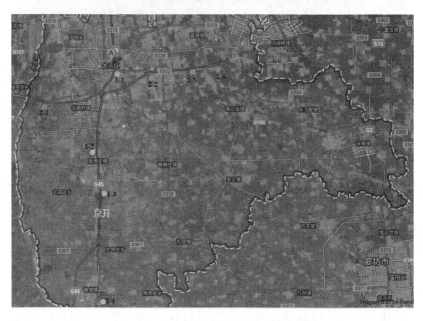

图 6-3 项目示范区四地理位置示意图

示范区五:依据居住区的建筑年代、楼层高度和绿化环境等特点,在大兴区黄村镇选择 5 处居住区作为研究和示范对象,分别为龙湖时代天街(A 小区)、时代龙河(B 小区)、怡兴园(C 小区)、清源西里(D 小区)和义和庄东里(E 小区),各小区之间距离小于 8km。其中 A、B、C、D 小区环境良好,小区及附近绿化设施相对完善,周围交通道路车流量适中,空气污染中等,能够反映北京市大兴区大多数居民区的空气污染状况；E 小区毗邻高铁桥，且道路车流量大，附近空气污染相对严重。各居住区的基本信息见表 6-27。

表 6-27　居住区基本信息

小区编号	建筑年份	占地面积/m^2	层高	容积率	绿地率/%	人均绿地面积/m^2	养护情况
A 小区	2012	125000	15-26	2.8	33	4.1	优
B 小区	2007	134000	15-18	2	35	3.9	良
C 小区	2002	56332	6	1	42	4.1	良
D 小区	1996	123000	6-10	2.1	33	3.7	良
E 小区	1992	5385	6	2.5	18	1.1	差

6.2.2　新建示范区提质改造

2014 年 6 月，对示范区一和示范区二进行本底调查，调查结果分别见表 6-28 和表 6-29。

从本底调查结果可以看出，示范区一较示范区二植物种类更加丰富，植株数量较多，绿量较大，且示范区一的针阔比值高于示范区二。但示范区一和示范区二以调控颗粒物为主要目的的植物配置均存在明显缺陷：第一，郁闭度低，示范区一为 37.8%，示范区二为 40%；第二，两个示范区针叶树所占比例均较低，不足 30%；第三，从乔灌草比例可以看出两个示范区地表覆盖率均较低，低于 50%。

针对以上问题，示范区开展了提质改造建设，主要工作包括有机废弃物覆盖树盘、林下种植草本药用植物和林缘补植沙地柏，通过增加地表覆盖面积、增加绿量，来减少地面扬尘，增加对粗颗粒物的阻滞吸纳作用，从而降低颗粒物浓度。

6.2.3　成熟示范区调控 PM$_{2.5}$ 效果评价

6.2.3.1　城郊型森林公园调控 PM$_{2.5}$ 技术模式示范效果

由表 6-30 和表 6-31 可以看出，公园研究区 9 个绿地群落（P$_1$ 除外）内 PM$_{2.5}$ 年均浓度都低于公园外对照，体现了城市森林对细颗粒物的削减功能。针阔混交林 P$_6$、针叶混交林 P$_9$ 和阔叶混交林 P$_8$ 林内 PM$_{2.5}$ 年均浓度较对照分别显著下降 28.52%、20.26% 和 17.88%。以上 3 个配置方式的群落对 PM$_{2.5}$ 的年均削减率较高，显著高于群落 P$_1$ 和 P$_4$，其中群落 P$_6$ 和 P$_9$ 对 PM$_{2.5}$ 的年均削减率超过 20%，群落 P$_6$ 的 PM$_{2.5}$ 年均削减率最高，且显著高于毛白杨纯林 P$_3$。结果表明，以常绿针叶树种为主的植物群落年均削减 PM$_{2.5}$ 的能力强于以落叶阔叶树种为主的植物群落。据文献报道，黏性叶表面更易于小颗粒物的滞留，粗糙叶表面更易于大颗粒物的滞留（王蕾等，2006）。侧柏和圆柏叶表面能够分泌黏液，易于小颗粒物

表6-28　房山石娄镇示范区一的乔、灌木本底调查

编号	样方	株数	叶表面粗糙程度 光滑1, 中等2, 粗糙3	叶表绒毛多少 无毛1, 中等2, 密毛3	叶表分泌物多少 无黏性1, 中等2, 黏性强3	树冠结构 稀疏1, 疏松2, 紧密3	枝条与树干夹角	叶片正面接触角	郁闭度	乔灌草比	针阔比
1	油松	3665	2	1	1	3	80°	70°			
2	白皮松	289	2	1	1	3	60°	50°			
3	华山松	515	2	1	1	3	85°	80°			
4	楸树	642	2	1	1	2	60°	50°			
5	绒毛白蜡	2616	2	2	1	2	30°	50°			
6	国槐	1857	2	2	1	2	30°	70°		17044 :	
7	刺槐	744	2	2	1	3	25°	70°	37.8%	8610 : 121720 : 358000	4469 : 12575
8	臭椿	1090	2	2	1	2	30°	80°			
9	枣树	851	2	2	1	2	35°	65°			
10	银杏（雌）	4775	1	1	1	1	70°	80°			
11	山桃	167	1	1	1	2	40°	70°			
12	西府海棠	1248	1	1	1	2	20°	30°			
13	樱花	1443	1	1	1	2	40°	60°			
14	碧桃	887	1	1	1	2	45°	80°			
15	金叶榆	90	2	1	1	3	30°	60°			

表 6-29　通州潮白河示范区二的乔、灌木本底调查

编号	样方	株数	叶表面粗糙程度（光滑1、中等2、粗糙3）	叶表绒毛多少（无毛1、中等2、密毛3）	叶表分泌物多少（无黏性1、中等2、黏性强3）	树冠结构（稀疏1、疏松2、紧密3）	枝条与树干夹角	叶片正面接触角	郁闭度	乔灌草比	针阔比
1	油松	4073	2	1	1	3	80°	70°			
2	刺槐	2836	2	1	1	3	25°	70°			
3	国槐	4491	2	2	1	2	30°	70°			
4	栾树	2220	2	2	1	2	35°	65°		18802 : 0 : 165000 : 366667	4073 : 14729
5	银杏	1587	1	1	1	1	70°	80°	40%		
6	绦柳	489	1	1	1	1	80°	30°			
7	雄旱柳	2705	1	1	1	2	50°	45°			
8	雄毛白杨	401	1	3	1	1	60°	60°			

的附着，另外其叶表面密集脊状突起间的沟槽可深藏许多小颗粒物，因而侧柏和圆柏凭借其密集的叶子、特殊的叶面结构、复杂的枝茎和全年的有叶期，较阔叶树展现出更强的滞纳细颗粒物的能力。

表 6-30　城郊型森林公园技术模式

技术模式	类型
公园入口绿地配置模式	P$_1$
公园背景绿地配置模式	P$_2$
公园硬质节点绿地配置模式	P$_3$
公园背景绿地配置模式	P$_4$
公园硬质节点绿地配置模式	P$_5$
公园背景绿地配置模式	P$_6$
公园背景绿地配置模式	P$_7$
公园背景绿地配置模式	P$_8$
公园入口绿地配置模式	P$_9$

表 6-31　全年不同配置方式的绿地群落对 TSP 削减率差异性分析

群落	样本数 N	削减率均值/%	标准误	5%显著水平
P$_1$	24	13.27	7.74	ab
P$_2$	24	26.00	3.09	a
P$_3$	24	21.77	4.51	a
P$_4$	24	2.08	8.13	b
P$_5$	24	16.13	3.66	a
P$_6$	24	27.05	3.72	a
P$_7$	24	18.04	6.67	a
P$_8$	24	22.08	4.79	a
P$_9$	24	19.02	1.82	a

注：同列具有相同的小写字母表示差异不显著

6.2.3.2　重点交通干线绿道调控 PM$_{2.5}$ 技术模式示范效果

2014 年 7 月，实地调查记录所选绿道植物群落的植物种类、数量、生长状况、林带宽度和郁闭度。2014 年 7 月～2015 年 4 月，采用 Dustmate 粉尘检测仪同步监测林带内和林带外的 TSP、PM$_{10}$ 和 PM$_{2.5}$ 浓度的差异率，选择晴朗微风的天气共观测 6 次。

由表 6-32 可以看出，1-4、2-1 和 2-2 群落对颗粒物的净化率较高，其中 2-1 群落的净化率最高。分析各林带群落植物配置方式发现，1-4、2-1 和 2-2 群落植物种类比较丰富，而且为针阔混交林，郁闭度为 0.65～0.72，林带宽度大于 30m，符合第 4 章和第 5 章关于有效调控颗粒物浓度的最优的林分结构指标的研究结果。群落 1-3、2-3 和 2-4 对颗粒物的净化率较低，PM$_{2.5}$ 的净化率甚至出现负值，分析以上 3 个群落林分结构发现，林分郁闭度均大于 0.8，群落植株过密，不利于颗粒物的流通和扩散。

由表 6-32 还可以看出，绿道林带对 TSP 的阻滞效果最好，全年阻滞效率均为正值，对 PM$_{2.5}$ 的阻滞效率最差。林带对粗颗粒物阻滞效果好，对细颗粒物的阻滞效果差的主要原因可能是，在相对稳定的森林内部环境中，粗颗粒物比细颗粒物更容易沉降，另一方面森林植被也会产生大量的挥发性有机物，易于发生多次化学反应生成细颗粒物。

表 6-32　绿道林地结构及对颗粒物的全年削减率

绿道	样方面积/m^2	植物种类	株数	林度 m	郁闭度	ΔPM$_{2.5}$	ΔPM$_{10}$	ΔTSP
长途车站旁 （1-1）	10×10	毛白杨 碧桃 青杆 白蜡 国槐	6 4 5 2 3	16	0.62	2.58%	5.13%	8.54%
庞各庄 （1-2）	20×20	海棠 紫叶小檗 大叶黄杨	3	25	0.46	1.4%	2.72%	5.67%
薛营村 （1-3）	10×10	北京杨	25	15	0.82	−1.7%	6.1%	12.51%
野生动物园南 （1-4）	20×20	北京杨 紫叶李 海棠 白皮松 油松	21 10 6 8 4	120	0.72	8.2%	11.45%	15.64%
六合庄林场 （2-1）	20×20	悬铃木 白蜡 毛白杨	15 7 19	110	0.65	9.2%	12.3%	17.16%
南广顺桥东 （2-2）	20×20	臭椿 旱柳 油松	14 12 5	50	0.7	7.6%	11.4%	14.98%
东赵村 （2-3）	20×20	旱柳 丁香 油松 榆树	17 65 4 11	28	0.85	−4.3%	4.9%	9.81%
南大红门桥东 （2-4）	20×20	旱柳 金银木 桧柏 白皮松	8 60 6 8	30	0.88	−8.1%	−1.5%	8.14%

6.2.3.3　居住区绿地调控 PM$_{2.5}$ 技术模式示范效果

2014 年 7 月，实地调查记录各居住区的植物种类、生长状况和植物应用情况，分析居住区入口绿地、道路绿地、广场绿地和楼旁绿地典型的植物配置模式。

2014 年 7 月、8 月、10 月和 11 月，采用 Dustmate 粉尘检测仪测定监测点距地面 1.5m 处的 TSP、PM$_{10}$ 和 PM$_{2.5}$ 浓度，每个月选择晴朗微风的天气观测 2 次，每次分 5 天观测，每天完成 1 个小区各监测点的观测。

由表 6-33 和图 6-4 可见，5 个居住区入口处对细颗粒物 PM$_{2.5}$ 的削减率明显高于居住区内对细颗粒物的削减率，A、B、C 小区入口处对 TSP 和 PM$_{10}$ 的削减率也高于居住区内的削减率。其中 A 小区入口处对颗粒物的削减率与居住区内的削减率差异最为显著，居住区内 PM$_{10}$ 和 PM$_{2.5}$ 浓度高于居住区外路边监测点。

表 6-33　居住区绿地技术模式

技术模式	类型
居住区宅旁绿地配置模式	A
居住区广场游园绿地配置模式	B
居住区广场游园绿地配置模式	C
居住区广场游园绿地配置模式	D
居住区宅旁绿地配置模式	E

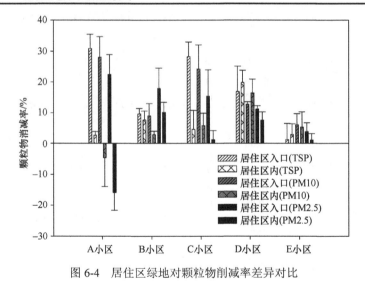

图 6-4　居住区绿地对颗粒物削减率差异对比

以上结果表明，居住区室外颗粒物来源较复杂，交通污染源占据一定的比例，但室内污染源产生的颗粒物通过渗出和气体交换作用进入室外环境也会引起居住区室外颗粒物浓度的增加。时冰冰（2008）研究发现，室内污染源产生的颗粒物主要为粒径小于 10μm 的可吸入颗粒物，具体包括人体发屑、皮屑等（主要粒径范围 0~10μm），细菌、真菌、病毒等（主要粒径范围 2~8.2μm），吸烟产生的烟碱、PAHs 等（主要粒径范围 0.25~1μm），烹饪、取暖、燃烧等产生的粒子（主要粒径范围 0.1~10μm）以及含有放射性物质的电器产生的放射性金属等（主要粒径范围 0~0.1μm），因而居住区内人为活动对室外环境中 PM$_{10}$ 和 PM$_{2.5}$ 的浓度增加贡献很大。

　　另外，建筑的高度、布局方式及其与相关绿地的不同结合可显著影响颗粒物（尤其细颗粒物 PM$_{2.5}$）的输入与扩散（吴正旺等，2013）。且 A 小区楼层高、容积率较高，楼间通风较其他 4 个小区差，颗粒物不易扩散，相对浓度较高；而居住区入口大气流通性好，受室内污染源影响小，颗粒物主要来源为汽车尾气，且距离交通干道侧向 30～40m 左右时，各粒径颗粒物浓度显著降低，之后浓度变化趋于平缓（王梦菲和刘艳峰，2014），故 A 小区入口处颗粒物污染水平相对较低。

　　对 5 个居住区绿地调研结果显示，居住区中植物种类共计 57 种，落叶阔叶乔木 14 种、常绿针叶乔木 6 种、灌木 21 种、藤本 3 种、绿篱 3 种、宿根花卉 7 种、地被 2 种。其中频度为 100%、80% 的计为骨干植物，共 6 种，乔木骨干树种为国槐、悬铃木，灌木骨干树种为山杏、月季，绿篱骨干树种为大叶黄杨、紫叶小檗；频度 60% 和 40% 的计为一般植物，共 19 种；频度为 20% 的计为偶然应用植物，共 32 种，具体各居住区植物应用详见表 6-34。

表 6-34　居住区植物应用情况

小区编号	植物种类	植物名称	株数/面积
A 小区	乔木	国槐、银杏、枣、柳树、青杆、香椿、元宝枫、油松、蒙古栎、悬铃木	498
	灌木	金银木、海棠、木槿、丁香、天目琼花、红瑞木、紫荆、山杏、山桃、锦带、连翘、山楂	492
	藤本	藤本月季、紫藤	
	绿篱	大叶黄杨、紫叶小檗、金叶女贞	696 m^2
	宿根花卉	八宝景天、非洲凤仙、羽衣甘蓝、鸢尾、马蔺、石竹、玉簪	180 m^2
	地被	早熟禾、麦冬、沙地柏	22500 m^2
B 小区	乔木	悬铃木、国槐、刺槐、栾树、元宝枫、白蜡、毛白杨、油松、圆柏	912
	灌木	棣棠、西府海棠、紫薇、月季、丁香、木槿、榆叶梅、金银木、天目琼花	528
	绿篱	大叶黄杨、紫叶小檗、金叶女贞	756 m^2
	地被	沙地柏	10562 m^2
C 小区	乔木	悬铃木、国槐、龙爪槐、柳树、银杏、雪松	1106
	灌木	紫叶李、西府海棠、山桃、山杏、月季、迎春、连翘、丁香、花椒、榆叶梅	294
	藤本	葡萄	
	绿篱	大叶黄杨、紫叶小檗、金叶女贞	2912 m^2
D 小区	乔木	柳树、国槐、龙柏、悬铃木、白皮松、雪松、银杏、玉兰	792
	灌木	山桃、山杏、月季、锦带、紫叶李、华北珍珠梅	234
	绿篱	大叶黄杨、紫叶小檗	10800 m^2
	宿根花卉	鸢尾	162 m^2
E 小区	乔木	香椿、龙爪槐、国槐	105
	灌木	山杏、金银木、月季	16

由调研结果可以看出，调查的 5 个居住区绿地植物应用存在明显差异。A 小区植物种类最为丰富，乔木 10 种、灌木 12 种，乔木数量较少，乔灌株数比接近 1：1，乔木树高为 5～12m，枝下高为 0.75～3m，草坪地被覆盖面积大，小区整体绿化呈现"大草坪为主，草多树少"的特点；B 小区植物种类较为丰富，乔木 9 种、灌木 9 种，乔灌株数比接近 2：1，地被覆盖面积大，乔木树高为 4～12m，枝下高为 0.6～4m；C 小区乔木种类较少，仅 6 种，但数量多，乔灌株数比接近 4：1，绿篱覆盖面积较大，乔木树高为 4.5～16m，枝下高为 0.6～6.4m，小区整体绿化呈现"高大乔木为主，树多草少"的特点；D 小区乔灌株数比接近 3：1，绿篱覆盖面积大，乔木树高为 7～12m，枝下高为 0.7～4m；E 小区植物种类和数量均最少，仅有 3 种乔木作为行道树以及少量的花灌木配置，乔木树高为 3～11m，枝下高为 1.6～2m，小区整体绿量低。

由图 6-4 可知，D 小区居住区内颗粒物的削减率最高，B 小区次之，A、E 小区较低。从居住区绿地植物配置情况分析影响颗粒物削减率的主要原因为：乔木具有茂硕的林冠层，较灌木和草本植物更能有效地捕获大气中的悬浮颗粒物，乔灌木绿地具有一定规模后才能够有效地降低空气中颗粒物浓度（邵天一，2004）。A 小区乔木数量相对较少，且乔灌木多为丛植的散生木，分布较分散，对颗粒物的阻滞作用较弱；E 小区绿地整体绿量低，且乔木数量较多的树种为植株低、冠幅小的龙爪槐，绿地植被对颗粒物的净化作用低；C 小区乔木数量多、植株高、冠幅大，且多采用行列式均匀布局（如图 6-5），绿地植被对大气颗粒物的吸滞作

图 6-5　北京怡兴园居住区（C 小区）卫星地图

用强，但是由于植株密度大，形成了较多的郁闭空间，阻碍了居住区内部空气与外界交流，对颗粒物的削减产生了一定的负效应；B、D 小区乔木数量适中，具有一定数量吸滞颗粒物能力较强的针叶树种，且绿地通风良好，有利于居住区颗粒物的扩散，因而居住区内颗粒物削减率较高。

　　居住区的道路绿地，在主要交通空间两侧，是居住区绿地发挥生态效益的重要组成部分，对形成整个居住区的绿化网络和景观效果具有重要的作用。B、C 和 D 小区的行道树大多选择分枝较高的阔叶乔木（悬铃木、国槐）进行列植，但具体情况各有不同。B 小区在行道树前种植绿篱、行道树后种植低矮花灌木（见图 6-6），增加绿化层次、提高三维绿量，既形成了特定的景观序列，也增强了绿地对地面扬尘的吸滞作用；C 小区行道树或贴楼墙种植或在楼间种植，行道树前种植绿篱，形成双层植物群落结构（见图 6-7）；D 小区主路行道树包括龙柏、绿篱双层配置以及国槐、悬铃木或毛白杨单层列植两种形式（见图 6-8）。龙柏作为行道树，虽然遮阴效果低于阔叶乔木，但在削减大气颗粒物方面存在一定优势，可种植于居住区作为一侧行道树适量应用。

　　由表 6-35 可见，B、D 小区行道树下监测点 3 [图 6-6、图 6-8（b）] 各粒径颗粒物平均浓度均低于裸露道路监测点 3'，其中 B 小区 TSP 浓度差异显著；C 小区行道树下监测点 3（图 6-7）各粒径颗粒物平均浓度均高于裸露道路监测点 3'，其中 PM$_{10}$、PM$_{2.5}$ 浓度差异显著。以上结果表明，行道树能够降低居住区道路的颗粒物浓度，对粗颗粒物 TSP 的削减效果更为显著，但是因行道树树种、种植密度和种植位置的不同，行道树对大气颗粒物的调控作用存在差异。

图 6-6　B 小区行道树　　　　　　　　　　图 6-7　C 小区行道树

图 6-8　D 小区行道树

表 6-35　居住区行道树下监测点 3 与裸露道路监测点 3'颗粒物平均浓度对比（μg·m^{-3}）

	B 小区		C 小区		D 小区	
	监测点 3	监测点 3'	监测点 3	监测点 3'	监测点 3	监测点 3'
TSP	138.90±21.41a	171.21±19.89b	181.30±15.10a	169.20±16.21a	122.50±9.70a	144.80±10.10a
PM$_{10}$	71.51±15.21a	75.33±14.66a	69.11±7.11a	62.74±6.02b	61.30±2.97a	64.15±2.65a
PM$_{2.5}$	9.52±5.86a	10.93±5.66a	13.25±4.20a	11.12±3.98 b	15.61±1.80a	17.32±1.77a

注：数据为均值±标准误，同一行、同一小区不同小写字母表示对比监测点颗粒物浓度差异显著

　　叶表面着生绒毛的悬铃木和国槐均具有较强的滞尘能力，且悬铃木的滞尘能力强于国槐，大叶黄杨的滞尘能力中等，以上 3 种植物单位叶面积滞尘量分别为38.6 g·m^{-2}、27.2 g·m^{-2} 和 2~8 g·m^{-2}（王会霞等，2010），因而 B 小区以悬铃木配置大叶黄杨作为行道树对大气颗粒物的净化能力强。C 小区和 D 小区的行道树均为国槐，但对道路大气颗粒物的影响作用却明显不同，这可能与国槐的栽植密度以及种植位置相关。C 小区行道树在东西两栋楼间道路两侧，贴楼墙种植，楼间距离窄，国槐种植密度大，两侧行道树形成了较郁闭空间，影响林下空气流通，不利于污染物扩散，因而颗粒物浓度在监测点 3 高于监测点 3'；D 小区监测点道路宽约 6m，行道树与两侧居民楼距离约 8m，国槐种植密度适中，林下空气流通好，因而监测点 3 颗粒物浓度低于监测点 3'.

　　据文献报道，道路可以被两侧建筑围合形成街道峡谷，当建筑高度与道路宽度比值为 0.5 时，行道树可使道路近地面颗粒物浓度增加 2%~4%；当建筑高度与道路宽度比值为 1 时，颗粒物浓度可增加 20%（Ries and Eichhorn，2001）。C 小区楼高与路宽比值接近 1.5，行道树下 TSP、PM$_{10}$ 和 PM$_{2.5}$ 浓度分别增加了

6.67%、9.26% 和 15.9%，因此在保障行道树遮阴效果和景观效果的前提下，适当地降低道路峡谷植被种植密度和郁闭度能够减少颗粒物的积聚。C 小区监测点的行道树可以仅在道路东侧列植一排，既满足了遮阴要求，又提高了林内的通透性，同时不影响西侧居民楼通风和采光，且有利于东侧居民楼夏季降温（马义，2014）。

6.3 广州地区森林对 PM$_{2.5}$ 等颗粒物调控技术集成

6.3.1 社区绿地植物对 PM$_{2.5}$ 等颗粒物调控

6.3.1.1 二沙岛

由表 6-36 可知，二沙岛绿地在 2015 年和 2016 年观测期间对大气颗粒物浓度的影响并不一致。在 2015 年，PM$_{2.5}$ 浓度的空间格局表现为绿地核心区（82.37μg·m^{-3}）>对照（78.51μg·m^{-3}）>绿地过渡区（65.79μg·m^{-3}），PM$_{10}$、PM$_1$ 与 PM$_{2.5}$ 的空间格局一致，其中绿地核心区的 PM$_{10}$ 和 PM$_{2.5}$ 浓度均显著高于绿地过渡区，而 TSP 表现为绿地核心区（325.33μg·m^{-3}）>绿地过渡区（205.68μg·m^{-3}）>对照（193.57μg·m^{-3}），且相互之间差异显著（$P<0.05$）；2016 年，观测方案改为增加观测点数量，同时取消对过渡区的观测，对照样点各径级大气颗粒物的浓度显著大于绿地样点，各径级大气颗粒物的削减率在 10% 以下。不同年份间的这种差异可能与环境空气质量的背景有关，2015 年观测时段二沙岛的空气质量较差，大气污染严重，大气颗粒物浓度超过绿地植物调节能力的阈值。有研究表明当发生严重大气污染时，树冠可以像陷阱一样困住大气颗粒物（Jin et al.，2014），使颗粒物浓度升高；而 2016 年观测时段的空气质量相对较好，大气颗粒物浓度未超过绿地植物调节能力的阈值，所以绿地植物可以降低大气颗粒物浓度。

表 6-36 二沙岛社区绿地对大气颗粒物浓度的影响

年份	指标	浓度/（μg·m^{-3}）			削减率/%	
		绿地核心区	绿地过渡区	对照	绿地核心区	绿地过渡区
2015 年 （n=82）	TSP	325.33±22.21 a	205.68±13.21 b	193.57±14.84 c	−86.87±7.98	−42.23±9.21
	PM$_{10}$	199.02±15.64 a	121.97±10.68 b	135.15±11.42 b	−55.58±8.03	−10.35±3.97
	PM$_{2.5}$	82.37±7.75 a	65.79±8.45 b	78.51±8.76 ab	−0.55±1.98	6.85±1.37
	PM$_1$	29.56±2.80 a	24.51±2.93 a	28.77±3.19 a	−2.03±1.56	1.66±1.58
2016 年 （n=84）	TSP	104.25±46.52 b	—	116.05±45.50 a	8.39±22.13	—
	PM$_{10}$	48.75±18.20 b	—	53.76±19.45 a	7.31±20.02	—
	PM$_{2.5}$	10.68±5.08 b	—	11.60±4.97 a	7.32±13.26	—
	PM$_1$	3.23±2.29 b	—	3.54±2.33 a	7.94±14.96	—

在二沙岛，绿地中不同群落对 TSP、PM$_{10}$、PM$_{2.5}$ 和 PM$_1$ 浓度的削减率分别介于 –16.8%～22.0%、–21.1%～19.1%、–4.4%～18.1% 和 –5.7%～20.9% 之间（图 6-9），其中有 2 个群落的 TSP 和 PM$_{10}$ 削减率为负值，PM$_{2.5}$ 和 PM$_1$ 削减率为负值的群落数则分别为 4 个和 3 个，故可降低大径级和小径级颗粒物的浓度群落数比例分别达到 90% 和 80% 以上。

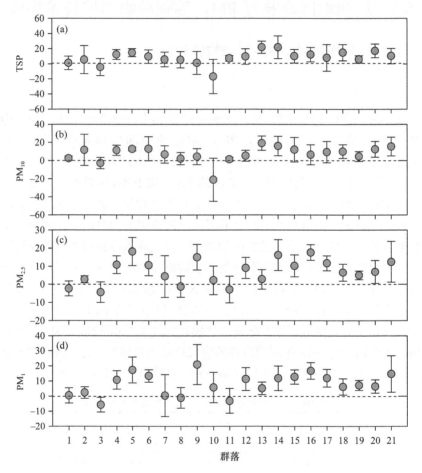

图 6-9　二沙岛不同群落各径级大气颗粒物浓度削减率（n=4）

由图 6-9 可知，TSP 和 PM$_{10}$ 的削减率在二沙岛绿地不同群落中的差异较为相似，二者的相关系数为 0.90，PM$_{2.5}$ 和 PM$_1$ 的削减率的相关系数为 0.94，而 TSP 与 PM$_{2.5}$ 削减率的相关系数仅为 0.46。在二沙岛，PM$_{2.5}$ 削减率最大的是群落 5（18.1%），其次是群落 16、14、9、21、17、4、6、15，削减率均在 10% 以上，此外群落 5、14、21、4、15 对其他 3 种颗粒物的削减率也在 10% 以上，这 5 个群落的植物配置模式更有利于降低大气颗粒物浓度。而群落 1、3、8、11 的 PM$_{2.5}$ 削减率为负值，对其余 3 种颗粒物浓度削减率也较低，此外群落 10 的 TSP、PM$_{10}$、PM$_{2.5}$ 和 PM$_1$ 削减率分别为−16.8%、−21.1%、2.2%和 5.8%，说明这 5 个群落植物配置模式不利于降低大气颗粒物浓度。

6.3.1.2　中信广场

在 2015 年观测时段广州东站广场绿地的 TSP 和 PM$_{10}$ 的浓度表现为绿地核心区>对照>缓冲区（表 6-37），但三者之间的差异不显著，而 PM$_{2.5}$ 和 PM$_1$ 的浓度表现为对照>绿地核心区>缓冲区，其中对照与缓冲区之间的差异显著（$P<0.05$）。绿地核心区的 TSP 和 PM$_{10}$ 削减率、缓冲区的 PM$_{10}$ 削减率均为负值，PM$_{2.5}$ 和 PM$_1$ 的削减率均在 5%以下，相对较小。2016 年，各径级大气颗粒物浓度的大小顺序均为对照>缓冲区>核心区，且三者之间差异显著（$P<0.05$）。绿地核心区各径级大气颗粒物的削减率相对较高，其中 TSP 为 23.6%，PM$_{2.5}$ 和 PM$_1$ 为 19.2%，PM$_{10}$ 为 15.8%。

表 6-37　中信广场绿地对大气颗粒物浓度的影响（$n=36$）

年份	指标	浓度/（μg·m^{-3}）			削减率/%	
		绿地核心区	缓冲区	对照	绿地核心区	缓冲区
2015 年 （$n=24$）	TSP	165.59±2.33 a	151.44±1.62 a	160.81±1.87 a	−7.16±1.51	0.21±1.49
	PM$_{10}$	82.20±1.79 a	70.24±0.77 a	70.33±0.78 a	−25.17±3.79	−3.18±1.10
	PM$_{2.5}$	22.17±0.31 ab	21.43±0.26 b	22.51±0.29 a	1.31±0.56	4.12±0.30
	PM$_1$	7.78±0.13 ab	7.53±0.11 b	7.87±0.12 a	0.99±0.57	3.31±0.29
2016 年 （$n=36$）	TSP	96.40±17.77 c	110.05±25.93 b	130.92±32.88 a	23.60±16.35	14.07±15.80
	PM$_{10}$	53.61±11.47 c	58.50±14.96 b	64.82±15.36 a	15.84±13.70	9.18±12.59
	PM$_{2.5}$	11.26±5.74 c	12.68±6.57 b	14.00±6.75 a	19.21±17.60	10.63±12.67
	PM$_1$	2.53±1.43 c	2.91±1.72 b	3.25±1.89 a	19.23±19.42	10.28±14.10

由图 6-10 可知，大径级颗粒物与小径级颗粒物在不同样点之间的变化具有明显差异。PM$_{2.5}$ 和 PM$_1$ 削减率之间的相关性较高，相关系数为 0.90，TSP 与 PM$_{10}$ 削减率之间的相关系数为 0.87，但 TSP 与 PM$_{10}$ 削减率之间的相关系数为 0.52。在 9 个植物群落中，各样点核心区的颗粒物削减率均为正值，且明显大于缓冲区。群落 8 核心区的 PM$_{2.5}$ 削减率达 31.2%，其次为群落 2、4、1、6，这些群落对其他径级颗粒物的削减率也相对较大；群落 5、7 的颗粒物削减率相对较低，群落 5缓冲区的 TSP 和 PM$_{10}$ 削减率甚至为负值。从观测结果来看，中信广场绿地不同植物群落对大气颗粒物的调节能力较为接近。这一方面与各群落植物配置相似度较高有关，另一方面，中信广场面积（200 m × 300 m）相对较小，各观测样点的

位置较为接近，使得观测结果相对较为接近。不同样点间颗粒物浓度及其削减率的差异则可能主要与瞬时风速、风向、车流量等因素有关。

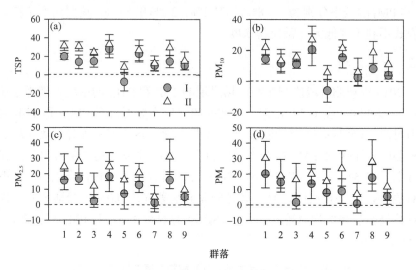

图 6-10　中信广场不同群落各径级大气颗粒物浓度削减率（*n*=4）
Ⅰ 为距离公路 10m 处的观测点，Ⅱ 为距离公路 20m 处的观测点

6.3.2　公园绿地对 PM$_{2.5}$ 等颗粒物调控

6.3.2.1　越秀公园

由表 6-38 可知，越秀公园内的 PM$_{10}$ 浓度显著小于对照样点（*P*<0.05），削减率为 7.4%，而 TSP、PM$_{2.5}$ 和 PM$_1$ 的浓度均表现为公园内大于对照样点（*P*>0.05），可见越秀公园植物群落未能有效降低多数大气颗粒物浓度。这可能与观测时的环境空气质量有关，对照点的 PM$_{2.5}$ 浓度为 93.75 μg·m^{-3}，由此可知观测时大气污染严重，大气颗粒物浓度超过植物调节能力的阈值，此时树冠还会形成陷阱效应使污染物浓度增大（Jin et al.，2014）。

表 6-38　越秀公园植物群落对大气颗粒物浓度的影响（*n*=8）

指标	浓度/（μg·m^{-3}）		削减率/%
	公园内	对照	
TSP	302.56 ± 41.62 a	291.35 ± 34.22 a	−3.70 ± 5.05
PM$_{10}$	166.88 ± 27.65 b	180.05 ± 27.91 a	7.41 ± 3.39
PM$_{2.5}$	96.73 ± 24.06 a	93.75 ± 22.71 a	−2.38 ± 4.56
PM$_1$	32.00 ± 7.10 a	32.01 ± 7.27 a	−0.42 ± 4.15

注：调查时间为 2015 年 10～11 月

此外，越秀公园地处市中心，四周被内环路、解放北路、东风西路等交通主干线环绕，较大的车流量可能会导致较多的大气颗粒物浓度聚集到公园内。

6.3.2.2　广东树木公园

由表 6-39 可知，广东树木公园 2015 年的对照样点大气颗粒物浓度高于 2016 年，如对照样点 PM$_{2.5}$ 浓度在 2015 年和 2016 年观测时段的平均值分别为 34.9μg·m^{-3} 和 27.2μg·m^{-3}，TSP 浓度分别为 291.8μg·m^{-3} 和 121.5μg·m^{-3}。广东树木公园 2015 年的各径级大气颗粒物浓度表现为对照样点最高，林内和林缘较低，前者显著大于后两者（$P<0.05$），后两者之间的差异不显著（$P>0.05$）。2016 年调整观测方案后，林内大气颗粒物浓度仍显著小于对照样点（$P<0.05$）。广东树木公园植物群落对大气颗粒物浓度的调节能力较强，2015 年大气颗粒物浓度较高时，PM$_{2.5}$ 和 TSP 的削减率可达 34%；2016 年除 PM$_1$ 的削减率升高外，其余均降低，其中 PM$_{2.5}$ 和 TSP 的削减率分别为 16.8% 和 27.0%。

表 6-39　广东树木公园对大气颗粒物浓度的影响

年份	指标	浓度/（μg·m^{-3}）			削减率/%	
		林内	林缘	对照	林内	林缘
2015 年（n=28）	TSP	139.01 ± 10.25 b	130.37 ± 8.32 b	291.78 ± 36.23 a	34.02 ± 1.25	35.06 ± 1.08
	PM$_{10}$	66.73 ± 4.33 b	67.57 ± 4.31 b	131.66 ± 15.31 a	28.72 ± 1.23	26.34 ± 1.03
	PM$_{2.5}$	21.00 ± 2.26 b	21.02 ± 1.30 b	34.85 ± 3.92 a	33.89 ± 1.43	43.70 ± 0.95
	PM$_1$	8.01 ± 0.97 b	7.49 ± 0.67 b	11.10 ± 1.27 a	10.34 ± 1.76	17.77 ± 1.21
2016 年（n=47）	TSP	89.77± 2.80 b	—	121.53± 10.27 a	27.02 ± 1.97	—
	PM$_{10}$	49.16 ± 1.75 b		61.91 ± 3.85 a	20.68± 2.12	—
	PM$_{2.5}$	21.48± 1.04 b		27.19 ± 2.41 a	16.83± 2.74	—
	PM$_1$	7.95 ± 0.53 b		10.36 ± 1.39 a	16.80± 3.16	—

由图 6-11 可知，广东省树木公园对大气颗粒物浓度的削减率在各观测样点植物群落内的变化规律依颗粒物径级而异。PM$_{2.5}$ 削减率的范围介于 12.6%～22.1% 之间，从大到小依次为：群落 3>群落 5>群落 1>群落 6>群落 4>群落 8>群落 2>群落 7；不同群落 TSP 削减率为 20.0%～31.2%，其中最大的是群落 8，最小的是群落 6；PM$_{10}$ 削减率可划分为两类，第一类的削减率相对较大（26.2%～30.6%），包括群落 1、3、5、7，第二类的削减率相对较小（8.4%～14.8%），包括群落 2、4、6、8；PM$_1$ 削减率最小的是群落 7，仅为 0.2%，其他群落的削减率介于 14.8%～21.7% 之间。在所有 8 个群落中，样点 3 对各种粒径的大气颗粒物的削减率均在

20%以上，调节大气颗粒物浓度的能力最强；群落 1 和 5 对 PM$_{10}$ 和小径级（PM$_{2.5}$ 和 PM$_{1}$）颗粒物的削减率分别在 25%和 15%以上，调节大气颗粒物浓度的能力也较强；群落 2、4、6、8 对 PM$_{1}$ 的调节效果更好，对 PM$_{10}$ 的调节效果相对较差；群落 7 对 PM$_{2.5}$ 和 PM$_{1}$ 的调节能力均较差。

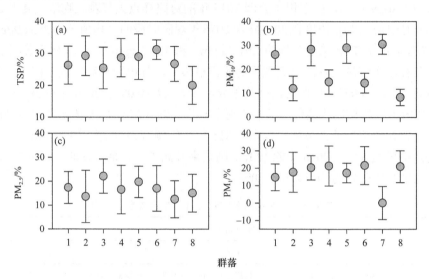

图 6-11　广东省树木公园各径级大气颗粒物浓度削减率（$n=6$）

6.3.2.3　大夫山森林公园

由表 6-40，大夫山森林公园 2015 年监测时段的大气颗粒物浓度小于 2016 年，植物群落对大气颗粒物浓度的削减率相对较小，除 2015 年林内的 PM$_{10}$ 削减率最大（11.8%），其余 3 种径级大气颗粒物的削减率均在 5%以下。2015 年林内 PM$_{10}$ 的浓度（61.78 μg·m^{-3}）显著小于对照（71.19 μg·m^{-3}）（$P<0.05$），TSP、PM$_{2.5}$ 和 PM$_{1}$ 的浓度在林内、林外和对照之间的差异均不显著（$P>0.05$）。2016 年林内的大气颗粒物浓度均表现为林内小于林外，但差异均不显著（$P>0.05$）。

在大夫山森林公园，不同群落 TSP、PM$_{10}$、PM$_{2.5}$ 和 PM$_{1}$ 浓度的变化幅度分别介于 –1.6%～11.2%、–6.5%～11.7%、–8.2%～9.6%和–10.2%～8.7%之间（图 6-12）。各径级的大气颗粒物在不同群落间的差异相对一致，TSP 与 PM$_{10}$ 削减率的相关系数为 0.94，PM$_{2.5}$ 和 PM$_{1}$ 削减率的相关系数为 0.96，TSP 与 PM$_{2.5}$ 削减率的相关系数为 0.81。在 9 个植物群落中，群落 8 对 TSP、PM$_{10}$、PM$_{2.5}$ 和 PM$_{1}$ 的削减率分别为 11.2%、9.4%、9.6%和 7.3%，处于相对较高水平；群落 2、3、4 对各径级大气颗粒物浓度的削减率均为负值，调节大气颗粒物浓度的能力相对较差。

表 6-40　大夫山森林公园植物群落对大气颗粒物浓度的影响

年份	指标	浓度/（μg·m^{-3}）			削减率/%	
		林内	林外	对照	林内	林外
2015 年 （n=10）	TSP	137.76±1.70 a	147.44±2.48 a	139.42±2.85 a	2.61±1.38	−2.30±2.53
	PM$_{10}$	61.78±0.84 b	65.53±0.97 ab	71.19±1.40 a	11.81±1.29	7.09±1.51
	PM$_{2.5}$	20.42±0.30 a	21.57±0.36 a	21.02±0.56 a	2.27±1.16	0.70±0.95
	PM$_1$	7.43±0.13 a	7.54±0.15 a	7.07±0.23 a	−4.66±0.98	−2.91±1.40
2016 年 （n=54）	TSP	184.16±68.89 a	—	193.29±61.78 a	4.97±16.00	—
	PM$_{10}$	99.84±26.05 a	—	103.87±24.16 a	2.96±16.84	—
	PM$_{2.5}$	37.15±20.48 a	—	40.25±28.27 a	1.58±15.97	—
	PM$_1$	12.37±8.36 a	—	13.26±10.59 a	0.11±16.94	—

注：不同小写字母表示绿地与对照之间的颗粒物浓度差异显著（$P<0.05$）；2016 年 PM$_1$：P=0.106；PM$_{2.5}$：P=0.067；PM$_{10}$：P=0.145；TSP：P=0.05

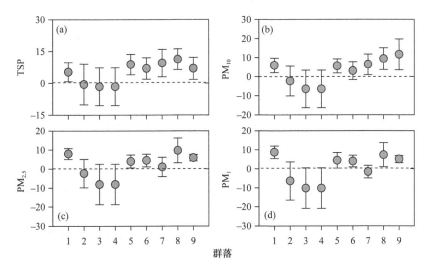

图 6-12　大夫山不同群落各径级大气颗粒物浓度削减率（n=6）

6.3.3　道路交通绿地对 PM$_{2.5}$ 等颗粒物调控

6.3.3.1　临江大道

临江大道交通绿化带在 2015 年和 2016 年对大气颗粒物浓度的影响也不同，见表 6-41。在 2015 年，PM$_{2.5}$ 的浓度表现为路中隔离带>对照>路边绿化带，但三者之间的差异不显著（$P>0.05$），路边绿化带和路中隔离带的削减率分别为 5.5%和 4.1%；TSP 和 PM$_{10}$ 的浓度表现为路中隔离带>路边绿化带>对照，且对照与路边绿化带之间的差异显著（$P<0.05$）；PM$_1$浓度则表现为路边绿化带>对照>路中隔离带，路边绿化带 TSP、PM$_{10}$ 和 PM$_1$ 削减率分别为–61.2%、–26.6%和–1.9%。2016年对照样点各径级大气颗粒物浓度均显著大于路边绿化带（$P<0.05$），绿化带植物发挥了调控大气颗粒物的作用，TSP、PM$_{10}$、PM$_{2.5}$ 和 PM$_1$ 的削减率依次降低，分别为 14.7%、13.4%、9.8%和 7.9%。不同年份之间颗粒物削减率的差异与环境大气污染状况有关，2015 年监测期间大气污染严重，而 2016 年监测期间环境空气质量较好。

表 6-41 临江大道绿化带对大气颗粒物浓度的影响

年份	指标	浓度/（µg·m^{-3}）			削减率/%	
		路边绿化带	路中隔离带	对照	路边绿化带	路中隔离带
2015 年 （n=93）	TSP	243.23±13.92 b	257.79±11.79 a	169.62±7.03 c	–61.21±9.59	–84.51±7.58
	PM$_{10}$	131.42±8.04a	150.09±6.52 a	104.85±4.99 b	–26.55±5.57	–49.21±4.59
	PM$_{2.5}$	42.94±3.19a	46.14±2.76 a	45.25±2.96 a	5.49±3.08	4.05±4.41
	PM$_1$	14.25±1.05a	13.85±0.94b	13.94±1.01ab	–1.89±2.60	2.51±3.53
2016 年 （n=80）	TSP	76.14±26.30 b	—	91.35±27.74 a	14.73±23.58	—
	PM$_{10}$	37.84±10.53 b	—	44.54±11.64 a	13.37±20.28	—
	PM$_{2.5}$	7.19±1.71 b	—	8.14±2.19 a	9.77±15.72	—
	PM$_1$	1.79±0.42 b	—	1.98±0.47 a	7.93±17.34	—

在临江大道，绿化带不同群落样点 TSP、PM$_{10}$、PM$_{2.5}$ 和 PM$_1$ 削减率分别介于–16.9%～36.2%、–16.6%～30.2%、–7.9%～19.5%和–11.2%～20.1%之间（图 6-13）。TSP 和 PM$_{10}$ 削减率在不同群落间的大小相对一致，二者的相关系数为 0.84，而 PM$_{2.5}$ 和 PM$_1$ 削减率的相关系数则高达 0.96，TSP 与 PM$_{2.5}$ 削减率的相关系数则仅为 0.54。在临江大道所有 20 个样地中，群落 12 的各颗粒物削减率均为负值，群落 18 的 PM$_{2.5}$ 和 PM$_1$ 削减率、群落 9 的 TSP 削减率也为负值，这 3 个群落调节大气颗粒物浓度的能力相对较差。群落 4、6、7、10、15 的 PM$_{2.5}$ 削减率在 15%以上，相对较高；但群落 6 的 TSP 和 PM$_{10}$ 削减率均小于 10%，而群落 10 的 TSP 和 PM$_{10}$ 削减率均大于 30%，群落 15 也均在 20%以上，表明以上几个群落的植物配置模式更有利于降低大气颗粒物浓度。

6.3.3.2 广园快线

由表 6-42 知，广园快速路的各径级大气颗粒物浓度在不同年份间的差异均为 2015 年大于 2016 年。在 2015 年，PM$_{2.5}$ 和 PM$_1$ 的大小顺序为路中隔离带>对照>路边绿化带，且三者之间的差异显著（$P<0.05$）；而 TSP 和 PM$_{10}$ 的大小顺序为路中隔离带>路边绿化带>对照，前两者之间的差异不显著（$P>0.05$），后者显著

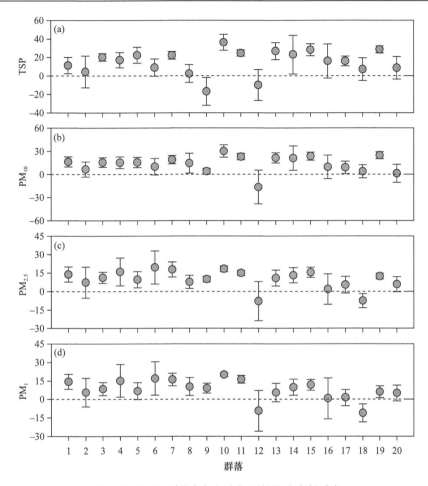

图 6-13　临江大道不同群落各径级大气颗粒物浓度削减率（$n=4$）

小于前两者（$P<0.05$）。路中隔离带的颗粒物削减率、路边绿化带 TSP 和 PM$_{10}$ 削减率均为负值，仅路边绿化带的 PM$_{2.5}$ 和 PM$_1$ 削减率为正值，可见路边绿化带可调节小径级颗粒物的浓度。在 2016 年，路边绿化带的颗粒物浓度均显著小于对照，削减率最大的是 PM$_1$（21.4%），其次是 PM$_{2.5}$（19.7%），TSP 和 PM$_{10}$ 的削减率均为 12.5%。

　　在广园快速路，不同绿地样点的大气颗粒物浓度均有一定程度的降低（图 6-14），TSP、PM$_{10}$、PM$_{2.5}$ 和 PM$_1$ 削减率分别介于 6.2%~22.3%、5.7%~20.9%、12.6%~28.7% 和 10.7%~32.9% 之间。TSP 和 PM$_{10}$ 削减率的相关系数为 0.88，PM$_{2.5}$ 和 PM$_1$ 削减率的相关系数为 0.89，而 TSP 与 PM$_{2.5}$ 削减率的相关系数则仅为 0.44。群落 7 的 PM$_{2.5}$ 削减率最大（28.7%），其次是群落 4（23.8%）和样点 6（23.2%），

且这 3 个植物群落对 TSP（18.2%～22.3%）、PM$_{10}$（18.0%～20.9%）和 PM$_1$（23.8%～32.9%）的削减率也都较高；其余群落的 PM$_{2.5}$ 削减率在 12.6%～21.3%之间，但 TSP 和 PM$_{10}$ 削减率相对较低，多数在 10%以下。

表 6-42　广园快速路绿化带对大气颗粒物浓度的影响

年份	指标	浓度/（μg·m^{-3}）			削减率/%	
		路边绿化带	路中隔离带	对照	路边绿化带	路中隔离带
2015 年（n=97）	TSP	220.50±10.53 a	231.05±9.59 a	167.50±6.48 b	−49.84±9.14	−55.87±7.90
	PM$_{10}$	118.59±6.59 a	134.33±7.22 a	103.07±3.36 b	−18.78±5.11	−35.98±5.78
	PM$_{2.5}$	34.45±2.43 c	41.63±3.51 a	41.07±2.88 b	10.94±1.51	−15.30±8.41
	PM$_1$	11.54±0.84 c	13.26±1.24 a	13.06±0.95 b	8.06±1.45	−7.81±7.11
2016 年（n=50）	TSP	196.53±82.60 b	—	226.15±94.47 a	12.48±16.60	—
	PM$_{10}$	105.17±47.23 b	—	119.07±50.19 a	12.48±17.57	—
	PM$_{2.5}$	21.54±11.41 b	—	26.28±12.29 a	19.73±20.53	—
	PM$_1$	4.65±2.41 b	—	5.95±2.87 a	21.38±22.41	—

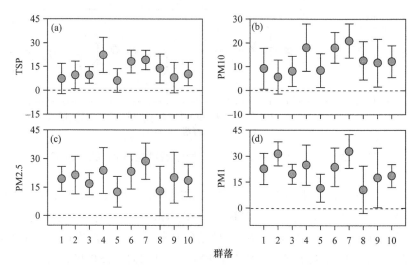

图 6-14　广园快速路不同群落各径级大气颗粒物浓度削减率（n=5）

6.3.4　城市绿地对 PM$_{2.5}$ 等颗粒物调控技术优良配置模式

6.3.4.1　社区绿地

社区绿地植物群落具体配置方式见表 6-43～表 6-51。

表 6-43　社区绿地配置模式列表（1）

分项		指标参数
适用条件		居住区广场绿地
削减率/%		31.2
植物种类	上层（大乔木）	小叶榕、糖胶树
	中层（小乔和灌木）	福建茶、灰莉、红背桂
	下层（草本）	台湾草、翠芦莉、金边吊兰、紫背竹芋
群落特征	乔木配置比	0.8、0.2
	灌木分布	丛植
	乔木郁闭度	0.9
	地被层盖度	0.9
	乔木层疏透度	0.2
	灌木层疏透度	
配置图	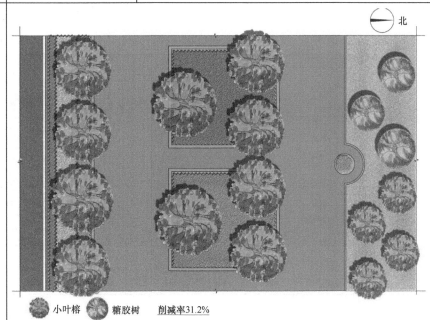	

表 6-44 社区绿地配置模式列表（2）

分项		指标参数
适用条件		居住区广场绿地
削减率/%		28.1
植物种类	上层（大乔木）	小叶榕、羊蹄甲
	中层（小乔和灌木）	福建茶、红背桂、鹅掌藤、灰莉
	下层（草本）	台湾草、翠芦莉、金边吊兰、紫背竹芋
群落特征	乔木配置比	0.65、0.35
	灌木分布	丛植
	乔木郁闭度	0.9
	地被层盖度	0.95
	乔木层疏透度	0.2
	灌木层疏透度	0.8
配置图	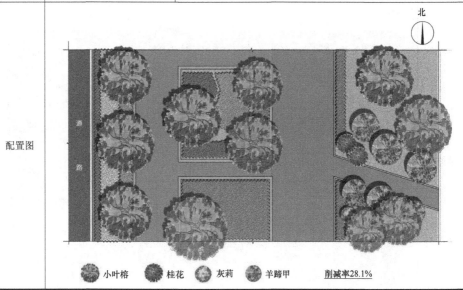	

表 6-45　社区绿地配置模式列表（3）

分项		指标参数
适用条件		居住区广场绿地
削减率/%		24.7
植物种类	上层（大乔木）	小叶榕、大叶榕+芒果
	中层（小乔和灌木）	福建茶、红背桂、花叶鸭脚木
	下层（草本）	紫背竹芋、金边吊兰、台湾草、翠芦莉
群落特征	乔木配置比	0.4、0.3+0.3
	灌木分布	丛植
	乔木郁闭度	0.9
	地被层盖度	0.95
	乔木层疏透度	0.2
	灌木层疏透度	0.8
配置图		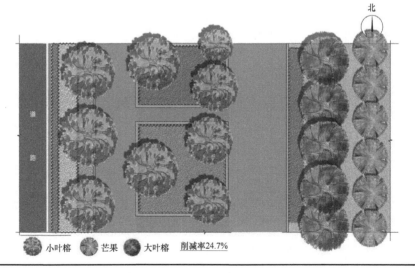

表 6-46 社区绿地配置模式列表（4）

分项		指标参数
适用条件		居住区广场绿地
削减率/%		24.6
植物种类	上层（大乔木）	小叶榕、鸡蛋花+糖胶树
	中层（小乔和灌木）	龟背竹、灰莉、大红花、红背桂、福建茶
	下层（草本）	台湾草、金边吊兰、翠芦莉、紫背竹芋
群落特征	乔木配置比	0.5、0.3+0.2
	灌木分布	散植与丛植
	乔木郁闭度	0.9
	地被层盖度	0.9
	乔木层疏透度	0.2
	灌木层疏透度	0.8
配置图		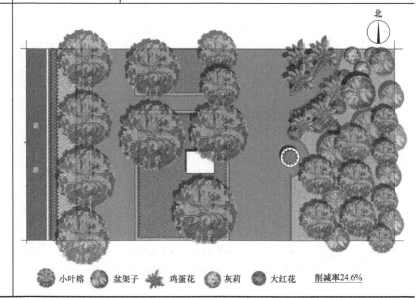

北

道路

小叶榕　　盆架子　　鸡蛋花　　灰莉　　大红花　　削减率24.6%

表 6-47　社区绿地配置模式列表（5）

分项		指标参数
适用条件		居住区广场绿地
削减率/%		18.1
植物种类	上层（大乔木）	小叶榕、树桐+鸡冠刺桐
	中层（小乔和灌木）	无
	下层（草本）	翠芦莉、冷水花、台湾草
群落特征	乔木配置比	0.5、0.35+0.15
	灌木分布	无
	乔木郁闭度	0.7
	地被层盖度	0.95
	乔木层疏透度	0.4
	灌木层疏透度	0.0
配置图	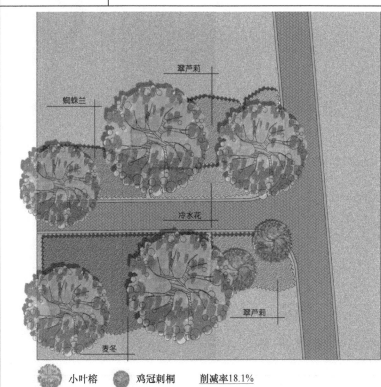	

表 6-48   社区绿地配置模式列表（6）

分项		指标参数
适用条件		居住区广场绿地
削减率/%		17.6
植物种类	上层（大乔木）	白玉兰、宫粉羊蹄甲、美丽异木棉+大叶榕+火焰木+海南蒲桃
	中层（小乔和灌木）	紫薇、灰莉、黄金榕、毛杜鹃
	下层（草本）	台湾草
群落特征	乔木配置比	0.35、0.25、0.1+0.1+0.1+0.1
	灌木分布	散植与丛植
	乔木郁闭度	0.7
	地被层盖度	0.95
	乔木层疏透度	0.2
	灌木层疏透度	0.5
配置图	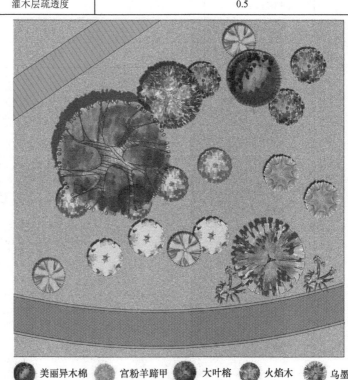	

表 6-49　社区绿地配置模式列表（7）

分项		指标参数
适用条件		居住区广场绿地
削减率/%		16.2
植物种类	上层（大乔木）	白玉兰、芒果+糖胶树、朴树+海南蒲桃
	中层（小乔和灌木）	硫磺菊、毛杜鹃
	下层（草本）	台湾草
群落特征	乔木配置比	0.60、0.15+0.15、0.05+0.05
	灌木分布	丛植
	乔木郁闭度	0.4
	地被层盖度	0.95
	乔木层疏透度	0.4
	灌木层疏透度	
配置图		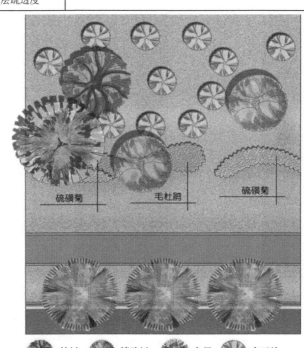

 朴树　 糖胶树　 乌墨　 白玉兰

 芒果　　削减率16.2%

表 6-50 社区绿地配置模式列表（8）

分项		指标参数
适用条件		居住区广场绿地
削减率/%		15.0
植物种类	上层（大乔木）	小叶榕、黄槐+蓝花楹
	中层（小乔和灌木）	狗牙花
	下层（草本）	台湾草、银边草
群落特征	乔木配置比	0.6、0.25+0.15
	灌木分布	散植
	乔木郁闭度	0.3
	地被层盖度	0.9
	乔木层疏透度	0.7
	灌木层疏透度	0.8
配置图	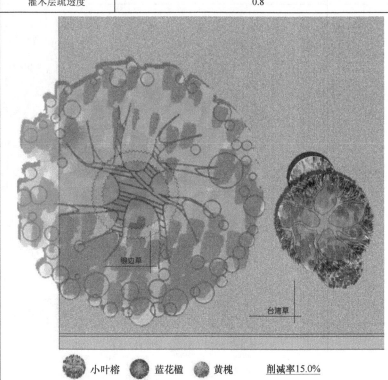	

小叶榕　　蓝花楹　　黄槐　　削减率15.0%

表 6-51　社区绿地配置模式列表（9）

分项		指标参数
适用条件		居住区广场绿地
削减率/%		12.4
植物种类	上层（大乔木）	海南蒲桃、幌伞枫、箭杜鹃+发财树
	中层（小乔和灌木）	黄金榕、狗牙花、连翘、花叶假连翘
	下层（草本）	台湾草
群落特征	乔木配置比	0.50、0.30、0.15+0.05
	灌木分布	散植与丛植
	乔木郁闭度	0.8
	地被层盖度	0.9
	乔木层疏透度	0.3
	灌木层疏透度	0.1
配置图		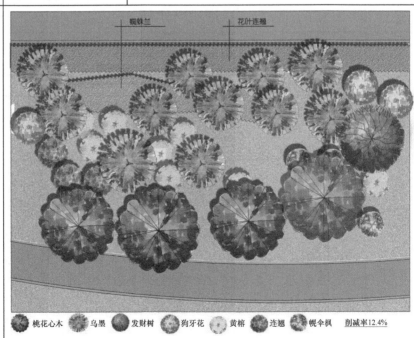

6.3.4.2　道路交通绿地

（1）路侧绿地植物配置模式（宽度 50～100m）

路侧绿带宽度在 50～100 m 时，其对颗粒物削减效果显著，削减率为 15.4%～19.5%。城市道路车流量较大，道路空气污染较严重且污染源复杂。不同地段选用不同乔灌木从而突出不同色彩效果与节奏韵律的变化，靠近道路交通一侧，以高大地带性乔木（小叶榕等）形成前景，降噪声、滞尘，在路侧绿地配置 2～3 层植物群落复层结构，形成丰富的景观层次变化与春、夏、秋、冬四季景观。植物群落具体配置方式如表 6-52～表 6-56 所示。

表 6-52　道路交通绿地配置模式列表（1）

分项		指标参数
适用条件		道路交通绿地，绿地宽度为 50～100m
削减率/%		19.5
植物种类	上层（大乔木）	南洋杉+小叶榕、黄花风铃木+澳洲鸭脚木+鸡蛋花+芒果
	中层（小乔和灌木）	黄金柳、紫薇、桂花、朱蕉、鹅掌柴、狗牙花、红檵木、黄金榕、灰莉、箣杜鹃、龙船花、洒金榕、苏铁
	下层（草本）	肾蕨、台湾草、长春花
群落特征	乔木配置比	0.30+0.30、0.20+0.10+0.05+0.05
	灌木分布	散植与丛植
	乔木郁闭度	0.8
	地被层盖度	0.95
	乔木层疏透度	0.1
	灌木层疏透度	0.1
配置图		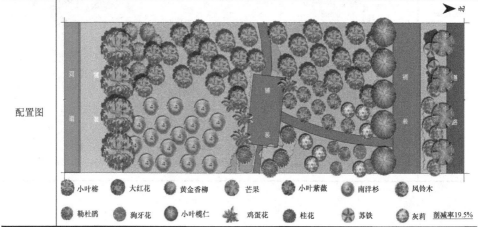

表 6-53　道路交通绿地配置模式列表（2）

分项		指标参数
适用条件		道路交通绿地，绿地宽度为 50～100m
削减率/%		18.3
植物种类	上层（大乔木）	小叶榄仁+黄花风铃木、小叶榕+洋紫荆+芒果+小叶紫薇、澳洲鸭脚木+糖胶树+山杜英+大王椰子+菜豆树
	中层（小乔和灌木）	大红花、苏铁、红车、红千层、簕杜鹃、红檵木
	下层（草本）	台湾草、龙舌兰、竹节海棠
群落特征	乔木配置比	0.20+0.15、0.1+0.1+0.1+0.1、0.05+0.05+0.05+0.05+0.05
	灌木分布	散植与丛植
	乔木郁闭度	0.8
	地被层盖度	0.95
	乔木层疏透度	0.4
	灌木层疏透度	0.8
配置图		

表 6-54　道路交通绿地配置模式列表（3）

分项		指标参数
适用条件		道路交通绿地，绿地宽度为 50～100m
削减率/%		17.8
植物种类	上层（大乔木）	大叶紫薇+黄花风铃木、芒果+高山榕+小叶榄仁+小叶榕、大叶榕
	中层（小乔和灌木）	海桐、狗牙花、红檵木、黄金榕、灰莉、簕杜鹃、琴叶珊瑚、桂花、互叶白千层、苏铁
	下层（草本）	水鬼蕉、台湾草、肾蕨、蓝花草

续表

分项		指标参数
群落特征	乔木配置比	0.30+0.25、0.10+0.10+0.10+0.10、0.05
	灌木分布	散植与丛植
	乔木郁闭度	0.6
	地被层盖度	0.9
	乔木层疏透度	0.2
	灌木层疏透度	0.8
配置图	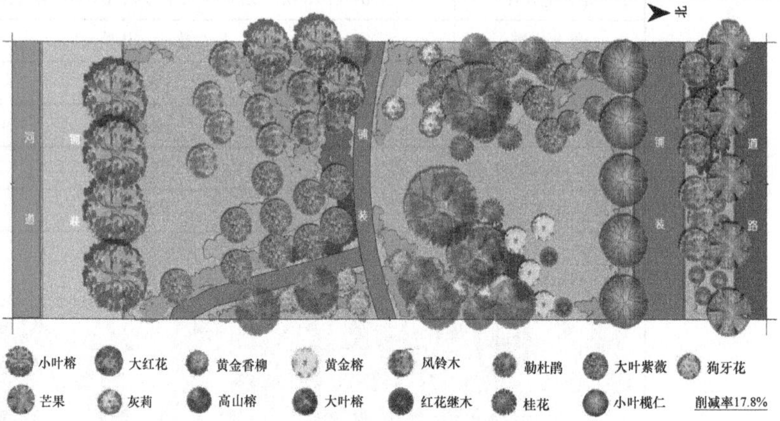	

小叶榕　大红花　黄金香柳　黄金榕　风铃木　勒杜鹃　大叶紫薇　狗牙花
芒果　灰莉　高山榕　大叶榕　红花继木　桂花　小叶榄仁　削减率17.8%

表 6-55　道路交通绿地配置模式列表（4）

分项		指标参数
适用条件		道路交通绿地，绿地宽度为 50～100m
削减率/%		15.9
植物种类	上层（大乔木）	小叶紫薇+芒果、风铃木+小叶榄仁、阿江榄仁+小叶榕+水石榕+大叶榕+鸡蛋花
	中层（小乔和灌木）	鸡冠花、肾蕨、红车、箭杜鹃、红檵木、大红花、龙船花、狗牙花、尖叶木樨榄、花叶连翘
	下层（草本）	朱蕉、台湾草、花叶艳山姜
群落特征	乔木配置比	0.25+0.25、0.15+0.10、0.05+0.05+0.05+0.05+0.05
	灌木分布	散植与丛植
	乔木郁闭度	0.5
	地被层盖度	0.95
	乔木层疏透度	0.4
	灌木层疏透度	0.6

续表

分项	指标参数

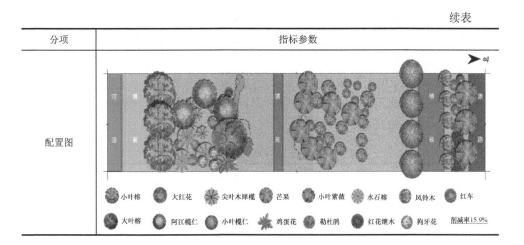

配置图区

图例：小叶榕、大红花、尖叶木犀榄、芒果、小叶紫薇、水石榕、风铃木、红车
大叶榕、阿江榄仁、小叶榄仁、鸡蛋花、勒杜鹃、红花檵木、狗牙花　　*削减率15.9%*

表 6-56　道路交通绿地配置模式列表（5）

分项		指标参数
适用条件		道路交通绿地，绿地宽度为 50～100m
削减率/%		15.4
植物种类	上层（大乔木）	红花羊蹄甲、黄花风铃木+大叶琴榕+凤凰木、小叶榄仁+芒果+高山榕+菠萝蜜+小叶榕
	中层（小乔和灌木）	苏铁、灰莉、琴叶珊瑚、龙船花
	下层（草本）	翠芦莉、红朱蕉、水鬼蕉、台湾草
群落特征	乔木配置比	0.35、0.15+0.15+0.10、0.05+0.05+0.05+0.05+0.05
	灌木分布	散植与丛植
	乔木郁闭度	0.50
	地被层盖度	0.95
	乔木层疏透度	0.25
	灌木层疏透度	0.45
配置图		

图例：小叶榕、凤凰木、芒果、灰莉、风铃木、红花羊蹄甲、小叶榄仁、树菠萝　　*削减率15.4%*

（2）路侧绿地植物配置模式（宽度 5～30m）

城市交通快线车流量很大，道路空气污染较严重且污染源复杂。由于城市用地非常紧张，道路两侧绿带的宽度往往达不到 30 m。道路绿带的宽度大于 5 m 而小于 30 m 时，绿带对颗粒物阻滞效果明显。其生态功能同上小节，与宽度大于50 m 绿地配置主要不同在于植物的数量和种类有所精简，植物群落具体配置方式如表 6-57～表 6-60 所示。

表 6-57　道路交通绿地配置模式列表（6）

分项		指标参数
适用条件		道路交通绿地，绿地宽度为 5～30m
削减率/%		28.7
植物种类	上层（大乔木）	羊蹄甲、大叶榕
	中层（小乔和灌木）	鹅掌藤、美蕊花、红花夹竹桃
	下层（草本）	台湾草
群落特征	乔木配置比	0.7、0.3
	灌木分布	丛植
	乔木郁闭度	0.5
	地被层盖度	0.9
	乔木层疏透度	0.5
	灌木层疏透度	0.2
配置图	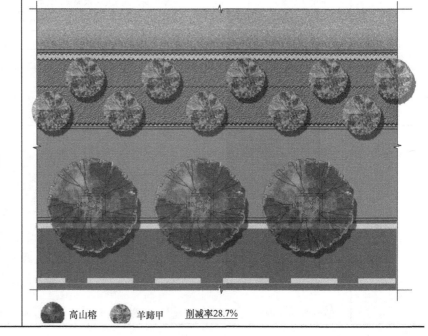	

表 6-58　道路交通绿地配置模式列表（7）

分项		指标参数
适用条件		道路交通绿地，绿地宽度为 5~10m
削减率/%		23.8
植物种类	上层（大乔木）	大叶榕、羊蹄甲
	中层（小乔和灌木）	红背桂、红花夹竹桃、美蕊花
	下层（草本）	台湾草、肾蕨
群落特征	乔木配置比	0.7、0.3
	灌木分布	丛植
	乔木郁闭度	0.5
	地被层盖度	0.9
	乔木层疏透度	0.5
	灌木层疏透度	0.2
配置图		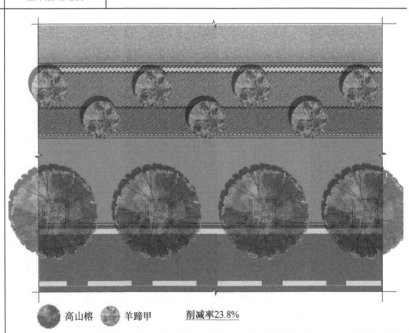

表 6-59   道路交通绿地配置模式列表（8）

分项		指标参数
适用条件		道路交通绿地，绿地宽度为 5～10m
削减率/%		23.2
植物种类	上层（大乔木）	大叶榕、羊蹄甲
	中层（小乔和灌木）	肾蕨、鹅掌藤、红绒球、红背桂、红花夹竹桃
	下层（草本）	台湾草
群落特征	乔木配置比	0.75、0.25
	灌木分布	丛植
	乔木郁闭度	0.5
	地被层盖度	0.9
	乔木层疏透度	0.5
	灌木层疏透度	0.2
配置图		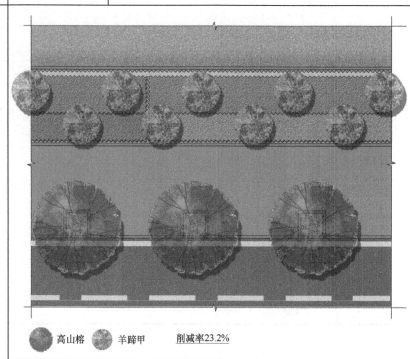

高山榕   羊蹄甲   削减率23.2%

表 6-60　道路交通绿地配置模式列表（9）

分项		指标参数
适用条件		道路交通绿地，绿地宽度为 5~10m
削减率/%		21.3
植物种类	上层（大乔木）	羊蹄甲、大叶榕
	中层（小乔和灌木）	红背桂、红花夹竹桃
	下层（草本）	肾蕨、台湾草
群落特征	乔木配置比	0.7、0.3
	灌木分布	丛植
	乔木郁闭度	0.5
	地被层盖度	0.9
	乔木层疏透度	0.5
	灌木层疏透度	0.2
配置图		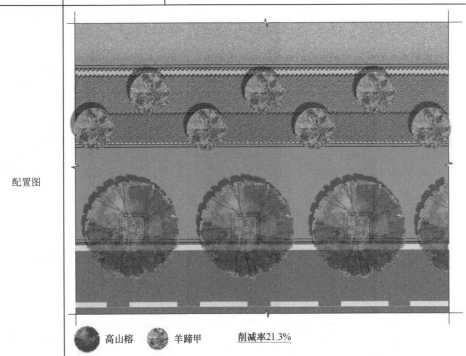

●高山榕　　◉羊蹄甲　　削减率21.3%

6.3.4.3　公园绿地

公园绿地植物群落具体配置方式如表 6-61~表 6-68 所示。

表 6-61　公园绿地配置模式列表（1）

分项		指标参数
适用条件		公园绿地
削减率/%		22.1
植物种类	上层（大乔木）	鸭脚木、毛梭罗树+阴香+山黄麻+滨木患+金叶树
	中层（小乔和灌木）	紫荆木、紫玉盘、巴戟、九节
	下层（草本）	弓果黍、淡竹叶、海芋
群落特征	乔木配置比	0.3、0.15+0.15+0.15+0.15+0.10
	灌木分布	散植与丛植
	乔木郁闭度	0.90
	地被层盖度	0.95
	乔木层疏透度	0.3
	灌木层疏透度	0.6
配置图	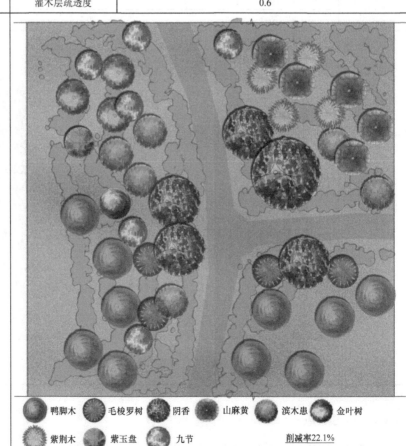	

表 6-62　公园绿地配置模式列表（2）

分项		指标参数
适用条件		公园绿地
削减率/%		19.8
植物种类	上层（大乔木）	蝴蝶果+八宝树+红花八角、光叶合欢+樱花+爪哇木棉、
	中层（小乔和灌木）	毛杜鹃+肉桂
	下层（草本）	火炭母、弓果黍、菜蕨
群落特征	乔木配置比	0.2+0.2+0.2、0.1+0.1+0.1、0.05+0.05
	灌木分布	丛植
	乔木郁闭度	0.75
	地被层盖度	0.80
	乔木层疏透度	0.3
	灌木层疏透度	0.6
配置图		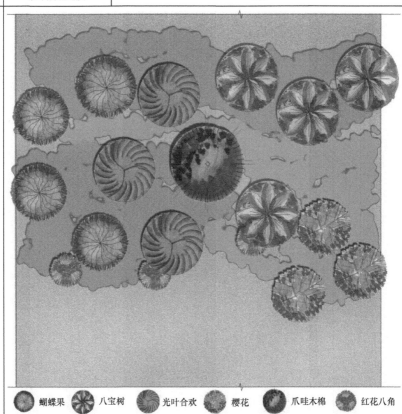

表 6-63　公园绿地配置模式列表（3）

分项		指标参数
适用条件		公园绿地
削减率/%		17.4
植物种类	上层（大乔木）	降香黄檀+印度紫檀、海南红豆+缅茄+油楠、越南油楠+钝叶黄檀
	中层（小乔和灌木）	金花茶、白蝉
	下层（草本）	无
群落特征	乔木配置比	0.4+0.2、0.1+0.1+0.1、0.05+0.05
	灌木分布	散植与丛植
	乔木郁闭度	0.7
	地被层盖度	0.8
	乔木层疏透度	0.4
	灌木层疏透度	0.7
配置图		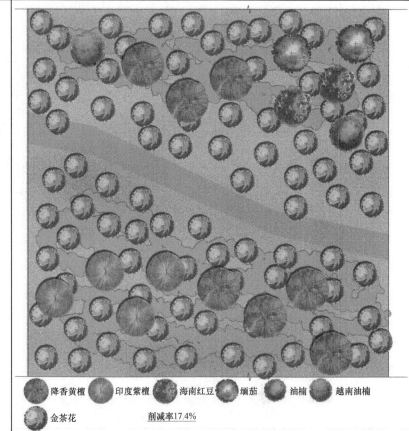

表 6-64　公园绿地配置模式列表（4）

分项		指标参数
适用条件		公园绿地
削减率/%		17.0
植物种类	上层（大乔木）	顶果木+中华楠、阴香+闽楠+柳叶润楠+东京龙脑香
	中层（小乔和灌木）	金花茶、白蝉
	下层（草本）	无
群落特征	乔木配置比	0.3+0.3、0.1+0.1+0.1+0.1
	灌木分布	散植与丛植
	乔木郁闭度	0.8
	地被层盖度	0.8
	乔木层疏透度	0.2
	灌木层疏透度	0.2
配置图		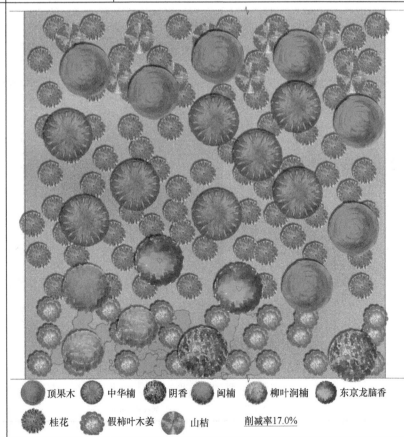

表 6-65 公园绿地配置模式列表（5）

分项		指标参数
适用条件		公园绿地
削减率/%		16.6
植物种类	上层（大乔木）	羊蹄甲+假槟榔、阴香+蒲葵、窿缘桉+樟树+对叶榕
	中层（小乔和灌木）	九里香、棕竹
	下层（草本）	白蝴蝶、淡竹叶、华南毛蕨、
群落特征	乔木配置比	0.3+0.2、0.15+0.15、0.1+0.05+0.05
	灌木分布	散植与丛植
	乔木郁闭度	0.9
	地被层盖度	0.85
	乔木层疏透度	0.2
	灌木层疏透度	0.6
配置图		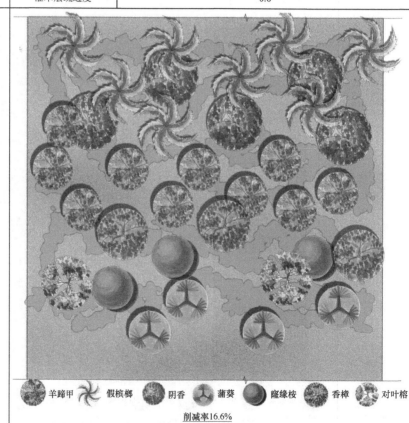

羊蹄甲　假槟榔　阴香　蒲葵　窿缘桉　香樟　对叶榕

削减率16.6%

表 6-66　公园绿地配置模式列表（6）

分项		指标参数
适用条件		公园绿地
削减率/%		9.6
植物种类	造林树种配置	秋枫+大叶紫薇+凤凰木、藜蒴+火焰木、羊蹄甲+降香黄檀
	中层（灌木）	桃金娘、野牡丹、玉叶金花
	下层（草本）	肾蕨、九节茅、山营兰、弓果黍
群落特征	乔木配置比	0.25+0.20+0.20、0.15+0.10、0.05+0.05
	灌木分布	单株分布
	乔木郁闭度	0.60
	地被层盖度	0.9
	乔木层疏透度	0.3
	灌木层疏透度	0.5
配置图		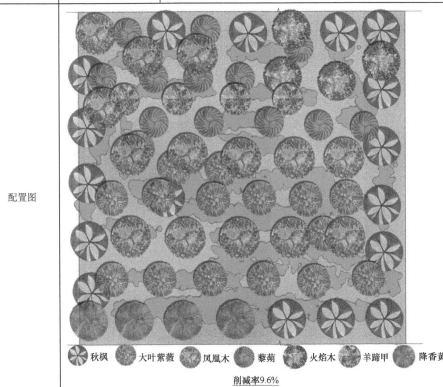

注：该绿地配置模式为马尾松、大叶相思和南洋楹林下套种补植，马尾松、大叶相思和南洋楹零星分布

表 6-67　公园绿地配置模式列表（7）

分项	指标参数	
适用条件	公园绿地	
削减率/%	7.9	
植物种类	造林树种配置	芒果、荔枝
	中层（小乔或灌木）	无
	下层（草本）	海芋、华南毛蕨、大叶油草
群落特征	乔木配置比	0.55、0.45
	灌木分布	无
	乔木郁闭度	0.85
	地被层盖度	0.9
	乔木层疏透度	0.1
	灌木层疏透度	0.4
配置图	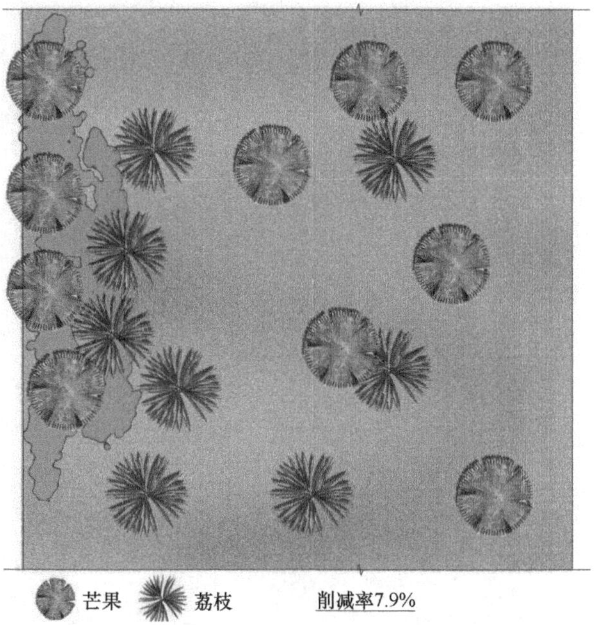	

芒果　　荔枝　　削减率7.9%

表 6-68　公园绿地配置模式列表（8）

分项		指标参数
适用条件		公园绿地
削减率/%		5.9
植物种类	造林树种配置	凤凰木、火焰木+蒲桃+枫香+蓝花楹、小叶榕+麻楝
	中层（灌木）	桃金娘、野牡丹、玉叶金花
	下层（草本）	肾蕨、山菅兰、弓果黍
群落特征	乔木配置比	0.20、0.15 +0.15+0.15+0.15、0.10+0.10
	灌木分布	单株分布
	乔木郁闭度	0.65
	地被层盖度	0.90
	乔木层疏透度	0.35
	灌木层疏透度	0.4
配置图		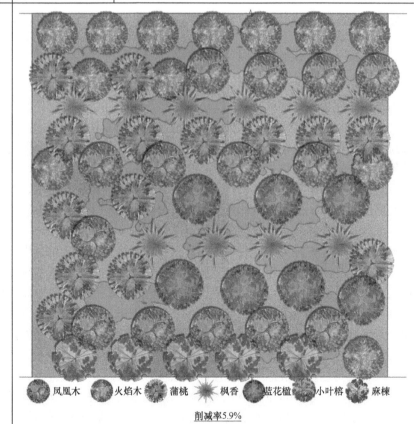

削减率5.9%

凤凰木　火焰木　蒲桃　枫香　蓝花楹　小叶榕　麻楝

注：该绿地配置模式为马尾松、杉木和南洋楹林下套种补植，马尾松、杉木和南洋楹零星分布

6.3.5　城市绿地对 PM$_{2.5}$ 等颗粒物调控技术集成模式

6.3.5.1　社区绿地

社区绿地对 PM$_{2.5}$ 等颗粒物调控技术集成模式见表 6-69。

6.3.5.2　道路交通绿地

道路交通绿地对 PM$_{2.5}$ 等颗粒物调控技术集成模式见表 6-70。

6.3.5.3　公园绿地

公园绿地对 PM$_{2.5}$ 等颗粒物调控技术集成模式见表 6-71。

6.4　广州地区试验示范林营建与推广应用

6.4.1　试验示范林营建

6.4.1.1　森林公园试验示范林

马尾松与相思以适应性强、速生成为珠三角荒山造林的首选先锋树种，在改善当地生态环境、增加林业碳汇等方面成效显著，同时在提供松脂和造纸原料方面占有十分重要的地位。近年来，由于松脂利益的驱使，过度的割脂及遭受松突圆蚧、松毛虫、湿地松粉蚧为害致使生长状况良好的马尾松林分慢慢衰退，导致其生态质量下降、生物稳定性变差、地力衰退和产量递减等问题，同时，相思林严重老化、枯梢问题严重。依托南亚热带乡土阔叶树种选育技术、南亚热森林群落空间配置技术、生态公益林营建技术及公园绿地对 PM$_{2.5}$ 等颗粒物调控技术，开展低效马尾松林分改造，营建试验示范林（表 6-72、图 6-15～图 6-17）。树种选择以乡土阔叶树种为主，兼顾生态、景观和经济效果，采用速生与慢生树种相结合，阳性与阴性树种相匹配，上层与下层树种相配套，设置多种林分结构优化模式。杉木是我国南方特有的速生用材树种，由于经济利益的驱动，伴随着过度砍伐和重茬连栽等人为因素，导致其生态质量下降、生物稳定性变差、地力衰退和产量递减等问题。维持人工林结构稳定，提高森林涵养水源功能，实现人工林可持续经营已成为国内外关注的焦点。选用适地适树的优良乡土阔叶树种，模拟南亚热带地带性森林群落结构特征，以森林对 PM$_{2.5}$ 调控功能为目标，形成符合森林对 PM$_{2.5}$ 调控功能的森林结构优化模式。构建灰木莲+楝叶吴茱萸+假苹婆+山乌桕，楝叶吴茱萸+黄樟+香樟+枫香+土沉香，木荷+山杜英+香椿+红花荷造林模式，形成多树种、多层次，功能和结构稳定的生态景观林（表 6-73）。

表6-69　社区绿地对PM$_{2.5}$等颗粒物调控技术集成模式

项目	内容
植物	乔木：细叶榕、大叶榕、高山榕、菩提榕、垂叶榕、木棉、美丽异木棉、红花羊蹄甲、羊蹄甲、凤凰木、波罗蜜、火焰木、品瓜木、紫薇、黄槐、幌伞枫、鸡冠刺桐、腊肠树、蓝花楹、大王椰子、糖胶树、樟树、鸡蛋花、箭杜鹃、小叶紫薇、小王椰仁、红花。灌木：福建茶、红楣木、花叶假连翘、假连翘、龙船花、毛杜鹃、大红花、桂花、红背桂、鹅掌藤、花叶鸭脚木、黄蝉、红果仔、灰莉、狗牙花、红车、紫薇、金边万年麻、绿叶朱蕉、红刺露兜、龟背竹；冷水花、银边草、水鬼蕉、美人蕉、硫磺菊、千日红、翠芦莉、金边吊兰、一叶兰、紫背竹芋
配置要点	根据社区绿地周边建筑情况、采光、通风、人群活动和车流量等，林分郁闭度在0.3以上，乔木郁闭度在0.7以上，冠幅较大的大乔木为主，以高度在10 m以上，乔木层采用单层结构，美丽异木棉、羊蹄甲、辅以刺桐、黄槐等景观种为主，大王椰等观赏效果较佳的高大种类为主，乔木层疏透度小于0.6，郁闭度小于0.8以上，乔木层疏透度在0.7以下，灌木层疏透度0.8以上，如：乔木层种以小叶榕、大叶榕、海南蒲桃，乔木层疏透度小于0.7，乔木层疏透度小于0.4。②乔木与灌木种类为①乔木层种以朴树、南洋楹、大，等乔木层树种以小乔种密的种类为，冠幅较大，灌冠较大的
技术依托	依托如下技术标准：《热带、亚热带生态风景林建设技术规程》(GB/T 26902—2011)、《城市绿地设计规范》(GB 50420—2007)、《城市园林绿化评价标准》(GB/T 50563—2010)、《城市绿化和园林绿地用植物材料—木本苗》(CJ/T 24—1999)、《城市道路绿化规划与设计规范》(CJ 75—1997)、《广州市园林用植物材料》(DB440100/T 105—2006)、《广州市绿化和园林绿地用植物材料》(DB440100/T 106—2006)。

群落号	群落结构	植物配置方式	乔木配置比例与灌木分布	PM$_{2.5}$削减率/%
1	上层（大乔木）	小叶榕、糖胶树	0.8、0.2	31.2
	中层（小乔和灌木）	福建茶、灰莉、红背桂	丛植	
	下层（草木）	台湾草、兰花草、金边吊兰、紫背竹芋		
2	上层（大乔木）	小叶榕、羊蹄甲	0.65、0.35	28.1
	中层（小乔和灌木）	福建茶、红背桂、鹅掌藤、灰莉	丛植	
	下层（草木）	台湾草、兰花草、金边吊兰、紫背竹芋		
3	上层（大乔木）	小叶榕、大叶榕+芒果	0.4、0.3+0.3	24.7
	中层（小乔和灌木）	福建茶、红背桂、花叶鸭脚木	丛植	
	下层（草木）	紫背竹芋、金边吊兰、台湾草、翠芦莉		
4	上层（大乔木）	小叶榕、鸡蛋花+糖胶树	0.5、0.3+0.2	24.6
	中层（小乔和灌木）	龟背竹、翠芦莉、灰莉、大红花、红背桂、福建茶	散植与丛植	
	下层（草木）	台湾草、金边吊兰、红背桂、福建茶、紫背竹芋		

续表

群落号	群落结构	植物配置方式	乔木配置比例与灌木分布	PM$_{2.5}$ 削减率/%
5	上层（大乔木）	小叶榕、树棯+鸡冠刺桐	0.5、0.35+0.15	18.1
	中层（小乔和灌木）	无		
	下层（草本）	翠芦莉、冷水花、台湾草		
6	上层（大乔木）	白玉兰、宫粉羊蹄甲、美丽异木棉+大叶榕+火焰木	0.35、0.25、0.1+0.1+0.1+0.1	17.6
	中层（小乔和灌木）	紫薇、灰莉、黄金榕、毛杜鹃	散植与丛植	
	下层（草本）	台湾草		
7	上层（大乔木）	白玉兰、芒果+橡胶树、朴树+海南蒲桃	0.60、0.15+0.15、0.05+0.05	16.2
	中层（小乔和灌木）	硫磺菊、毛杜鹃	丛植	
	下层（草本）	台湾草		
8	上层（大乔木）	小叶榕、黄槐+蓝花楹	0.6、0.25+0.15	15.0
	中层（小乔和灌木）	狗牙花	散植	
	下层（草本）	台湾草、银边草		
9	上层（大乔木）	海南蒲桃、鸡蛋花、霸王榕+发财树	0.50、0.30、0.15+0.05	12.4
	中层（小乔和灌木）	黄金榕、狗牙花、连翘、花叶假连翘	散植与丛植	
	下层（草本）	台湾草		
造林技术	苗木规格	乔木：大乔胸径>12cm假植苗，小乔胸径>8cm假植苗，灌木：树高 80~120cm		
	整理	清理地表石砾和杂灌；乔木定植穴规格 1.2m×1.2m×1.0m 有机肥与土壤混合均匀；灌木与丛植穴规格 0.3m×0.4m，每穴加入1kg 有机肥与土壤混合均匀，丛值状况可根据设计来定面积或长度		
	种植	乔木：定植后立即浇透定根水，剥离假植苗营养袋，然后在土球上喷淋特端大树移栽生根剂，接着在定植穴中扶正树体并回土压实，定植后须支护；灌木：定植后一个月内每天浇灌一次，喷雾淋水两次，淋水喷雾时中延长树干保湿，把钢管安装有长约0.5m的钢管，平时可防止水分散失，保证根水进入大树头系周间		
	抚育	乔木：定植后一个月内每天浇灌一次，喷雾淋水两次，分别在上午 9:00 时和下午 2:00 时进行，每次喷雾 20min，每次喷水 20min，定植后 90~180 天内，保持环境湿润；同时用棉毡布对乔木树身进行包裹，喷水喷雾时可延长树干保湿，分别在上午 9:00 时和下午 2:00 时进行，保持环境湿润，施娜威复合肥 5kg/株。灌木施娜威复合肥 0.5kg/株，草本施复合肥 0.5kg/m²		

表 6-70 道路交通绿地对 PM$_{2.5}$ 等颗粒物调控技术集成模式

植物	乔木：小叶榕、高山榕、垂叶榕、糖胶树、美丽异木棉、大王椰子、红千层、木棉、鸡冠刺桐、大王椰子、吊瓜木、刺桐、红花羊蹄甲、黄槐、假苹婆、尖叶风铃木、凤凰木、腊肠树、心叶果、澳洲鸭脚木、小叶杜英、蒲桃、小叶榄仁、菜豆树、海南蒲桃、假槟榔、南洋杉、对叶榕、朴树、秋枫、火焰木、水石榕、人面子、山杜英、印度紫檀、黄槿、铁刀木、互叶白千层、箭杜鹃等 灌草：大红花、鹅掌藤、狗牙花、桂花、海桐、龟背竹、红车、红果、红鸡蛋花、朱蕉、红球球、金边榄仁、含笑、红果仔、尖叶榄仁、金边万年麻、花叶假连翘、黄金香柳、灰莉、洒金榕、美花红千层、九里香、龙船花、毛杜鹃、美蕊花、针葵、粉纸扇、美花红千层、散尾葵、苏铁、棕竹、希茉莉、红背桂、金边黄蝉、软枝黄蝉、竹叶榕、野牡丹、蜘蛛兰、白蝉、茉莉、米仔兰、木槿、洋金凤、水鬼蕉、红脊葇、春羽、波斯菊、翠芦莉、满天星、肾蕨、美人蕉、密叶朱蕉、美蕊花、花叶艳山姜、长春花、竹节海棠、紫背竹芋、紫竹梅、紫人蕉
配置要点	林分郁闭度不低于 0.5，乔木层疏透度不高于 0.4，第一层和第二层乔木的株数比为 0.3～1.0。乔木层宜采用复层结构，可简单划分为 2 层，第一层乔木高度在 10 m 以上，枝下高约 4～5 m；第二层乔木高度在 10 m 以下，枝下高约 2～3 m，第一层和第二层乔木冠疏透度为 0.5～0.8。如①第一层乔木采用南洋杉、小叶榄仁、菜豆树等乔木冠幅或树冠密度中等的植物，宜靠近道路集中成排种植；②第二层乔木主要采用小叶榕、大叶榕、尖叶杜英等冠幅较大、风凰木等树冠密度高的种类，羊蹄甲属中等的景观树种；第二层乔木采用羊蹄甲属；③第一层和第二层乔木株数比小于 1∶9，第一层乔木主要为小叶榄仁、风凰木等树冠冠密度中等的种类、芒果、黄花风铃木、榕属、黄花风铃等，块状或混合混种植
技术依托	依托如下技术标准：《热带、亚热带生态风景林建设技术规程》（GB/T 26902—2011）、《城市绿地设计规范》（GB 50420—2007）、《城市园林绿化评价标准》（CJJ/T 24—1999）、《城市道路绿化规划与设计规范》（CJJ 75—1997）、《广州市绿化和园林绿地用植物材料——木本苗》（DB440100/T 106—2006）、《广州市园林种植土》（DB440100/T 105—2006）、《广州市绿化用植物材料》（DB440100/T 105—2006）

群落号	群落结构	植物配置方式	乔木配置比例与灌木分布	PM$_{2.5}$ 削减率/%
1	上层（大乔木）	南洋杉＋小叶榕 风铃木＋澳洲鸭脚木＋鸡蛋花＋芒果	0.30+0.30、0.20+0.10+0.05+0.05	19.5
	中层（小乔木和灌木）	金柳、紫薇、鹅掌柴、桂花、朱蕉、狗牙花、红檵木、黄金榕、灰莉、箭杜鹃、洒金榕、苏铁	散植与丛植	
	下层（草本）	肾蕨、台湾草、长春花		
2	上层（大乔木）	小叶榄仁＋黄花风铃木、小叶榕＋洋紫荆＋芒果＋小叶紫薇、澳洲鸭脚木＋糖胶树＋山杜英＋大王椰子＋菜豆树	0.20+0.15、0.1+0.1+0.1+0.1+0.1、0.05+0.05+0.05+0.05+0.05	18.3
	中层（小乔木和灌木）	大红花、黄金榕、苏铁、钟点花、串钱柳、红檵木	散植与丛植	
	下层（草本）	台湾草、龙舌兰、竹节海棠		
3	上层（大乔木）	大叶紫薇＋黄花风铃木、芒果＋高山榕＋小叶榄仁＋小叶榕、大叶榕	0.30+0.25、0.10+0.10+0.10+0.10、0.05	17.8
	中层（小乔木和灌木）	红檵木、黄金榕、箭杜鹃、灰莉、桂花、苏铁	散植与丛植	
	下层（草本）	水鬼蕉、台湾草、蓝花草		

续表

群落号	群落结构	植物配置方式	乔木配置比例与灌木分布	PM$_{2.5}$削减率/%
4	上层(大乔木)	小叶紫薇+芒果、风铃木+小叶榄仁、阿江榄仁+小叶榕+水石榕+大叶榕+鸡蛋花	0.25+0.25、0.15+0.10、0.05+0.05+0.05+0.05+0.05	15.9
	中层(小乔木和灌木)	鸡冠刺桐、肾蕨、爵床杜鹃、红檵木、大红花、狗牙花、尖叶木樨榄、花叶连翘、龙船花	散植与丛植	
	下层(草本)	朱蕉、台湾草、花叶艳山姜		
5	上层(大乔木)	红花羊蹄甲、黄花风铃木+大叶琴叶榕+凤凰木、小叶榄仁+芒果+高山榕+菠萝蜜+小叶榕	0.35、0.15+0.15+0.10、0.05+0.05+0.05+0.05	15.4
	中层(小乔木和灌木)	苏铁、灰莉、琴叶珊瑚、龙船花	散植与丛植	
	下层(草本)	翠芦莉、红朱蕉、水鬼蕉、台湾草		
6	上层(大乔木)	羊蹄甲、大叶榕	0.7、0.3	28.7
	中层(小乔木和灌木)	鹅掌藤、美蕊花、红花夹竹桃	丛植	
	下层(草本)	台湾草		
7	上层(大乔木)	羊蹄甲、大叶榕	0.7、0.3	23.8
	中层(小乔木和灌木)	红背桂、红花夹竹桃、美蕊花	丛植	
	下层(草本)	台湾草、肾蕨		
8	上层(大乔木)	羊蹄甲、大叶榕	0.75、0.25	23.2
	中层(小乔木和灌木)	鹅掌藤、红绒球、红背桂、红花夹竹桃	丛植	
	下层(草本)	台湾草、肾蕨		
9	上层(大乔木)	羊蹄甲、大叶榕	0.7、0.3	21.3
	中层(小乔木和灌木)	红背桂、红花夹竹桃	丛植	
	下层(草本)	肾蕨、台湾草		
造林技术	苗木规格	乔木：大乔胸径>12cm假植苗，小乔胸径>8cm假植苗；灌木：树高80~120cm	小乔木穴规格1.2m×1.0m，每穴加入5kg有机肥与土壤混合均匀；灌木与丛植种植穴规格	
	林地清理	清理地表石砾和杂草；乔木定植穴规格1.2m×1.2m，有机肥与土壤混合0.3m×0.4m，每穴加入1kg有机肥与土壤混合均匀。丛值状况与土壤混合均匀。丛值状况可根据设计来定面积或长度		
	整地造林	剥离假植苗营养袋，然后在土球上喷淋特端大树移接生根粉，按着在定植穴中扶正树体并回土压实，定植后立即浇透定根水。浇水胶管安装有长约0.5m的钢管，把钢管插入回填土中灌水，保证定根水进入树头根系周围		
	抚育	定植后一个月内每天浇灌一次，喷雾淋水两次，分别在上午9:00和下午2:00时进行，每次喷雾20min，保持环境湿润；定植后90~180天内，同时用稻草布对乔木树身进行包裹。灌木：定植后一个月内每天浇灌一次，喷水喷雾时可延长树干保湿，平时可防止水分散失，分别在上午9:00时和下午2:00时进行，喷雾淋水两次，淋水喷雾一次，灌木施挪威复合肥0.5kg/株，草本0.5kg/m^2，保持环境湿润；定植后90~180天内，每次喷水20min，保持		

表 6-71　公园绿地对 PM$_{2.5}$ 等颗粒物调控技术集成模式

植物	乔木：大叶榕、大叶紫薇、海南红豆、黄槿、灰木莲、尖叶杜英、蓝花楹、荔枝、芒果、美丽异木棉、木棉、水蒲桃、铁刀木、小叶榄仁、羊蹄甲、鱼尾葵、对叶榕、刺桐、五月茶、阴香、波罗蜜、憨伞树、朴树、青果榕、木莲、源稿树、白千层、菜豆树、大叶赤榕、山指甲、厚壳树、假柿木姜子、澳洲鸭脚木、八宝树、白格、龙眼、大叶山楝、红椿、红花羊蹄甲、顶果木、钝叶黄檀、光叶合欢、广东琼楠、海红豆、麻楝、猫屎、猴耳环、香港四照花、假频榔、降香黄檀、假革婆、细叶榕、紫荆木、三角槭、海南油杉、竹柏、印度紫檀、毛荷罗树、浓香树、爪哇木棉、东京龙脑香 灌木：福建茶、黄金榕、花叶垂榕、灰莉、九里香、红背桂、桂花、小叶紫薇、黄金榕、黄金香柳、灰莉、簕杜鹃、鬼灯笼、状元红、龙船花、红檵木、海南洒金榕、水杨梅、金脉爵床、希茉莉、白蝉、杜鹃红山茶、大红花、狗牙花、桂花、含笑、龟背竹、双色茉莉、琴叶珊瑚、蜜花树、刺额子、毛杜鹃、九节、红花檵木、金花茶、算盘子、肉桂、四季米仔兰、茉莉、米仔兰、土蜜树、大叶油草、海芋、台湾草、兰花草、银边山管兰、黄蝉、鸭跖草、沿阶草、兰花、龙吉兰、孔雀竹芋、花叶艳山姜、紫背竹芋、浓竹叶
配置要点	林分郁闭度在 0.7 以上。乔木层多样性相对较高，疏透度不高于 0.4，复层结构，可划分为 2~3 层，第一层乔木高度在 10m 以上，枝下高约 4~5m；第二层和第三层乔木高度约为 10m 和 6m，枝下高约 2~3m。乔木冠幅较大，冠层连续不间断，较紧密，灌木高度约 2m，疏透度为 0.5~0.7，种植方式为散植与丛植，地被层盖度在 80% 以上。乔木层主要采用樟科（阴香、樟树）、豆科（油楠）、柳叶润楠、闽楠、中华楠、桃金娘科（假频榔、蒲葵）、大戟科（橡胶、蝴蝶果）等高大树种
技术依托	依托如下技术标准：《热带、亚热带生态风景林建设技术规程》（GB/T 26902—2011）、《城市绿地设计规范》（GB 50420—2007）、《城市园林绿化评价标准》（GB/T 50563—2010）、《城市绿化和园林绿化用植物材料——木苗》（CJ/T 24—1999）、《城市道路绿化规划与设计规范》（CJ 75—1997）、《广州市园林绿化用植物材料》（DB440100/T 105—2006）、《广州市园林种植土》（DB440100/T 106—2006）。

群落号	群落结构	植物配置方式	乔木配置比例与灌木分布	PM$_{2.5}$ 削减率/%
1	上层（大乔木）	鸭脚木、毛棱罗树+阴香+山黄麻+滨木患+金叶树	0.3、0.15+0.15+0.15+0.15+0.10	22.1
	中层（小乔木和灌木）	紫荆木、紫玉盘、巴戟、九节	散植与丛植	
	下层（草本）	弓果黍、淡竹叶、海芋		
2	上层（大乔木）	蝴蝶果+八宝树+红花八角、光叶合欢+樱花+爪哇木棉	0.3+0.2+0.2、0.1+0.1+0.1	19.8
	中层（小乔木和灌木）	毛杜鹃、肉桂	丛植	
	下层（草本）	火炭母、弓果黍、茉藜		
3	上层（大乔木）	降香黄檀+印度紫檀、海南红豆+猫茄+油楠、越南油楠+钝叶黄檀	0.4+0.2、0.1+0.1+0.1、0.05+0.05	17.4
	中层（小乔木和灌木）	金花茶、白蝉		
	下层（草本）	无		

续表

群落号	群落结构	植物配置方式	乔木配置比例与灌木分布	PM$_{2.5}$削减率/%
4	上层（大乔木）	顶果木+中华楠、阴香+闽楠+柳叶润楠+东京龙脑香	0.3+0.3、0.1+0.1+0.1+0.1	17.0
	中层（小乔木和灌木）	金花茶、白蝉	散植与丛植	
	下层（草本）	无		
5	上层（大乔木）	羊蹄甲+假槟榔、阴香+湖葵、隆缘桉+樟树+对叶榕	0.3+0.2、0.15+0.15、0.1+0.05+0.05	16.6
	中层（小乔木和灌木）	九里香、棕竹	散植与丛植	
	下层（草本）	白蝴蝶、淡竹叶、华南毛蕨		
6	上层（大乔木）	秋枫+大叶紫薇+凤凰木、蒲桃+火焰木+降香黄檀	0.25+0.20+0.20、0.15+0.10、0.05+0.05	9.6
	中层（小乔木和灌木）	桃金娘、野牡丹、玉叶金花	单株分布	
	下层（草本）	肾蕨、九节茶、山菅兰、弓果黍		
7	上层（大乔木）	芒果、荔枝	0.55、0.45	7.9
	中层（小乔木和灌木）	无	无	
	下层（草本）	海芋、华南毛蕨、大叶油草		
8	上层（大乔木）	凤凰木、火焰木+蒲桃+蓝花楹、小叶榕+麻楝	0.20、0.15+0.15+0.15、0.10+0.10	5.9
	中层（小乔木和灌木）	淘金娘、野牡丹、玉叶金花	单株分布	
	下层（草本）	肾蕨、山菅兰、弓果黍		
造林技术	苗木规格	大乔木胸径>12cm假植苗，小乔木胸径>8cm假植苗，灌木：树高80~120cm		
	林地清理	清理地表石砾和杂灌；乔木定植穴规格1.2m×1.2m×1.0m，小乔木定植穴规格0.3m×0.4m，每穴加入1kg有机肥与土壤混合均匀；灌木与丛植种植穴规格0.3m×0.3m，每穴加入5kg有机肥与土壤混合均匀；灌木与丛植种植穴规格、灌木定面积或长度		
	整地造林	乔木：剥离假植苗营养袋，然后在土球上喷淋特端大树移栽生根剂，接着在定植穴中扶正乔木并回土压实，定植后须支护；送水胶管安装有长约0.5m的钢管，把钢管插入回填土中灌水，保证定根水进入树根系周围		
	抚育	乔木：定植后一个月内每天浇灌一次，喷雾淋水两次，分别在上午9:00时和下午2:00时进行，每次喷雾20min，保持环境湿润；同时用棉毡布对乔木树身进行包裹、淋水喷雾时可延长树干保湿，平时可防止水分散失；定植后90~180天内，定植后90~180天内，分别在上午9:00时和下午2:00时进行，每次喷水20min，灌木施洒碱复合肥0.5kg/株，草本0.5kg/m^2		

表 6-72　大夫山森林公园试验示范林

主要造林树种	坡度	坡向	平均胸径 /cm	平均树高 /m	郁闭度	林下植被 盖度/%	试验示范林 面积/亩
大叶紫薇、凤凰木+黎蒴+降香黄檀	23°	东南	4.07	3.14	0.65	90	100
秋枫+大叶紫薇、凤凰木+黎蒴	25°	东南	3.42	2.63	0.60	95	100
凤凰木+蒲桃、火焰木+枫香	20°	南	4.28	2.92	0.55	95	100

图 6-15　大夫山森林公园试验示范林（大叶紫薇+凤凰木+黎蒴、降香黄檀等）

图 6-16　大夫山森林公园试验示范林（秋枫+大叶紫薇+凤凰木、黎蒴等）

图 6-17　大夫山森林公园试验示范林（凤凰木+蒲桃+火焰木、枫香等）

表 6-73　帽峰山森林公园试验示范林

主要造林树种	坡度	坡向	平均胸径/cm	平均树高/m	郁闭度	林下植被盖度/%	试验示范林面积/亩
灰木莲+楝叶吴荣萸+假苹婆+山乌桕	22°	东南	2.45	2.21	0.80	90	100
楝叶吴荣萸+黄樟+香樟+枫香+土沉香	25°	东南	2.38	2.78	0.85	95	100
木荷+山杜英+香椿+红花荷	20°	南	3.02	2.54	0.85	95	100

6.4.1.2　道路交通绿地试验示范林

在广园快线和广河高速公路营分别建了 200 亩和 300 亩试验示范林（表 6-74、表 6-75、图 6-18～图 6-20）。采用随机混交及块状混交的方式营建，乔木景观树种主要以黄槐、洋紫荆、大叶紫薇、美丽异木棉、凤凰木、樟树、尖叶杜英、秋枫及红花羊蹄甲为主，灌木主要以小叶紫薇、大红花、灰莉、黄金榕、鹅掌柴、簕杜鹃、米仔兰及苏铁为主，草本主要以台湾草和大叶油草为主。

表 6-74　广河高速生态景观试验示范林

主要造林树种	坡度	平均胸径/cm	平均树高/m	郁闭度	试验示范林面积/亩
凤凰木+红花银桦+红千层	5°	5.56	3.89	0.50	100
黄槐+腊肠树+木棉	0°	5.45	3.62	0.55	100
木棉+美丽异木棉+大叶紫薇	5°	6.02	4.34	0.65	100

图 6-18　广河高速生态景观试验示范林

图 6-19　广河高速生态景观试验示范林

表 6-75　广园快线生态景观试验示范林

主要造林树种	平均胸径/cm	平均树高/m	郁闭度	林下植物	试验示范林面积/亩
芒果+大叶紫薇、凤凰木+黄槐+红花羊蹄甲+尖叶杜英	7.47	6.90	0.80	大红花、红果仔、红檵木、龙船花	80
宫粉羊蹄甲+红花羊蹄甲	5.05	4.28	0.65	花叶灰莉、红檵木、大红花、圆叶黄葵	60
凤凰木+黄槐+芒果	8.60	6.39	0.70	朱蕉、红车、黄栌、紫薇	60

图 6-20　广园快线生态景观林带营建

6.4.2　推广应用

森林对 PM$_{2.5}$ 调控技术模式在珠三角城市群生态景观林带建设、低效生态林改造、采伐迹地更新等项目中得到推广应用，累计推广应用面积达 26123 亩，详见表 6-76。

表 6-76　森林对 PM$_{2.5}$ 调控技术模式应用推广情况表

序号	实施时间	实施地点	项目名称	推广面积/亩
		珠海市香洲区（共 3830 亩）		
1	2014	金凤路东坑	香洲区生态景观林带建设	2330
2	2014	界涌一带	香洲区生态景观林带建设	1500
		珠海市金湾区（共 1350 亩）		
3	2014	东岸	金湾区生态景观林带建设	1350
		珠海市高新区（共 812 亩）		
4	2014	共乐园	高新区共乐园松材线虫病林相分改造工程	100
5	2014	中大后山	高新区桉树林林分改造工程	212
6	2014	天湖一带	生态景观林带建设工程	500

续表

序号	实施时间	实施地点	项目名称	推广面积/亩
			珠海市斗门区（共 1026 亩）	
7	2014	白蕉镇及斗门镇	珠海市斗门区高速公路出口生态景观林带工程建设	1026
			珠海市市政和林业局（共 1200 亩）	
8	2013	凤凰山公园	珠海市凤凰山森林公园林分改造	1200
			广州市从化区（共 5740 亩）	
9	2014	大平、街口、良口	从化区松材线虫病疫区林分改造	2922
10	2014	大平、街口、良口	从化区松材线虫病疫区林分改造	2818
			广州市萝岗区（共 800 亩）	
11	2013	福洞村	萝岗区松材线虫病防治林分改造	373.5
12	2014	联和街八斗村	2014 年萝岗区联和街八斗村松材线虫病防治林分改造	426.5
			广州市增城林场（共 4924 亩）	
13	2014	增城林场	白水寨森林公园林分改造	1256
14	2013	增城林场	增城林场松材线虫病防治林分改造	1607
15	2014	增城林场	增城林场松材线虫病防治林分改造	800
16	2014	增城林场	增城林场迹地更新工程	517.5
			广州市梳脑林场（共 4321 亩）	
17	2014	梳脑林场	山寨、石椎窿林分改造	780
18	2015	梳脑林场	中幼林抚育工程	2605
19	2015	梳脑林场	石芽吓迹地更新造林工程	936
			佛山市云勇林场（共 2120 亩）	
20	2014	云勇林场	云勇杉木林和桉树林迹地更新造林工程	1200
21	2014	云勇林场	云勇马尾松林迹地更新造林工程	920
			珠三角地区共计推广面积 26123 亩	

参 考 文 献

阿丽亚·拜都热拉, 玉米提·哈力克, 塔依尔江·艾山, 等. 2014. 阿克苏市 5 种常见绿化树种滞尘规律[J]. 植物生态学报, 38(9): 970-977.

艾连峰, 李玮, 王敬, 等. 2015. 气相色谱-串联质谱法测定牛奶中多氯联苯及多环芳烃[J]. 分析测试学报, 34(5): 570-575.

安海龙, 刘庆倩, 曹学慧, 等. 2016. 不同 $PM_{2.5}$ 污染区常见树种叶片对 PAHs 的吸收特征分析[J]. 北京林业大学学报, 38(1): 59-66.

安俊岭, 李健, 张伟, 等. 2012. 京津冀污染物跨界输送通量模拟[J]. 环境科学学报, 32(11): 2684-2692.

白洁, 孙学凯, 王道涵. 2008. 土壤重金属污染及植物修复技术综述[J]. 环境保护与循环经济, 3: 49-51.

柏军华, 王克如, 初振东, 等. 2005. 叶面积测定方法的比较研究[J]. 石河子大学学报: 自然科版, 23(2): 216-218.

蔡体久, 朱道光, 盛后财. 2006. 原始红松林和次生白桦林降雨截留分配效应研究[J]. 中国水土保持科学, 4(6): 61-65.

蔡燕徽. 2010. 城市基调树种滞尘效应及其光合特性研究[D]. 福建: 福建农林大学.

曹福亮, 郁万文, 朱宇林, 等. 2012. 银杏幼苗修复 Pb 和 Cd 重金属污染土壤特性[J]. 林业科学, 48(4): 8-13.

曹学慧, 安海龙, 刘庆倩, 等. 2015. 欧美杨对 $PM_{2.5}$ 中重金属铅的吸附、吸收及适应性变化[J]. 生态学杂志, 34(12): 3382-3390.

柴一新, 祝宁, 韩焕金. 2002. 城市绿化树种的滞尘效应——以哈尔滨市为例[J]. 应用生态学报, 13(9): 1121-1126.

陈波, 蒋燕, 鲁绍伟, 等. 2017. 北京西山典型游憩林内 $PM_{2.5}$ 质量浓度及水溶性离子特征分析[J]. 环境与工程学报, 3(11): 1713-1721.

陈波, 李少宁, 鲁绍伟. 2016. 北京大兴南海子公园 $PM_{2.5}$ 和 PM_{10} 质量浓度变化特征[J]. 生态科学, 35(2): 104-110.

陈波, 刘海龙, 赵东波, 等. 2016. 北京西山绿化树种秋季滞纳 $PM_{2.5}$ 能力及其与叶表面 AFM 特征的关系[J]. 应用生态学报, 27(3): 777-784.

陈波, 鲁绍伟, 李少宁. 2016. 北京城市森林不同天气状况下 $PM_{2.5}$ 浓度动态分析[J]. 生态学报, 36(5): 1-9.

陈博. 2016. 北京地区典型城市绿地对 $PM_{2.5}$ 等颗粒物浓度及化学组成影响研究[D]. 北京: 北京林业大学.

陈建华, 王玮, 刘红杰, 等. 2000. 北京市交通路口大气颗粒物污染特征研究(Ⅰ)——大气颗粒物污染特征及其影响因素[J]. 环境科学研究, 2005, 18(2): 34-38.

陈敏. 2013. 重庆市主城区大气 PM$_{10}$、PM$_{2.5}$ 中 PAHs 分布规律解析[D]. 重庆：西南大学.

陈培飞, 张嘉琪, 毕晓辉, 等. 2013. 天津市环境空气 PM$_{10}$ 和 PM$_{2.5}$ 中典型重金属污染特征与来源研究[J]. 南开大学学报: 自然科学版, 46(6): 1-7.

陈玮, 何兴元, 张粤, 等. 2003. 东北地区城市针叶树冬季滞尘效应研究[J]. 应用生态学报, 14(12): 2113-2116.

陈小平, 焦奕雯, 裴婷婷, 等. 2014. 园林植物吸附细颗粒物 PM$_{2.5}$ 效应研究进展[J]. 生态学杂志, 33(9): 2558-2566.

陈学泽, 谢耀坚, 彭重华. 1997. 城市植物叶片金属元素含量与大气污染的关系[J]. 城市环境与城市生态, 10(1): 45-47.

陈永桥, 张逸, 张晓山. 2005. 北京城乡结合部气溶胶中水溶性离子粒径分布和季节变化[J]. 生态学报, 25(12): 3231-3236.

谌金吾. 2013. 三叶鬼针草(Bidens pilosa L.)对重金属 Cd、Pb 胁迫的响应与修复潜能研究[D]. 重庆: 西南大学.

程玉良, 张家洋, 任敏. 2014. 12 种道路绿化树木叶片重金属含量比较[J]. 中南林业科技大学学报, 34(11): 52-55.

褚贵新, 沈其荣, 李奕林, 等. 2004. 用 ^{15}N 叶片标记法研究旱作水稻与花生间作系统中氮素的双向转移[J]. 生态学报 2004, 24(2): 278-284.

崔邢涛, 栾文楼, 李随民, 等. 2012. 石家庄市大气降尘重金属元素来源分析[J]. 中国地质, 39(4): 1108-1115.

戴斯迪, 马克明, 宝乐. 2012. 北京城区行道树国槐叶面尘分布及金属污染特征[J]. 生态学报, 32 (16): 5095-5102

戴斯迪, 马克明, 宝乐. 2013. 北京城区公园及其邻近道路国槐叶面尘分布与重金属污染特征[J]. 环境科学学报, 33(1): 154-162.

邓家军, 张宇斌, 胡继伟, 等. 2009. 重金属离子对烟叶 SOD 活性的影响[J]. 湖北农业科学, 48(5): 1171-1175.

邓利群, 李红, 柴发合, 等. 北京东北部城区大气细粒子与相关气体污染特征研究[J]. 中国环境科学, 2011, 31(7): 1064-1070.

邓晓燕, 张大海, 李先国. 2015. 气相色谱法测定水体中多环芳烃的前处理方法优化[J]. 分析试验室, (5): 525-528.

邓雪娇, 李菲, 李源鸿, 等. 2013. 广州市近地层 PM 的垂直分布特征[C]. 中国气象学会. 创新驱动发展提高气象灾害防御能力: 大气成分与天气气候变化. 南京: 中国气象学会, 8-18.

邸志东. 2013. 太原市大气气溶胶 PM$_{2.5}$ 中重金属的现状分析[D]. 太原：山西大学.

丁国安, 陈尊裕, 高志球, 等. 2005. 北京城区低层大气 PM$_{2.5}$ 和 PM$_{10}$ 垂直结构及其动力特征[J]. 中国科学: D 辑地球科学, 35: 31-44.

丁宁宁. 2012. PM$_{2.5}$ 引发的思考[J]. 中国教育技术装备, 24: 63-64.

董雯怡, 聂立水, 韦安泰, 等. 2009. 毛白杨对 ^{15}N-硝态氮和铵态氮的吸收、利用及分配[J].核农学报, 23(3): 501-505.

董希文, 崔强, 王丽敏, 等. 2005. 园林绿化树种枝叶滞尘效果分类研究[J]. 防护林科技, 01: 28-29.

董雪玲, 刘大锰, 袁杨森, 等.2007. 北京市 2005 年夏季大气颗粒物污染特征及影响因素[J]. 环境工程学报, 1(9): 100-104.

杜玲, 张海林, 陈阜. 2011. 京郊越冬植被叶片滞尘效应研究[J]. 农业环境科学学报, 30(2):249-254.

段凤魁, 贺克斌, 马永亮. 北京 $PM_{2.5}$ 中多环芳烃的污染特征及来源研究[J]. 环境科学学报, 2009, 29(7): 1363-1371.

段国霞, 张承中, 周变红. 2012. 西安市南郊冬季 $PM_{2.5}$ 中重金属污染与危害分析[J]. 农业灾害研究, 2(2): 27-29.

范舒欣, 晏海, 齐石茗月, 等. 2015. 北京市 26 种落叶阔叶绿化树种的滞尘能力[J]. 植物生态学报, 39(7): 736-745.

方凤满, 林跃胜, 王海东, 等. 2011. 城市地表灰尘中重金属的来源、暴露特征及其环境效应[J]. 生态学报, 31(23): 316-325.

房瑶瑶, 王兵, 牛香. 2015. 叶片表面粗糙度对颗粒物滞纳能力及洗脱特征的影响[J]. 水土保持学报, 29(4): 110-115.

冯朝阳, 高吉喜, 田美荣, 等. 2007. 京西门头沟区自然植被滞尘能力及效益研究[J]. 环境科学研究, 20(5): 155-159.

甘小凤, 曹军骥, 王启元, 等. 2011. 西安市秋季大气细粒子($PM_{2.5}$)中化学元素的浓度特征和来源[J]. 安徽农业科学, 39(19): 11692-11694.

高金晖. 2007. 北京市主要植物种滞尘影响机制及其效果研究[D]. 北京：北京林业大学.

高金辉, 王冬梅, 赵亮, 等. 2007. 植物叶片滞尘规律研究——以北京市为例[J]. 北京林业大学学报, 29(2): 94-99.

高晋徽, 朱彬, 王东东, 等. 2012. 南京北郊 O_3, NO_2 和 SO_2 浓度变化及长/近距离输送的影响[J]. 环境科学学报, 32(5): 1149-1159.

高祥斌, 张秀省, 蔡连捷, 等. 2009. 观赏植物叶面积测定及相关分析[J]. 福建林业科技, 36(2): 231-234.

古琳, 王成, 王晓磊, 等. 2013. 无锡惠山三种城市游憩林内细颗粒物($PM_{2.5}$)浓度变化特征[J]. 应用生态学报, 24(9): 2485-2493.

顾曼如. 1990. ^{15}N 在苹果氮素营养研究中的应用[J]. 中国果树, (2): 46-48.

管长志, 曾骧, 孟昭清. 1992. 山葡萄(Vitis amurensis Rupr)晚秋叶施 15N-尿素的吸收、运转、贮藏及再分配的研究[J]. 核农学报, 6(3): 153-158.

郭二果. 2008. 北京西山典型游憩林生态保健功能研究[D]. 北京: 中国林业科学研究院.

郭二果, 王成, 彭镇华, 等. 2007. 半干旱地区城市单位附属绿地绿化树种的选择——以神东矿区为例[J]. 林业科学, 43(7): 35-43.

郭二果, 王成, 郄光发, 等. 2013. 北方地区典型天气对城市森林内大气颗粒物的影响[J]. 中国环境科学, 33(7): 1185-1198.

郭建超, 齐实, 申云康, 等. 2014. 2 种城市林地 $PM_{2.5}$ 质量浓度变化及其与气象因子的关系[J]. 水土保持学报, 28(6): 88-93.

郭琳, 肖美, 何宗健. 2006. 关于大气颗粒物源解析技术综述[J]. 江西化工, 04: 73-75.

郭伟, 申屠雅瑾, 郑述强等. 2010. 城市绿地滞尘作用机理和规律的研究进展[J]. 生态环境学报, 06: 1465-1470.

郭鑫, 张秋良, 唐力等. 2009. 呼和浩特市几种常绿树种滞尘能力的研究[J]. 中国农学通报, 17: 62-65.

韩东昱, 岑况, 龚庆杰. 2004. 北京市公园道路粉尘 Cu,Pb,Zn 含量及其污染评价[J]. 环境科学研究, 17(2): 10-13.

郝丽君, 杨秋生. 2014. 社区绿道降低 $PM_{2.5}$ 的规划策略浅析[A].中国风景园林学会 2014 年会论文集(上册), 4.

贺克斌, 郝吉明, 傅立新, 等. 1996. 我国汽车排气污染现状与发展[J]. 环境科学, 17(4): 80-83.

贺克斌, 杨复沫, 段凤奎, 等. 2011. 大气颗粒物与区域复合污染[M]. 北京: 科学出版社, 95-96.

洪纲, 周静博, 姜建彪等. 2015. 空气细颗粒物($PM_{2.5}$)的污染特征及其来源解析研究进展[J]. 河北工业科技, 01: 64-71.

侯燕鸣, 胡剑江, 方蕾, 等. 2011. 扫描电镜的不同含水量植物叶片样品的处理及观察方法研究[J]. 分析仪器, (5): 45-48.

胡舒, 肖昕, 贾含帅, 等. 2012. 徐州市主要落叶绿化树种滞尘能力比较与分析[J]. 中国农学通报, 16: 95-98.

黄翠. 2014. 重庆市典型点位 $PM_{2.5}$ 中水溶性离子来源与特征解析[D]. 重庆: 重庆工商大学.

黄珍珠, 秦鹏, 胡娅敏, 等. 2008. 48 年来广东省不同区域的温度变化特征[J]. 广东气象, 30(3): 1-3.

季静, 王罡, 杜希龙, 等. 2013. 京津冀地区植物对灰霾空气中 $PM_{2.5}$ 等细颗粒物吸附能力分析[J]. 中国科学: 生命科学, 43(8): 694-699.

贾海红, 王祖武, 张瑞荣. 2003. 关于 $PM_{2.5}$ 的综述[J]. 污染防治技术, 16(4): 135-138.

贾彦, 吴超, 董春芳, 等. 2012. 7 种绿化植物滞尘的微观测定[J]. 中南大学学报(自然科学版), 43(11): 4547-4553.

江胜利. 2012. 杭州地区常见园林绿化植物滞尘能力研究[D]. 杭州: 浙江农林大学,

江胜利, 金荷仙, 许小连. 2011. 杭州市常见道路绿化植物滞尘能力研究[J]. 浙江林业技, 31(6): 45-49.

蒋燕, 陈波, 鲁绍伟, 等. 2016. 北京城市森林 $PM_{2.5}$ 质量浓度特征及影响因素分析[J]. 生态环境学报, 25(3): 447-457.

焦杏春, 左谦, 曹军, 等. 2004. 城区叶面尘特性及其多环芳烃含量. 环境科学, 25(2): 162-165.

金蕾, 华蕾. 2007. 大气颗粒物源解析受体模型应用研究及发展现状[J]. 中国环境监测, 23(1): 38-42.

靳军莉, 颜鹏, 马志强, 等. 2014. 北京及周边地区 2013 年 1—3 月 $PM_{2.5}$ 变化特征[J]. 应用气象学报, 25(6): 690-700.

李德宁, 徐彦森, 王百田, 等. 2015. 攀援植物对大气颗粒物的吸附作用[J]. 生态环境学报, 24(9): 1486-1492.

李海梅, 刘霞. 2008. 青岛市城阳区主要园林树种叶片表皮形态与滞尘量的关系[J]. 生态学杂志, 27(10): 1659-1662.

李寒娥, 李秉滔, 蓝盛芳. 2005a. 城市行道树对交通环境的响应[J]. 生态学报, 25(9): 2180-2187.

李寒娥, 李秉滔, 蓝盛芳. 2005b. 行道树对城市道路交通环境的响应研究[J]. 应用与环境生物学报, 11(4): 435-439.

李合生, 孙 群, 赵世杰, 等. 2000. 植物生理生化实验原理和技术[M]. 北京:高等教育出版社.

李欢, 樊军锋, 高建社, 等. 2013. 黑杨叶片旱生结构的比较[J]. 西北林学院学报, 28(3): 113-118.

李令军, 王英, 李金香. 2011. 北京清洁区大气颗粒物污染特征及长期变化趋势[J]. 环境科学, 32(2): 103-106

李令军, 王占山, 张大伟, 等. 2016. 2013~2014 年北京大气重污染特征研究[J]. 中国环境科学, 36(1): 27-35.

李品武, 范仕胜, 杜晓. 2013. 水培茶树累积铅在细胞内分布的 TEM-EDS 超微定位表征[J]. 茶叶科学, 33(6): 590-597.

李少宁, 孔令伟, 刘斌, 等. 2016. 城市森林植被区空气 $PM_{2.5}$ 质量浓度时空变化[J]. 环境科学与技术, 39(7): 164-173.

李少宁, 孔令伟, 鲁绍伟, 等. 2014. 北京常见绿化树种叶片富集重金属能力研究[J]. 环境科学, 35(5): 1891-1900.

李少宁, 刘斌, 鲁笑颖, 等. 2016. 北京常见绿化树种叶表面形态与 $PM_{2.5}$ 吸滞能力关系[J]. 环境科学与技术, 39(10): 62-68.

李先国, 范莹, 冯丽娟. 2006. 化学质量平衡受体模型及其在大气颗粒物源解析中的应用[J]. 中国海洋大学学报(自然科学版), (02): 225-228.

李新兴, 孙国金, 王孝文, 等. 2013. 杭州市区机动车污染物排放特征及分担率[J]. 中国环境科学, 33(9): 1684-1689.

李新宇, 赵松婷, 李延明, 等. 2014. 北京市不同主干道绿地群落对大气 $PM_{2.5}$ 浓度消减作用的影响[J]. 生态环境学报, 23(4): 615-621.

李艳梅, 陈奇伯, 李艳芹, 等. 2016. 昆明不同污染区植物滞尘及对重金属吸收能力研究[J]. 林业资源管理, (3):116-121.

李燕婷, 李秀英, 肖艳, 等.2009. 叶面肥的营养机理及应用研究进展[J]. 中国农业科学, 42(1): 162-172.

李友平, 刘慧芳, 周洪. 2015. 成都 $PM_{2.5}$ 中有毒重金属污染特征及健康风险评价[J]. 中国环境科学, 35(7): 2225-2232.

李泽熙, 邵龙义, 樊景森, 等. 2013. 北京市不同天气条件下单颗粒形貌及元素组成特征[J]. 中国环境科学, 33(9): 1546-1552.

梁丹, 王彬, 王云琦, 等. 2014. 北京市典型绿化灌木阻滞吸附 $PM_{2.5}$ 能力研究[J]. 环境科学, 9: 3605-3611.

梁丹, 赵锐锋, 李洁, 等. 2015. 4 种干旱指标在河西走廊地区的适用性评估[J]. 中国农学通报, 31(36): 194-204.

梁淑英, 夏尚光, 胡海波. 南京市 15 种树木叶片对铅锌的吸收吸附能力[J]. 城市环境与城市生态, 2008, 21(5): 21-24.

廖莉团, 苏欣, 李小龙, 等. 2014. 城市绿化植物滞尘效益及滞尘影响因素研究概述[J]. 森林工程, 30(2): 21-24.

刘爱霞, 韩素芹, 蔡子颖, 等. 2012. 天津地区能见度变化特征及影响因素研究[J]. 生态环境学报, 21(11): 1847-1850.

刘保献, 赵红帅, 王小菊,等. 2015. 超声提取-气相色谱-串联质谱法测定 $PM_{2.5}$ 中多环芳烃[J]. 质谱学报, 36(4): 372-379.

刘斌, 鲁绍伟, 李少宁, 等. 北京大兴 6 种常见绿化树种吸附 PM$_{2.5}$ 能力研究[J]. 环境科学与技术, 2016, 39(2): 31-37.

刘波, 王力华, 阴黎明, 等. 2010. 两种林龄文冠果叶 N、P、K 的季节变化及再吸收特征[J]. 生态学杂志, 29(7): 1270-1276.

刘洪展, 郑风荣, 赵世杰. 2006. 根外施氮对热胁迫下小麦叶片光合特性的影响[J]. 干旱地区农业研究, 24(2): 52-56.

刘娇妹, 杨志峰. 北京市冬季不同景观下垫面温湿度变化特征[J]. 生态学报, 2005, 29(6): 3241-3252.

刘玲, 方炎明, 王顺昌, 等. 2013. 7 种树木的叶片微形态与空气悬浮颗粒吸附及重金属累积特征 [J].环境科学, 34(6): 2361-2367.

刘璐, 管东生, 陈永勤. 2013. 广州市常见行道树种叶片表面形态与滞尘能力[J]. 生态学报, 33(8): 2604-2614.

刘庆倩, 石婕, 安海龙, 等. 2015. 应用 ^{15}N 示踪研究欧美杨对 PM$_{2.5}$ 无机成分 NH$_4^+$ 和 NO$_3^-$ 的吸收与分配[J]. 生态学报, 35(19): 2-9.

刘旭辉, 余新晓, 张振明, 等. 2014. 林带内 PM$_{10}$、PM$_{2.5}$ 污染特征及其与气象条件的关系[J]. 生态学杂志, 33(7): 1715-1721.

刘学全, 唐万鹏, 周志翔, 等. 2004. 宜昌市城区不同绿地类型环境效应[J]. 东北林业大学学报, 32(5): 53-54.

刘彦飞, 邵龙义, 程晓霞. 2010. 大气可吸入颗粒物(PM$_{10}$)单颗粒硫化特征[J]. 环境科学, 31(11): 2555-2562.

刘艳菊, 丁辉. 2001. 植物对大气污染的反应与城市绿化[J]. 植物学通报, 18(5): 577-586.

刘毅. 2003. 镉的危害及其研究进展（综述）[J]. 中国城乡企业卫生, 96(4): 12-13.

刘颖, 李朝炜, 邢文岳, 等. 2015. 城市交通道路绿化植物滞尘效应研究[J]. 北方园艺, (3): 77-81.

隆茜, 周菊珍, 孟颉, 等. 2012. 城市道路绿化带不同植物叶片附尘对大气污染的磁学响应[J]. 环境科学, 33(12): 4188-4193.

鲁绍伟, 柳晓娜, 刘斌, 等. 2017. 北京市 2015 年森林植被区 PM$_{10}$ 质量浓度时空变化特征[J]. 环境科学学报, 37(2): 469-476.

罗绪强, 王世杰, 刘秀明. 2007. 陆地生态系统植物的氮源及氮素吸收[J]. 生态学杂志, 26(7): 1094-1100.

马辉, 虎燕, 王水锋, 等. 2007. 北京部分地区植物叶面滞尘的XRD研究[J]. 中国现代教育装备, 10: 23-26

马义. 2014. 居住区植物配置技术[J]. 辽宁林业科技, (3):87-88.

马跃良, 贾桂梅. 2001. 广州市区植物叶片重金属元素含量及其大气污染评价[J]. 城市环境与城市生态, 14(6): 28-30.

麦华俊, 蒋靖坤, 何正旭, 等. 2013. 一种纳米气溶胶发生系统的设计及性能测试[J]. 环境科学, 34(8): 2950-2954.

梅凡民, 徐朝友, 周亮. 2011. 西安市公园大气降尘中 Cu、Pb、Zn、Ni、Cd 的化学形态特征及其生物有效性[J]. 环境化学, 30(7): 1284-1290.

明华, 曹莹, 胡春胜, 等. 2008. 铅胁迫对玉米光合特性及产量的影响[J]. 玉米科学, 16(1):

74-78.

莫莉, 余新晓, 赵阳, 等. 2014. 北京市区域城市化程度与颗粒物污染的相关性分析[J]. 生态环境学报, 23(5): 806-811.

潘昕, 邱权, 李吉跃, 等. 2014. 干旱胁迫对青藏高原 6 种植物生理指标的影响[J]. 生态学报, 34(13): 3558-3567.

潘中耀. 2010. 橡胶树幼苗对不同形态 ^{15}N 标记氮肥的吸收、分配和利用特性研究[D]. 海口:海南大学.

庞博, 张银龙, 王丹. 2009. 城市不同功能区内叶面尘与地表灰尘的粒径和重金属特征[J]. 生态环境学报, 18(4): 1312-1317.

彭钢, 田大伦, 闫文德, 等. 2010. 4 种城市绿化树种叶片 PAHs 含量特征与叶面结构的关系[J]. 生态学报, 30(14): 3700-3706.

乔庆庆, 黄宝春, 张春霞, 等. 2014. 华北地区大气降尘和地表土壤磁学特征及污染来源[J]. 科学通报, 59(18): 1748 -1760.

秦仲. 2016. 北京奥林匹克森林公园绿地夏季温湿效应及其影响机制研究[D]. 北京: 北京林业大学.

邱媛, 管东生, 宋巍巍, 等. 2008. 惠州城市植被的滞尘效应[J]. 生态学报, 28(6): 2455-2462.

屈冉, 孟伟, 李俊生, 等. 2008. 土壤重金属污染的植物修复[J].生态学杂志, 27(4): 626-631.

全先庆, 张渝洁, 单雷, 等. 2007. 脯氨酸在植物生长和非生物胁迫耐受中的作用[J]. 生物技术通讯, 01: 159-162.

任丽红, 周志恩, 赵雪艳, 等. 2014. 重庆主城区大气 PM_{10} 及 $PM_{2.5}$ 来源解析[J]. 环境科学研究, 27(12): 1387-1394.

任丽新, 游荣高, 吕位秀, 等. 1999. 城市大气气溶胶的物理化学特性及其对人体健康的影响[J]. 气候与环境研究, 4(1): 67-73.

任乃林, 陈炜彬, 黄俊生, 等. 2004. 用植物叶片中重金属元素含量指示大气污染的研究[J]. 广东微量元素科学, 11(10): 41-45.

任启文, 王成, 郄光发, 等. 2006. 城市绿地空气颗粒物及其与空气微生物的关系[J]. 城市环境与城市生态, 19(5): 22-25.

阮宏华, 姜志林. 1999. 城郊公路两侧主要森林类型铅含量及分布规律[J]. 应用生态学, 03: 107-109.

阮氏清草. 2014. 城市森林植被类型与PM$_{2.5}$等颗粒物浓度的关系分析[D]. 北京: 北京林业大学.

邵建明, 刘斌, 鲁绍伟, 等. 2016. 城市森林植被对空气 $PM_{2.5}$ 质量浓度的影响[J]. 北方园艺, 13: 182-186.

邵天一, 周志翔, 王鹏程, 等. 2004. 宜昌城区绿地景观格局与大气污染的关系[J]. 应用生态学报, 15(4): 691-696.

石婕, 刘庆倩, 安海龙, 等. 2014. 应用 ^{15}N 示踪法研究两种杨树叶片对 $PM_{2.5}$ 中 NH_4^+ 的吸收[J]. 生态学杂志, 33(6): 1688-1693.

石婕, 刘庆倩, 安海龙, 等. 2015. 不同污染程度下毛白杨叶表面 $PM_{2.5}$ 颗粒的数量及性质和叶片气孔形态的比较研究[J]. 生态学报, 35(22): 7522-7530.

时冰冰. 2008. 大学教室可吸入颗粒物 PM_{10} 源解析及化学组成特性[D]. 长沙中南大学.

宋少洁, 吴烨, 蒋靖坤, 等. 2012. 北京市典型道路交通环境细颗粒物元素组成及分布特征[J]. 环境科学学报, 32(1): 66-73.

宋宇, 唐孝炎, 方晨, 等. 2003. 北京市能见度下降与颗粒物污染的关系[J]. 环境科学学报, 23(4): 468-471.

苏正军, 刘汐敬. 2015. 一次北京市秋季降水对霾颗粒物清除的初步分析[C]//第十二届全国气溶胶会议暨第十三届海峡两岸气溶胶技术研讨会论文集.

孙闰霞, 柯常亮, 林钦, 等. 2013. 超声提取/气相色谱-质谱法测定海洋生物中的多环芳烃[J]. 分析测试学报, 32(1): 57-63.

孙尚伟. 2010. 修枝对欧美杨 107 及林下作物生长和生理的影响[D]. 北京: 北京林业大学.

谭吉华. 2007. 广州灰霾期间气溶胶物化特性及其对能见度影响的初步研究[D]. 广州: 广州地球化学研究所.

唐丽清, 邱尔发, 韩玉丽, 等. 2015. 不同径级国槐行道树重金属富集效能比较[J]. 生态学报, 35(16): 5353-5363.

唐敏忠, 汉瑞英, 陈健. 2015. 植物叶片吸附大气颗粒物的研究综述[J]. 北方园艺, (11): 187-192.

陶俊, 张仁健, 董林, 等. 2010. 夏季广州城区细颗粒物 PM$_{2.5}$ 和 PM$_{1.0}$ 中水溶性无机离子特征[J]. 环境科学, 31(7): 1417-1424.

田东梅, 孙敬茹, 张曦, 等. 2010. 3 种黑杨无性系耐氮瘠薄能力的差异[J]. 西北农业学报, 19(9): 75-79.

田晓雪, 周国逸, 彭平安. 2008. 珠江三角洲地区主要树种叶片多环芳烃含量特征及影响因素分析[J]. 环境科学, 29(4): 849-854.

王爱霞, 张敏, 方炎明, 等. 2008. 树叶中重金属含量及其指示大气污染的研究[J]. 林业科技开发, 22(4): 38-41.

王爱霞. 2010. 南京市空气重金属污染的藓类和树木监测[D]. 南京: 南京林业大学.

王兵, 张维康, 牛香, 等. 2015. 北京 10 个常绿树种颗粒物吸附能力研究[J]. 环境科学, 2: 408-414.

王成, 郭二果, 郄光发. 2014. 北京西山典型城市森林内 PM$_{2.5}$ 动态变化规律[J]. 生态学报, 34(19): 5650-5658.

王成, 郄光发, 杨颖, 等. 2007. 高速路林带对车辆尾气重金属污染的屏障作用[J]. 林业科学, 43(3): 1-7.

王成云, 褚乃清, 谢堂堂, 等. 2013. 微波辅助萃取/气相色谱-质谱法同时测定纸质食品接触材料中 18 种多环芳烃[J]. 分析测试学报, 32(12): 1453-1459.

王道玮, 赵世民, 金伟, 等. 2013. 加速溶剂萃取-固相萃取净化-气相色谱/质谱法测定沉积物中多氯联苯和多环芳烃[J]. 分析化学, 41(6): 861-868.

王浩, 高健, 李慧, 等. 2016. 2007—2014 年北京地区 PM$_{2.5}$ 质量浓度变化特征[J]. 环境科学研究, 29(6): 783-790.

王洪俊. 2014. 吉林市滨水绿地带落结构与生态效益及优化对策研究[D]. 哈尔滨: 东北林业大学.

王会霞, 石辉, 李秋秋. 2010. 城市绿化植物叶片表面特征对滞尘能力的影响[J]. 应用生态学报, 21 (12): 3077-3082.

王会霞, 石辉, 李秋秋. 2010. 城市绿化植物叶片表面特征对滞尘能力的影响[J]. 应用生态学报,

21(12): 3077-3082.

王会霞, 石辉, 王彦辉. 2015. 典型天气下植物叶面滞尘动态变化[J]. 生态学报, (06): 1696-1705.

王会霞, 王彦辉, 杨佳, 等. 2015. 不同绿化树种滞留 $PM_{2.5}$ 等颗粒污染物能力的多尺度比较[J]. 林业科学, 51(7): 9-20.

王建华, 郭翠, 庞国芳, 等. GPC 净化-同位素稀释内标定量 GC-MS 对植物油中多环芳烃的测定 [J]. 分析测试学报, 2009, 28(3):267-271.

王姣, 王效科, 张红星, 等. 2012. 北京市城区两个典型站点 $PM_{2.5}$ 浓度和元素组成差异研究[J]. 环境科学学报, 32(1): 74-80.

王敬, 毕晓辉, 冯银厂, 等. 2014. 乌鲁木齐市重污染期间 $PM_{2.5}$ 污染特征与来源解析. 环境科学 研究, 27(2): 113-119.

王磊, 刘静, 谷利伟, 等. 2014. 六种城市行道树叶表皮重金属元素含量及形态结构的研究[J]. 电子显微学报, (2): 172-179.

王蕾, 高尚玉, 刘连友, 等. 2006. 北京市 11 种园林植物滞留大气颗粒物能力研究[J]. 应用生态 学报, 17(4): 597-601.

王蕾, 哈斯, 刘连友, 等. 2006. 北京市春季天气状况对针叶树叶面颗粒物附着密度的影响[J]. 生态学杂志, 25(8): 998-1002.

王梦菲, 刘艳峰. 2014. 不同绿化形式对临街居住区 PM_{10} 扩散的影响[J]. 安徽农业科学, 42(21): 7122-7123, 7125.

王茜. 2013. 利用轨迹模式研究上海大气污染的输送来源[J]. 环境科学研究, 26(4): 357-363.

王秦, 李湉湉, 陈晨, 等. 2013. 我国雾霾天气 $PM_{2.5}$ 污染特征及其对人群健康的影响[J]. 中华 医学杂志, 93(34): 2691-2694.

王晴晴, 马永亮, 谭吉华, 等. 2014. 北京市冬季 $PM_{2.5}$ 中水溶性重金属污染特征[J]. 中国环境科 学, 34(9): 2204-2210.

王荣芬, 邱尔发, 唐丽清. 2014. 行道树毛白杨树干中重金属元素分布[J]. 生态学报, 34(15): 4212-4222.

王世强, 黎伟标, 邓雪娇, 等. 2015. 广州地区大气污染物输送通道的特征[J]. 中国环境科学, 35(10): 2883-2890.

王晓磊, 王成. 2014. 城市森林调控空气颗粒物功能研究进展[J]. 生态学报, 34(8): 1910-1921.

王雪英, 赵琦, 焦雨歆. 2008. 4 种北极被子植物叶片显微结构和超微结构研究[J]. 西北植物学 报, 28(10): 1989-1996.

王雅琴, 左谦, 焦杏春, 等. 2004. 北京大学及周边地区非取暖期植物叶片中的多环芳烃[J]. 环 境科学, 25(4): 23-27.

王跃, 王莉莉, 赵广娜, 等. 2014. 北京冬季 $PM_{2.5}$ 重污染时段不同尺度环流形势及边界层结构 分析[J]. 气候与环境研究, 19(2): 173-184.

王赞红, 李纪标. 2006. 城市街道常绿灌木植物叶片滞尘能力及滞尘颗粒物形态[J]. 生态环境学 报, 15(2): 327-330.

王枝梅. 2004. 杨树新品种-欧美杨 107 号、108 号[J]. 现代农业, (8): 12.

王志娟, 韩力慧, 陈旭锋, 等. 2012. 北京典型污染过程 $PM_{2.5}$ 的特性和来源[J]. 安全与环境学 报, 12(5): 122-126.

温瑀, 穆立蔷. 2013. 土壤铅、镉胁迫对 4 种绿化植物生长、生理及积累特性的影响[J]. 水土保持学报, 27(5): 234-239.

吴兑. 2005. 关于霾与雾的区别和灰霾天气预警的讨论[J]. 气象, 31(4): 3-7.

吴菲, 朱春阳, 李树华. 2013. 北京市 6 种下垫面不同季节温湿度变化特征[J]. 西北林学院学报, 28(1): 207-213.

吴国平, 胡伟, 滕恩江, 等. 1999. 我国四城市空气中 PM$_{2.5}$ 和 PM$_{10}$ 的污染水平[J]. 中国环境科学, 19(2): 12-18.

吴海龙, 余新晓, 师忱, 等. 2012. PM$_{2.5}$ 特征及森林植被对其调控研究进展[J]. 中国水土保持科学, 10(6): 116-122.

吴正旺, 马欣, 王乾坤, 等. 2013. 建筑与绿地结合的居住区灰霾污染改善策略[J]. 建筑实践, 8:35-38.

吴志萍, 王成, 侯晓静, 杨伟伟. 2008. 6 种城市绿地空气 PM$_{2.5}$ 浓度变化规律的研究[J]. 安徽农业大学学报, 35(4): 494-498.

谢滨泽, 王会霞, 杨佳, 等. 2014. 北京常见阔叶绿化植物滞留 PM$_{2.5}$ 能力与叶面微结构的关系[J]. 西北植物学报, 34(12): 2432-2438.

谢英赞, 何平, 方文, 等. 2014. 北碚城区不同绿地类型常用绿化树种滞尘效应研究[J]. 西南师范大学学报(自然科学版), 39(1): 1-8.

熊黑钢, 赵君仪, 张景秋, 等. 2015. 北京市重度大气污染时段污染物时空扩散特征[J]. 环境科学与技术, 38(9): 75-81.

徐季娥, 林裕益, 吕瑞江, 等. 1993. 鸭梨秋施 ^{15}N-尿素的吸收与分配[J]. 园艺学报, 20(2): 145-149.

徐鹏, 郝庆菊, 吉东生, 等. 2016. 重庆市北碚大气中 PM$_{2.5}$, NO$_x$, SO$_2$ 和 O$_3$ 浓度变化特征研究[J]. 环境科学学报, 36(5): 1539-1547.

许鹏军, 张烃, 任玥, 等. 2012. ASE-SPE/GC-MS 测定土壤中 16 种 PAHs 质量控制研究[J]. 分析测试学报, 31(9):1126-1131.

薛亦峰, 闫静, 魏小强. 2014. 北京市水泥工业大气污染物排放清单及污染特征[J]. 环境科学与技术, 3(1): 201-204.

杨复沫, 贺克斌, 马永亮, 等. 2003. 北京大气 PM$_{2.5}$ 中微量元素的浓度变化特征与来源[J]. 环境科学, 24(6): 33-37.

杨佳, 王会霞, 谢滨泽, 等. 2015. 北京 9 个树种叶片滞尘量及叶面微形态解释[J]. 环境科学研究, 28(3): 384-392.

杨龙, 贺克斌, 张强, 王岐东. 2005. 北京秋冬季近地层 PM$_{2.5}$ 质量浓度垂直分布特征[J]. 环境科学研究, 18(2): 6-9

杨貌, 张志强, 陈立欣, 等. 2016. 春季城区道路不同绿地配置模式对大气颗粒物的削减作用[J]. 生态学报, 36(7): 2076-2083.

杨胜香, 田启建, 梁士楚, 等. 2012. 湘西花垣矿区主要植物种类及优势植物重金属蓄积特征[J]. 环境科学, 33(6): 2038-2045.

杨书申, 邵龙义, 王志石, 等. 2009. 澳门夏季大气颗粒物单颗粒微观形貌分析[J]. 环境科学, 30(5): 1514-1519.

杨周敏. 2015. 西安市区不同绿化植物的滞尘效应季节变化研究[J]. 水土保持研究, 22(4): 178-183.

殷杉, 蔡静萍, 陈丽萍, 等. 2007. 交通绿化带植物配置对空气颗粒物的净化效益[J]. 生态学报, 27(11): 4590-4595.

于建华, 虞统, 魏强, 等. 2004. 北京地区 PM_{10} 和 $PM_{2.5}$ 质量浓度的变化特征[J]. 环境科学研究, 17(1): 45-47

于扬, 岑况, 陈媛, 等. 2012. 北京市 $PM_{2.5}$ 中主要重金属元素污染特征及季节变化分析[J]. 现代地质, 26(5): 975-982.

俞新妥, 傅瑞树. 1989. 不同种源杉木光合性状的比较研究[J]. 福建林学院学报, 9(3): 223-237.

俞学如. 2008. 南京市主要绿化树种叶面滞尘特征及其与叶面结构的关系[D]. 南京: 南京林业大学.

袁金展, 马旭东, 林钊沐, 等. 2012. 叶面喷施有机养分对橡胶树幼苗 N、P、K 含量的影响[J]. 热带作物学报, 33(10): 1731-1737.

曾静, 廖晓兰, 任玉芬, 等. 2010. 奥运期间北京 $PM_{2.5}$, NO_x, CO 的动态特征及影响因素[J]. 生态学报, (22): 6227-6233

曾路生, 廖敏, 黄昌勇, 等. 2005. 镉污染对水稻土微生物量、酶活性及水稻生理指标的影响[J]. 应用生态学报, 16(11): 158-163.

张芳芳, 韩明玉, 张立新, 等. 2009. 红富士苹果对初夏土施 ^{15}N-尿素的吸收、分配和利用特性[J]. 果树学报, 26(2): 135-139.

张凤琴, 王友邵, 董俊德, 等. 2006. 重金属污水对木榄幼苗几种保护酶及膜质过氧化作用的影响[J]. 热带海洋学报, 25(2): 66-70.

张景, 吴祥云. 2011. 阜新城区园林绿化植物叶片滞尘规律[J]. 辽宁工程技术大学学报(自然科学版), 30(6): 905-908.

张凯, 王跃思, 温天雪, 等. 2007. 北京夏末秋初大气细粒子中水溶性盐连续在线观测研究[J]. 环境科学学报, 27(3): 459-465.

张霖琳, 高愈霄, 刀谞, 等. 2014. 京津冀典型城市采暖季颗粒物浓度与元素分布特征[J]. 中国环境监测, 30(6): 53-61.

张绮纹. 1999. 杨树优良纸浆材和生态防护林新品种欧美杨 107 号[J]. 林业科学研究. 12(3): 332.

张维康, 王兵, 牛香. 2015. 北京不同污染地区园林植物对空气颗粒物的滞纳能力[J]. 环境科学, 36(7): 2381-2388.

张雯, 林匡飞, 周健, 等. 2014. 不同硫浓度下叶面施硒对水稻幼苗镉的亚细胞分布及化学形态的影响[J]. 农业环境科学学报, 33(5): 844-852.

张新献, 古润泽. 陈自新, 等. 1997. 北京城市居住区绿地的滞尘效益[J]. 北京林业大学学报, 19(4): 12-17.

张一平, 马友鑫. 2000. 中国热带静风区林缘水平热力特征的初步分析[J]. 化应用生态学报, 11(2): 205-209.

张志丹, 曹治国, 贾黎明. 2015. 北京 4 种典型风景游憩林对林内 $PM_{2.5}$ 的调控作用[J]. 应用生态学报, 26(11): 3475-3481.

张志丹, 席本野, 曹治国, 等. 2014. 植物叶片吸滞 $PM_{2.5}$ 等大气颗粒物定量研究方法初探——以毛白杨为例[J]. 应用生态学报, 25(8): 2238-2242.

赵冰清. 2015. 重庆市大气颗粒物时空变化及植物滞尘能力研究[D]. 北京：北京林业大学.

赵晨曦, 王玉杰, 王云琦, 等. 2013. 细颗粒物(PM$_{2.5}$)与植被关系的研究综述[J]. 生态学杂志, 32(8): 2203-2210.

赵承美, 邵龙义, 侯聪, 等. 2015. 北京、郑州和深圳三城市空气中气溶胶单颗粒特征的扫描电镜分析[J]. 岩石矿物学杂志, 34(6): 925-931.

赵承易, 戚琦, 季海冰, 等.2001. 北京交通干道旁杨树叶中重金属和硫的测定及大气污染状况的研究[J]. 北京师范大学学报:自然科学版, 37(6): 795-799.

赵登超, 姜远茂, 彭福田, 等. 2007. 冬枣秋季不同枝条叶施15N-尿素的贮藏、分配及再利用. 核农学报, 21(1): 87-90.

赵凤霞, 姜远茂, 彭福田, 等. 2008. 甜樱桃对 ^{15}N 尿素的吸收、分配和利用特性[J]. 应用生态学报, 19(3): 686-690.

赵松婷, 李新宇, 李延明. 2016. 北京市常用园林植物滞留 PM$_{2.5}$ 能力研究[J]. 西北林学院学报, 31(2): 280-287.

赵玉丽, 杨利民, 王秋泉. 2005. 植物——实时富集大气持久性有机污染物的被动采样平台[J]. 环境化学, 24(3): 233-240.

赵云阁, 谷建才, 刘海龙, 等. 2017. 北京 6 树种吸滞 PM$_{2.5}$ 特征研究[J]. 灌溉排水学报, 36(3): 39-40.

赵云阁, 鲁绍伟, 李利学, 等. 2016. 北京秋季不同树种吸附 PM$_{2.5}$ 研究[J]. 中南林业科技大学学报, 36(10): 27-33.

赵云阁, 鲁笑颖, 刘斌, 等. 2016. 夏季绿化树种滞留PM$_{2.5}$与叶片微形态特征研究[J]. 水土保持研究, 23(6): 52-58.

赵云阁, 鲁笑颖, 鲁绍伟, 等. 2017. 北京市常见绿化树种叶片秋季滞纳不同粒径颗粒物能力[J]. 生态学杂志, , 36(1): 35-42.

郑炳松. 2006. 现代植物生理生化研究技术[M]. 北京: 气象出版社.

郑君瑜, 张礼俊, 钟流举, 等. 2009. 珠江三角洲大气面源排放清单及空间分布特征[J]. 中国环境科学, 29(5): 455-460.

郑少文, 邢国明, 李军, 李锦生. 2008. 不同绿地类型的滞尘效应比较[J]. 山西农业科学, 36(5): 70-72.

郑玉龙, 姜春玲, 冯玉龙. 2005. 植物的气孔发生[J]. 植物生理学通讯, 41(6): 847-850.

周国兵, 王式功. 2014. 重庆市主城区气象条件对空气污染影响分析及数值模拟研究[D]. 兰州: 兰州大学.

周志翔, 邵天一, 王鹏程, 等. 2002. 武钢厂区绿地景观类型空间结构及滞尘效应[J]. 生态学报, 22(12): 2036-2040.

庄树宏, 王克明. 2000. 城市大气重金属(Pb, Cd, Cu, Zn)污染及其在植物中的富积[J]. 烟台大学学报:自然科学与工程版, 13(1): 31-37.

邹嘉南, 安俊琳, 王红磊, 等. 2014. 亚青会期间南京污染气体与气溶胶中水溶性离子的分布特征[J]. 环境科学, 35(11): 4044-4051.

邹圆. 2013. HDS 法处理湘江流域主要重金属废水的试验研究[D]. 长沙：湖南大学.

Adriaenssens S, Staelens J, Wuyts K, et al. 2011. Foliar nitrogen uptake from wet deposition and the relation with leaf wettability and water storage capacity[J]. Water, Air, and Soil Pollution, 219:

43-57.

Afas N AL, Marron N, Ceulemans R. 2007.Variability in Populus leaf anatomy and morphology in relation to canopy position, biomass production, and varietal taxon[J]. Annals of Forest Science, 64: 521-532.

Al-Alawi M M, Mandiwana K L. 2007. The use of Aleppo pine needles as a bio-monitor of heavy metals in the atmosphere [J]. Journal of Hazardous Materials, 148(1-2): 43-46.

Aldabe J, Elustondo D, Santamaría C, et al. 2011. Chemical characterisation and source apportionment of $PM_{2.5}$ and PM_{10} at rural, urban and traffic sites in Navarra (North of Spain)[J]. Atmospheric Research, 102: 191-205.

Annie MPA, Gilbert C S. 2013. Phytoremediation: A green technology to remove environmental Pollutants[J]. American Journal of Climate Change, 2(1): 71-86.

Arrivabene H P, Souza I D, Có W L, et al. 2015. Effect of pollution by particulate iron on the morphoanatomy, histochemistry, and bioaccumulation of three mangrove plant species in Brazil[J]. Chemosphere, 127: 27-34.

Arshad M, Silvestre J, Pinelli E, et al. 2008.A field study of lead phytoextraction by various scented Pelargonium cultivars[J]. Chemosphere, 71(11): 2187-2192.

Baccio D D, Minnocci A, Sebastiani L.2010. Leaf structural modifications in Populus × euramericana, subjected to Zn excess[J]. Biologia Plantarum, 54(3):502-508.

Barber J L, Thomas G O, Kerstiens G, et al. 2004. Current issues and uncertainties in the measurement and modelling of air-vegetation exchange and within-plant processing of POPs[J]. Environmental Pollution, 128(1-2): 99-138.

Basile A, Sorbo B, Conte B, et al. 2012. Toxicity, accumulation, and removal of heavy metals by three aquatic macrophytes[J]. International Journal of Phytoremediation, 14(4): 374-387.

Beckett K P, Freer-Smith P H, Taylor G. 1998. Urban woodlands: Their role in reducing the effects of particulate pollution [J]. Environmental Pollution, 99(3): 347-360.

Beckett K P, Freer-Smith P H, Taylor G. 2000. Particulate pollution capture by urban trees: Effect of species and windspeed[J]. Global Change Biology, 6(8): 995-1003.

Behera S N, Sharma M. 2011. Transformation of atmospheric ammonia and acid gases into components of $PM_{2.5}$: An environmental chamber study[J]. Environmental Science and Pollution Research, 19(4): 1187-1197.

Braun M, Margitai Z, Tóth A, Leermakers M. 2007. Environmental monitoring using linden tree leaves as natural traps of atmospheric deposition: A pilot study in Transilvania, Romania[J]. AGD Landscape & Environment, 1(1): 24-35.

Cabaraban M T I, Kroll C N, Hirabayashi S, et al. 2013. Modeling of air pollutant removal by dry deposition to urban trees using a WRF/CMAQ/i-Tree Eco coupled system[J]. Environmental Pollution, 176: 123-133.

Cao J J. 2012. Pollution status and control strategies of $PM_{2.5}$ in China[J]. Journal of Earth Environment, 3: 1030-1036.

Cao J, Shen Z, Chow J C, et al. 2012. Winter and summer $PM_{2.5}$ chemical compositions in fourteen Chinese cities[J]. Journal of the Air & Waste Management Association, 62: 1214-1226.

Cesari D, Contini D, Genga A, et al. 2012. Analysis of raw soils and their re-suspended PM_{10} fractions: Characterisation of source profile and enrichment factors[J]. Appl Geochem, 27: 1238-1246.

Chan C Y, Xu X D, Li Y S, et al. 2005. Characteristics of vertical profiles and sources of $PM_{2.5}$, PM_{10}

and carbon aceous species in Beijing[J]. Atmospheric Environment, 39: 5113-5124.

Chaudhari P R, Gupta R, Gajghate D G, et al.2012. Heavy metal pollution of ambient air in Nagpur City[J]. Environmental Monitoring and Assessment, 184(4):2487-2496.

Chen Bo, Li Shaoning, Yang Xinbing, et al. 2016. Characteristics of atmospheric PM$_{2.5}$ in stands and non-forest cover sites across urban-rural areas in Beijing, China[J]. Urban Ecosystems, 22(1): 867-883.

Chen Bo, Lu Shaowei, Li Shaoning, et al. 2015. Impact of fine particulate fluctuation and other variables on Beijing's air quality index[J]. Environ Sci Pollut Res, 22: 5139-5151.

Chen Bo, Lu Shaowei, Zhao Yuege, et al. 2016. Pollution Remediation by Urban Forests: PM$_{2.5}$ Reduction in Beijing, China[J]. Polish Journal of Environmental Studies, 25(5): 1873-1881.

Chen L X, Liu C M, Zou R, et al. 2016. Experimental examination of effectiveness of vegetation as bio-filter of particulate matters in the urban environment[J]. Environmental Pollution, 208: 198-208.

Chen R J, Chen B H, Kan H D. 2010. A heath-based economic assessment of particular air pollution in 133 Chinese cities[J]. China Environmental Scientist, 30(3): 410-415.

Cheng Y, He K B, Du Z Y, et al. 2015. Humidity plays an important role in the PM$_{2.5}$ pollution in Beijing[J]. Environ Pollut, 197: 68-75.

Clark N A, Demers P A, Karr C J. 2010. Effect of early life exposure to air pollution on development of childhood asthma[J]. Environmental Health Perspectives, 118(2): 284-290.

Collins C, Fryer M, Grosso A. 2006. Plant uptake of non ionic organic chemicals[J]. Environmental Science & Technology, 40(1):45-52.

Contini D, Belosi F, Gambaro A, et al. 2012. Comparison of PM$_{10}$ concentrations and metal content in three different sites of the Venice Lagoon: An analysis of possible aerosols sources[J]. J Environ Sci, 24: 1954-1965.

Contini D, Genga A, Cesar D, et al. 2010. Characterisation and source apportionment of PM$_{10}$ in an urbanbackground site in Lecce[J]. Atmospheric Research, 95: 40-54.

Cyrys J, Stölzel M, Heinrich J, et al. Elemental composition and sources of fine and ultrafine ambient particles in Erfurt, Germany [J]. Science of the Total Environment, 2003, 305(1-3): 143-156.

Dai W, Cao J Q, Cao C, Quyang F. 2013. Chemical composition and sources of PM$_{10}$ and PM$_{2.5}$ in the suburb of Shenzhen, China[J]. Atmospheric Research, 122: 391-400.

Dail D B, Hollinger D Y, Davidson E A, et al. 2009. Distribution of nitrogen-15 tracers applied to the canopy of a mature spruce-hemlock stand, Howland, Maine, USA[J]. Oecologia, 160: 589-599.

Das S, Prasad P. 2012. Particulate matter capturing ability of some plant species: Implication for phytoremediation of particulate pollution around Rourkela Steel Plant, Rourkela, India[J]. Nature Environment & Pollution Technology, 11(4): 657-665.

Dawson J P, Adams P J, Pandis S N. 2007. Sensitivity of PM$_{2.5}$ to climate in the Eastern US: A modeling case study[J]. Atmospheric Chemistry and Physics, 7: 4295-4309.

Desalme D, Binet P, Chiapusio G. 2013. Challenges in tracing the fate and effects of atmospheric polycyclic aromatic hydrocarbon deposition in vascular plants[J]. Environmental Science & Technology, 47(9): 3967-3981.

Dhir B, Mahmooduzzafar, Siddiqi T O, et al. 2001. Stomatal and photosynthetic responses of Cichorium intybus, leaves to sulfur dioxide treatment at different stages of plant development[J]. Journal of Plant Biology, 44(2): 97-102.

Dongarrà G, Manno E, Varrica D, et al. 2007. Mass levels, crustal component and trace elements in

PM$_{10}$ in Palermo, Italy[J]. Atmospheric Environment, 41: 7977-7986.

Dzierżanowski K, Popek R, Gawrońska H, et al. 2011. Deposition of particulate matter of different size fractions on leaf surfaces and in waxes of urban forest species[J]. International Journal of Phytoremediation, 13(10): 1037-1046.

Edney E O, Kleindienst T E, Conver T S, et al. 2003. Polar organic oxygenates in PM$_{2.5}$ at a southeastern site in the United States[J]. Atmospheric Environment, 37: 3947-3965.

Eichert T, Fernández V. 2011. Uptake and Release of Elements by Leaves and Other Aerial Plant Parts[M]. Marschner's Mineral Nutrition of Higher Plants: 71-84.

Eichert T. 2012. Foliar nutrient uptake of myths and legends VII[M]. International Symposium on Mineral Nutrition of Fruit Crops, 984: 69-75.

Fang G C, Chang C N, Wu Y S, et al. 1999. Characterization of chemical species in PM$_{2.5}$ and PM$_{10}$ aerosols in suburban and rural sites of central Taiwan[J]. The Science of the Total Environment, 234(1/3): 203-212.

Fernández V, Brown P H. 2013. From plant surface to plant metabolism: The uncertain fate of foliar-applied nutrients[J]. Frontiers in plant science, 4(4):289.

Fernández V, Eichert T. 2009. Uptake of hydrophilic solutes through plant leaves: Current state of knowledge and perspectives of foliar fertilization[J]. Critical Reviews in Plant Sciences, 28: 36-68.

Fernndez Espinosa A J, Rossini Oliva S. 2006. The composition and relationships between trace element levels in inhalable atmospheric particles (PM$_{10}$) and in leaves of *Nerium oleander* L. and Lantana camara L.[J]. Chemosphere, 62: 1665-1672.

Fowler D. 2002. Pollutant deposition and uptake by vegetation[J]. Air Pollut. Plant Life., 2: 43-67.

Glavas S D, Nikolakis P, Ambatzoglou D. 2008. Factors affecting the seasonal variation of mass and ionic composition of PM$_{2.5}$ at a central Mediterranean coastal site[J]. Atmos Environ, 42: 5365-5373.

Godri K J, Evans G J, Slowik J, et al. 2009. Evaluation and application of a semi-continuous chemical characterization system for water soluble inorganic PM$_{2.5}$ and associated precursor gases[J]. Atmospheric Measurement Techniques, 62(2): 65-80.

Grote R, Samson R, Alonso R, et al. 2016. Functional traits of urban trees: Air pollution mitigation potential [J]. Frontiers in Ecology and the Environment, 14(10): 543-550.

Gu J X, Bai Z P, Li W F, et al. 2011. Chemical composition of PM$_{2.5}$ during winter in Tianjin, China[J]. Particuology, 9(3): 215-221.

Guak S, Neilsen D, Millard P, et al. 2004. Leaf absorption, withdrawal and remobilization of autumn-applied urea-15N in apple[J]. Canadian Journal of Plant Science, 84(1): 259-264.

Hacke U G, Plavcová L, Almeida-Rodriguez A, et al. 2010. Influence of nitrogen fertilization on xylem traits and aquaporin expression in stems of hybrid poplar[J]. Tree Physiology, 30: 1016-1025.

He K, Zhao Q, Ma Y, et al. 2012. Spatial and seasonal variability of PM$_{2.5}$ acidity at two Chinese megacities: insights into the formation of secondary inorganic aerosols[J]. Atmospheric Chemistry and Physics, 12(3): 1377-1395.

Hirabayashi S, Kroll C N, Nowak D J. 2012. Development of a distributed air pollutant dry deposition modeling framework. Environmental Pollution, 171: 9-17.

Hofman J, Wuyts K, Van Wittenberghe S, et al. 2014. On the link between biomagnetic monitoring and leaf-deposited dust load of urban trees: relationships and spatial variability of different particle size fractions. Environmental Pollution, 189: 63-72.

Honour S L. , Bell J N B, Ashenden T A, et al. 2009. Responses of herbaceous plants to urban air pollution: Effects on growth, phenology and leaf surface characteristics[J]. Environmental Pollution, 157(4). 1279-1286.

Huang R J, Zhang Y, Bozzetti1C, et al. 2014.High secondary aerosol contribution to particulate pollution during haze events in China[J]. Nature, 514(7521): 218-222.

Hueglin C. 2005. Chemical characteristics of PM$_{2.5}$, PM$_{10}$ andcoarse particles at urban, near-city and rural sites inSwitzerland[J]. Atmospheric Environment, 39: 637-651.

Hwang H J, Yook S J, Ahn K H. 2011. Experimental investigation of submicron and ultrafine soot particle removal by tree leaves [J]. Atmospheric Environment, 45: 6987-6994.

Iuliana FG, Barbu I. 2011. The Effects of Air Pollutants on Vegetation and the Role of Vegetation in Reducing Atmospheric Pollution[J]. The Impact of Air Pollution on Health, Economy, Environment and Agricultural Sources, 09: 241-280.

Jarvis M D, Leung D W M. 2002.Chelated lead transport in *Pinus radiate*: An ultrastructural study[J]. Environmental and Experimental Botany, 48(1): 21-32.

Jim C Y, Chen W Y. 2008. Assessing the ecosystem service of air pollutant removal by urban trees in Guangzhou (China). Journal of Environmental Management, 88: 665-676.

Jin S, Guo J, Wheeler S, Kan L, et al. 2014. Evaluation of impacts of trees on PM$_{2.5}$ dispersion in urban streets[J]. Atmos Environ, 99(99): 277-287.

Kardel F, Wuyts K, Maher B A, et al. 2011. Leaf saturation isothermal remanent magnetization (SIRM) as a proxy for particulate matter monitoring: Inter-species differences and in-season variation[J]. Atmospheric Environment, 45(29): 5164-5171.

Kim K H, Jahan S A, Kabir E, et al. 2013. A review of airborne polycyclic aromatic hydrocarbons (PAHs) and their human health effects[J]. Environment International, 60(5): 71-80.

Kim Y J, Kim K W, Kim S D, et al. 2006. Fine particulate matter characteristics and its impact on visibility impairment at two urban sites in Korea: Seoul and Incheon[J]. Atmospheric Environment, 40: 593-605.

Koch K, Bhushan B, Barthlott W. 2009. Multifunctional surface structures of plants: An inspiration for biomimetics[J]. Progress in Materials Science, 54: 137-178.

Kong S F, Lu B, Ji Y Q, et al. 2012. Risk assessment of heavy metals in road and soil dusts within PM$_{2.5}$, PM$_{10}$ and PM$_{10}$0 fractions in Dongying city, Shandong Province, China[J]. Journal of Environmental Monitoring, 14(3): 791-803.

Kourtchev I, Warnke J, Maenhaut W, et al. 2008. Polar organic marker compounds in PM$_{2.5}$ aerosol from a mixed forest site in western Germany[J]. Chemosphere, 73(8): 1308-1314.

Kulshreshtha K, Rai A, Mohanty C S, et al. 2009. Particulate pollution mitigating ability of some plant species[J]. Environmental Research, 03(1): 137-142.

Lai S C, Zou S C, Cao J J, et al. 2007. Characterizing ionic species in PM$_{2.5}$ and PM$_{10}$ in four Pearl River Delta cities, South China[J]. Journalof Environmental Sciences, 19(8): 939-947.

Lehndorff E, Urbat M, Schwark L. 2006. Accumulation histories of magnetic particles on pine needles as function of air quality[J]. Atmos pheric Environment, 40: 7082-7096.

Leonard R J, Mcarthur C, Hochuli D F. 2016. Particulate matter deposition on roadside plants and the importance of leaf trait combinations[J]. Urban Forestry & Urban Greening, 20: 249-253.

Lewandowski M, Jaoui M, Kleindienst TE, et al. 2007. Compositionof PM$_{2.5}$ during the summer of 2003 in researchTriangle Park, North Carolina[J]. Atmospheric Environment, 41: 4073-4083.

Li L, Wang W, Feng J L, et al. 2010. Composition, source, mass closure of $PM_{2.5}$ aerosols for four forests in easternChina[J]. Journal of Environmental Sciences, 22: 405-412.

Li Q, Chen B. 2014. Organic pollutant clustered in the plant cuticular membranes: Visualizing the distribution of Pphenanthrene in leaf cuticle using two-photon confocal scanning laser microscopy[J]. Environmental Science & Technology, 48(9): 4774-4781.

Li R K, Li Z P, Gao W J, et al. Diurnal, seasonal, and spatial variation of $PM_{2.5}$, in Beijing[J]. Science Bulletin, 2014, 60(3): 387-395.

Liu L, Guan D S, Peart M R, et al. 2013. The dust retention capacities of urban vegetation - a case study of Guangzhou, South China[J]. Environmental Science and Pollution Research, 20(9): 6601-6610.

Liu X, Yu X, Zhang Z. 2015. $PM_{2.5}$ concentration differences between various forest types and its correlation with forest structure[J]. Atmosphere Basel, 6(11): 1801-1815.

Lu S G, Zheng Y W, Bai S Q. 2008. A HRTEM/EDX approach to identification of the source of dust particles on urban tree leaves[J]. Atmospheric Environment, 42(26): 6431-6441.

Lyamni H, Olmo F J, Ntara A A, et al. 2006. Atmospheric aerosols during the 2003 heat wave in southeastern Spain II: Microphysical columnar properties and radiative forcing[J]. Atmos. Environ. , 40: 6465-6476.

Maenhaut W, Raes N, Chi X G, et al. 2008. Chemical composition and mass closure for $PM_{2.5}$ and PM_{10} aerosols at K-puszta, Hungary, in summer 2006[J]. X-ray Spectrum, 37: 193-197.

Maher B A, Ahmed I A, Davison B, et al. 2013. Impact of roadside tree lines on indoor concentrations of traffic-derived particulate matter[J]. Environmental Science & Technology, 47(23): 13737-13744.

Mar T F, Norris G A, Koernig J Q, et al. 2000. Associations between air pollution and mortality in Phoenix[J]. Environment Health Perspectives, 108: 347-353.

Mariani R L, Mello W Z. 2007. $PM_{2.5-10}$, $PM_{2.5}$ and associatedwater-soluble inorganic species at a coastal urban site inthe metropolitan region of Rio de Janeiro[J]. Atmospheric Environment, 41: 2887-2892.

Matsuda K, Fujimura Y, Hayashi K, et al. 2010. Deposition velocity of $PM_{2.5}$ sulfate in the summer above a deciduous forest in central Japan[J]. Atmos Environ, 44(36): 4582-4587.

Mcdonald A, Bealey W, Fowler D, et al. 2007. Quantifying the effect of urban tree planting on concentrations and depositions of PM_{10} in two UK conurbations[J]. Atmospheric Environment, 41(38): 8455-8467.

Mcgee J K, Gavett S H. 2003. Chemical analysis of world trade center fine particulate matter for use in toxicologic assessment [J]. Environmental Health Perspectives, 111(7): 972-980.

McPherson E G, Scott K I, Simpson J R. 1998. Estimating cost effectiveness of residential yard trees for improving air quality in Sacramento, California using existing models[J]. Atmos. Environ, 32: 75-84.

Meyers D E, Auchterlonie G J, Webb R I, et al. 2008. Uptake and localisation of lead in the root system of *Brassica juncea*[J]. Environmental Pollution, 153(2): 323-332.

Miller A J, Smith S J. 2008. Cytosolic nitrate ion homeostasis: could it have a role in sensing nitrogen status[J]. Annals of Botany, 101(4): 485-489.

Mitchell R, Maher B A, Kinnersley R. 2010. Rates of particulate pollution deposition onto leaf surfaces: Temporal and inter-species magnetic analyses[J]. Environment Pollution, 158: 1472-1478.

Mori J, Hanslin H M, Burchi G, et al. 2014. Particulate matter and element accumulation on coniferous trees at different distances from a highway[J]. Urban Forestry & Urban Greening, 14(1): 170-177.

Mues A, Manders A, Schaap M, et al. 2013. Differences in particulate matter concentrations between urban and rural regions under current and changing climate conditions[J]. Atmospheric Environment, 80(12): 232-247.

Murillo J H, Ramos A C, Garcia F A, et al. 2012. Chemical composition of PM$_{2.5}$ particles in Salamanca, Guanajuato Mexico: Source apportionment with receptor models[J]. Atmospheric environment, 107: 31-41.

Nagai M, Ohnishi M, Uehara T, et al. 2013. Ion gradients in xylem exudate and guttation fluid related to tissue ion levels along primary leaves of barley[J]. Plant Cell & Environment, 36(10):1826.

Neinhuis C, Barthlott W. 1998. Seasonal changes of leaf surface contamination in beech, oak and ginkgo in relationto leaf micromorphology and wettability[J]. New Phytologist, 138: 91-98.

Nguyen T, Yu X, Zhang Z, et al. 2015. Relationship between types of urban forest and PM$_{2.5}$ capture at three growth stages of leaves[J]. Journal of Environmental Science, 27(1): 33-41.

Nowak D J, Crane D E, Stevens J C. 2006. Air pollution removal by urban trees and shrubs in the United States[J]. Urban Forestry & Urban Greening, 4(3): 115-123.

Nowak D J, Hirabayashi S, Bodine A, et al. 2013. Modeled PM$_{2.5}$ removal by trees in ten US cities and associated health effects[J]. Environmental Pollution, 178: 395-402.

Nowak D J, Klinger L, Karlic J, et al. 2000. Tree leaf area-leaf biomass conversion factors[M] Unpublished data[J]. USDA forest service, Syracuse, NY.

Ohki S, Takeuchi M, Mori M. 2011. The NMR structure of stomagen reveals the basis of stomatal density regulation by plant peptide hormones[J]. Nature Communications, 2(1): 512.

Ottelé M, van Bohemen H D, Fraaij A L A. 2010. Quantifying the deposition of particulate matter on climber vegetation on living walls[J]. Ecological Engineering, 36(2): 154-162.

Paoletti E, Bardelli T, Giovannini G, et al. 2011. Air quality impact of an urban park over time[J]. Procedia Environmental Sciences, 4: 10-16.

Pašková V, Hilscherová K, Feldmannová M, et al. 2006. Toxic effects and oxidative stress in higher plants exposed to polycyclic aromatic hydrocarbons and their N-heterocyclic derivatives[J]. Environmental Toxicology and Chemistry, 25: 3238-3245.

Pillai P S, Babu S S, Krishna M K, 2002. A study of PM, PM$_{10}$ and PM$_{2.5}$ concentration at a tropical coastal station[J]. Atmos Res, 61: 149-167.

Popek R, Gawrońska H, Gawroński S W. 2015. The level of particulate matter on foliage depends on the distance from the source of emission[J]. International Journal of Phytoremediation, 17(12): 1262-1268.

Popek R, Gawronska H, Wrochna M, et al. 2013. Particulate matter on foliage of 13 woody species: Deposition on surfaces and phytostabilisation in waxes a 3-year study[J]. International Journal of Phytoremediation, 15: 245-256.

Pourkhabbaz A, Rastin N, Olbrich A, et al. 2010. Influence of environmental pollution on leaf properties of urban plane trees, *Platanus orientalis* L.[J]. Bulletin of Environmental Contamination & Toxicology, 85(3): 251-255.

Prajapati S K, Tripathi B D. 2008. Seasonal variation of leaf dust accumulation and pigment content in plant species exposed to urban particulates pollution[J]. Journal of Environmental Quality, 37(3): 865-870.

Prusty B A K, Mishra P C, Azeez P A. 2005. Dust accumulation and leaf pigment content in vegetation near the national highway at Sambalpur, Orissa, India[J]. Ecotoxicology and Environmental Safety, 60(22): 228-235.

Punamiya P, Datta R, Sarkar D, et al. 2010. Symbiotic role of glomus mosseae in phytoextraction of lead in vetiver grass〔*Chrysopogon zizanioides* (L.)〕[J]. Journal of Hazardous Materials, 177(1): 465-474.

Rai A, Kulshreshtha K, Srivastava P K, et al. 2010. Leaf surface structure alterations due to particulate pollution in some common plants. [J]. Environment Systems and Decisions, 30(1): 18-23.

Räsänen J V, Holopainen T, Joutsensaari J, et al. 2013. Effects of species-specific leaf characteristics and reduced water availability on fine particle capture efficiency of trees[J]. Environmental Pollution, 183: 64-70.

Richardson A, Wojciechowski T, Franke R, et al. 2007. Cuticular permeance in relation to wax and cutin development along the growing barley (*Hordeum vulgare*) leaf[J]. Planta, 225: 1471-1481.

Ries K, Eichhorn J. 2001. Simulation of effects of vegetation on the dispersion of pollutants in street canyons [J]. Meteorol. Z., 10: 229-233.

Sæbø A, Popek R, Nawrot B, et al. 2012. Plant species differences in particulate matter accumulation on leaf surfaces[J]. Science of the Total Environment, 427: 347-354.

Schabel H G. 1980. Urban forestry in Germany[J]. Arbor, 6(11): 281-286.

Schaubroeck T, Deckmyn G, Neirynck J, et al. 2014. Multilayered modeling of particulate matter removal by a growing forest over time, from plant surface deposition to washoff via rainfall[J]. Environmental Science & Technology, 48: 10785-10794.

Schleicher N J, Norraa S, Chaic F, et al. 2011. Temporal variability of trace metal mobility of urban particulate matter from Beijing-A contribution to health impact assessments of aerosols[J]. Atmospheric Environment, 45(39): 7248-7265.

Sehmel G A. 1980. Particle and gas dry deposition: A review[J]. Atmospheric Environment, 14: 983-1011.

Sgrigna G, Sæbø A, Gawronski S, et al. 2015. Particulate Matter deposition on Quercusilex leaves in an industrial city of central Italy[J]. Environmental Pollution, 197: 187-194.

Shan Y, Shen Z, Zhou P, et al. 2011. Quantifying air pollution attenuation within urban parks: An experimental approach in Shanghai, China[J]. Environmental Pollution, 159(8-9): 2155-2163.

Shaowei Lu, Shaoning Li, Bo Chen et al. 2013. Evaluation of forest ecosystem services and forest succession in the mountainous region of Beijing, China[J]. Journal of Food, Agriculture & Environment, 11(3&4): 2674-2681.

Sharma N C, Gardea-Torresdey J L, Parsons J, et al. 2004. Chemical speciation and cellular deposition of lead in Sesbania drummondii[J]. Environmental Toxicology and Chemistry, 23(9): 2068-2073.

Sharma S C, Roy R K. 1997. Green belt—An effective means of mitigating industrial pollution[J]. Indian Journal of Environmental Protection, 17: 724-727.

Shen M, Liu L, Li DW, et al. 2013. The effect of endophytic Peyronellaea from heavy metal-contaminated and uncontaminated sites on maize growth, heavy metal absorption and accumulation[J]. Fungal Ecology, 6(6): 539-545.

Shi W, Wong M S, Wang J, et al. 2012. Analysis of airborne particulate matter ($PM_{2.5}$) over Hong Kong using remote sensing and GIS[J]. Sensors, 12: 6825-6836.

Song Y, Maher B A, Li F, et al. 2015. Particulate matter deposited on leaf of five evergreen species in Beijing, China: Source identification and size distribution[J]. Atmospheric Environment, 05: 53-60.

Sparks J P. 2009. Ecological ramifications of the direct foliar uptake of nitrogen[J]. Oecologia, 159: 1-13.

Sparks R E. 1983. Ecological Structure and Function of Major Rivers in Illinois "Large River, LTER" [J]. Inhs Aquatic Biology, 7: 954-954.

Speak A F, Rothwell J J, Lindley S J, et al. 2012. Urban particulate pollution reduction by four species of green roof vegetation in a UK city[J]. Atmospheric Environment, 61: 283-293.

Stoker H S, Seager S L. 1976. Environmental chemistry: air and water pollution[M]. Glenview, IL: Scott, Foresman and Company, 213

Stone E, Schauer J, Quraishi T A, et al. 2010. Chemical characterization and source apportionment of fine and coarse particulate matter in Lahore, Pakistan[J]. Atmospheric Environment, 44(8): 1062-1070.

Stortini A M, Freda A, Cesari D, et al. 2009. An evaluation of the PM$_{2.5}$ trace elemental composition in the Venice Lagoon area and an analysis of the possible sources[J]. Atmos Environ, 43: 6296-6304.

Tadav AK, Kumar K, Kasim AWG, et al. 2003. Visibility and incidence of respiratory disease during the 1998 haze episode in Brunei Darussalam[J]. Pure and Applied Geophysics, 160: 265-277.

Tai A P K, Mickley L J, Jacob D J. Correlations between particulate matter (PM$_{2.5}$) and meteorological variables in the United States: Implications for the sensitivity of PM$_{2.5}$ to climate change[J]. Atmospheric Environment, 2010(44): 3976-3984.

Tallis M, Taylor G, Sinnett D, et al. 2011. Estimating the removal of atmospheric particulate pollution by the urban tree canopy of London, under current and future environments[J]. Landscape and Urban Planning, 103(2): 129-138.

Tao J, Ho K F, Chen L G, et al. 2009. Effect of chemical composition of PM$_{2.5}$ on visibility in Guangzhou, China, 2007 spring[J]. Particuology, 7: 68-75.

Tcherkez G. 2010. Natural ^{15}N/^{14}N isotope composition in C$_3$ leaves: Are enzymatic isotope effects informative for predicting the ^{15}N-abundance in key metabolites?[J]. Functional Plant Biology, 38(1): 1.

Terzaghi E, Wild E, Zacchello G, et al. 2013. Forest filter effect: Role of leaves in capturing/releasing air particulate matter and its associated PAHs[J]. Atmospheric Environment, 74(2): 378-384.

Thurston GD, Ito K, Lall R. 2011. A source apportionment of U.S. fine particulate matter air pollution[J]. Atmospheric Environment, 45: 3924-3936.

Tie X, Madronich S, Walters S, et al. 2003. Effect of clouds on photolysis and oxidants inthe troposphere[J]. Journal of Geophysical Research, 108: 4642.

Tiwary A, Sinnett D, Peachey C, et al. 2009. An integrated tool to assess the role of new planting inPM$_{10}$ capture and human health benefit: A case study in London[J] Environment Pollution, 157: 2645-2653.

Tomasevic M, Vukmirović Z, Rajšić S, et al. 2005. Characterization of trace metal particles deposited on some deciduous tree leaves in an urban area[J]. Chemosphere, 61(6): 753-760.

Uzu G, Sobanska S, Sarret G, et al. 2010. Foliar lead uptake by lettuce exposed to atmospheric fallouts[J]. Environmental Science & Technology, 44(3): 1036-1042.

Van Donkelaar A, Martin R V, Brauer M, et al. 2010. Clobal estimates of ambient fine particulate matter concentrations from satellite based aerosol optional depth: Development and application [J]. Environ Health Perspect, 118(6): 847.

Venera A, Jouraeva, David L, et al. 2002. Differences in accumulation of PAHs and metals on the leaves of *Tilia×euchlora* and *Pyrus calleryana*[J]. Environmental Pollution, 120: 331-338.

Verbruggen N, Hermans C. 2008. Proline accumulation in plants: A review[J]. Amino Acids, 35(4): 753-759.

Wang H X, Shi H, Li Y Y, et al. 2013. Seasonal variations in leaf capturing of particulate matter, surface wettability and micromorphology in urban tree species[J]. Frontiers of Environmental Science & Engineering, 7(4): 579-588.

Wang L, Gong, H, Liao W B et al. 2015. Accumulation of particles on the surface of leaves during leaf expansion[J]. Sci Total Environ, 532: 420-434.

Wang L, Liu LY, Gao SY, et al. 2006. Physicochemical characteristics 0f ambient particles settling upon leaf surfaces of urban plants in Beijing[J]. Journal of Environmental Science, 18(5): 921-926.

Wang X H, Bi X H, Sheng G Y, et al. 2006. Hospital indoor $PM_{10}/PM_{2.5}$ and associated trace elements in Guangzhou, China[J]. Sci Total Environ, 366: 124-135.

Wang X H, Bi X H, Sheng G Y. 2006. Chemical composition and sources of PM_{10} and $PM_{2.5}$ aerosols in Guangzhou, China[J]. Environmental Monitoringand Assessment, 119(1/3): 425-439.

Wang Y C. 2011. Carbon sequestration and foliar dust retention by woody plants in the greenbelts along two major Taiwan highways[J]. Annals of Applied Biology, 159(2): 244-251.

Wang Y, Zhang R, Saravanan R. 2014. Asian pollution climatically modulates mid-latitude cyclones following hierarchical modelling and observational analysis[J]. Nature Communications, 5:3098.

Weber F, Kowarik I, Säumel I. 2014. Herbaceous plants as filters: Immobilization of particulates along urban street corridors[J]. Environmental Pollution, 186: 234-240.

Whittaker R H, Woodwell G M. 1967. Surface area relations of woody Pplants and forest communities[J]. American Journal of Botany, 54(8): 931-939.

Wu Z P, Wang C, Hou X J, et al. 2008. Variation of air $PM_{2.5}$ concentration in six urban greenlands[J]. Journal of Anhui Agricultural University, 35(4): 494-498.

Yang J, McBride J, Zhou J X, et al. 2005. The urban forest in Beijing and its role in air pollution reduction[J]. Urban Forestry & Urban Greening, 3(2): 65-78.

Yao S S B, Angaman D M, N`Gouran K P, et al. 2016. Involvement of leaf characteristics and wettability in retaining air particulate matter from tropical plant species[J]. Environmental Engineering Research, 21: 121-131.

Yao X H, Chan C K, Fang M, et al. 2002. The water-soluble ionic composition of $PM_{2.5}$ in Shanghai and Beijing, China[J]. Atmospheric Environment, 36(26): 4223-4234.

Ye B M, Ji X L, Yang H Z, et al. 2003. Concentration and chemical composition of $PM_{2.5}$ in Shanghai for a 1-year period[J]. Atmospheric Environment, 37(4): 499-510.

Yin L Q, Niu Z C, Chen X Q, et al. 2014. Characteristics of water-soluble inorganic ions in $PM_{2.5}$ and $PM_{2.5\sim10}$ in the coastal urban agglomeration along the Western Taiwan Strait Region, China[J]. Environmental Science and Pollution Research, 21(7): 5141-5156.

Yin S, Shen Z M, Zhou P S, et al. 2011. Quantifying air pollution attenuation within urban parks: An experimental approach in Shanghai, China[J]. Environmental Pollution, 159(8-9): 2155-2163.

Yin S, Wang X F, Xiao Y, et al. 2017. Study on spatial distribution of crop residue burning and $PM_{2.5}$ change in China[J]. Environ Pollut, 220(A): 204-221.

Yoshizaki K, Brito J M, Toledo AC, et al. 2010. Subchronic effects of nanally instilled diesel exhaust particulates on the nasal and airway epithelia in mice[J]. Inhal Toxicol, 22(7): 610-617.

Yu S, Tang X Y, Xie S D, et al. 2007. Source apportionment of PM$_{2.5}$ in Beijing in 2004[J]. Journal of Hazardous Materials, 146(1-2):124-130.

Zhang W K, Wang B, Niu X. 2015. Study on the adsorption capacities for airborne particulates of landscape plants in different polluted regions in Beijing (China)[J]. International Journal of Environmental Research and Public Health, 12: 9623-9638.

Zhao X J, Zhang X L, Xu X, et al. 2009. Seasonal and diurnal variation of ambient PM$_{2.5}$ concentration in urban and rural environments in Beijing[J]. Atmospheric Environment, 43(18): 2893-2900.

Zhou X Y, Zhang W, Li L L, et al. 2014. PM$_{2.5}$, PM$_{10}$ and health risk assessment of heavy metals in a typical printed circuit noards manufacturing workshop[J]. Journal of Environmental Sciences, 26(10): 2018-2026.